高等职业教育"十四五"系列教材

高等职业教育土建类专业"互联网+"数字化创新教材

智能建造施工技术

叶 雯 主 编

沙 玲 胡永骁 副主编

中国建筑工业出版社

图书在版编目（CIP）数据

智能建造施工技术 / 叶雯主编；沙玲，胡永骁副主
编. — 北京：中国建筑工业出版社，2023.9
高等职业教育"十四五"系列教材　高等职业教育土
建类专业"互联网＋"数字化创新教材
ISBN 978-7-112-28784-0

Ⅰ. ①智… Ⅱ. ①叶… ②沙… ③胡… Ⅲ. ①智能技
术-应用-建筑工程-高等职业教育-教材 Ⅳ.
①TU74-39

中国国家版本馆 CIP 数据核字（2023）第 098921 号

本书按照高等职业院校人才培养目标以及专业教学改革的需要，依据建筑
施工最新标准规范进行编写。全书主要内容包括土方工程智能化施工、地基处
理与基础工程施工、脚手架与二次结构智能化施工、钢筋混凝土工程智能化施
工、装配式工程施工、预应力混凝土工程、防水工程施工、装饰工程智能化施
工等。

本书可作为高等职业院校土建类专业的教材，也可供建筑工程施工现场相
关技术和管理人员工作时参考使用。

为方便教师授课，本教材作者自制免费课件，索取方式为：1. 邮箱 jckj@
cabp. com. cn；2. 电话（010）58337285；3. 建工书院 http：//edu. cabplink. com。

责任编辑：李天虹　李　阳
责任校对：芦欣甜

高等职业教育"十四五"系列教材
高等职业教育土建类专业"互联网＋"数字化创新教材

智能建造施工技术

叶　雯　主　编
沙　玲　胡永骁　副主编

*

中国建筑工业出版社出版、发行（北京海淀三里河路 9 号）
各地新华书店、建筑书店经销
北京鸿文瀚海文化传媒有限公司制版
天津安泰印刷有限公司印刷

*

开本：787 毫米×1092 毫米　1/16　印张：24½　字数：608 千字
2023 年 8 月第一版　　2023 年 8 月第一次印刷
定价：**68.00** 元（赠教师课件）
ISBN 978-7-112-28784-0
（41222）

前　言

　　本书是国家级智能建造技术专业教师教学创新团队建设成果之一，也是广州番禺职业技术学院建筑工程技术专业群教学资源库配套教材，同时是国家"双高计划"建设和广东省高水平建筑工程技术专业群（GSPZYQ2020016）建设成果之一。

　　本书主要依据教育部发布的《高等职业学校建筑工程技术专业教学标准》中对专业核心课程"智能建造施工技术"主要教学内容的相关规定进行编写。本书主动适应专业教学和课程改革的需要，紧密结合我国住建行业转型升级在施工领域技术创新和管理创新的要求，严格遵照国家现行《建筑工程施工质量验收统一标准》GB 50300—2013、相关专业工程施工质量验收标准规范和工法，引入智能建造的新技术、新材料、新工艺和新设备。

　　本书以施工员及相关岗位施工技术应用能力的培养为主线，按照建筑工程施工项目主要分部分项工程分为八个项目，系统介绍了建筑工程施工项目的施工工艺、施工方法、施工机械、施工技术措施和质量检验标准，主要内容包括土方工程智能化施工、地基处理与基础工程施工、脚手架与二次结构智能化施工、钢筋混凝土工程智能化施工、装配式工程施工、预应力混凝土工程、防水工程施工、装饰工程智能化施工。

　　本书编写过程中注重产教融合、校企合作，将土木工程施工相关岗位、项目课程、施工员从业资格证书考试、建筑工程施工技能竞赛等元素相互融通，形成"岗课融合、课证融合、课赛融合"，并将价值塑造、能力培养、知识传授有效融合于教材中，贯穿教学全过程，以"润物细无声"的方式开展建筑安全意识、鲁班工匠精神、绿色发展理念、诚信守时观念等思政教育，培养学生养成良好学习习惯。

　　本书在各项目前设置了实际工程项目的引例，进而指出知识目标和技能目标，概括各项目的重点内容、要求学生达到的学习目标及需要掌握的知识要点；在各项目后均设置了项目小结和思考与练习题，对各项目知识做出系统的总结和归纳。针对"智能建造技术"的课程特点，为了使学生更加直观地理解施工工艺和施工方法，也为了方便教师教学，校企编写团队开发了与本书配套的数字化资源，包括微课、教学 PPT、施工工艺动画、施工图片、工程案例、施工规范等，配套精品在线开放课程，形成"纸质教材＋多媒体平台"融合。

　　本书由广州番禺职业技术学院叶雯担任主编。具体编写分工为：叶雯编写绪论、项目一，王廷廷编写项目二，潘广斌编写项目四、五，李霞编写项目七，梁环跃、杨清源编写项目八，黑龙江建筑职业技术学院张琨参与编写绪论，广东交通职业技术学院宁培淋提供全书思政元素，浙江建设职业技术学院沙玲、程志高编写项目三，向芳参与编写项目五，湖北城市建设职业技术学院胡永骁、刘杰编写项目六。全书由广州番禺职业技术学院叶雯统稿。

　　本书可作为高等职业院校建筑工程技术、智能建造技术、建设工程管理、建设工程监理等相关专业的教材，也可作为建筑工程相关职业岗位培训教材使用，还可供建筑工程施工现场相关技术和管理人员工作时参考。

由于目前我国建筑业正处于向智能建造转型升级的关键阶段，建筑施工领域的新技术、新装备、新体系不断推陈出新，各地的施工技术水平尚存在一定的差异。因此，在教材内容的设计、典型施工机具设备的选择、推荐施工案例的应用等方面存在"先进性和普适性，通用性和特色化"的权衡与取舍。由于编写团队掌握信息也可能存在不全面的问题，在教材内容上可能存在疏漏和偏颇，请广大读者在应用本教材的过程中及时反馈意见，以便再版时修改和优化。

本书课程思政元素

　　本书课程思政元素的融入主要以学生为中心，从激发学生职业情感、培养学生创新思维和敬业奉献精神三个方面，围绕"价值塑造、能力培养、知识传授"三位一体的课程建设目标，在课程内容中寻找相关的落脚点。本书的课程思政元素设计结合本课程的特点和内容，打造课程思政资源库，在课程实施过程中适时引入工程案例、人物故事，以"润物细无声"的方式将正确的价值追求有效地传递给读者。通过显性和隐性相结合的课程思政方式，使学生增加了学生专业知识的兴趣，并逐步体会到"绿色低碳""工匠精神"的真正含义。

　　在课堂教学中教师可结合下表中的内容导引，针对相关的知识点或案例，引导学生进行思考或展开讨论。

章节	内容导引	思考问题	课程思政元素
绪论	我国建造技术的发展历程	1. 中国建筑现代化的发展历程； 2. 如何通过建设质量强国推动我国的高质量发展	中国式现代化 质量强国、高质量发展
	智能建造技术的提出	3. 如何推动智能建造与建筑工业化协同发展	智能建造的行业发展趋势
项目一	智能土方量计算	1. 无人机倾斜摄影在重大民生工程中的应用	开拓创新 学以致用 心系家国
	智能化施工机械	2. 新型挖掘机如何在应急救援中发挥作用	
	填土压实	3. 渺小的沙土如何承担起建筑的负重	团结的力量
	土方工程安全技术	4. 土方工程中哪些地方容易造成安全事故？应如何避免	安全生产
项目二	地基处理	1. 青藏铁路的修建是如何攻克冻土难题的	不怕牺牲、吃苦耐劳、敢于创新的劳模精神和工匠精神
	桩基础施工	2. 摩天大厦的基础是如何施工的？如何确保基础能承受上部结构这么重的荷载	摩天大楼需要坚实的基础；我们做事要一步一个脚印，才能走得更远更好
项目三	脚手架	1. 危险性较大工程有哪些？ 2. 如何采用智能化手段避免安全生产事故	守好安全生产红线

续表

章节	内容导引	思考问题	课程思政元素
项目四	模板工程施工	1. 应如何避免模板工程安全事故	守好安全生产红线
	钢筋智能化加工	2. 为何要减少现场施工作业，把施工场所"搬"到工厂	建筑建造业的工业化发展道路
	混凝土工程智能化施工	3. 现场施工如何实现工业化	建筑建造业的工业化发展道路
		4. 如何避免混凝土施工质量问题	质量第一，违法必究
项目五	装配式混凝土工程施工	1. 为何要发展装配式建筑	产业的发展要与国家发展相协调
		2. 我国在装配式建筑方面取得了哪些成就	武汉火神山医院采用装配式建造新技术如期完工，体现了中国速度，做到了"生命第一，人民至上"
项目六	预应力的损失	预应力的损失有哪些	精益求精的工匠精神
项目七	防水工程施工	1. 我国古代是如何做到防水的	"以排为主，以防为辅，多道设防，刚柔并济"——中华优秀传统文化
		2. 如何避免建筑工程的防水问题	工匠精神：注重知识和技能一点一滴的积累
项目八	装饰工程智能化施工	—	—
	门窗工程施工	智能化施工机器人在哪些地方影响了建筑业的发展	创新意识

目　录

绪论 ·· 001

项目一　土方工程智能化施工 ····································· 004

任务 1　认识土方工程施工 ·· 005
任务 2　智能土方工程量计算及土方调配 ····························· 009
任务 3　土方施工准备与辅助工作 ····································· 023
任务 4　土方智能化施工机械 ··· 037
任务 5　基坑（槽）施工 ·· 046
任务 6　土方的填筑与压实 ··· 051
任务 7　土方工程质量标准与安全技术 ································· 056

项目二　地基处理与基础工程施工 ····························· 063

任务 1　地基处理 ··· 064
任务 2　浅基础施工 ·· 075
任务 3　桩基础施工 ·· 080
任务 4　桩基础的检测与验收 ··· 098

项目三　脚手架与二次结构智能化施工 ······················ 102

任务 1　脚手架及垂直运输设施 ·· 103
任务 2　二次结构智能施工 ·· 142

项目四　钢筋混凝土工程智能化施工 ·························· 160

任务 1　模板工程施工 ·· 161
任务 2　钢筋智能化加工 ··· 180
任务 3　混凝土工程智能化施工 ·· 200

项目五　装配式工程施工 ·· 226

任务 1　装配式混凝土工程施工 ·· 227
任务 2　钢结构工程施工 ··· 239

项目六　预应力混凝土工程 ······································ 270

任务 1　认识预应力混凝土 ·· 271
任务 2　先张法预应力混凝土施工 ····································· 274

任务 3　后张法预应力混凝土施工 ·· 286

任务 4　无粘结预应力混凝土施工 ··· 300

任务 5　预应力装配式混凝土结构施工 ··· 304

任务 6　预应力混凝土工程施工质量检查与安全措施 ······························ 307

项目七　防水工程施工 ··· 311

任务 1　屋面防水工程施工 ··· 312

任务 2　地下防水工程 ··· 323

任务 3　厨房、卫生间防水 ··· 330

任务 4　装配式混凝土结构防水工程 ·· 337

项目八　装饰工程智能化施工 ·· 340

任务 1　抹灰工程智能化施工 ·· 341

任务 2　饰面工程施工 ··· 350

任务 3　楼地面工程智能化施工 ··· 353

任务 4　吊顶工程和隔墙施工 ·· 361

任务 5　门窗工程施工 ··· 367

任务 6　涂饰工程智能化施工 ·· 371

任务 7　裱糊工程智能化施工 ·· 375

任务 8　墙体结构保温装饰一体化施工 ··· 378

绪　论

一、我国建造技术的发展历程

中华人民共和国成立以来，随着我国经济建设的大规模开展，全国建筑业企业完成总产值从 1952 年的 57 亿元，至 2021 年达到 29.3 万亿元，增长高达 5140 余倍，建筑业产值规模不断扩张，一次又一次突破历史高点。总的来说，中国当代建造技术的发展历程可归结为：发展建造、快速建造、中国建造三个主要阶段。

中华人民共和国成立后的 30 年是"发展建造"阶段，由于人口众多、资源有限，国家的建设任务主要以发展工业建筑为主，建造活动基本上是政府行为。在此期间，我国将"适用、经济，在可能的条件下注意美观"作为建筑业的指导原则，主要依靠自力更生完成工业基础建设任务。同时，我国建筑行业学习了苏联的设计和施工经验，制定了砖混结构规范，工业建筑大力推广标准设计、装配式建筑方法，广泛推广预应力混凝土结构，后来又推出轻钢结构，节约了当时宝贵的钢材和水泥。在地基和基础处理方面，推广砂垫层、砂井预压和砂桩、灰土桩，推广重锤夯实、电化学加固技术等，配筋砖砌体等也得到了发展。此外，顶升法和无梁楼板开始在多层厂房中使用。

1978 年，党和国家的工作重心转移到了社会主义现代化建设和改革开放上，我国的建筑业进入了"快速建造"时期，建筑材料、建筑技术得到了极大发展。在这一时期，国内建筑从业者的设计、施工技术水平突飞猛进，高层、超高层项目逐年增加，引进了大量新的材料、新的结构与构造形式、新的施工技术和设备、新的设计手法。国内外建筑技术交流频繁，产生了一批由国内外建筑师共同设计、国内施工企业施工、蜚声中外的建筑，如国家大剧院、国家游泳中心（"水立方"）、国家体育场（"鸟巢"）、上海环球金融中心、广州新电视塔等。信息化科学技术的新发展对我国建造技术产生了巨大影响。不到 40 年的时间，设计工作从手工绘图进入计算机辅助绘图，又从计算机绘图发展到建筑信息模型（BIM）三维设计。我国建筑设计的信息化从无到有，再到紧追国际信息化潮流，充分利用最新的数字化设计工具。这一期间，基于国际发展趋势，我们开发了一批具备自主知识产权的设计软件和图形工具。我国建筑业紧跟世界建筑业技术发展，出现了一批优秀的建筑设计师和工程师，一些设计项目开始在国内外获得重要建筑奖项，一些施工企业开始走出国门，在国外中标施工项目。中国的建造技术正在向世界先进水平稳步迈进。

2012 年以来，我国建筑市场空前繁荣，"中国建造"打造了一个个令世界惊叹的超级工程，创造了蜚声海外的国家品牌。如北京凤凰国际传媒中心、长沙梅溪湖国际文化艺术中心、上海中心大厦、北京大兴国际机场、北京中信大厦、哈尔滨歌剧院、北京世园会中国馆等。在地下空间、居住社区、摩天大厦、体育场馆、文教建筑、医疗建筑、工业厂房、交通枢纽、装配式建筑等方面，我国在绿色建造的理论形成和技术实践上都取得了举世瞩目的成就。

二、智能建造技术的提出

建筑业是一个古老的行业。人类进入文明社会以来，建筑业不仅提供了人类"衣、食、住、行"四大基本需求中的"住"，也是实现"衣、食、行"的先导产业。及至现代，建筑业更是成为社会进步的标志性产业。目前，我国建筑业在国民经济五大物质生产部门中，年产值仅低于工业、农业，而高于运输业和商业，位居第三；从业人口达 5000 余万人；加上建筑业的先导性与带动性，建筑业已成为我国社会的支柱型产业。建筑业的产品是庞大的建筑物，因此，建筑产品与工业产品相比，具有迥然不同的特殊性。

尽管我国是建造大国，但还不是建造强国。碎片化、粗放式的建造方式带来一系列问题，如产品性能欠佳、资源浪费较大、安全问题突出、环境污染严重和生产效率较低等。同时，社会经济发展的新需求使得工程建造活动日趋复杂，建筑行业亟待转型升级。以物联网、大数据、云计算、人工智能为代表的新一代信息技术，正在催生新一轮的产业革命。全球主要工业化国家均因地制宜地制定了以智能制造为核心的制造业变革战略，我国建筑业也迫切需要制定工业化与信息化相融合的智能建造发展战略，彻底改变碎片化、粗放式的工程建造模式。

智能建造，是新一代信息技术与工程建造融合形成的工程建造创新模式，即利用以"三化"（数字化、网络化和智能化）和"三算"（算据、算力、算法）为特征的新一代信息技术，在实现工程建造要素资源数字化的基础上，通过规范化建模、网络化交互、可视化认知、高性能计算以及智能化决策支持，实现数字链驱动下的工程立项策划、规划设计、施（加）工生产、运维服务一体化集成与高效率协同，不断拓展工程建造价值链、改造产业结构形态，向用户交付以人为本、绿色可持续的智能化工程产品与服务。

具体来说，智能建造对传统的工程建造技术的变革主要体现在产品形态、生产方式、经营方式等方面。

一是产品形态从实物产品到"实物＋数字"产品。借助"数字孪生"技术，实物产品与数字产品有机融合，形成"实物＋数字"复合产品形态，实现以人为本、绿色可持续的目标。数字建筑产品将允许人们在计算机虚拟空间里对建筑性能、施工过程等进行模拟、仿真、优化和反复试错，通过"先试后建"获得高品质的建筑产品。

二是生产方式从工程施工到"制造＋建造"。传统的建筑施工方式缺乏标准化，在生产效率、资源利用和节能环保等方面都存在明显的瓶颈。实行建筑工业化的关键是要在工业化大批量、规模化生产条件下，提供满足市场需求的个性化建筑产品。以装配式建筑为例，建筑部品部件将在工厂化条件下批量化生产，不仅可以有效降低成本，还可以提高质量。构件运送到施工现场再拼装成不同功能的建筑产品，以满足市场对建筑产品个性化的要求。这种建造方式与定制化的传统建筑施工有很大不同，从建筑模块化体系、建筑构件柔性生产线到构件装配，都不再是单纯的施工过程。而是制造与建造相结合，实现一体化、自动化、智能化的"制造＋建造"。

三是经营方式从产品建造到服务建造。随着产业边界的相互融合，会催生出新的业态和服务内容。一方面，以数字技术为支撑，工程建设领域的企业将从单纯的生产性建造活动拓展为提供更多的增值服务。另一方面，也会使得更多的技术、知识性服务价值链融合到工程建造过程中。技术、知识型服务将在工程建造活动中提供越来越重要的价值，进而形成工程建造服务网络，推动工程建造向服务化方向转型。建设企业不仅需要提供安全、绿色、智能的实物产品，还应当着眼于面向未来的运营和使用，提供各种各样的服务，保证建设目标的实现和用户的舒适体验，从而拓展建设企业的经营模式和范围。如智能建筑、绿色建筑和智能家居等，都是典型的应用场景。

三、智能建造技术课程的研究对象、主要内容及学习要求

1. 本课程的研究对象

"智能建造施工技术"课程是以建筑工程施工中不同工种的施工为研究对象，根据其特点和规模，结合施工地点的地质水文、气候、机械设备和材料供应等客观条件，在此基础上，结合 BIM 技术、装配式建筑、施工机器人等当前先进的信息化、网络化和智能化技术，研究其施工规律，保证工程质量，做到技术和经济的统一。

2. 本课程的主要内容

由于建筑物的施工是一个复杂的过程，所以，通常将一般民用建筑的施工过程按其施工工种的不同分为土方工程、地基处理与基础工程、砌筑工程、混凝土结构工程、预应力混凝土工程、结构安装工程、屋面及地下防水工程、装饰工程、门窗工程等分部分项工程。

"智能建造施工技术"课程的内容是在传统建筑工程主要工种的基础上，融合 BIM 技术、装配式建筑、施工机器人等工业化和智能化的施工工艺原理和施工方法，以及施工质量标准与安全技术措施。通过对这些内容进行研究，最终选择经济、合理的施工方案，以保证工程按期完成。

3. 本课程的学习要求

"智能建造施工技术"是一门综合性很强的施工技术课程，在学习过程中，要做到以下几点：

建筑施工技术与建筑材料、房屋建筑构造、建筑工程力学等课程既相互联系，又相互影响。因此，在学好本课程的同时，还应学好上述相关课程。此外，在智能建造背景下，还应补充 BIM 技术、信息化管理技术及自动控制等相关知识的学习。

必须认真学习国家和行业主管部门颁布的建筑工程施工及验收规范，包括标准、规程和图集，因为这些规范是我国建筑科学技术和实践经验的结晶，也是我国建筑界所有人员应共同遵守的准则。

由于本学科涉及的知识面广、实践性强，而且技术发展迅速，所以，在学习中必须坚持理论联系实际的学习方法，并能应用所学的施工技术知识来解决实际工程中的一些问题。

Chapter 01

项目一

土方工程智能化施工

教学目标

1. 知识目标

(1) 了解土的基本性质。

(2) 掌握土方工程量计算方法，了解土方调配方案的编制方法。

(3) 熟悉常用土方施工机械及其施工特点。

(4) 熟悉基坑（槽）支护的施工方法及其使用条件。

(5) 了解常用的基坑降水施工方法。

(6) 掌握土方开挖、回填和压实的施工方法及要求。

(7) 掌握土方工程施工质量标准和检验方法。

2. 能力目标

(1) 能组织土方工程施工。

(2) 能进行土方工程量计算。

(3) 能合理利用土方施工机械组织土方开挖、回填、压实施工。

(4) 能合理选用基坑（槽）支护方法。

(5) 能根据工程的具体情况选择合理的排水与降水方法。

(6) 能进行土方工程施工技术交底。

(7) 能进行土方工程施工质量检验。

3. 素质目标

(1) 通过土力学知识在土方工程的应用，培养学生学以致用的能力素养。

(2) 通过智能土方量计算和智能化施工机械的学习，树立创新强国的理念，培养发现问题并创新地解决问题的能力。

引例

近年来代表中国建造"精度"和"跨度"的港珠澳大桥、代表中国建造"高度"的上海中心大厦、代表着中国建造"速度"十天竣工的火神山医院等一系列中国建造工程享誉世界，中国建造的巴基斯坦瓜达尔港、科威特中央银行总部大楼等外国地标性建筑更是登上 11 个国家的纸币。您想了解这些超级工程是如何建造的吗？万丈高楼平地起，让我们首先从地基土开始，通过综合案例的学习，思考以下问题。

综合应用案例 1 为钢筋混凝土结构，局部钢结构，主要功能为办公楼，地下 3 层，地上主体结构 6 层、8 层、11 层、13 层、16 层各一栋。本工程基坑深度 13.9m，地下水埋深 1.4～2.7m，地下水位年变化幅度一般为 0.5～1m。

综合应用
案例1

思考：

1. 本工程开挖过程有哪些注意要点？是否需要分层开挖？是否需要排水处理？可采用何种排水方式？

2. 本工程基坑支护采用何种方式？有哪些施工要点？

任务 1　认识土方工程施工

土方工程是建筑工程施工的首项工程，具有量大面广、劳动繁重和施工条件复杂等特点，受气候、水文、地质、地下障碍等因素影响较大，不确定因素较多，存在较大的危险性。因此，在施工前必须做好调查研究，选用合理的施工方案，采用先进的施工方法和机械施工，以保证工程的质量和安全。

一、土方工程主要施工内容

土方工程是建筑施工的一个主要分部工程，包括土的开挖、运输、回填压实等主要施工过程以及排水、降水和土壁支护等准备和辅助过程。

常见的土方工程有：平整场地、挖基坑、挖基槽、挖土方、土方回填。

 知识链接

1. 平整场地

平整场地是指厚度在 300mm 以内的挖填、找平工作。

2. 挖基坑

挖基坑指挖土底面积在 150m² 以内，且底长为底宽 3 倍者。

3. 挖基槽

挖基槽指挖土宽度在 7m 以内，挖土长度等于或大于宽度 3 倍以上者。

4. 挖土方

挖土方指挖土宽度在 7m 以上，挖土底面积在 150m² 以外，平整场地厚度在 300mm 以外者。

5. 土方回填

常见的有：基础回填、室内回填、管道沟槽回填。

二、土的分类与鉴别

在土方工程施工中，按土的开挖难易程度分为八类，一至四类为土，五至八类为岩石。土的分类与现场鉴别方法见表 1-1。

土的工程分类方法及现场鉴别方法　　　　　　　　　　表 1-1

土的分类	土的名称	可松性系数		现场鉴别方法
		K_s	K_s'	
一类土（松软土）	砂，粉质砂土，冲积砂土层，种植土，泥炭（淤泥）	1.08~1.17	1.01~1.04	用锹、锄头挖掘
二类土（普通土）	粉质黏土，潮湿的黄土，夹有碎石、卵石的砂，种植土，填筑粉质砂土	1.14~1.28	1.02~1.05	用锹、锄头挖掘，少许用镐翻松
三类土（坚土）	软及中等密实黏土，重粉质黏土，粗砾石，干黄土及含碎石、卵石的黄土，粉质黏土，压实的填筑土	1.24~1.30	1.04~1.07	主要用镐，少许用锹、锄头挖掘，部分用撬棍
四类土（砂砾坚土）	重黏土及含碎石、卵石的黏土，粗卵石，密实的黄土，天然级配砂石，软泥灰岩及蛋白石	1.26~1.32	1.06~1.09	整个先用镐、撬棍，然后用锹挖掘，部分用楔子及大锤
五类土（软石）	硬石炭纪黏土，中等密实的页岩、泥灰岩、白垩土，胶结不紧的砾岩，软的石灰岩	1.30~1.45	1.10~1.20	用镐或撬棍、大锤挖掘，部分用爆破方法
六类土（次坚石）	泥岩，砂岩，砾岩，坚实的页岩、泥灰岩，密实的石灰岩，风化花岗岩，片麻岩	1.30~1.45	1.10~1.20	用爆破方法开挖，部分用风镐
七类土（坚石）	大理岩，辉绿岩，玢岩，粗、中粒花岗岩，坚实的白云岩，砂岩，砾岩，片麻岩，石灰岩，风化痕迹的安山岩，玄武岩	1.30~1.45	1.10~1.20	用爆破方法开挖
八类土（特坚石）	安山岩，玄武岩，花岗片麻岩，坚实的细粒花岗岩，闪长岩，石英岩，辉长岩，辉绿岩，玢岩	1.45~1.50	1.20~1.30	用爆破方法开挖

注：K_s 为最初可松性系数，K_s' 为最终可松性系数。

特别提示

土的开挖难易程度不同，会影响土方开挖的方法的选择、劳动量的消耗、工期的长短及工程的费用。因此，在建筑工程施工前应首先根据土的工程分类确定土的类别。

三、土的工程性质

土一般由土颗粒（固相）、水（液相）和空气（气相）三部分组成，这三部分之间的比例关系随着周围条件的变化而变化。三者之间比例不同，表示土的物理状态也不同，如干燥、稍湿或很湿，密实、稍密或松散。土的基本工程性质有：密度、可松性、压缩性、含水量（率）和渗透性等。

1. 土的天然密度和干密度

土的天然密度是指在天然状态下，单位体积土的质量。它与土的密实程度和含水量有关。土的天然密度用 ρ 表示，计算公式为：

$$\rho = \frac{m}{V} \tag{1-1}$$

式中：ρ——土的天然密度（kg/m³）；

m——土的总质量（kg）；

V——土的体积（m³）。

土的干密度是指单位体积的土中固体颗粒的质量。土的干密度用 ρ_d 表示，计算公式为：

$$\rho_d = \frac{m_s}{V} \tag{1-2}$$

式中：ρ_d——土的干密度（kg/m³）；

m_s——固体颗粒质量（kg）；

V——土的体积（m³）。

> **特别提示**
>
> 土的干密度越大，表示土越密实。工程上常把土的干密度作为评定土体密实程度的标准，以控制填土工程的压实质量。

2. 土的可松性

土具有可松性，即自然状态下的土经开挖后，其体积因松散而增大，以后虽经回填压实，仍不能恢复其原来的体积。土的可松性程度用可松性系数表示，即：

$$K_s = \frac{V_{松散}}{V_{原状}} \tag{1-3}$$

$$K'_s = \frac{V_{压实}}{V_{原状}} \tag{1-4}$$

式中：K_s——土的最初可松性系数；

K'_s——土的最终可松性系数；

$V_{原状}$——土在天然状态下的体积（m³）；

$V_{松散}$——土挖出后在松散状态下的体积（m³）；

$V_{压实}$——土经回填压（夯）实后的体积（m³）。

各类土的可松性系数见表1-1。

特别提示

土的可松性对确定场地设计标高、土方量平衡调配、计算运土机具的数量和弃土坑的容积，以及计算填方所需的挖方体积等均有很大影响。土的最初可松性系数 K_s 是计算车辆装运土方体积及挖土机械的主要参数；土的最终可松性系数 K_s' 是计算填方所需挖土工程量的主要参数。

【应用案例】

某基坑体积为 $500m^3$，其基础体积为 $300m^3$，试计算填土量和弃土量。（已知 $K_s=1.3$，$K_s'=1.05$）

【解】填方量（天然状态）$=\dfrac{500-300}{1.05}=190$（$m^3$）

弃土量（松散状态）$=(500-190)\times1.3=4.03$（m^3）

3. 土的压缩性和压实系数

土的压缩性是指土在压力作用下体积变小的性质。取土回填或移挖作填，松土经运输、填压以后，均会压缩。常见土的压缩率参考值见表1-2。

土的压缩率参考值 表1-2

土的类别	土的名称	土的压缩率(%)	每立方米松散土压实后的体积(m^3)
一、二类土	种植土	20	0.80
	一般土	10	0.90
	砂土	5	0.95
三类土	天然湿度黄土	12~17	0.85
	一般土	5	0.95
	干燥坚实黄土	5~7	0.94

压实系数是指土方经压实实际达到的干密度与由击实试验得到的试样的最大干密度比值。压实系数越接近1，表明压实质量要求越高。工程中常用土的压实系数来控制土方的压实质量，通常压实系数不小于0.9。

回填土的压实系数用 λ 表示：

$$\lambda=\frac{\rho_{实}}{\rho_{大}} \tag{1-5}$$

式中：$\rho_{实}$——土的实际干密度（kg/m^3）；

$\rho_{大}$——土的最大干密度（kg/m^3）。

4. 土的含水量

土中水的质量与固体颗粒质量的比值称为土的含水量，用下式表示：

$$w=\frac{m_w}{m_s}\times100\% \tag{1-6}$$

式中：w——土的含水量；

m_w——土中水的质量（kg）；

m_s——土中固体颗粒的质量（kg）。

土的含水量表示土的干湿程度，含水量在5％以内的土，称为干土；含水量在5％～30％的土，称为潮湿土；含水量超过30％的土，称为湿土。在施工中，通常采用最佳含水量的土。最佳含水量是指能使填土夯实至最密实的含水量。现场判定的方法就是"手握成团，落地开花"。

> **特别提示**
>
> 　　土的含水量影响土方施工方法的选择、边坡的稳定及回填土的夯实质量。如果土的含水量超过30％，则机械化施工就会较困难，容易打滑、陷车。每种土都有其最佳含水量，土在这种含水量的条件下，使用同样的压实功进行压实，所得到的密度最大。

5. 土的渗透性

土的渗透性是指土体被水透过的性质，通常用渗透系数 K 表示。渗透系数 K 表示单位时间内水穿透土层的能力，以 m/d 表示。根据渗透系数不同，土可分为透水性土（如砂土）和不透水性土（如黏土）。土的渗透系数参考值见表1-3。

土的渗透系数参考值　　　　　　　　　　　　表1-3

土的名称	渗透系数 K（m/d）	土的名称	渗透系数 K（m/d）
黏土	<0.005	含黏土的中砂	3～15
粉质黏土	0.005～0.1	粗砂	20～50
粉土	0.1～0.5	均质粗砂	60～75
黄土	0.25～0.5	圆砾石	50～100
粉砂	0.5～1	卵石	100～500
细砂	1～5	漂石（无砂质充填）	500～1000
中砂	5～20	稍有裂缝的岩石	20～60
均质中砂	35～50	裂缝多的岩石	>60

> **特别提示**
>
> 　　土的渗透性影响施工降水与排水的速度。

任务2　智能土方工程量计算及土方调配

土方工程开工前，需要先计算出土方工程量，以便拟订施工方案，配备人力和物力，安排施工计划。

工程中需要挖掘或填筑的土方几何形状与大小，随工程种类、要求与地形不同而各异。对于不规则的土方几何体积，一般是先将其划分成若干较规则的形状，然后逐一计算，再求其总和，基本可以满足所需的计算精度。

一、基坑（槽）土方量计算

基坑土方
量的计算

1. 土方边坡坡度

开挖土方时，边坡土体的下滑力产生剪应力，此前应力主要由土体的内摩阻力和黏聚力平衡，一旦土体失去平衡，边坡就会塌方。为了防止塌方，保证施工安全，在基坑（槽）开挖超过一定限度时，土壁应做成有一定斜度的边坡，或者加临时支撑或支护以保证土壁的稳定。

土方边坡用边坡坡度和边坡系数表示。

如图 1-1（a）所示，边坡坡度以土方挖土深度 h 与边坡底宽 b 之比来表示，即

$$土方边坡坡度 = \frac{h}{b} = 1 : m \tag{1-7}$$

边坡系数以土方边坡底宽 b 与挖土深度 h 之比 m 来表示，即土方边坡系数为：

$$m = \frac{b}{h} \tag{1-8}$$

式中：h——土方挖土深度边坡高度（m）；

b——土方边坡底宽（m）。

特别提示

土方边坡大小应根据土质、开挖深度、开挖方法、施工工期、地下水水位、坡顶荷载及气候条件等因素确定。

边坡可做成直线形、折线形或阶梯形，如图 1-1 所示。若边坡高度较高，可根据各层土体所受的压力，将边坡做成折线形或阶梯形，以减少挖、填土方量。

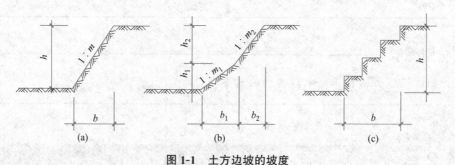

图 1-1 土方边坡的坡度

（a）直线形；（b）折线形；（c）阶梯形

土质均匀且地下水水位低于基坑（槽）或管沟底面标高时，其挖方边坡可做成直立壁不加支撑。挖方深度应根据土质确定，但不宜超过下列规范中的规定值：

（1）密实、中密的砂土和碎石类土（充填物为砂土）1.00m；

（2）硬塑、可塑的轻粉质黏土及粉质黏土 1.25m；

（3）硬塑、可塑的黏土和碎石类土（充填物为黏性土）1.50m；

（4）坚硬的黏土 2.00m。

对地质条件良好、土质均匀且地下水水位低于基坑（槽）或管沟底标高时，挖方深度在 5m 以内不加支撑的边坡最大坡度应符合表 1-4 的规定。

深度在 5m 以内的基坑（槽）、管沟边坡的最大坡度（不加支撑）　　表 1-4

土的类别	边坡坡度（高：宽）		
	坡顶无荷载	坡顶有静载	坡顶有动载
中密的砂土	1：1.00	1：1.25	1：1.50
中密的碎石类土（充填物为砂土）	1：0.75	1：1.00	1：1.25
硬塑的粉土	1：0.67	1：0.75	1：1.00
中密的碎石类土（充填物为黏性土）	1：0.50	1：0.67	1：0.75
硬塑的粉质黏土、黏土	1：0.33	1：0.50	1：0.67
老黄土	1：0.10	1：0.25	1：0.33

注：1. 静载是指堆土或材料等，动载是指机械挖土或汽车运输作业等。静载或动载距挖方边缘的距离应保证边坡和直立壁的稳定，堆土或材料应距挖方边缘 0.8m 以外，高度不超过 1.5m。
　　2. 当有成熟施工经验时，可不受本表限制。

永久性挖方边坡应按设计要求放坡。对使用时间较长的临时性挖方边坡坡度，在坡体整体稳定情况下，如地质条件良好、土质较均匀、高度在 10m 以内，应符合表 1-5 的规定。

使用时间较长、高度在 10m 以内的临时性挖方边坡坡度值　　表 1-5

土的类别		边坡坡度（高：宽）
砂土（不包括细砂、粉砂）		1：1.25～1：1.50
一般性黏土	坚硬	1：0.75～1：1.00
	硬塑	1：1.00～1：1.50
	软	1：1.50 或更缓
碎石类土	充填坚硬、硬塑黏性土	1：0.50～1：1.00
	充填砂土	1：1.00～1：1.50

注：1. 使用时间较长的临时性挖方是指使用时间超过一年的临时道路、临时工程的挖方。
　　2. 挖方经过不同类别的土（岩）层或深度超过 10m 时，其边坡可做成折线形或阶形。
　　3. 现场有成熟、施工经验时，可不受本表限制。

2. 基坑土方量计算

基坑开挖时，四边留有一定的工作面，分为放坡开挖和不放坡开挖两种情况，如图 1-2 所示。

当基坑不放坡时：　　　　　　$V = h(a+2c)(b+2c)$

当基坑四面放坡时：　　　　　　$V = h(a+2c+2mh)(b+2c+2mh) + \frac{1}{3}m^2h^3$

式中：V——基坑土方量（m^3）；

h——基坑开挖深度（m）；

a——基础底长（m）；

b——基础底宽（m）；

c——工作面宽（m）；

m——坡度系数。

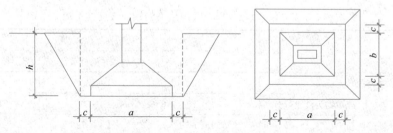

图 1-2　基坑土方量的计算

 知识链接

工作面指现场施工作业人员在施工中所需的工作空间。工作面的留置要求：砖基础每边留 200mm；浆砌毛石、条石基础每边留 150mm；混凝土基础垫层支模板每边留 300mm；混凝土基础需支模板的每边留 300mm；基础垂直面做防水层每边留 800mm。

【应用案例】

已知某基坑底长为 80m，底宽为 60m，场地地面高程为 184.50m，基坑底面的高程为 176.50m，四面放坡，坡度系数为 0.5，工作面宽 0.3m，试计算基坑土方量。

【解】基坑的开挖深度：$h = 184.50 - 176.5 = 8\text{m}$

$$V = h(a + 2c + mh)(b + 2c + mh) + \frac{1}{3}m^2h^3$$

$$= 8 \times (80 + 2 \times 0.3 + 0.5 \times 8) \times (60 + 2 \times 0.3 + 0.5 \times 8) + \frac{1}{3} \times 0.5^2 \times 8^3$$

$$= 43763.95\text{m}^3$$

3. 基槽土方量计算

基槽开挖时，两边留有一定的工作面，分为放坡开挖和不放坡开挖两种情形，如图 1-3 所示。

基槽不放坡时：$V = h(a + 2c)L$

当基槽放坡时：$V = h(a + 2c + mh)L$

式中：V——基槽土方量（m³）；

a——基础底面宽度（m）；

h——基槽开挖深度（m）；

c——工作面宽（m）；

m——坡度系数；

L——基槽长度（外墙按中心线，内墙按净长线）（m）。如果基槽沿长度方向断面变化较大，应分段计算，然后将各段土方量汇总即得总土方量。

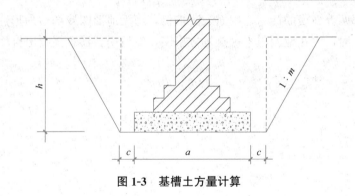

图 1-3　基槽土方量计算

二、场地平整土方量计算

场地平整就是将高低不平的天然地面改造成我们所要求的平坦地面。建筑工程项目施工前需要确定场地设计标高，并进行场地平整。

> **特别提示**
>
> 建筑场地挖、填方厚度在±30mm 以内的人工平整不涉及土方量的计算问题。这里计算的是挖、填厚度超过±30mm 时的场地挖、填土方量，应按建筑总平面图中的设计标高进行计算。

 知识链接

场地设计标高一般由设计单位确定，它是进行场地平整和土方量计算的依据。合理地确定场地设计标高，对减少土方量、节约土方运输费用及加快建设速度都具有十分重要的经济意义。选择设计标高时，需考虑以下因素：

（1）满足建筑规划、生产工艺和运输的要求。

（2）尽量利用地形，以减小挖填土方量。

（3）场地内的挖方、填方尽量平衡且土方量最小（面积大、地形又复杂时例外），以便降低土方工程的施工费用。

（4）场内要有一定的泄水坡度（$i \geqslant 0.2\%$），以满足排水的要求。

（5）考虑最高洪水水位的要求。

（6）满足市政道路与规划的要求。

1. 场地设计标高的初步确定

当场地对高程无特殊要求时，一般可以根据在平整前和平整后的土方量相等的原则来确定场地的设计高程，使挖土土方量和填土土方量基本一致，从而减小场地土方施工的工程量，使开挖出的土方得到合理的利用。

计算场地设计标高时，首先在场地的地形图上根据要求的精度划分边长 a 为 $10 \sim 40$m 的方格网，如图 1-4（a）所示，然后标出各方格角点的自然标高。各角点的自然标高可根据地形图上相邻两等高线的标高，用插入法求得，当无地形图或场地地形起伏较大（用插入法误差较大）时，可在地面用木桩打好方格网，然后用仪器直接测出自然标高。

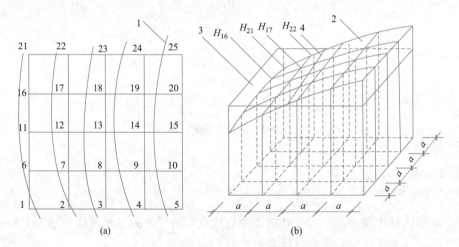

图 1-4　场地设计标高计算简图

（a）地形图上划分方格网；（b）设计标高示意

1—等高线；2—自然地面；3—设计标高平面；4—零线

按照挖填方平衡的原则，如图 1-4（b）所示，场地设计标高即各个方格平均标高的平均值，可按下式计算：

$$H_0 \cdot M \cdot a^2 = \sum \left(a^2 \cdot \frac{(H_{16} + H_{17} + H_{21} + H_{22})}{4} \right)$$

所以：

$$H_0 = \frac{\sum (H_{16} + H_{17} + H_{21} + H_{22})}{4M}$$

式中：　　　　　H_0——所计算场地的设计标高（m）；

　　　　　　　　a——方格边长（m）；

　　　　　　　　M——方格数；

H_{16}、H_{17}、H_{21}、H_{22}——任一方格的四个角点的标高（m）。

由于相邻方格具有公共的角点标高，在一个方格网中，某些角点是 4 个相邻方格的公共角点，其标高需加 4 次；某些角点是 3 个相邻方格的公共角点，其标高需加 3 次；而某些角点标高仅需加 2 次；又如方格网 4 角的角点标高仅需加 1 次，因此上式可改写成：

$$H_0 = \frac{\sum H_1 + 2H_2 + 3H_3 + 4H_4}{4M}$$

式中：H_1——1 个方格仅有的角点标高（m）；

　　　H_2——2 个方格共有的角点标高（m）；

　　　H_3——3 个方格共有的角点标高（m）；

　　　H_4——4 个方格共有的角点标高（m）。

2. 设计标高的调整

根据上述公式计算出的设计标高只是一个理论值，实际上还需要考虑以下因素进行调整：

（1）由于土壤具有可松性，即一定体积的土方开挖后体积会增大，为此需相应提高设计标高，以达到土方量的实际平衡。

（2）设计标高以上的各种填方工程（如场区上填筑路堤）会影响设计标高的降低，设计标高以下的各种挖方工程会影响设计标高的提高（如开挖河道、水池、基坑等）。

（3）根据经济比较的结果，将部分挖方就近弃于场外，或部分填方就近取于场外而引起挖、填土方量的变化后，需增、减设计标高。

3. 考虑泄水坡度对设计标高的影响

如果按照计算出的设计标高进行场地平整，那么整个场地表面将处于同一个水平面；但实际上由于排水要求，场地表面均有一定的泄水坡度。因此，还需要根据场地泄水坡度的要求（单面泄水或双面泄水），计算出场地内各方格角点实际施工时所采用的设计标高。

（1）单向泄水时，场地各点设计标高的求法（图1-5）

在考虑场内挖填平衡的情况下，将计算出的设计标高 H_0，作为场地中心线的标高，场地内任一点的设计标高为：

$$H_n = H_0 \pm l \cdot i$$

式中：H_n——任意一点的设计标高（m）；

　　　　l——该点至场地中心线的距离（m）；

　　　　i——场地泄水坡度，不小于 0.2%；

　　　　$\pm$——该点比 H_0 点高则取"+"，反之取"−"。

（2）双向泄水时，场地各点设计标高的求法（图1-6）

H_0 为场地中心点标高，场地内任意一点的设计标高为：

$$H_n = H_0 \pm l_x \cdot i_x + l_y \cdot i_y$$

式中：l_x，l_y——该点于 x-y、y-y 方向距场地中心线的距离；

　　　　i_x，i_y——该点于 x-y、y-y 方向的泄水坡度。

式中其余符号意义同前。

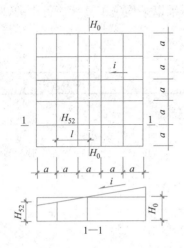

图1-5　单向泄水坡度的场地

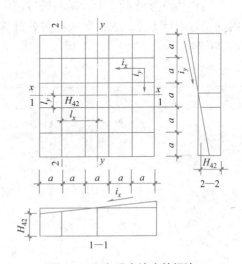

图1-6　双向泄水坡度的场地

4. 场地土方量的计算

大面积场地平整的土方量通常采用方格网法计算，即根据方格网各方格角点的自然地面标高和实际采用的设计标高，计算出相应的角点挖填高度（施工高度），然后计算每一

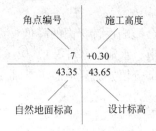

角点编号　施工高度

7　+0.30

43.35　43.65

自然地面标高　设计标高

图 1-7　角点标注

方格的土方量，并计算出场地边坡的土方量。

（1）计算各方格角点的施工高度。施工高度是设计地面标高与自然地面标高的差值，将各角点的施工高度填在方格网的右上角；设计标高和自然地面标高分别标注在方格网的右下角和左下角；方格网的左上角填的是角点编号，如图 1-7 所示。

各方格角点的施工高度按下式计算：

$$h_n = H_n - H$$

式中：h_n——角点施工高度，即各角点的挖填高度，"+"为挖，"−"为填；

　　　H_n——角点的设计标高（若无泄水坡度，即为场地的设计标高）；

　　　H——各角点的自然地面标高。

（2）计算零点位置。在一个方格网内同时有填方或挖方时，要先计算出方格网边的零点位置。所谓零点，是指方格网边线上不挖不填的点。将零点位置标注于方格网上，将各相邻边线上的零点连接起来，即零线。零线是挖方区和填方区的分界线，零线求出后，场地的挖方区和填方区也随之标出。一个场地内的零线不是唯一的，可能是一条，也可能是多条。当场地起伏较大时，零线可能出现多条。

零点的位置按下式计算：

$$x_1 = \frac{h_1}{h_1 + h_2} \cdot a \qquad x_2 = \frac{h_2}{h_1 + h_2} \cdot a$$

式中：x_1，x_2——角点至零点的距离（m）；

　　　h_1，h_2——相邻两角点的施工高度（m），均用绝对值表示；

　　　a——方格网的边长（m）。

（3）计算方格土方工程量。按方格网底面面积图形和表 1-6 所列公式，计算每个方格内的挖方或填方量。表内公式是按各计算图形底面面积乘以平均施工高度而得出的，即平均高度法。

常用方格网点计算公式　　　　　　　　　　　　　　　　表 1-6

项目	图示	计算公式
一点填方或挖方（三角形）	h_1 h_2 h_3 c h_4 b	$V = \dfrac{1}{2}bc\dfrac{\sum h}{3} = \dfrac{bch_3}{6}$ 当 $b = c = a$ 时， $V = \dfrac{a^2 h_3}{6}$
两点填方或挖方（梯形）	b d h_1 h_2 a h_3 h_4 c e	$V_+ = \dfrac{b+c}{2}a\dfrac{\sum h}{4}$ $= \dfrac{a}{8}(b+c)(h_1+h_3)$ $V_- = \dfrac{d+e}{2}a\dfrac{\sum h}{4}$ $= \dfrac{a}{8}(d+e)(h_2+h_4)$

项目	图示	计算公式
三点填方或挖方（五角形）		$V=\left(a^2-\dfrac{bc}{2}\right)\dfrac{\sum h}{5}$ $=\left(a^2-\dfrac{bc}{2}\right)\dfrac{h_1+h_2+h_3}{5}$
四点填方或挖方（正方形）		$V=\dfrac{a^2}{4}\sum h$ $=\dfrac{a^2}{4}(h_1+h_2+h_3+h_4)$

（4）边坡土方量计算。场地的挖方区和填方区的边沿都需要做成边坡，以保证挖方土壁和填方区的稳定。边坡的土方量可以划分成两种近似的几何形体进行计算，一种为三角棱锥体（图 1-8 中①~③、⑤~⑪），另一种为三角棱柱体（图 1-8 中④）。

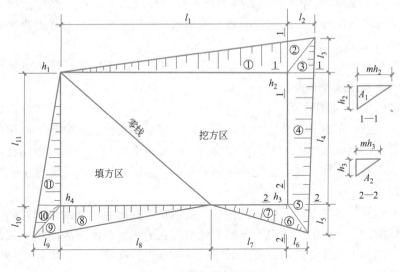

图 1-8 场地边坡平面图

三角棱锥体边坡体积：

$$V_1=\frac{1}{3}A_1l_1 \tag{1-9}$$

式中：l_1——边坡①的长度；

A_1——边坡①的端面积（$A_1=\dfrac{1}{2}mh_2^2$）；

h_2——角点的挖土高度；

m——边坡的坡度系数，$m=$宽/高。

三角棱柱体边坡体积：

$$V_4 = \frac{A_1 + A_2}{2} l_1 \tag{1-10}$$

两端横断面面积相差很大的情况下，边坡体积为：

$$V_4 = \frac{l_4}{6}(A_1 + 4A_0 + A_2) \tag{1-11}$$

式中： l_4——边坡④的长度；

A_0、A_1、A_2——边坡④两端及中部横断面面积。

（5）计算土方总量。将挖方区（或填方区）所有方格计算的土方量和边坡土方量汇总，即得该场地挖方和填方的总土方量。

5. 土方计算软件

目前已有多款土方计算软件得到了广泛的应用。下面介绍四种常用的土方计算方法：

（1）三角网法

三角网法（也称 DTM 法）主要应用于单一设计面或任意设计面的土方工程。通过构建三角网来计算工程土方量。这种算法，因为内插高程点较少，计算结果准确，常常用于土方量的验算。三角网法有以下计算方式：

① 根据坐标计算

计算时需在 CAD 中用闭合的复合线画出所要计算土方的区域。然后依次输入区域面积、场地平整标高、便捷采样间隔等参数，若周边存在边坡则还需设置边坡参数。

② 根据图上高程点计算

首先要展绘高程点，然后在 CAD 中用闭合的复合线画出所要计算土方的区域。选取要参与计算的高程点或控制点。

③ 根据图上的三角网计算

对已经生成的三角网进行必要的添加和删除，使结果更接近实际地形。用此方法计算土方量时不要求给定区域边界，因为系统会分析所有被选取的三角形，因此在选择三角形时一定要注意不要漏选或多选，否则计算结果有误，且很难检查出问题所在。

④ 两期土方计算

两期土方计算指的是对同一区域进行了两期测量，利用两次观测得到的高程数据建模后叠加，计算出两期之中的区域内土方的变化情况。适用于两次观测时该区域都是不规则表面的情况。两期土方计算之前，要先对该区域分别进行建模，即生成 DTM 模型。

（2）断面法

断面法土方计算主要用在公路土方计算和区域土方计算，对于特别复杂的地方可以用任意断面设计方法。断面法土方计算主要有道路断面、场地断面和任意断面三种。

采用断面法首先需生成里程文件，里程文件用离散的方法描述了实际地形。里程文件可根据软件提供的方法，通过纵断面、复合线、等高线、三角网、坐标文件等方式生成。里程文件建立后，输入各断面参数即可计算土石方工程量。

（3）方格网法

由方格网来计算土方量是根据实地测定的地面点坐标（X，Y，Z）和设计高程，通过生成方格网来计算每一个方格内的填挖方量，最后累计得到指定范围内填方和挖方的土方量，并绘出填挖方分界线。

系统首先将方格的四个角上的高程相加（如果角上没有高程点，通过周围高程点内插得出其高程），取平均值与设计高程相减。然后通过指定的方格边长得到每个方格的面积，再用长方体的体积计算公式得到填挖方量。方格网法简便直观，易于操作，因此这一方法在实际工作中应用非常广泛。

用方格网法算土方量，设计面可以是平面，也可以是斜面，还可以是三角网。

（4）等高线法

在实际工程中，将白纸图扫描矢量化后可以得到图形。但这样得到的图形缺失高程数据文件，所以无法用前面的几种方法计算土方量。一般来说，这些图上都会有等高线，需要通过专门的软件由等高线计算土方量。

用此功能可计算任两条等高线之间的土方量，但所选等高线必须闭合。由于两条等高线所围面积可求，两条等高线之间的高差已知，可求出这两条等高线之间的土方量。

三、智能土方量计算

目前，倾斜摄影测量技术已经应用于土方量的计算，适用于各种地形和工程项目中。其基本计算原理与三角网法计算方法相同。计算精度可靠，计算结果受测量方法和计算方法影响小。

用无人机进行倾斜摄影测量，通过多台传感器从不同的角度对施工场地地形进行数据采集，能得到高精度、高分辨率的地形表面数字模型 DSM，并同时输出具有空间位置信息的正摄影像数据，可在影像数据进行量测。

1. 无人机倾斜摄影测量技术

倾斜摄影测量技术通常包括影像预处理、区域网联合平差、多视影像匹配、DSM 生成、真正射纠正、三维建模等关键内容。其关键技术包括：

（1）多视影像联合平差。多视影像不仅包含垂直摄影数据，还包括倾斜摄影数据，结合 POS 系统提供的多视影像外方位元素，在影像上进行同名点自动匹配和自由网光束法平差，得到较好的同名点匹配结果。

（2）多视影像密集匹配。在影像匹配过程中快速准确获取多视影像上的同名点坐标，进而获取地形物的三维信息。

（3）数字表面模型生成和真正射影像纠正。多视影像密集匹配能得到高精度高分辨率的数字表面模型（DSM），充分表达地形地物起伏特征。

然而，使用无人机正射影像方式进行建筑物、地物的测量，拍摄出来的影像会存在不同程度的畸变和失真现象，即影像图上的建筑物、高层设施等建筑具有投影差，具体表现为建筑物特别是高层建筑物有时会向道路方向倾斜，遮挡或压盖其他地物要素，严重影响影像图的准确判读。因此需要利用数字微分纠正技术对正射影像进行纠正，改正原始影像的几何变形，形成数字真正射影像。

倾斜摄影测量的数据本质上就是网格面模型，它是由点云通过一些算法构成的。而点云是在同一空间参考系下用来表示目标空间分布和目标表面特性的海量点集合。内业软件基于几何校正，联合平差等处理流程，可计算出基于影像的超高密度点云。

2. 无人机倾斜摄影测量作业流程

（1）数据获取

数据的获取可采用旋翼或固定翼无人机飞行平台，无人机搭载 5 镜头倾斜相机，从 5 个不同的视角（1 个垂直方向和 4 个倾斜方向）同步采集地表影像，或者搭载单镜头相机，根据重叠度以及拍摄航高进行航线设计，获取地表固定物体顶面及侧视的高分辨率影像数据及纹理信息并对影像质量进行检查。

（2）数据处理

对经过影像质量检查的照片进行多视几何影像匹配获得稀疏点云。通过相应的算法对稀疏点云加密得到密集点云，再对密集点云进行网格化和纹理映射得到三维模型。

（3）成果输出

由得到的三维模型获取 4D 产品。数据处理软件可选用 PhotoScan 软件进行全自动化处理，通过给予的控制点生成测量坐标系统下的真实坐标的三维模型，并以该高精度实景三维模型为基础，获取 DSM、DOM、DLG 等测量成果。

具体作业流程见图 1-9。

图 1-9　无人机倾斜摄影测量作业流程图

3. 根据 DEM 计算土方量

土方计算的关键在于原始地形地貌和开挖后地貌的准确表达。可通过地理信息系统（GIS）软件计算土方量，以数字高程模型（DEM）作为基础，通过空间分析和叠加分析功能对开挖前后地形模型进行分析，并用软件所带的统计分析模块计算填挖区域的体积，得到最终的填挖土方量。

计算软件一般采用栅格数据计算方法土方量。栅格数据结构简单，非常利于计算机操作和处理，是 GIS 常用的空间基础数据格式。基于栅格数据的空间分析是 GIS 空间分析的基础。通过倾斜摄影测量的方法获得前期地表数据和后期地表数据，将数据网格化，对两个格网数据进行差计算，其差值就是该格网点的填（挖）高度。

四、土方调配

1. 土方调配的原则

土方工程量计算完毕后，即可着手对土方进行平衡与调配。土方的平衡与调配是土方规划设计的一项重要内容，是对挖土的利用、堆弃和填土这三者之间的关系进行综合平衡处理，达到既使土方运输费用最低，又能方便施工的目的。土方调配的原则主要有以下几项：

（1）力求使挖填方平衡和运输量最小。这样可以降低土方工程的成本。然而，仅限于场地范围的平衡，一般很难满足运输量最小的要求，因此，还需要根据场地和其周围地形条件综合考虑，必要时可在填方区周围就近借土，或在挖方区周围就近弃土，而不是只局限于场地以内的挖填方平衡，这样才能做到经济合理。

（2）近期施工与后期利用相结合。当工程分期分批施工时，先期工程的土方余额应结合后期工程的需要而考虑其利用数量与堆放位置，以便就近调配。堆放位置的选择应为后期工程创造良好的工作面和施工条件，力求避免重复挖运。如先期工程有土方欠额时，可由后期工程地点挖取。

（3）尽可能与大型地下建（构）筑物的施工相结合。当大型建（构）筑物位于填土区而其基坑开挖的土方量又较大时，为了避免土方的重复挖填和运输，该填土区暂时不予填土。待地下建（构）筑物施工之后再行填土，为此在填方保留区附近应有相应的挖方保留区，或将附近挖方工程的余土按需要合理堆放，以便就近调配。

（4）调配区大小的划分应满足主要土方施工机械工作面大小（如铲运机铲土长度）的要求，使土方机械和运输车辆的效率能得到充分发挥。

总之，进行土方调配，必须根据现场的具体情况、有关技术资料、工期要求、土方机械与施工方法，结合上述原则予以综合考虑，从而做出经济合理的调配方案。

2. 划分土方调配区

划分土方调配区应注意以下几点：

（1）调配区的划分应该与房屋和构筑物的平面位置相协调，并考虑它们的开工顺序、工程的分期施工顺序。

（2）调配区的大小应该满足土方施工用主导机械（铲运机、挖土机等）的技术要求，如调配区的范围应该大于或等于机械的铲土长度，调配区的面积最好和施工段的大小相适应。

（3）调配区的范围应该和土方的工程量计算用的方格网协调，通常由若干个方格组成一个调配区。

（4）当土方运距较大或场区范围内土方不平衡时，可考虑就近借土或就近弃土，这时一个借土区或一个弃土区都可作为一个独立的调配区。

3. 计算土方的平均运距

调配区的大小及位置确定后，便可计算各挖填调配区之间的平均运距。当用铲运机或推土机平土时，挖方调配区和填方调配区土方重心之间的距离，通常就是该挖填调配区之间的平均运距。因此，确定平均运距需先求出各个调配区土方的重心，并把重心标在相应的调配区图上，然后用比例尺量出每对调配区之间的平均运距即可。当挖填调配区之间的距离较远，采用汽车、自行式铲运机或其他运土工具沿工地道路或规定线路运输时，其运距可按实际计算。

4. 进行土方调配

（1）做初始方案。用"最小元素法"求出初始调配方案。所谓"最小元素法"，即对运距最小 C_{ij} 对应的 X_{ij} 优先并最大限度地供应土方量，如此依次分配，使 C_{ij} 最小的那些方格内的 X_{ij} 值尽可能取大值，直至土方量分配完为止。需注意的是，这只是优先考虑"最近调配"，所求得的总运输量是较小的，但这并不能保证总运输量最小，因此，需判别它是否为最优方案。

（2）判别最优方案。只有所有检验数 $\lambda_j \geqslant 0$，初始方案才为最优解。"表上作业法"中求检验数 λ_j 的方法有"闭回路法"与"位势法"。"位势法"较"闭回路法"简便，因此这里只介绍用"位势法"求检验数。

检验时，首先将初始方案中有调配数方格的平均运距列出来，然后根据这些数字的方格，按下式求出两组位势数 u_i（$i=1$，2，…，m）和 v_j（$j=1$，2，…，n）：

$$C_{ij} = u_i + v_j$$

式中：C_{ij}——平均运距（m）；

u_i，v_j——位势数。

位势数求出后，便可根据下式计算各空格的检验数：

$$v_{ij} = C_{ij} - u_i - v_j$$

如果求得的检验数均为正数，则说明该方案是最优方案；否则，该方案就不是最优方案。

（3）方案调整。

1）先在所有负检验数中挑选一个（可选最小）。

2）找出这个数的闭合回路。做法如下：从这个数出发，沿水平或垂直方向前进，遇到适当的有数字的方格做90°转弯（也可不转），然后继续前进，直至回到出发点。

3）从回路中某一格出发，沿闭合回路（方向任意）一直前进，在各奇数项转角点的数字中，挑选出一个最小的，最后将它调到原方格中。

4）将被挑出方格中的数字视为0，同时，将闭合回路其他奇数项转角上的数字都减去同样数字，使挖填方区土方量仍然保持平衡。

5. 绘制土方调配图

1）划分调配区。在场地平面图上先划出挖、填区的分界线（零线），然后分别在挖方区和填方区适当地划出若干个调配区，如图1-10所示。

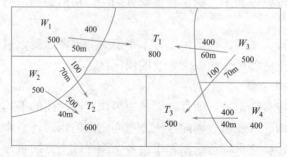

图1-10 土方调配图

特别提示

划分调配区应注意以下几点：

（1）调配区划分应与建筑物的平面位置相协调，并考虑开工顺序、分期开工顺序；

（2）调配区的大小应满足土方机械的施工要求；

（3）调配区范围应与场地土方量计算的方格网相协调，一般可由若干个方格组成一个调配区；

（4）当土方运距较大或场地范围内土方调配不能达到平衡时，可考虑就近借土或弃土，一个借土区或一个弃土区可作为一个独立的调配区。

2）计算各调配区的土方量，并将它标注于图上。

3）求出每对调配区之间的平均运距。平均运距即挖方区土方重心至填方区土方重心的距离。取场地或方格网中的纵、横两边为坐标轴，以一个角作为坐标原点，分别求出各区土方的重心坐标（X_0，Y_0），即

$$X_0 = \frac{\sum V_i x_i}{\sum V_i} \quad Y_0 = \frac{\sum V_i y_i}{\sum V_i}$$

式中：X_0，Y_0——调配区的重心坐标；

　　　　V_i——每个方格的土方量；

　　　　x_i，y_i——每个方格的重心坐标。

填、挖方区之间的平均运距 L 为

$$L = \sqrt{(X_{0W} - X_{0T})^2 + (Y_{0W} - Y_{0T})^2}$$

当填、挖方调配区之间的距离较远，采用自行式铲运机或其他运土工具沿现场道路或规定路线运土时，其运距应按实际情况进行计算。

4）用"最小元素法"编制初始调配方案。

5）用"表上作业法"确定最优调配方案。

任务 3　土方施工准备与辅助工作

一、土方工程施工准备

1. 施工机具、设备准备

应根据工程规模、合同工期及现场施工条件，采用符合施工方法要求的施工机具和设备。一般土方开挖工程采用液压挖掘机、自卸汽车、推土机、铲运机等。

2. 施工现场准备

（1）土方工程应在定位放线后施工。在施工区域内，有碍施工的有建筑物和构筑物、道路、沟渠、管线、坟墓、树木等，应在施工前妥善处理。

（2）尽可能利用自然地形和永久性排水设施，采用排水沟、截水沟或挡水坝措施。

（3）施工前应检查定位放线、排水和降水系统，合理安排土方运输车辆的行走路线和弃土场地，铺好施工场地内的临时道路。

（4）施工机械进入现场所经过的道路、桥梁和卸车设施等，应预先做好必要的加宽、加固等准备工作。

（5）修好临时道路、电力、通信及供水设施，以及生活和生产用临时房屋。

3. 技术准备

（1）组织土方工程施工前，建设单位应向施工单位提供当地实测地形图（其比例一般为 1：500～1：1000）、原有地下管线或构筑物竣工图，以及工程地质、气象等技术资料，

编制施工组织设计或施工方案。

（2）设置平面控制桩和水准点，以作为施工测量和工程验收的依据。

（3）向施工人员进行技术、质量和安全施工的交底工作。

二、施工排水降水

在开挖基坑（槽）、管沟或其他土方时，若地下水水位较高，挖土底面低于地下水水位，开挖至地下水水位以下时，土的含水层被切断，地下水将不断流入坑内。这时不仅施工条件恶化，而且容易发生边坡失稳、地基承载力下降等不利现象。因此，为了保证工程质量和施工安全，在土方开挖前或开挖过程中必须采取措施，做好降低地下水水位的工作，使地基土在开挖及基础施工过程中保持干燥状态。

在土方工程施工中，降低地下水水位常采用的方法有集水井降水法和井点降水法两种。集水井降水法一般用于降水深度较小且地层中无流砂的情况；如降水深度较大，或地层中有流砂，或在软土地区，应采用井点降水法。无论采用何种方法，降水工作都要持续到基础施工完毕并回填土后才能停止。

1. 集水井降水

集水井降水是指开挖基坑或沟槽的过程中，遇到地下水或地表水时，在基础范围以外地下水流的上游，沿坑底的周围开挖排水沟，设置集水井，使水经排水沟流入井内，然后用水泵抽出坑外，如图 1-11 所示。

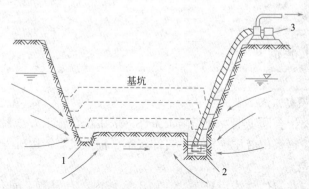

图 1-11　集水井降水
1—排水沟；2—集水坑；3—水泵

（1）集水井及排水沟的设置

为了防止基底土的细颗粒随水流失，使土结构受到破坏，排水沟及集水井应设置在基础范围之外，距基础边线距离不少于 0.4m，地下水走向的上游。沟边缘离开边坡坡脚不应小于 0.3m；明沟排水沟沟底宽不宜小于 0.3m，地面比挖土面低 0.3～0.4m，排水纵坡控制在 1‰～2‰以内。

根据基坑涌水量大小、基坑平面形状及尺寸，以及水泵的抽水能力，确定集水井的数量和间距。一般每隔 20～40m 设置一个集水井。集水井的直径或宽度一般为 0.7～0.8m；其深度随着挖土的加深而加深，要始终低于挖土面 0.8～1.0m，井壁可用竹、木等简易加固。

当基坑挖到设计标高时，应保证地下水水位低于基坑底 0.5m，集水井底应低于基坑底 1~2m，并铺设 0.3m 厚的碎石滤水层，以免抽水时将泥沙抽走，并防止集水井底的土被扰动。

（2）水泵的选用

集水井降水常用的水泵主要有离心泵、潜水泵和泥浆泵。选用水泵类型时，一般取水泵的排水量为基坑涌水量的 1.5~2.0 倍。当基坑涌水量 $Q<20m^3/h$ 时，可用隔膜式泵或潜水电泵；当 $Q=20~60m^3/h$，可用隔膜式或离心式水泵或潜水电泵；当 $Q>60m^3/h$，多用离心式水泵。

特别提示

明沟排水法适用于水流较大的粗粒土层的排水、降水，也可用于渗水量较小的黏性土层降水，但不适宜于细砂土和粉砂土层，因为地下水渗出会带走细粒而发生流砂现象。实验表明，流砂现象经常发生在细砂、粉砂和粉土中。经验还表明，在可能发生流砂的土质处，基坑挖深超过地下水位线 0.5m 左右，会发生流砂现象。

 知识链接

1. 流砂的产生

当基坑（槽）挖土至地下水水位以下时，土质为细砂或粉砂，若采用集水坑降水，坑底的土就受到动水压力的作用；如果动水压力大于或等于土的浸水重度时，土颗粒就会失去自重而处于悬浮状态，土的抗剪强度等于零，细砂或粉砂就会随着渗流的水一起流动起来，这就是流砂现象。

流砂的产生和防治

2. 流砂的治理办法

流砂治理的主要途径是消除、减少或平衡动水压力。具体措施：如条件许可，尽量安排在枯水期施工，使地下水水位最高不高于坑底 0.5m；水中挖土时，不抽水或减少抽水，保持坑内水压与地下水压基本平衡。具体方法有：

（1）枯水期施工法。安排枯水期施工，使最高地下水位不高于坑底 0.5m。

（2）水下挖土法。就是不排水施工，使坑内水压与坑外地下水压相平衡，消除动水压力。

（3）打板桩法。将板桩打入坑底下面一定深度，增加地下水从坑外流入坑内的渗流长度，以减小水力坡度，从而减小动水压力，防止流砂产生。

（4）井点降低地下水水位法。采用轻型井点等降水方法，使地下水渗流向下，水不致渗流入坑内，能增大土料间的压力，从而有效地防止流砂形成。因此，此法应用广且较可靠。

（5）地下连续墙法。此法是在基坑周围先浇筑一道混凝土或钢筋混凝土的连续墙，以支撑土壁、截水并防止流砂产生。

特别提示

在含有大量地下水土层或沼泽地区施工时，还可以采取土壤冻结法。对位于流砂地区的基础工程，应尽可能用桩基或沉井施工，以减少防治流砂所增加的费用。

---

2. 井点降水

基坑中直接抽出地下水的方法比较简单，施工费用低，应用比较广，但当土为细砂或粉砂，地下水渗流时会出现流砂、边坡塌方及管涌等情况，导致施工困难，工作条件恶化，并有引起附近建筑物下沉的危险，此时常用井点降水的方法进行降水施工。

（1）井点降水的概念

基坑开挖前，在基坑四周预先埋设一定数量的滤水管（井），在基坑开挖前和开挖过程中，利用抽水设备不断抽出地下水，使地下水水位降到坑底以下，直至土方和基础工程施工结束。这样可使所挖的土始终保持干燥状态，改善干燥条件，同时，还使动水压力方向向下，从根本上防止流砂发生，并增加土中有效应力，提高土的强度或密实度。

（2）井点降水的分类

井点有轻型井点、喷射井点、电渗井点、管井井点、深井井点、无砂混凝土管井点及小沉井井点等。各种降水方法的选用，可根据土的渗透系数、降低水位的深度、工程特点、设备及经济技术等进行比较。具体条件参照表1-7选用。

各类井点的适用范围　　　　　　　　　　　表 1-7

井点类型		土层渗透系数（m/d）	降低水位深度（m）
轻型井点	一级轻型井点	0.1～50	3～6
	二级轻型井点	0.1～50	6～12
	喷射井点	0.1～5	8～20
	电渗井点	<0.1	根据选用的井点确定
管井类	管井井点	20～200	3～5
	深井井点	10～250	>15

（3）轻型井点降水

1）轻型井点降水设备。轻型井点降水设备由管路系统和抽水设备组成（图1-12）。

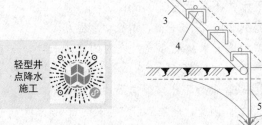
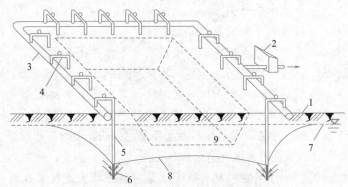

图 1-12　轻型井点法降低地下水位图

1—地面；2—水泵房；3—总管；4—弯联管；5—井点管；
6—滤管；7—原地下水位；8—降水后水位；9—基坑底

管路系统包括：滤管、井点管、弯联管、总管等。

滤管为进水设备，一般为长度 1.0～1.2m，直径 38mm 或 51mm 的无缝钢管；管壁上钻有直径为 12～19mm 的呈星棋状排列的滤孔，滤孔面积为滤管面积的 20％～25％。管壁外包两层孔径不同的黄铜丝布或塑料布滤网。为避免滤孔淤塞，在管壁与滤网之间用塑料管或钢丝绕成螺旋状隔开，滤网外面再围一层 8 号粗钢丝保护层。滤管下端放一个锥形的铸铁头。滤管上端与井点管连接。

井点管为长 5～7m、直径 38mm 或 51mm 的钢管，可整根或分节组成，井点管的上端用弯联管与总管相连。

总管一般用直径为 100～127mm 的无缝钢管，每节长为 4m，每间隔 0.8～1.6m 设一个连接井点管的接头。

抽水设备由真空泵、离心泵和汽水分离器组成（又叫集水箱）组成。一套抽水设备的负荷长度（即积水总管长度），采用 W5 型真空泵时，不大于 100m；采用 W6 型真空泵时，不大于 200m。

2）轻型井点的布置。轻型井点的布置应根据基坑的形状与大小、地质和水文情况、工程性质、降水深度等来确定。

① 平面布置。当基坑（槽）宽小于 6m 且降水深度不超过 6m 时，可采用单排井点，布置在地下水上游一侧，两端延伸长度以不小于槽宽为宜，如图 1-13（a）所示。如宽度大于 6m 或土质不良、渗透系数较大时，宜采用双排井点，布置在基坑（槽）的两侧。当基坑面积较大时宜采用环形井点，非环形井点考虑运输设备入道，一般在地下水下游方向布置成不封闭状态。井点管距离基坑壁一般可取 0.7～1.0m，以防局部发生漏气。井点管间距为 0.8m、1.2m 或 1.6m，由计算或经验确定。井点管在总管四角部分应适当加密。

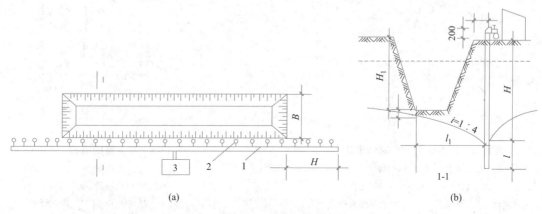

图 1-13　单排井点布置简图
（a）平面布置；（b）高程布置
1—总管；2—井点管；3—抽水设备

② 高程布置。轻型井点的降水深度，从理论上讲可达 10.3m，但由于管路系统的水头损失，其实际的降水深度一般不宜超过 6m。井点管的埋置深度 H 可按下式计算，如图 1-13（b）所示。

$$H = H_1 + h + iL \qquad (1-12)$$

式中：H_1——井点管埋设面至基坑底面的距离（m）；

h——降低后的地下水水位至基坑中心底面的距离（m），一般为 0.5～1.0m，人工开挖取下限，机械开挖取上限；

i——降水曲线坡度，对环状或双排井点取 $1/15\sim1/10$，对单排井点取 $1/4$；

L——井点管中心至基坑中心的短边距离（m）。

如 H 值小于降水深度 6m，可用一级井点；H 值稍大于 6m 且地下水水位离地面较深，可采用降低总管埋设面的方法，仍可采用一级井点；当一级井点达不到降水深度要求时，则可采用二级井点或喷射井点，如图 1-14 所示。

3）施工工艺流程。轻型井点的施工工艺流程为：放线定位→铺设总管→冲孔→安装井点管、填砂砾滤料、上部填黏土密封→用弯联管将井点管与总管接通→安装抽水设备→开动设备试抽水→测量观测井中地下水水位变化的情况。

4）井点管埋设。井点管的埋设一般采用水冲法进行，借助于高压水冲刷土体，用冲管扰动土体助冲，将土层冲成圆孔后埋设井点管。整个过程可分为冲孔与埋管两个阶段，如图 1-15 所示。冲孔的直径一般为 300mm，以保证井管四周有一定厚度的砂滤层；冲孔深度宜比滤管底深 0.5m 左右，以防冲管拔出时部分土颗粒沉于底部而触及滤管底部。

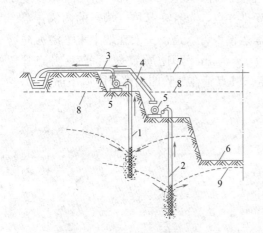

图 1-14　二级轻型井点降水示意

1—第一级轻型井点；2—第二级轻型井点；

3—集水总管；4—连接管；5—水泵；

6—基坑；7—原地面线；8—原地下水水位线；

9—降低后地下水水位线

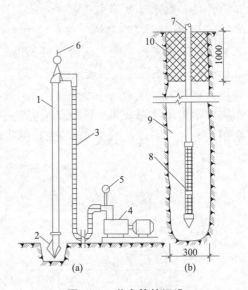

图 1-15　井点管的埋设

（a）冲孔；（b）埋管

1—冲管；2—冲嘴；3—胶皮管；4—高压水泵；

5—压力表；6—起重机吊钩；7—井点管；

8—滤管；9—填砂；10—黏土封口

井孔冲成后，立即拔出冲管，插入井点管，并在井点管与孔壁之间迅速填灌砂滤层，以防孔壁塌土。砂滤层的填灌质量是保证轻型井点顺利抽水的关键。一般宜选用干净粗砂，填灌要均匀，并填至滤管顶上 $1\sim1.5$m，以保证水流畅通。井点填砂后，需用黏土封口，以防漏气。

井点管埋设完毕后，需进行试抽，以检查有无漏气、淤塞现象，出水是否正常，如有异常情况，应检修好后方可使用。

（4）喷射井点降水

当基坑开挖较深或降水深度大于 8m 时，必须使用多级轻型井点才可达到预期效果。

但需要增大基坑土方开挖量，延长工期并增加设备数量，因此不够经济。此时宜采用喷射井点降水，它在渗透系数 $3 \sim 50m/d$ 的砂土中应用最为有效，在渗透系数为 $0.1 \sim 2m/d$ 的粉质砂土、粉砂、淤泥质土中效果也比较显著，其降水深度可达 $8 \sim 20m$。

1) 喷射井点的设备。喷射井点根据其工作时所使用液体或气体的不同，分为喷水井点和喷气井点两种。其设备主要由喷射井管、高压水泵（或空气压缩机）和管路系统组成，如图 1-16（a）所示。喷射井管 1 由内管 8 和外管 9 组成，在内管下端装有升水装置喷射扬水器与滤管 2 相连，如图 1-16（b）所示。在高压水泵 5 的作用下，具有一定压力水头（$0.7 \sim 0.8MPa$）的高压水经进水总管 3 进入井管的内、外管之间的环形空间，并经扬水器的侧孔流向喷嘴 10。由于喷嘴截面突然缩小，流速急剧增加，压力水由喷嘴以很高流速喷入混合室 11，将喷嘴口周围空气吸入，被急速水流带走，致使该室压力下降而造成一定真空度。此时，地下水被吸入喷嘴上面的混合室，与高压水汇合，流经扩散管 12 时，由于截面扩大，流速降低而转化为高压，沿内管上升经排水总管排于集水池 6 内，此池内的水，一部分用水泵 7 排走，另一部分供高压水泵压入井管使用。如此循环不断，将地下水逐步抽出，降低了地下水水位。高压水泵宜采用流量为 $50 \sim 80m^3/h$ 的多级高压水泵，每套能带动 $20 \sim 30$ 根井管。

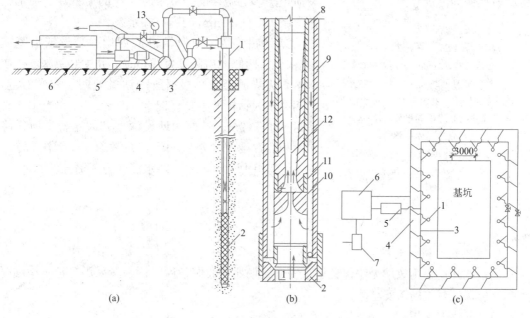

图 1-16   喷射井点设备及平面布置简图

（a）喷射井点设备简图；（b）喷射扬水器简图；（c）喷射井点平面布置

1—喷射井管；2—滤管；3—进水总管；4—排水总管；5—高压水泵；6—集水池；
7—水泵；8—内管；9—外管；10—喷嘴；11—混合室；12—扩散管；13—压力表

2) 喷射井点的布置与使用。喷射井点的管路布置、井管埋设方法及要求与轻型井点相同。喷射井管间距一般为 $2 \sim 3m$，冲孔直径为 $400 \sim 600mm$，深度应比滤管深 $1m$ 以上，如图 1-16（c）所示。使用时，为防止喷射器损坏，需先对喷射井管逐根冲洗，开泵时压力要小一些（小于 $0.3MPa$），以后再逐渐开足，如发现井管周围有翻砂、冒水现象，应立即关闭井管检修。工作水应保持清洁，试抽两天后应更换清水，此后视水质污浊程度定期更换清水，以减轻工作水对喷射嘴及水泵叶轮等的磨损。

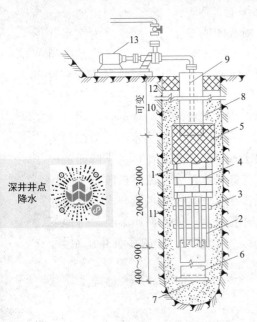

图 1-17　管井井点

1—滤水井管；2—φ14 钢筋焊接骨架；
3—6×30 铁环@250；4—钢丝垫筋@25
焊于管架上；5—孔眼为 1～2mm 钢丝网
点焊于垫筋上；6—沉砂管；7—木塞；
8—φ150～φ250 钢管；
9—吸水管；10—钻孔；11—填充砂砾；
12—黏土；13—水泵

深井井点
降水

（5）管井井点降水

管井井点又称大口径井点，适用于渗透系数大（20～200m/d）、地下水丰富的土层和砂层；或用集水井法易造成土粒大量流失，引起边坡塌方及用轻型井点难以满足要求的情况下使用。其具有排水量大、降水深、排水效果好、可代替多组轻型井点作用等特点。

1）管井井点系统主要设备。设备由滤水井管、吸水管和抽水机械等组成，如图 1-17 所示。滤水井管的过滤部分，可采用钢筋焊接骨架外包孔眼为 1～2mm、长 2～3m 的滤网，井管部分宜用直径为 200mm 以上的钢管或竹木、混凝土等其他管材。吸水管宜用直径为 50～100mm 的胶皮管或钢管，插入滤水管井内，其底端应插到管井抽吸时的最低水位以下，必要时装设逆止阀，上端装设一节带法兰盘的短钢管。抽水机械常用 100～200mm 的离心式水泵。

2）管井布置。沿基坑外圈四周呈环形或沿基坑（或沟槽）两侧或单侧呈直线布置。井中心距基坑（或沟槽）边缘的距离，根据所用钻机的钻孔方法而定，当用冲击式钻机泥浆护壁时为 0.5～1.5m，当用套管法时不小于 3m。管井的埋设深度和间距根据所需降水面积和深度及含水层的渗透系数而定，埋深为 5～10m，间距为 10～50m，降水深度为 3～5m。

三、基坑（槽）支护

1. 浅基坑（槽）支护

当基坑开挖采用放坡无法保证施工安全或场地无放坡条件时，一般采用支护结构临时支撑，以保证基坑施工安全。

（1）基槽的支护

开挖较窄的基槽时，常采用横撑式钢木支撑。贴附于土壁上的挡土板，可水平铺设或垂直铺设，可断续铺设或连续铺设，如图 1-18 所示。

1）断续式水平支撑：挡土板水平放置，中间留出间隔，并在两侧同时对称设立竖楞木，再用工具式横撑或木横撑上下顶紧，如图 1-18（a）所示。适用于能保持直立壁干土或天然湿度的黏土类土，地下水很少，深度在 3m 以内。

2）连续式水平支撑：挡土板水平连续放置，不留间隙，然后两侧同时对称设立竖楞木，上下各顶一根撑木，端头加木楔顶紧。适用于较松散的下土或天然湿度黏土类土，地下水很少，深度为 3～5m。

3）连续或间断式垂直支撑：挡土板垂直放置，连续或留有适当间隙，每侧上下各水平顶一根楞木，然后再用横撑顶紧，如图1-18（b）所示。适用于土质较松散或湿度很高的土，地下水较少，深度不限。

4）水平垂直混合支撑：沟槽上部设连续或水平支撑，下部设连续或垂直支撑。适用于沟槽深度较大，下部有含水土层的情况。

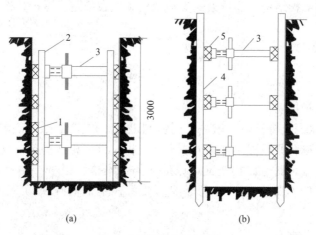

图1-18　基槽支护形式

（a）断续式水平支撑；（b）垂直支撑

1—水平挡土板；2—竖楞木；3—工具式横撑；4—垂直挡土板；5—横楞木

（2）一般浅基坑的支护

开挖浅基坑时，采用的支撑方法有斜柱支撑、锚拉支撑、短桩横隔支撑、临时挡土墙支撑，如图1-19所示。

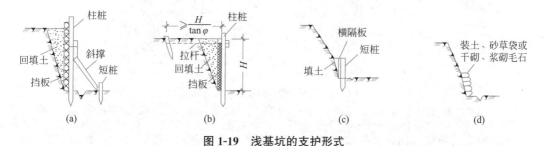

图1-19　浅基坑的支护形式

（a）斜柱支撑；（b）锚拉支撑；（c）短桩横隔支撑；（d）临时挡土墙支撑

1）斜柱支撑：水平挡土板钉在柱桩内侧，柱桩外侧用斜撑支顶，斜撑底端支在木桩上，在挡土板内侧回填土，如图1-19（a）所示。适用于开挖面积较大、深度不大的基坑或使用机械挖土的情况。

2）锚拉支撑：水平挡土板支在柱桩的内侧，柱桩一端打入土中，另一端用拉杆与锚桩拉紧，在挡土板内侧回填土，如图1-19（b）所示。适用于开挖面积较大、深度不大的基坑或使用机械挖土而不能安设横撑的情况。

3）短桩横隔支撑：打入小短木桩，部分打入土中，部分露在地面，钉上水平挡土板，在背面填土，如图1-19（c）所示。适用于开挖宽度大的基坑或当部分地段下部放坡不够时。

4）临时挡土墙支撑：沿坡脚用砖、石叠砌或用草袋装土砂堆砌，使坡脚保持稳定，如图 1-19（d）所示。适用于开挖宽度大的基坑或当部分地段下部放坡不够时。

2. 深基坑支护

深基坑支护是指基坑深度超过 5m 时，为保护地下主体结构施工和基坑周边环境的安全，对基坑采用的临时性支挡、加固、保护与地下水控制的措施。深基坑支护按照接受力不同可分为重力式支护结构、非重力式支护结构和边坡稳定式支护结构。

 知识链接

深基坑支护结构是指支挡或加固基坑侧壁的承受荷载的结构。

（1）重力式支护挡墙

1）深层搅拌水泥土桩挡墙。该法是用特制进入土层深处的深层搅拌机将喷出的水泥浆固化剂与地基土进行原位强制拌合形成水泥土桩，桩体相互搭接一起硬化后即形成具有一定强度的壁状挡墙，既可以挡土又可以形成隔水帷幕。如图 1-20 所示，平面呈现任意形状，开挖深度一般不超过 6m，比较经济。水泥土的物理性质取决于水泥掺入量。

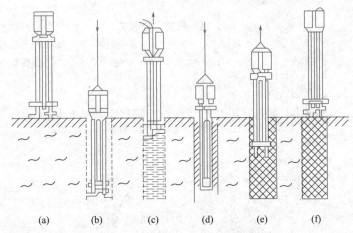

图 1-20　深层搅拌水泥土桩工艺示意

(a) 定位；(b) 预搅下沉；(c) 喷浆搅拌上升；(d) 重复搅拌下沉；(e) 重复喷浆搅拌机提升；(f) 完毕

2）旋喷桩挡墙。该法是钻孔后将钻杆从地基土深处逐渐上提，与此同时，利用钻杆端部的旋转喷嘴，将水泥浆固化剂高压喷入地基土中形成水泥土桩，桩体相互搭接形成挡墙。它与深层搅拌水泥土桩一样，属于重力式挡墙，只是形成水泥桩的工艺不同。在旋喷桩施工时，要控制好钻杆的上提速度、喷射压力与喷射量，以保证施工质量。

（2）非重力式支护挡墙

1）钢板桩。常用的钢板桩有槽钢钢板桩和热轧锁口钢板桩。钢板桩由大规格的槽钢并排或正反扣搭接组成。槽钢长度为 6～8m，型号依照计算确定。因为其抗弯能力较弱，所以多用于深度不超过 4m 的基坑，顶部需设置一道拉锚或支撑，以提高抗弯能力。常用钢板桩截面形式（图 1-21）有 U 形、Z 形、一字形、H 形组合形。当基坑深度较大时，常用 H 形组合形钢板桩；U 形钢板桩可以用于 5～10m 的基坑。

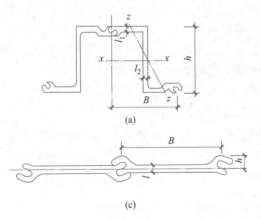
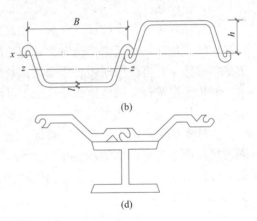

图 1-21 常用钢板桩截面形式

(a) U 形钢板桩;(b) Z 形钢板桩;(c) 一字形钢板桩;(d) H 形组合形钢板桩

钢板桩具有一次性投资较大、施工工期短、可以重复使用的特点。特别在软土地区,钢板桩打设方便,有一定挡水能力,打设后可以立即开挖。钢板桩柔性较大,当基坑较深、支撑工程量较大时,坑内施工难度就会随之增加。特别应注意钢板用后拔桩带土,拔桩后会形成孔隙带,若处理不当将会引起土层移动,给施工结构及周边设施带来危害。

2)H 形钢支柱挡板支护挡墙。支护挡墙支柱按照一定间距打入土中,支柱之间设置木挡板或其他挡土设施(随挖土逐步加设),支柱和挡板可以回收使用,较为经济。其适用于土质较好、地下水水位较低的地区,在国内外应用较多。

3)钢筋混凝土排桩挡墙。在开挖基坑的周边,采用钢筋混凝土钻孔灌注桩、沉管灌注桩,待混凝土达到设计要求后开挖基坑,在挖出的护壁上设置一道或几道腰梁并与支撑或拉杆连接,在桩顶部设置钢筋混凝土圈梁以增强整体性。钢筋混凝土排桩挡墙刚度较大、护弯能力较强、变形相对较小,有利于保护周围建筑,价格较低,经济效益较好。但施工工艺难以做到桩之间相切,桩之间留有 100~150mm 的间隙,挡水能力较差,需要另做防水帷幕。目前,常在桩背面相隔 100mm 左右处施工两排深层搅拌水泥土桩,或桩之间施工树根桩、注浆止水。

钢筋混凝土钻孔灌注桩常用的桩径为 $\phi 600 \sim \phi 1100$mm,多用于深度为 7~13m 的基坑,在两层地下室及以下的深坑支护结构中优先选用;沉管灌注桩常用桩径为 $\phi 500 \sim \phi 800$mm,多用于深度为 10m 以上的基坑。

4)地下连续墙。地下连续墙现已成为深基坑的主要支护结构挡墙之一,常用的厚度有 600mm、800mm、1000mm。地下连续墙使用特殊挖槽设备,利用水泥浆护壁沿地下结构边墙开挖狭长深槽,在槽内放置预制钢筋笼并浇筑水下混凝土,形成一段混凝土墙体,然后将若干段墙体连接成整体,形成

连续墙体。地下连续墙可以截水防渗或挡土承重,强度高、刚度大,不仅可以用于深基坑支护结构,而且采取一定结构构造措施后可以用作地下工程的部分结构,大幅度减少工程总造价,并可以结合"逆作法"施工,在地下室顶板完成后,同时进行多层地下室和地面高层房屋的施工,缩短施工总工期。

（3）土层锚杆

土层锚杆是一种受拉杆件，其一端锚固在稳定的地层中，另一端与支护结构的挡墙相连接，将支护结构和其他结构所承受的荷载（土压力、水压力及水上浮力等）通过拉杆传递到锚固体上，再由锚固体将传来的荷载分散到周围稳定的地层中。

利用土层锚杆支护结构在基坑施工可以实现坑内无支撑，开挖土方和地下结构施工不受支撑干扰，施工作业面宽敞，在高层建筑深基坑工程中的应用已日益增多。

锚杆支护体系由支护挡墙、腰梁（围檩）及托架、锚杆三部分组成，如图 1-22 所示。腰梁将作用于支护挡墙的水、土压力传递给锚杆，并使各杆的应力通过腰梁得到均匀分配。锚杆由锚头、拉杆（拉索）和锚固体三部分组成。其中，锚头一般由垫板、台座和锚具等部件组成。

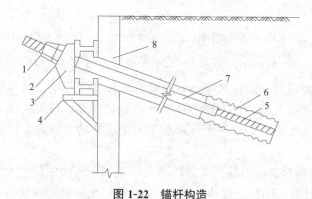

图 1-22　锚杆构造

1—锚具；2—垫板；3—台座；4—托架；5—拉杆；6—锚固体；7—套管；8—支护挡墙

1）土层锚杆的类型

一般注浆圆柱体（压力为 0.3～0.5MPa）。孔内注水泥浆或水泥砂浆，适用于拉力不高的临时性锚杆，如图 1-23（a）所示。

扩大的圆柱体或不规则体，采用压力注浆，压力从 2MPa（二次注浆）到 5MPa（高压注浆）左右，在黏土中形成较小的扩大区，在无黏性土中可以形成较大的扩大区，如图 1-23（b）所示。

孔内沿长度方向扩一个或几个扩大头的圆柱体，采用特制扩孔机械通过中心杆压力将扩张刀具缓缓张开削土成型而成，在黏性土及先黏性土中都适用，如图 1-23（c）所示。

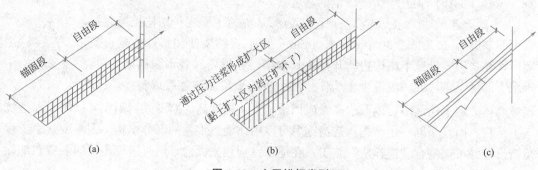

图 1-23　土层锚杆类型

2）土层锚杆的施工。土层锚杆的施工包括钻孔、拉杆安装、注浆、张拉和锚固等工作。

① 钻孔。旋转式钻孔机、冲击式钻孔机、旋转冲击式钻孔机均可用于土层锚杆的钻孔，主要根据土质、钻孔深度和地下水的情况进行选择。

土层锚杆孔壁要求平直，以便安放钢拉杆和灌注水泥浆。孔壁不得坍塌和松动，不得影响钢拉杆和土层锚杆的承载能力。钻孔时，不得使用膨润土循环泥浆护壁，以免在孔壁上形成泥皮，降低锚固体与土壁之间的摩阻力。

② 拉杆安装。土层锚杆用的拉杆，常用的有钢管、粗钢筋、钢丝束和钢绞线。为将拉杆安置在钻孔中心并防止入孔时搅动孔壁，应当沿拉杆每隔 1.5～2m 布设一个定位器。

③ 注浆。锚孔注浆是土层锚杆施工的重要工序之一。注浆的目的是形成锚固段，并防止拉杆腐蚀。锚杆注浆宜用强度等级不低于 42.5 级的普通硅酸盐水泥，注浆常用水胶比为 0.4～0.5 的水泥浆，或灰砂比为 1：1～1：1.2，水胶比为 0.38～0.45 的水泥砂浆。

注浆可分为一次注浆和二次注浆。

一次注浆是用泥浆泵通过一根注浆管自孔底起开始注浆，待浆液流出孔口封堵，稳压数分钟后注浆结束。

二次注浆是同时装入两根注浆管，两根注浆管分别用于一次注浆和二次注浆。一次注浆管注完后予以回收，二次注浆用注浆管管底封堵严密，从管端起向上沿锚固段每隔 1～2m 做一段花管，待一次注浆初凝后，即可进行二次压力注浆。二次注浆为劈裂注浆，二次浆液冲破一次注浆体，沿锚固体与土的界面向土体挤压劈裂扩散，使锚固体直径加大、径向压力增大，显著提高土锚的承载力。

④ 张拉和锚固。锚杆压力灌浆后，待锚固段的强度达 15MPa，并达到设计强度等级的 75% 后方可进行张拉。

（4）土钉墙

土钉墙是采用土钉加固的基坑侧壁土体与护面等组成的结构。其将拉筋全部插入土体内部与土粘结，并在坡面上喷射混凝土，从而形成加筋土体加固区带，用以提高整个原位土体的强度并限制其位移，同时，增强基坑边坡坡体的自身稳定。

按照施工方法的不同，土钉墙可分为钻孔注浆型土钉墙、打入型土钉墙和射入型土钉墙三类。

1）土钉墙的构造

土钉墙的构造如图 1-24 所示，构造要求如下：

① 土钉墙的墙面坡度不宜大于 1：0.1；

② 土钉钢筋材料宜采用直径 16～32mm 的 HRB400 级以上的带肋钢筋，钻孔直径宜为 70～120mm，长度为开挖深度的 0.5～1.2 倍，间距宜为 1～2m，与水平面的夹角宜为 5°～20°；

③ 注浆材料宜采用水泥浆或水泥砂浆，其强度不宜低于 M10；

④ 土钉应当与面层有效连接，设置承压板或加强钢筋等构造，承压板或加强钢筋应当与土钉墙焊接连接；

⑤ 喷射混凝土面层中宜配置钢筋网，钢筋宜为直径 6～10mm 的 HPB300 级钢筋，间距宜为 150～300mm，坡度上下段钢筋网搭接长度应当大于 300mm，喷射混凝土强度等级不宜低于 C20，面层厚度不宜小于 80mm；

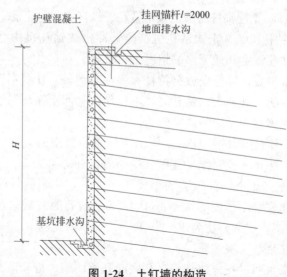

图 1-24　土钉墙的构造

⑥ 土钉墙墙顶应当采用砂浆或混凝土护面，在坡顶和坡脚应当设置排水措施。

2）土钉墙的特点

① 安全可靠。若基坑边坡直立高度超过临时高度，或坡顶有较大荷载及环境因素有所变化，都会引起基坑边坡失稳，这是由于土体自身的抗剪能力低，抗拉强度很低，而土钉墙由于在原位土体内增设一定长度与分布密度的锚固体，使之与土体牢固结合并共同工作，从而弥补了土体自身强度的不足。

② 土钉墙还能增强土体破坏的延性，改变基坑边坡破坏时突然塌方的性质，在超荷载作用下的变形特征表现为持续渐进性破坏，即使在土体内已出现局部剪切面和张拉裂缝，并随着超荷增加而扩展，但仍然可以持续很长时间不发生整体塌滑，从而为土体加固、排除险情提供充裕时间，并使相应的加固方法简单易行。

③ 可缩短基坑施工工期。土钉墙不同于排桩挡墙等支护体系，其可以与土方开挖同期施工，还可以与土方开挖形成流水施工。

④ 施工机具简单、易于推广。设置土钉采用的钻孔机具及喷射混凝土设备都属于可以移动的小型机械，它们移动灵活，振动小、噪声低，在城市地区施工具有明显优势，具有钻孔、灌浆、面层喷射混凝土等技术工艺，易于掌握，普及性强。

⑤ 经济效益较好。土钉墙材料用量远低于排桩挡墙，成本低于灌注桩支护。

3）土钉支护的施工

土钉支护的施工过程主要包括以下几个方面：

① 作业面开挖。土钉墙施工是随着工作面开挖分层施工的，每层开挖的最大深度取决于该土体可以直立而不破坏的能力，开挖高度一般与土钉竖向间距相匹配，每层开挖的纵向长度取决于交叉施工期间保持坡面稳定的坡面面积和施工流程的相互衔接程度。

② 成孔。成孔采用螺旋钻机、冲击钻机、地质钻机等机械成孔，钻孔直径为70～120mm。成孔时，必须按照设计图纸的纵向、横向尺寸及水平面夹角的规定进行钻孔施工。

③ 置筋。在置筋前，最好采用压缩空气将孔内残留及扰动的废土清除干净。放置钢筋应当平直，必须除锈、除油，保证钢筋在孔中的位置，每隔2～3m在钢筋上焊置一个

定位架。

④ 注浆。注浆采用水泥浆或水泥砂浆，水泥浆水胶比为 0.38～0.5，水泥砂浆配合比为 1∶0.8 或 1∶1.5。利用注浆泵注浆，注浆管插入距孔底 0.2～0.5m 处，孔口设置止浆塞，以保证注浆饱满。

⑤ 喷射混凝土面层。一般情况下，为了防止土体松弛和崩解，必须尽快做第一层喷射混凝土。根据地层的性质，可以在放置土钉之前做，也可以在放置土钉之后做。对于临时性支护，面层可以做一层，厚度为 50～150mm；对永久性支护则多用两层或三层面层，厚度为 100～300mm。两次喷射作业之间应留一定的时间间隔，第一次喷射后铺设钢筋网，并使钢筋与土钉牢固连接。为使施工搭接方便，每层下部 300mm 暂不喷射，并应做好 45°的斜面形式。在此之后再喷射混凝土，并要求其表面平整、湿润、具有光泽，喷射完成终凝 2h 后洒水养护 3～7d。

特别提示

基坑（槽）支护的形式，根据开挖深度、土质条件、地下水位、开挖方法、相邻建筑物或构筑物等情况进行选择设计。

任务 4　土方智能化施工机械

土方工程工程量大、工期长。为节约劳动力，降低劳动强度，加快施工速度，土方工程的开挖、运输、填筑、压实等施工过程应尽量采用机械施工。

一、常用施工机械

土方工程施工机械的种类繁多，如推土机、铲运机、单斗挖土机、多斗挖土机和装载机等。而在房屋建筑工程施工中，尤以推土机、铲运机和单斗挖土机应用最广。施工时，应根据工程规模、地形条件、水文性质情况和工期要求正确选择土方施工机械。

1. 推土机

推土机是土方工程施工的主要机械之一，按行走的方式，可分为履带式推土机和轮胎式推土机。履带式推土机附着力强，爬坡性能好，适应性强；轮胎式推土机行驶速度快，灵活性好，如图 1-25 所示。

推土机适用于场地清理和平整，开挖深度在 1.5m 以内的基坑、填平沟坑，也可配合铲运机和挖土机工作。推土机可推挖一至三类土，经济运距为 100m 以内，距离在 60m 时效率最高。

为提高生产效率，常采用下坡推土法、槽形推土法和并列推土法等施工方法。在运距较远而土质又比较坚硬时，对于切土深度不大的，可采用多次铲土、分批集中、再一次推送的施工方法。

(a)　　　　　　　　　　　　　　　　(b)

图 1-25　推土机外形

(a) 履带式推土机；(b) 轮胎式推土机

（1）下坡推土法：在斜坡上，推土机顺下坡方向切土与堆运，借机械向下的重力作用切土，增大切土深度和运土数量，可提高生产率 30%～40%，但坡度不宜超过 15°，避免后退时爬坡困难。无自然坡度时，也可分段堆土，形成下坡送土条件。下坡推土有时与其他推土法结合使用。适合半挖半填地区推土丘、回填沟和渠时使用。

（2）槽形挖土法：推土机多次重复在一条作业线上切土和推土，使地面逐渐形成一条浅槽，再反复在沟槽中进行推土，以减少土从铲刀两侧漏散，可增加 10%～30% 的推土量。槽的深度以 1m 左右为宜，槽与槽之间的土坑宽约为 50cm，当推出多条槽后，再从后面将土推入槽内，然后运出。适合运距较远、土层较厚时使用。

（3）并列推土法：用 2 或 3 台推土机并列作业，以减少土体漏失。铲刀相距 15～30cm，一般采用两机并列推土，可增大推土量 15%～30%，三机并列可增大推土量 30%～40%，但平均运距不宜超过 50～70m，也不宜小于 20m。适合大面积场地平整及运送土时采用。

（4）多铲集运法：在硬质土中，切土深度不大，将土先积聚在一个或数个中间点，然后再整批推送到卸土区，使铲刀前保持满载。堆积距离不宜大于 30m，推土高度以小于 2m 为宜。本法可使铲刀的推送数量增大，有效地缩短运输时间，能提高生产效率 15% 左右。适合运送距离较远而土质又比较坚硬，或长距离分段送土时采用。

2. 铲运机

铲运机是一种能够独立完成铲土、运土、卸土、填筑、整平的土方机械。铲运机按行走机构可分为自行式铲运机（图 1-26）和拖式铲运机（图 1-27）两种。自行式铲运机适用于运距为 800～3500m 的大型土方工程施工，当运距为 800～1500m 时，生产效率最高；拖式铲运机适用于运距为 80～800m 的土方工程施工，当运距为 200～350m 时，生产效率最高。

铲运机的开行路线对提高生产效率影响很大，应根据挖填区的分布情况，并结合具体条件，选择合理的开行路线。根据实践，铲运机的开行路线有以下几种：

（1）环形路线。施工地段较短，地形起伏不大的挖、填工程，适宜采用环形路线，如图 1-28（a）、（b）所示。当挖土和填方交替，而挖填之间距离又较短时，则可采用大环形路线，如图 1-28（b）所示，大环形路线的优点是循环完成多次铲土和卸土，从而减少了铲运机的转弯次数，提高了工作效率。

图 1-26　自行式铲运机

图 1-27　拖式铲运机

（2）"8"字形路线。在地形起伏较大，施工地段狭长的情况下，宜采用"8"字形路线，如图 1-28（c）所示。它适用于填筑路基、场地平整工程。铲运机在坡地行走或工作时，上下纵坡坡角不宜超过 25°，横坡不宜超过 6°，不能在陡坡上急转弯，工作时应避免转弯铲土，以免铲刀受力不均引起翻车事故。当铲运机铲土接近设计标高时，为了正确控制标高，宜沿平整场地区域每隔 10m 左右配合水准仪抄平，先铲出一条标准槽，以此为准使整个区域平整到设计要求。

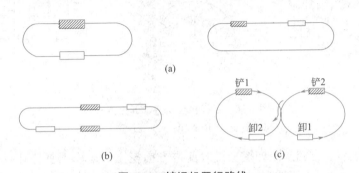

图 1-28　铲运机开行路线

（a）小环形路线；（b）大环形路线；（c）"8"字形路线

3. 单斗挖土机

单斗挖土机是基坑（槽）土方开挖常用的一种机械。依其工作装置的不同可分为正铲、反铲、拉铲和抓铲四种，如图1-29所示。

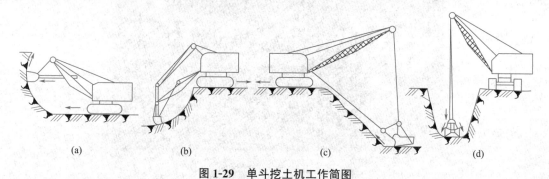

图1-29 单斗挖土机工作简图
(a) 正铲挖土机；(b) 反铲挖土机；(c) 拉铲挖土机；(d) 抓铲挖土机

（1）正铲挖土机

1）正铲挖土机的挖土特点是：前进向上，强制切土。它适用于开挖停机面以上的一至三类土，且需与运土汽车配合完成整个挖运任务。开挖大型基坑时需设坡道，挖土机在坑内作业，适宜在土质较好、无地下水的地区工作，当地下水水位较高时，应采取降低地下水水位的措施，把基坑水疏干。

2）根据挖掘机与运输工具相对位置的不同，正铲挖土机挖土和卸土的方式可分为以下两种：

①正向挖土、侧向卸土。即挖土机向前进方向挖土，运输工具在挖土机一侧开行、装土，如图1-30（a）、（b）所示，两者可不在同一工作面（运输工具可停在挖土机平面上或高于停机平面）。这种开挖方式，卸土时挖土机旋转角度小于90°，不仅提高了挖土效率，又可避免汽车倒开和转弯多的缺点，因而在施工中常采用此方法。

正铲挖土机施工

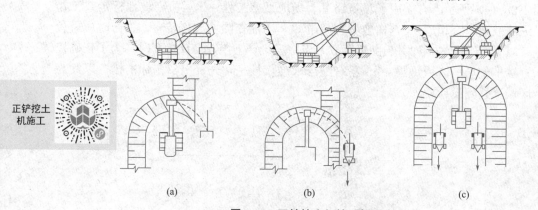

图1-30 正铲挖土机挖、卸土方式
(a)(b) 正向挖土，侧向卸土；(c) 正向挖土，后方卸土

②正向挖土、后方卸土。即挖土机向前进方向挖土，运输工具停在挖土机的后面装土，如图1-30（c）所示，两者在同一工作面（即挖土机的工作空间）上。这种开挖方式挖土高度较大，但由于卸土时必须旋转较大角度，且运输车辆要倒车开入，影响挖土机生

产率，故只宜用于基坑（槽）宽度较小，而开挖深度较大的情况。

（2）反铲挖土机

1）反铲挖土机的挖土特点是：后退向下，强制切土。其挖掘力比正铲小，能开挖停机面以下的一至三类土（机械传动反铲只宜挖一至二类土）。其适用于一次开挖深度在 4m 左右的基坑、基槽和管沟，也可适用于地下水水位较高的土方开挖；在深基坑开挖中，依靠止水挡土结构或井点降水，反铲挖土机通过下坡道，采用台阶式接力方式挖土也是常用方法。

2）反铲挖土机的开挖方式有沟端开挖和沟侧开挖两种。

① 沟端开挖。如图 1-31（a）所示，即挖土机在基坑（槽）或管沟的一端，向后倒退挖土，开行方向与开挖方向一致，汽车停在两侧装土。其优点是挖土方便，挖土宽度和深度较大，单侧装土时宽度为 2.3R，两侧装土时宽度为 1.7R。深度可达最大挖土深度 H。当基坑（槽）宽度超过 1.7H 时，可分次开行开挖或以"之"字形路线开行开挖。当开挖大面积的基坑时，可分段开挖或多机同挖。当开挖深槽时，可采用分段分层开挖。

② 沟侧开挖。如图 1-31（b）所示，即挖土机在基坑（槽）一侧挖土、开行。由于挖土机移动方向与挖土方向垂直，所以，其稳定性较差，挖土宽度和深度也较小，且不能很好地控制边坡。但当土方需就近堆放在坑（沟）旁时，此方法可弃土于距坑（沟）较远的地方。

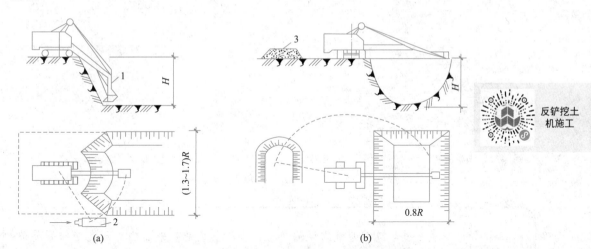

图 1-31　反铲挖土机开挖方式

（a）沟端开挖；（b）沟侧开挖

1—反铲挖土机；2—自卸汽车；3—充土堆

（3）拉铲挖土机

1）拉铲挖土机的特点。拉铲挖土机用于开挖停机面以下的一、二类土。它工作装置简单，可直接由起重机改装。其特点是铲斗悬挂在钢丝绳下而不需刚性斗柄，土斗借自重使斗齿切入土中，开挖深度和宽度均较大，常用于开挖大型基坑、沟槽和水下开挖等；与反铲挖土机相比，拉铲挖土机的挖土深度、挖土半径和卸土半径均较大，但开挖的精确性较差，且大多将土弃于土堆，如需卸在运输工具上，则操作技术要求较高，且效率降低。

2）拉铲挖土机的开行路线与反铲挖土机开行路线相同。

① 沟端开挖法。如图 1-32 所示，拉铲停在沟端，倒退着沿沟纵向开挖。开挖宽度可以是机械挖土半径的两倍，能两面出土，汽车停放在一侧或两侧，装车角度小，坡度较易控制，并能开挖较陡的坡。其适用于就地取土、填筑路基及修筑堤坝等。

② 沟侧开挖法。如图 1-33 所示，拉铲停在沟侧沿沟横向开挖，沿沟边与沟平行移动，如沟槽较宽，可在沟槽的两侧开挖。本法开挖宽度和深度均较小，一次开挖宽度约等于挖土半径，且开挖边坡不易控制。其适用于开挖土方就地堆放的基坑、槽及填筑路堤等工程。

（4）抓铲挖土机

抓铲挖土

抓铲挖土机是在挖土机臂端用钢索安装一抓斗，也可由履带式起重机改装。它可用于挖掘停机面以下的一、二类土，宜用于挖掘独立柱基的基坑、沉井及开挖面积较小、深度较大的沟槽或基坑，特别适用于水下挖土，如图 1-34 所示。

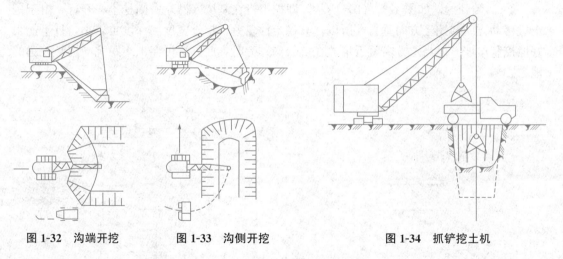

图 1-32　沟端开挖　　　　图 1-33　沟侧开挖　　　　图 1-34　抓铲挖土机

> **特别提示**
>
> 挖掘机、运土汽车进出基坑的运输道路，应尽量利用基础一侧或两侧相邻的基础（以后需开挖的）部位，使它互相贯通作为车道，或利用提前挖除土方后的地下设施部位作为相邻的几个基坑开挖地下运输通道，以减少挖土量。

二、智能化施工机械

随着机器人技术的快速发展，越来越多的机器人被应用到工程作业任务中。将机器人技术引入到工程机械中，可以实现工程机械的智能化无人作业，减轻工作人员的劳动强度，提升工程机械的作业能力。欧美等发达国家从 20 世纪 70 年代就开始对工程机械进行机电液一体化及机器人化技术的应用研究，我国则是在 20 世纪 90 年代初才意识到机器人技术对提升工程机械工作性能和质量的重要性，并在国家863智能机器人主题的支持下，开始进行工程机械机器人化关键技术理论与应用的研究。虽然国内起步较晚，但在多个工程机械机器人研究领域取得了可喜成绩，典型的成果有：喷浆机器人、压路机器人、自动摊铺机、隧道凿岩机器人、隧道掘进机器人、装载机器人、挖掘机器人等。其中，挖掘机器人技术应用相对较多。

液压挖掘机是一种多用途的工程机械，在民用建筑施工、抗震救灾以及国防工程建设等领域发挥着重要作用。长期以来，在挖掘机的施工过程中存在着操作人员劳动强度大、工作环境恶劣、操作人员培训时间长、难以人工完成一些高质量的作业任务等问题。面对上述问题，人们开始了挖掘机的自动控制研究，将机电一体化技术应用到挖掘机的液压控制系统中，以实现挖掘机的局部作业自动化，这样既减轻了操作人员的劳动强度，又提高了系统的安全性和节能性。将机器人技术应用到挖掘机上，实现挖掘机的机器人化和无人化作业是众多科研技术人员一直以来的共同目标。机器人化的挖掘机，通称挖掘机器人，通过智能控制将人从繁重的机械操纵任务中解放出来，不仅能在民用建设施工等领域中发挥重要作用，在军事工程保障中也能发挥积极作用。在作战工程保障中，挖掘机器人可以在无人驾驶的情况下进入危险战区作业，执行战地清除、武器销毁及掩埋等危险任务，既保证了人员安全，又能提高部队机动性和作战工程保障能力。

挖掘机器人是一个综合的"机—电—液—信息"四维一体化系统，其智能作业的研究涉及机械科学、电工电子技术、现代通信技术、计算机技术、传感器技术、信息处理技术、自动控制技术、人工智能等多学科领域。如今，相关学科的快速发展为实现挖掘机器人的智能化作业提供了技术支持。可以预见，未来的挖掘机器人将具备较强的信息处理能力、感觉认知能力、智能判断能力以及自我适应能力，它将使现在的液压挖掘机产品性能和质量产生质的飞跃，大大提升工程机械信息化水平。挖掘机器人的研究步骤是在实现挖掘机"机—电—液"一体化和挖掘机局部操作自动化的基础上，引入最新的机器人技术和智能控制技术，以实现其作业过程的智能化和完全无人化。实现挖掘机器人的模式化编程控制和远程遥控已经不是难事，国内外多家研究机构已经研制出能在简单环境下自动作业的挖掘机器人，但要实现挖掘机器人完全无人化智能作业还有很长的路要走。

挖掘机器人作业系统辨识与运动控制是挖掘机器人研究的热点和重点，但是，挖掘机器人工作装置动力学参数的耦合性、电液伺服系统的时变非线性以及外界负载力的不确定性等因素，使得以往单纯针对电液伺服系统或机械臂系统的控制方法不能很好地满足挖掘机器人作业系统的高性能运动控制。研究与探索简单、实用、快速、有效、先进的挖掘机器人作业系统辨识与运动控制方法，不仅是无人化挖掘机器人应用实践的迫切需要，更是工程机械向信息化、智能化、机器人化方向发展所面临的重要挑战和机遇。

韩国首尔国立大学参与开发了一套1.5t挖掘机的远程操作系统，如图1-35所示，操作员的手臂上安装3种传感器，用于检测驾驶员的动作，挖掘机执行器的操作命令将通过蓝牙进行无线传输，与使用力反馈机制的触觉设备相比，该操作系统结构简单，更为轻型化。

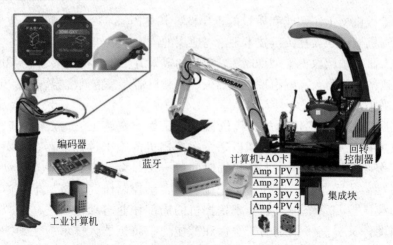

图 1-35 挖掘机远程操作系统硬件配置

中国自主研发的建筑施工机器人逐步出现在各地工地，由上海建工集团自主研发的无人挖掘机，借助于算法、传感器和物联网等，实现了无人挖掘机作业，这台无人挖机虽相貌平平，却"战功"赫赫，实践证明能够很好适应于高温环境、污染环境、管道泄漏抢修、路面坍塌作业等危险作业面下的基坑挖掘。

建筑施工在向数字化、智能化转型以博智林公司为代表的多款中国制造智能施工机器人达到国际领先水平，打造了行业领先的智能建造生态圈。

我们要修习大国工匠核心素养，融合创新，努力培养成为未来机器人不可替代的高素质技术技能人才。

三、土方机械的选择

土方机械的选择主要是确定类型、型号、台数。挖土机械的类型是根据土方开挖类型、工程量、地质条件及挖土机的适用范围确定的；其型号是根据开挖场地条件、周围环境及工期等确定的；最后确定挖土机台数和配套汽车数量。挖土机的数量应根据所选挖土机的台班生产率、工程量大小和工期要求进行计算。

在进行土方机械配套计算时，先确定主导施工机械，其他机械应按主导机械的性能进行配套选用。

1. 挖土机数量的确定

挖土机的数量 N，应根据基坑（槽）土方量大小和工期要求来确定，可按下式计算：

$$N = \frac{Q}{P} \cdot \frac{1}{T \cdot C \cdot K} \tag{1-13}$$

式中：Q——土方量（m³）

　　　P——挖土机生产率（m³/台班）；

　　　T——工期（工作日）；

　　　C——每天工作班数；

　　　K——时间利用系数（0.8～0.9）。

单斗挖土机的生产率 P，可查定额手册或按下式计算：

$$P = \frac{8 \times 3600}{t} \cdot q \cdot \frac{K_c}{K_s} \cdot K_B \tag{1-14}$$

式中：t——挖土机每斗作业循环延续时间（s），如 $W100$ 正铲挖土机为 25～40s；

　　　q——挖土机斗容量（m³）；

　　　K_c——土斗的充盈系数（0.8～1.1）；

　　　K_s——土的最初可松性系数（查表1-1）；

　　　K_B——工作时间利用系数（0.7～0.9）。

在实际施工中，若挖土机的数量已经确定，也可利用公式来计算工期。

2. 运土车辆配套计算

运土车数量 N_1，应保证挖土机连续作业，可按下式计算：

$$N_1 = \frac{T_1}{t_1} \tag{1-15}$$

$$T_1 = t_1 + \frac{2l}{V_c} + t_2 + t_3 \tag{1-16}$$

式中：T_1——运土车辆每一运土循环延续时间（min）；

　　　l——运土距离（m）；

　　　V_c——重车与空车的平均速度（m/min），一般取 20～30km/h；

　　　t_2——卸土时间，一般为 1min；

　　　t_3——操纵时间（包括停放待装、等车、让车等），一般取 2～3min；

　　　t_1——运土车辆每车装车时间（min）：

$$t_1 = n \cdot t \tag{1-17}$$

$$n = \frac{Q_1}{q \cdot \dfrac{K_c}{K_s} \cdot r} \tag{1-18}$$

式中：n——运土车辆每车装土次数：

　　　Q_1——运土车辆的载重量（t）；

　　　r——实土重度（t/m³），一般取 1.7t/m³。

【应用案例】

某工程基坑土方开挖，土方量为 9640m³，现有 WY-100 反铲挖土机可租，斗容量为 1m³，为减少基坑暴露时间，挖土工期限制在 7d。挖土采用载重量 8t 的自卸汽车配合运土，要求运土车辆数能保证挖土机连续作业，已知 $K_c = 0.9$，$K_s = 1.15$，$K = K_B = 0.85$，$t = 40$s，$l = 1.3$km，$V_c = 20$km/h。

试求：（1）WY-100 反铲挖土机数量 N；

（2）运土车辆数 N_1。

【解】（1）准备采取两班制作业，则挖土机数 N 按式（1-13）计算：

$$N = \frac{Q}{P} \cdot \frac{1}{T \cdot C \cdot K}$$

式中挖土机生产率 P 按式（1-14）求出：

$$P = \frac{8 \times 3600}{t} \cdot q \cdot \frac{K_c}{K_s} \cdot K_B = \frac{8 \times 3600}{40} \times 1 \times \frac{0.9}{1.15} \times 0.85 = 479（\text{m}^3 / \text{台班}）$$

则挖土机数量：

$$N = \frac{9640}{479 \times 2 \times 0.85 \times 7} = 1.69（\text{台}） \quad 取 2 台$$

（2）每台挖土机运土车辆数 N_1 按式（1-15）求出：

$$N_1 = \frac{T_1}{t_1}$$

每车装土次数：

$$n = \frac{Q_1}{q \cdot \frac{K_c}{K_s} \cdot r} = \frac{8}{1 \times \frac{0.9}{1.15} \times 1.7} = 6.0 \quad 取 6 次$$

每次装车时间：

$$t_1 = n \cdot t = 6 \times 40 = 240（\text{s}） = 4（\text{min}）$$

运土车辆每一个运土循环延续时间按式（1-16）求出：

$$T_1 = t_1 + \frac{2l}{V_c} + t_2 + t_3 = 4 + \frac{2 \times 1.3 \times 60}{20} + 1 + 3 = 15.87（\text{min}）$$

则每台挖土机运土车辆数量 N_1：

$$N_1 = \frac{15.8}{4} = 3.95（\text{辆}） \quad 取 4 辆$$

3. 智能化施工机械的选择

智能化施工机械具有高效、质量可控等优点，但同时也存在位移空间大、负载需求高、安全系数要求高等问题。在选择智能化施工机械时，应充分考虑现场施工条件，当开挖条件较好时，采用智能化施工机械可充分发挥其优势。反之，场地条件复杂时，则选择传统的施工机械效果较佳。对于某些不适宜人员进入的特殊空间，则可优先选择智能化施工机械。此外，智能化施工机械与传统施工机械并不矛盾，两者可同时选择，配合使用。

任务5　基坑（槽）施工

一、基坑开挖的方法

基坑开挖的施工过程：平整场地→建筑物定位→放线→土方开挖→开挖到设计底面标

高，进行钎探和验槽，验槽合格→进行下道工序施工。

1. 平整场地

作业前应查明地下管线、障碍物等情况，制订处理方案后方可开始场地平整工作。

2. 建筑物定位

建筑物定位就是将建筑设计总平面图中建筑物外轮廓的轴线交点测设到地面上，并用木桩标定出来，桩顶钉小铁钉指示点位（这类桩称为轴线桩），然后根据轴线桩进行细部测设。

为进一步控制各轴线位置，应将主要轴线延长引测到安全地点并做好标志（称为控制桩），如图 1-36 所示。为了便于开槽后施工各阶段中能控制轴线位置，可把轴线位置引测到龙门板上用轴线钉标定，如图 1-37 所示。龙门板顶部标高一般为 ±0.000，以便控制基槽和基础施工时的标高。定位一般用经纬仪、水准仪和钢尺等测量仪器。

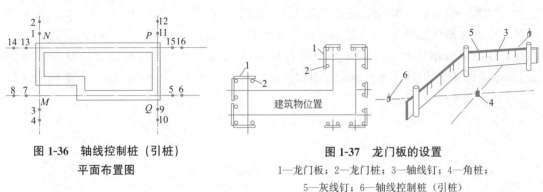

图 1-36　轴线控制桩（引桩）
平面布置图

图 1-37　龙门板的设置
1—龙门板；2—龙门桩；3—轴线钉；4—角桩；
5—灰线钉；6—轴线控制桩（引桩）

3. 放线

（1）基槽放线。房屋定位后，根据基础的宽度、土质情况、基础埋置深度及施工方法，通过计算确定基槽（坑）上口开挖宽度，拉通线后用石灰在地面上画出基槽（坑）开挖的上口边线，即放线。放好开挖线，经复测及验收合格后开挖。

（2）基坑放线。在基坑开挖前，从设计图上查对基础的纵横轴线编号和基础施工详图，根据柱子的纵横轴线，用经纬仪在矩形控制网上测定基础中心线的端点，同时，在每个柱基中心线上测定基础定位桩，每个基础的中心线上设置 4 个定位木桩，其桩位离基础开挖线的距离为 0.5~1.0m。若基础之间的距离不大，可每隔一个或多个基础打一个定位桩，但两个定位桩的间距以不超过 20m 为宜，以便拉线恢复中间柱基的中线。在桩顶上钉一个钉子，标明中心线的位置。然后按边坡系数和基础施工图上柱基的尺寸及工作面确定的挖土边线的尺寸，放出基坑上口挖土灰线，标出挖土范围。

大基坑开挖，根据房屋的控制点，按基础施工图上的尺寸和按边坡系数及工作面确定的挖土边线的尺寸，放出基坑四周的挖土边线。

4. 土方开挖

土方开挖可分为人工开挖和机械开挖两种。对于大型基坑应优先考虑选用机械化施工，以加快施工进度。

（1）土方开挖的顺序、方法必须与设计工况一致，并遵循"开槽支撑，先撑后挖，分层开挖，严禁超挖"的原则。

（2）开挖基坑（槽）应按规定的尺寸合理确定开挖顺序和分层开挖深度，连续地进行施工，尽快完成。因土方开挖施工要求标高、断面准确，土体应有足够的强度和稳定性，所以在开挖过程中要随时注意检查。

（3）基坑开挖程序是：测量放线→分层开挖→排降水→修坡→整平→留足预留土层等。

（4）挖土应自上而下水平分段分层、分段、均衡进行，每层 0.3m 左右，边挖边检查坑底宽度及坡度，不够时应及时修整，每 3m 左右修一次坡，至设计标高，再统一进行一次修坡清底，检查坑底宽和标高，要求坑底凹凸不超过 2cm。当基底标高不同时，应遵守先深后浅的施工顺序。

（5）基槽（坑）开挖深度的控制：为了控制基槽开挖深度，在即将挖到槽底设计标高时，用水准仪在槽壁上测设一些水平的小木桩，如图 1-38 所示，使木桩的上表面到槽底设计标高为一固定值（如 0.500m），用以控制挖槽深度。为了施工时使用方便，一般在槽壁各拐角处和槽壁每隔 3～4m 处均测设一水平桩；必要时，可沿水平桩的上表面拉上白线绳，作为清理槽底和打基础垫层时掌握标高的依据。水平桩高程测设的允许误差为 ±10mm。图 1-36 中计算水平桩的上表面标高 2.350−0.500＝1.850（m），水准仪的读数 $b=a+1.850$m。

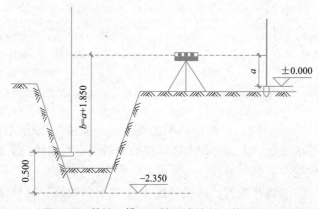

图 1-38　基坑（槽）开挖深度控制（单位：m）

　　2020 年 1 月 24 日除夕当天，武汉火神山医院入场挖掘机 95 台、推土机 33 台、压路机 5 台、自卸车 160 台，160 名管理人员和 240 名工人集结完毕，一座小土山被连夜铲平，累计平整场地 5 万平方米（约 7 个足球场）。十天竣工火神山医院的工程奇迹展现了中国速度，映射中国政府与人民命运与共的责任担当和除夕夜主动参建工程人员的奉献精神、大国工匠精神！

5. 深基坑开挖

深基坑开挖一般遵循"分层开挖，先撑后挖"的原则。开挖方法主要有分层挖土、分段挖土、盆式挖土、中心岛式挖土等。施工中应根据基坑面积大小、开挖深度、支护结构形式、环境条件等因素选用开挖方法。

（1）分层挖土。分层挖土是将基坑按深度分为多层进行逐层开挖，如图 1-39 所示。分层厚度，软土地基应控制在 2m 以内，硬质土可控制在 5m 以内。开挖顺序可从基坑的某一边向另一边平行开挖，或从基坑两端对称开挖，或从基坑中间向两边平行对称开挖，也可交替分层开挖，具体应根据工作面和土质情况决定。运土可采取设坡道或不设坡道两种方式。设坡道土的坡度视土质、挖土深度和运输设备情况而定，一般为 1：10～1：8，坡道两侧要采取挡土或加固措施；不设坡道一般设钢平台或栈桥作为运输土方通道。

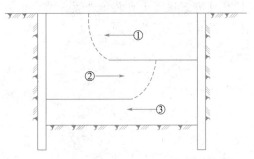

图 1-39　分层开挖示意

（2）分段挖土。分段挖土是将基坑分成几段或几块分别开挖。分段与分块的大小、位置和开挖顺序，根据开挖场地、工作面条件、地下室平面与深浅及施工工期而定。分块开挖即开挖一块，施工一块混凝土垫层或基础，必要时可在已封底的坑底与围护结构之间加设斜撑，以增强支护的稳定性。

（3）盆式挖土。盆式挖土是先分层开挖基坑中间部分的土方，基坑周边一定范围内的土暂不开挖，如图 1-40 所示。开挖时，可视土质情况按 1：1.25～1：1 放坡，使之形成对四周围护结构的被动土反压力区，以增强围护结构的稳定性，待中间部分的混凝土垫层、基础或地下室结构施工完成之后，再用水平支撑或斜撑对四周围护结构进行支撑，并突击开挖周边支护结构内部分被动土区的土，每挖一层支一层水平横顶撑，如图 1-41 所示，直至坑底，最后浇筑该部分结构混凝土。本法对支护挡墙受力有利，时间效应小，但大量土方不能直接外运，需集中提升后装车外运。

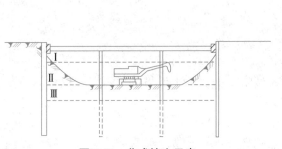

图 1-40　盆式挖土示意

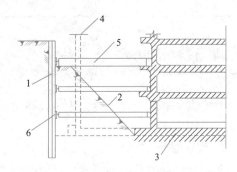

图 1-41　盆式开挖内支撑示意

1—钢板桩或灌注桩；2—后挖土方；3—先施工地下结构；
4—后施工地下结构；5—钢水平支撑；6—钢横撑

（4）中心岛式挖土。中心岛式挖土是先开挖基坑周边土方，在中间留土墩作为支点搭设栈桥，挖土机可利用栈桥下到基坑挖土，运土的汽车也可利用栈桥进入基坑运土，可有效加快挖土和运土的速度，如图 1-42 所示。土墩留土高度、边坡的坡度、挖土分层与高差应经仔细研究确定。挖土也是采用分层开挖的方式，一般先全面挖去一层，然后中间部分留置土墩，周围部分分层开挖。挖土多用反铲挖土机，如基坑深度很大，则采用向上逐级传递方式进行土方装车外运。整个土方开挖顺序应遵循"开槽支撑，先撑后挖，分层开挖，防止超挖"的原则。

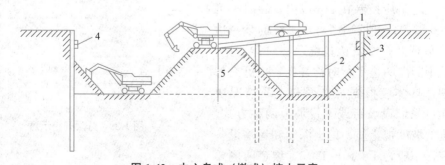

图 1-42 中心岛式（墩式）挖土示意
1—栈桥；2—支架或利用工程桩；3—围护墙；4—腰梁；5—土墩

深基坑在开挖过程中，随着土的挖除，下层土因逐渐卸载而有可能回弹，尤其在基坑挖至设计标高后，如搁置时间过久，回弹更为显著。如弹性隆起在基坑开挖和基础工程初期发展很快，将加大建筑物的后期沉降。因此，对深基坑开挖后的土体回弹，应有适当的估计，如在勘察阶段，土样的压缩试验中应补充卸荷弹性试验等；还可以采取结构措施，在基底设置桩基等，或事先对结构下部土质进行深层地基加固。施工中减少基坑弹性隆起的一个有效方法是把土体中有效应力的改变降低到最小，具体方法有加速建造主体结构，或逐步利用基础的重量来代替被挖去土体的重量。

> **特别提示**
>
> 土方开挖前，应查明基坑周边及其影响范围内建（构）筑物与水、电、燃气等地下管线的情况，并采取措施保护其使用安全。基坑工程应编制应急预案。

二、基坑验槽的方法

验槽主要靠施工经验观察为主，而对于基底以下的土层不可见部位，要辅以钎探、夯探配合共同完成。

1. 观察验槽

主要观察基槽基底和侧壁土质情况、土层构成及其走向情况是否有异常现象等，以判断是否达到设计要求的土层。观察内容主要为槽底土质及土的颜色、压实情况等。

2. 钎探

对基槽底以下 2～3 倍基础宽度的深度范围内，土的变化和分布情况或软弱土层，需要用钎探明。钎探方法为：将一定长度的钢钎打入槽底以下的土层内，根据每打入一定深度的锤击次数，间接地判断地基土质的情况。打钎可分为人工和机械两种方法。

钢钎的规格和数量。人工打钎时，钢钎用直径为 22～25mm 的钢筋制成，钎尖为 60°，外形呈尖锥状，钎长为 1.8～2.5m。打钎用的锤质量为 1.63～2.04kg，举锤高度一般为 50～70cm。将钢钎垂直打入土中，并记录每打入土层 30cm 的锤击数。用打钎机打钎时，其锤质量约 10kg，锤的落距为 50cm，钢钎直径为 25mm，长为 1.8～2.0m，如图 1-43 所示。

钎探记录和结果分析。先绘制基槽平面图，在图上根据要求确定钎探点的平面位置，并依次编号制成钎探平面图。钎探时按钎探平面图所标定钎探点的顺序进行，最后整理成钎探记录表。全部钎探完毕后，逐层地分析研究钎探记录，逐点进行比较，将锤击数显著过多或过少的钎孔在钎探平面图上作上记号，然后再在该部位进行重点检查，如有异常情况，要认真进行处理。

3. 夯探

夯探较之钎探方法更为简便，不用复杂的设备，而是用铁夯或蛙式打夯机对基槽进行夯击，凭夯击时的声响来判断下卧层的强弱或有无土洞或暗墓。

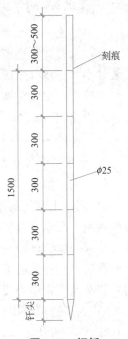

图 1-43　钢钎

任务 6　土方的填筑与压实

土方的填筑与压实

一、填方土料的选择和填筑要求

1. 填方土料的选用

填方土料（简称填料）应符合设计要求，保证填方的强度和稳定性，如设计无要求，应符合以下规定：

（1）碎石类土、砂土和爆破石渣（粒径不大于每层铺土厚的 2/3），可用于表层下的填料。

（2）含水量符合压实要求的黏性土，可作各层填料。

（3）淤泥和淤泥质土一般不能用作填料，但在软土地区，经过处理含水量符合压实要求后，可用于填方中的次要部位。

（4）碎块草皮和有机质含量大于 5% 的土，仅用在无压实要求的填方。

（5）在含有盐分的盐渍土中，仅中、弱两类盐渍土一般可以使用，但填料中不得含有盐晶、盐块或含盐植物的根茎。

（6）不得使用冻土、强膨胀性土作填料。

> **特别提示**
>
> 填方土料含水量的大小，直接影响到夯实（碾压）质量，在夯实（碾压）前应预试验，以得到符合密实度要求条件下的最优含水量和最少夯实（或碾压）遍数。含水量过小，夯压（碾压）不实；含水量过大，则易成橡皮土。若含水量过大，应采取翻松、晾干、风干、换土回填、掺入干土或其他吸水性材料等措施；若土料过干，则应预先洒水润湿。

2. 土料的填筑要求

（1）人工填土

1）回填土时从场地最低部分开始，由一端向另一端自下而上分层铺填。每层的虚铺厚度，用人工木夯夯实时不大于20cm，用打夯机械夯实时不大于25cm。

2）深浅坑（槽）相连时，应先填深坑（槽），相平后与浅坑全面分层填夯。如果采取分段填筑，交接处应填成阶梯形。墙基及管道回填应在两侧用细土同时均匀回填、夯实，防止墙基及管道中心线位移。

3）人工夯填土用60～80kg的木夯或铁、石夯，由4～8人拉绳，2人扶夯，举高不小于0.5m，一夯压半夯，按次序进行。

4）较大面积人工回填用打夯机夯实。两机平行时，其间距不得小于3m；在同一夯打路线上，前后间距不得小于10m。

（2）机械填土

1）推土机填土

① 填土应由下而上分层铺填，每层虚铺厚度不宜大于30cm，大坡度堆填土不得居高临下，不分层次，一次堆填。

② 推土机运土回填可采取分堆集中、一次运送方法，分段距离10～15m，以减少运土漏失量。

③ 土方推至填方部位时，应提起铲刀一次，成堆卸土，并向前行驶0.5～1.0m，利用推土机后退时将土刮平。

④ 用推土机来回行驶进行碾压，履带应重叠一半。

⑤ 填土宜采用纵向铺填顺序，从挖土区段至填土区段以40～60cm距离为宜。

2）铲运机填土

① 铲运机铺土，铺填土区段长度不宜小于20m，宽度不宜小于8m。

② 铺土应分层进行，每次铺土厚度不大于30～50cm（视所用压实机械的要求而定）。每层铺土后，利用空车返回时将地表面刮平。

③ 填土顺序一般尽量采取横向或纵向分层卸土，以利于行驶时初步压实。

3）自卸汽车填土

① 自卸汽车为成堆卸土，需配以推土机推土、摊平。

② 每层的铺土厚度不大于30～50cm（随选用的压实机械而定）。

③ 填土可利用汽车行驶做部分压实工作，行车路线需均匀分布于填土层上。

④ 汽车不能在虚土上行驶，卸土推平和压实工作需采取分段交叉进行。

二、填土压实

1. 填土压实方法

填土压实方法有碾压法、夯实法和振动压实法三种，如图 1-44 所示。另外，还可利用运土工具压实。

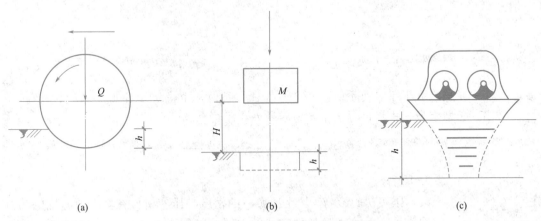

图 1-44　填土压实方法
(a) 碾压法；(b) 夯实法；(c) 振动压实法

（1）碾压法。碾压法是利用沿着表面滚动的鼓筒或轮子的压力压实土壤，常见的如平碾、羊足碾和气胎碾等，其工作原理都相同。这些机具主要用于大面积填土。平碾又称为压路机，适用于压实砂类土和黏性土；羊足碾和平碾不同，它的碾轮表面上装有许多羊蹄形的碾压凸脚，一般用拖拉机牵引作业。羊足碾有单桶和双桶之分，桶内根据要求可分为空桶、装水、装砂，以提高单位面积的压力，增加压实效果。羊足碾只能用来压实黏性土。气胎碾对土壤的碾压较为均匀。

按碾轮重量，平碾可分为轻型（30～50kN）、中型（60～90kN）和重型（100～140kN）三种，适用于压实砂类土和黏性土。轻型平碾压实土层的厚度不大，但土层上部变得较密实，当用轻型平碾初碾后，再用重型平碾碾压松土，就会取得更好的效果。如直接用重型平碾碾压松土，则由于强烈的起伏现象，其碾压效果较差。

用碾压法压实填土时，铺土应均匀一致，碾压遍数要一样，碾压方向应从填土区的两边逐渐压向中心，每次碾压应有 15～20cm 的重叠；碾压机械开行速度不宜过快，一般平碾不应超过 2km/h，羊足碾控制在 3km/h 之内，否则会影响压实效果。

（2）夯实法。夯实法是利用夯锤自由下落的冲击力来夯实土壤，主要用于小面积的回填土或作业面受到限制的环境下的土壤压实。

夯实法可分为人工夯实和机械夯实两种。人工夯实所用的工具有木夯、石夯等；常用的夯实机械有夯锤、内燃夯土机、蛙式打夯机和利用挖土机或起重机装上夯板后形成的夯土机等。其中，蛙式打夯机的特点是轻巧灵活，构造简单，在小型土方工程中应用最广。

夯实法可夯实较厚的土层。重型夯土机（1t 以上的重锤），其夯实厚度可达 1～1.5m，但木夯、石夯、蛙式打夯机等夯实工具，其夯实厚度则较小，一般在 200mm 以内。

（3）振动压实法。振动压实法是用振动压实机械来压实土壤，用这种方法压实非黏性土的效果较好。

振动平碾、振动凸块碾是将碾压和振动法结合起来的新型压实机械。振动平碾适用于填料为爆破碎石碴、碎石类土、杂填土或轻粉质黏土的大型填方，振动凸块碾则适用于填料为粉质黏土或黏土的大型填方。当压实爆破石青或碎石类土时，可选用质量为 8~15t 的振动平碾，铺土厚度为 0.6~1.5m，先静压，后振动碾压，碾压遍数由现场试验确定，一般为 6~8 遍。

中华民族五千年文明不断，其原因就在于我们每个炎黄子孙虽然像砂粒一般渺小，但却有聚沙成塔、力重千钧的凝聚力和团结力。

2. 填土压实的影响因素

（1）压实功的影响。填土压实后的密度与压实机械在其上所施加的功有一定的关系。土的密度与压实功的关系，如图 1-45 所示。当土的含水量一定，在开始压实时，土的密度急剧增加，待到接近土的最大密度时，压实功虽然增加许多，但土的密度则变化甚小。在实际施工中，对于砂土需要碾压 2~3 遍；对于粉质砂土需要碾压 3~4 遍；对于粉质黏土或黏土则需要碾压 5~6 遍。

（2）土的含水量的影响。在同一压实功条件下，填土的含水量对压实质量有直接影响。较为干燥的土颗粒之间的摩阻力较大，因而不易压实；当土的含水量超过一定限度时，土颗粒之间的孔隙由水填充而呈饱和状态，也不能压实；当土的含水量适当时，水起润滑作用，土颗粒之间的摩阻力减小，压实效果好。每种土都有其最佳的含水量。土在这种含水量的条件下，使用同样的压实功进行压实，所得到的干密度最大，如图 1-46 所示。各种土的最佳含水量和最大干密度可参考表 1-8。

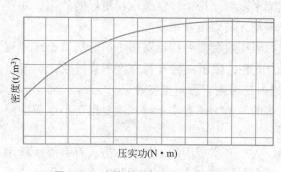

图 1-45　土的密度与压实功的关系

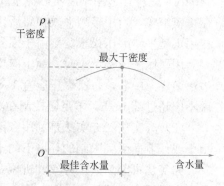

图 1-46　土的干密度与含水量的关系

为了保证填土在压实过程中处于最佳含水量状态，当土过湿时，应予翻松晾干，也可掺入同类干土或吸水性土料；当土过干时，则应预先洒水润湿。

土的最佳含水量和最大干密度参考表　　　　　　　　　　　　　表 1-8

项次	土的种类	变动范围		项次	土的种类	变动范围	
		最佳含水量（%）（质量比）	最大干密度（g/cm³）			最佳含水量（%）（质量比）	最大干密度（g/cm³）
1	砂土	8~12	1.80~1.88	3	粉质黏土	12~15	1.85~1.95
2	黏土	19~23	1.58~1.70	4	粉土	16~22	1.61~1.80

注：1. 表中土的最大干密度应以现场实际达到的数字为准。

　　2. 一般性的回填可不作此项测定。

（3）铺土厚度的影响。土在压实功的作用下，其应力随深度的增加而逐渐减小。在压实过程中，土的密实度在表层较大，随深度的加深而逐渐减小；超过一定深度后，虽经反复碾压，土的密实度仍与未压实前一样。填方每层的铺土厚度和压实遍数见表 1-9。

填方每层的铺土厚度和压实遍数　　　　　　　　　　　　　表 1-9

压实机具	每层铺土厚度（mm）	每层压实遍数
平碾	250~300	6~8
振动压实机	250~350	3 或 4
柴油打夯机	200~250	3 或 4
人工打夯	<200	3 或 4

注：人工打夯时，土块粒径不应大于 50mm。

上述三个方面因素之间是互相影响的。为了保证压实质量，提高压实机械的生产率，重要工程应根据土质和所选用的压实机械在施工现场进行压实试验，以确定达到规定密实度所需的压实遍数、铺土厚度及最优含水量。

特别提示

对于平整场地、室内填土等大面积填土工程，多采用碾压和利用运土工具压实。对较小面积的填土工程，则宜用夯实机具进行压实。

【回填土方施工实例】

1. 工程概况

基坑（槽）填方出现橡皮土，造成建筑物不均匀下沉，出现开裂。

2. 橡皮土产生的原因

在含水量很大的黏土或粉质黏土、淤泥质土、腐殖土等原状土地基上进行回填，或采用上述土作填料进行回填时，由于原状土被扰动，颗粒之间的毛细孔被破坏，水分不易渗透和散发。当施工气温较高时，对其进行夯击或碾压，表面易形成一层硬壳，更阻止了水分的渗透和散发，使土形成软塑状态的橡皮土。这种土埋藏越深，水分散发越慢，长时间内不易消失。

3. 防治措施

（1）夯（压）实填土时，应适当控制填土的含水量。

（2）避免在含水量过大的黏土、粉质黏土、淤泥质土和腐殖土等原状土上进行回填。

（3）填方区如有地表水，应设排水沟排水；如有地下水，地下水水位应降低至基底0.5m以下。

（4）暂停一段时间回填，使橡皮土含水量逐渐降低。

（5）用干土、石灰粉和碎砖等吸水材料均匀掺入橡皮土中，吸收土中的水分，降低土的含水量。

（6）将橡皮土翻松、晾晒、风干至最优含水量范围，再夯（压）实。

（7）将橡皮土挖除，然后换土回填夯（压）实，回填 3∶7 灰土和级配砂石夯（压）实。

任务 7　土方工程质量标准与安全技术

一、土方开挖、回填质量标准

1. 平整后的场地表面坡率应符合设计要求，设计无要求时，沿排水沟方向的坡率不应小于 2%，平整后的场地表面应逐点检查。土方工程的标高检查点为每 100m² 取 1 点，且不应少于 10 点；土方工程的平面几何尺寸（长度、宽度等）应全数检查；土方工程的边坡为每 20m 取 1 点，且每边不应少于 1 点；土方工程的表面平整度检查点为每 100m² 取 1 点，且不应少于 10 点。

2. 施工前应检查支护结构质量、定位放线、排水和地下水控制系统，以及对周边影响范围内地下管线和建（构）筑物保护措施的落实，并应合理安排土方运输车辆的行走路线及弃土场。附近有重要保护设施的基坑，应在土方开挖前对围护体的止水性能通过预降水进行检验。

3. 施工中应检查平面位置、水平标高、边坡坡率、压实度、排水系统、地下水控制系统、预留土墩、分层开挖厚度、支护结构的变形，并随时观测周围环境变化。

4. 施工结束后应检查平面几何尺寸、水平标高、边坡坡率、表面平整度和基底土性等。

5. 土方开挖工程的质量检验标准应符合表 1-10～表 1-13 的规定。

柱基、基坑、基槽土方开挖工程的质量检验标准　　　　　　表 1-10

项	序	项目	允许值或允许偏差		检查方法
			单位	数值	
主控项目	1	标高	mm	0 −50	水准测量
	2	长度、宽度（由设计中心线向两边量）	mm	+200 −50	全站仪或用钢尺量
	3	坡率	设计值		目测法或用坡度尺检查
一般项目	1	表面平整度	mm	+20	用 2m 靠尺
	2	基底土性	设计要求		目测法或土样分析

挖方场地平整土方开挖工程的质量检验标准　　　　　　表 1-11

项	序	项目	允许值或允许偏差			检查方法
			单位	数值		
主控项目	1	标高	mm	人工	±30	水准测量
				机械	+50	
	2	长度、宽度（由设计中心线向两边量）	mm	人工	+300 −100	全站仪或用钢尺量
				机械	+500 −150	
	3	坡率	设计值			目测法或用坡度尺检查
一般项目	1	表面平整度	mm	人工	+20	用 2m 靠尺
				机械	+50	
	2	基底土性	设计要求			目测法或土样分析

管沟土方开挖工程的质量检验标准　　　　　　表 1-12

项	序	项目	允许值或允许偏差		检查方法
			单位	数值	
主控项目	1	标高	mm	0 −50	水准测量
	2	长度、宽度（由设计中心线向两边量）	mm	+100 0	全站仪或用钢尺量
	3	坡率	设计值		目测法或用坡度尺检查
一般项目	1	表面平整度	mm	+20	用 2m 靠尺
	2	基底土性	设计要求		目测法或土样分析

地（路）面基层土方开挖工程的质量检验标准　　　　　　表 1-13

项	序	项目	允许值或允许偏差		检查方法
			单位	数值	
主控项目	1	标高	mm	0 −50	水准测量
	2	长度、宽度（由设计中心线向两边量）	设计值		全站仪或用钢尺量
	3	坡率	设计值		目测法或用坡度尺检查
一般项目	1	表面平整度	mm	±20	用 2m 靠尺
	2	基底土性	设计要求		目测法或土样分析

注：地（路）面基层的偏差只适用于直接在挖、填方上做地（路）面的基层。

6. 施工前应检查基底的垃圾、树根等杂物清除情况，测量基底标高边坡坡率，检查验收基础外墙防水层和保护层等。回填料应符合设计要求，并应确定回填料含水量控制范围、铺土厚度、压实遍数等施工参数。

7. 施工中应检查排水系统每层填筑厚度、碾迹重叠程度、含水量控制、回填土有机质含量、压实系数等。回填施工的压实系数应满足设计要求。当采用分层回填时，应在下层的压实系数经试验合格后进行上层施工。填筑厚度及压实遍数应根据土质、压实系数及压实机具确定。无试验依据时，应符合表1-9的规定。

8. 施工结束后，应进行标高及压实系数检验。

9. 填方工程质量检验标准应符合表1-14、表1-15的规定。

柱基、基坑、基槽、管沟、地（路）面基础层填方工程质量检验标准　　表1-14

项	序	项目	允许值或允许偏差		检查方法
			单位	数值	
主控项目	1	标高	mm	0 −50	水准测量
	2	分层压实系数	不小于设计值		环刀法、灌水法、灌砂法
一般项目	1	回填土料	设计要求		取样检查或直接鉴别
	2	分层厚度	设计值		水准测量及抽样检查
	3	含水量	最优含水率±2%		烘干法
	4	表面平整度	mm	±20	用2m靠尺
	5	有机质含量	%	<5	灼烧减量法
	6	碾迹重叠长度	mm	500~1000	用钢尺量

场地平整填方工程质量检验标准　　表1-15

项	序	项目	允许值或允许偏差			检查方法
			单位	数值		
主控项目	1	标高	mm	人工	+30	水准测量
				机械	±50	
	2	分层压实系数	不小于设计值			环刀法、灌水法、灌砂法
一般项目	1	回填土料	设计要求			取样检查或直接鉴别
	2	分层厚度	设计值			水准测量及抽样检查
	3	含水量	最优含水率±4%			烘干法
	4	表面平整度	mm	人工	+20	用2m靠尺
				机械	+30	
	5	有机质含量	%	<5		灼烧减量法
	6	碾迹重叠长度	mm	500~1000		用钢尺量

10. 填方压实后，应具有一定的密实度。密实度应按设计规定控制干密度 ρ_{cd} 作为检查标准。土的控制干密度与最大干密度之比称为压实系数 D_y。对于一般场地平整，其压实系数为0.9左右，对于地基填土（在地基主要受力层范围内）为0.93~0.97。

填方压实后的干密度，应有90%以上符合设计要求，其余10%的最低值与设计值的差，不得大于0.08g/cm³，且应分散，不宜集中。

知识链接

检查土的实际干密度，一般采用环刀取样法，或用小轻便触探仪直接通过锤击数来检验。其取样组数为：基坑回填每 30～50m³ 取样一组（每个基坑不少于一组）；基槽或管沟回填每层按长度 20～50m 取样一组；室内填土每层按 100～500m² 取样一组；场地平整填方每层按 400～900m² 取样一组。取样部位应在每层压实后的下半部。试样取出后，先称出土的湿密度并测定含水量，然后用下式计算土的实际干密度 ρ_d：

$$\rho_d = \frac{\rho}{1+w}$$

式中：ρ——土的湿密度（g/cm³）；

w——土的含水量。

如用上式算得的土的实际干密度 $\rho_d \geqslant \rho_{cd}$，则压实合格；若 $\rho_d < \rho_{cd}$，则压实不够，应采取相应措施，提高压实质量。

二、土方工程安全技术

1. 基本规定

根据《建筑施工土石方工程安全技术规范》JGJ 180—2009 的规定：

（1）土石方工程施工应由具有相应资质及安全生产许可证的企业承担。

（2）土石方工程应编制专项施工安全方案，并应严格按照方案实施。

（3）施工前应针对安全风险进行安全教育及安全技术交底。特种作业人员必须持证上岗，机械操作人员应经过专业技术培训。

（4）施工现场发现危及人身安全和公共安全的隐患时，必须立即停止作业，排除隐患后方可恢复施工。

（5）在土石方施工过程中，当发现古墓、古物等地下文物或其他不能辨认的液体、气体及异物时，应立即停止作业，做好现场保护，并上报有关部门，待处理后方可继续施工。

2. 场地平整的安全规定

（1）土石方施工区域应在行车、行人可能经过的路线点处设置明显的警示标志。

（2）在房屋旧基础或设备旧基础的开挖清理过程中，应符合下列规定：

1）当旧基础埋置深度大于 2m 时，不宜采用人工开挖和清除。

2）对旧基础进行爆破作业时，应按相关标准的规定执行。

3）土质均匀且地下水水位低于旧基础底部，开挖深度不超过下列限值时，其挖方边坡可做成直立壁不加支撑；开挖深度超过下列限值时，应按《建筑施工土石方工程安全技术规范》JGJ 180—2009 的规定放坡或采取支护措施：

① 稍密的杂填土、素填土、碎石类土、砂土超过 1m。

② 密实的碎石类土（充填物为黏性土）超过 1.25m。

③ 可塑状的黏性土超过 1.5m。

④ 硬塑状的黏性土超过 2m。

（3）当现场堆积物高度 11.8m 时，应在四周设置警示标志或防护栏；清理时严禁掏挖。

（4）在河、沟、塘、沼泽地（滩涂）等场地施工时，应了解淤泥、沼泽的深度和成分，并应符合下列规定：

1）施工中应做好排水工作；对有机质含量较高、有刺激性气体及淤泥厚度大于 1.0m 的场地，不得采用人工清淤。

2）根据淤泥、软土的性质和施工机械的重量，可采用抛石挤淤或木（竹）排（筏）铺垫等措施，确保施工机械移动作业安全。

3）施工机械不得在淤泥、软土上停放、检修。

4）第一次回填土的厚度不得小于 0.5m。

由于项目建设、管理、勘察等方面的严重缺陷导致的基坑安全事故时有发生。一旦发生基坑安全事故，往往也会带来严重的人员伤亡和财产损失。施工人员要牢固树立安全生产意识，坚持"安全第一、预防为主、综合治理"的安全生产方针，严格遵守施工规范，确保人民生命和财产安全！

3. 基坑工程施工安全规定

（1）土方在开挖过程中，应定期对基坑及周边环境进行巡视，随时检查基坑位移（土体裂缝）、倾斜、土体及周边道路沉陷或隆起、地下水涌出、管线开裂、不明气体冒出和基坑防护栏杆的安全性等。

（2）在遇到冰雹、大雨、大雪、风力六级及以上强风等恶劣天气之后，应及时对基坑和安全设施进行检查。

项目小结

本项目主要介绍了认识土方工程施工、智能土方工程量计算及土方调配、土方施工准备与辅助工作、土方智能化施工机械、基坑（槽）施工、土方的填筑与压实、土方工程质量标准与安全技术等内容。认识土方工程施工主要包括土方工程的内容、土的工程分类及性质。智能土方工程量计算及土方调配主要包括场地平整计算、土方量计算及土方调配。介绍了运用无人机倾斜摄影进行智能土方量计算。土方工程施工时，做好排除地面水、降低地下水水位，为土方开挖和基础施工提供良好的施工条件，这对加快施工进度，保证土方工程施工质量和安全具有重要的意义。本项目还着重介绍了土方工程施工准备及施工降排水等辅助工作。土方智能化施工机械着重讲了几种常用的传统施工机械和智能化施工机械。土方的填筑与压实重点介绍了填土压实的方法、要求及影响因素等内容。最后介绍了土方工程的质量和安全施工要求。

复习思考题 🔍

一、单选题

1. 土的含水量是土中（　　）。

A. 水的质量与固体颗粒质量之比的百分率

B. 水与湿土的重量之比的百分率

C. 水与干土的重量之比

D. 水与干土的体积之比的百分数

2. 在场地平整的方格网上，各方格角点的施工高度为该角点的（　　）。

A. 自然地面标高与设计标高的差值

B. 挖土高度与设计标高的差值

C. 设计标高与自然地面标高的差值

D. 自然地面标高与填方高度的差值

3. 只有当所有的 λ_{ij}（　　）时，该土方调配方案才为最优方案。

A. <0　　　　　B. $\leqslant 0$　　　　　C. >0　　　　　D. $\geqslant 0$

4. 明沟集水井排水法最不宜用于边坡为（　　）的工程。

A. 黏土层　　　　　　　　　　　B. 砂卵石土层

C. 粉细砂土层　　　　　　　　　D. 粉土层

5. 当降水深度超过（　　）m 时，宜采用喷射井点。

A. 6　　　　　　B. 7　　　　　　C. 8　　　　　　D. 9

6. 某基坑位于河岸，土层为砂卵石，需降水深度为 3 m，宜采用的降水井点是（　　）。

A. 轻型井点　　　B. 电渗井点　　　C. 喷射井点　　　D. 管井井点

7. 某沟槽宽度为 10 m，拟采用轻型井点降水，其平面布置宜采用（　　）。

A. 单排　　　　　B. 双排　　　　　C. 环形　　　　　D. U 形

8. 某场地平整工程，运距为 100～400m，土质为松软土和普通土，地形起伏坡度为 15°以内，适宜使用的机械为（　　）。

A. 正铲挖土机配合自卸汽车　　　　B. 铲运机

C. 推土机　　　　　　　　　　　　D. 装载机

9. 正铲挖土机适宜开挖（　　）。

A. 停机面以上的一至三类土　　　　B. 独立柱基础的基坑

C. 停机面以下的一至三类土　　　　D. 有地下水的基坑

10. 在填土工程中，以下说法正确的是（　　）。

A. 必须采用同类土填筑　　　　　　B. 当天填筑，隔天压实

C. 应由下至上水平分层填筑　　　　D. 基础墙两侧不宜同时填筑

二、简答题

1. 确定场地设计标高时应考虑哪些因素？

2. 场地设计标高的调整包括哪些内容？

3. 土方调配有哪些原则？

4. 流砂是如何治理的?

5. 土方开挖机械的选择包括哪些内容?

6. 填方土料的选择包括哪些内容?

三、计算题

1. 某基坑底长 82m，宽 64m，深 8m，四边放坡，边坡坡度为 1：0.5。

（1）画出平、剖面图，试计算土方开挖工程量。

（2）若混凝土基础和地下室占有体积为 24600m³，则应预留多少回填土（以自然状态的土体积计）?

（3）若多余土方外运，外运土方（以自然状态的土体积计）为多少?

（4）如果用斗容量为 3m³ 的汽车外运，需运多少车（已知土的最初可松性系数 $K_s = 1.14$，最后可松性系数 $K_s' = 1.05$）?

2. 某基坑底面积为 22m×34m，基坑深 4.8m，地下水位在地面下 1.2m，天然地面以下 1.0m 为杂填土，不透水层在地面下 11m，中间均为细砂土，地下水为无压水，渗透系数 $k = 15m/d$，四边放坡，基坑边坡坡度为 1：0.5。现有井点管长 6m，直径 38mm，滤管长 1.2m，准备采用环形轻型井点降低地下水位，试进行井点系统的布置和设计，包括：

（1）轻型井点的高程布置（计算并画出高程布置图）。

（2）轻型井点的平面布置（计算涌水量、井点管数量和间距并画出平面布置图）。

（3）选用离心水泵型号。

项目二

地基处理与基础工程施工

Chapter 02

教学目标

1. 知识目标

（1）了解常见的刚性基础施工和柔性基础施工；掌握地基的处理方法。

（2）了解预制桩施工方法，了解钢筋预制桩的制作、起吊、运输、堆放等施工方法；掌握打桩顺序及施工工艺。

（3）了解灌注桩的使用范围；掌握干作业成孔灌注桩、泥浆护壁成孔灌注桩、套管成孔灌注桩和人工挖孔灌注桩的施工工艺与施工要点。

2. 能力目标

（1）能进行常见质量缺陷的预防处理。

（2）能进行钢筋预制桩的制作、起吊、运输和堆放。

（3）能对钢筋混凝土预制桩和混凝土灌注桩施工中常出现的一些质量问题进行处理。

3. 素质目标

（1）通过基础工程施工的学习，了解基础对于建筑结构的重要性，培养"夯实基础，稳扎稳打"的工匠精神以及质量意识、安全意识。

（2）通过新国标《建筑与市政地基基础通用规范》GB 55003—2021 的学习，培养规范意识。

引例

地基基础是建筑结构的根基，很多城市的地标建筑都达到五六百米甚至更高，这么高的上部结构产生的荷载对地基和基础提出了更高要求，地基是否需要处理？哪种基础承载力更高更稳固？它们如何施工？我们是否也要像这些摩天大楼的地基基础一样有扎实的基础、稳扎稳打的工匠精神，才能推动高质量发展，进而夺取新时代中国特色社会主义新胜利？学完了本项目我们就知道怎么做了。

综合应用案例2

综合应用案例 2 的桩基础为钻孔灌注桩，共 420 根，分为摩擦端承桩和抗压兼抗拔桩，有 3 种直径类型，其中桩径 1200mm 工程桩 223 根、1400mm 工程桩 82 根、1600mm 工程桩 115 根，采用钻孔泥浆护壁成孔灌注桩施工，有效桩长 6~22m，桩端持力层为 4-4 中风化砂岩，桩端进入 4-4 中风化砂岩深度 0.8~1.4m。

钢筋笼纵向钢筋采用 HRB400E 钢筋进行制作，灌注桩混凝土强度等级为 C35 水下混凝土，抗渗等级为 P10，灌注桩钢筋最小保护厚度为 75mm。

思考：桩基础工程施工主要包括哪些内容？如何进行水下混凝土浇筑施工和桩基础质量检查验收？如何实施施工技术交底？

任务 1 地基处理

建（构）筑物必须有可靠的地基和基础。地基是指基础下部的持力土层或岩体，基础是将建筑物上部结构的各种荷载传递给地基的下部结构。所以，地基的处理和加固是基础工程施工的重要内容。在施工过程中如发现地基土质过软或过硬，不符合设计要求时，应本着使建筑物各部分沉降尽量趋于一致，以减小地基不均匀沉降的原则对地基进行处理。

地基处理就是按照上部结构对地基的要求，对地基进行必要的加固或改良，提高地基土的承载力，保证地基稳定，减少房屋的沉降。地基常用的处理方法有换土地基、强夯、振冲、砂桩挤密、深层搅拌、堆载预压、化学加固等。

一、换土地基

换土地基是指挖去表面浅层软弱土层或不均匀土层，回填坚硬、较粗粒径的材料，并夯压密实而形成的垫层。换土地基根据换填材料的不同可分为砂地基、砂石地基、灰土地基。

1. 砂地基和砂石地基

砂地基和砂石地基将基础下面一定厚度软弱土层挖除，用强度较大砂或砂石来回填，并分层夯实至密实，以起到提高地基承载力、减少沉降、加速软土层排水固结的作用。一般用于具有一定透水性的黏土地基加固，但不宜用于湿陷性黄土地基和不透水的黏性土地基的加固，以免引起地基大幅下沉，降低其承载力。

（1）材料要求

应采用颗粒级配良好，质地坚硬的中砂、粗砂、砾砂、碎（卵）石、石屑或其他工业废粒料。在缺少中、粗砂的地区可采用细砂，但宜同时掺入一定数量的碎（卵）石，其掺入量应符合地基材料含石量不大于 50% 的规定。所用砂石料，不得含有草根、垃圾等有机杂物，含泥量不应超过 5%，兼做排水地基时，含泥量不宜超过 3%，碎石或卵石最大粒径不大于 100mm。

（2）施工要点

1）施工前应验槽，先将浮土消除，基槽（坑）的边坡必须稳定，槽底和两侧如有孔洞、沟、井和墓穴等，应在未做垫层前加以处理。

2）人工级配的砂石材料，应按级配拌制均匀，再铺填振实。

3）砂垫层或砂石垫层的底面宜铺设在同一标高上，如深度不同时，施工应按照先深后浅的顺序进行。土层面应形成台阶或斜坡搭接，搭接处应注意振捣密实。

4）分段施工时，接槎处应做成斜坡，每层错开 0.5～1.0m，并应充分振捣。

5）采用砂石垫层时，为防止基坑底面的表层软土发生局部破坏，应在基坑底部及四周先铺一层砂，然后再铺一层碎石垫层。

6）垫层应分层铺设，分层夯（压）实。每层的铺设厚度不宜超过表 2-1 的规定数值。分层厚度可用样桩控制。垫层的振捣方法可依施工条件按表 2-1 选用，振捣砂垫层应注意不要扰动基底部和四周的土，以免影响和降低地基强度。每铺好一层垫层，经密实度检验合格后方可进行上一层施工。

砂垫层和石垫层每层铺设厚度及最佳含水量　　　表 2-1

振捣方法	每层铺设厚度(mm)	施工时最佳含水量(%)	施工说明	备注
平振法	200～250	15～20	(1)用平板式振捣器反复振捣,往复次数以简易测定密实度合格为准; (2)振捣器移动时,每行应搭设 1/3	不宜用于细砂或含泥量较大的砂垫层
插振法	振捣器插入深度	饱和	(1)用插入式振捣器; (2)插入间距依机械振幅大小决定; (3)不应插至黏性土层; (4)插入孔洞应用砂回填; (5)需要有控制地注水和排水	不宜用于细砂或含泥量较大的砂垫层
水撼法	250	饱和	(1)注水高度略超过铺设面层; (2)需要有控制地注水和排水; (3)用机具插入,摇撼振捣	湿陷性黄土、膨胀土和细砂地基土上不得使用
夯实法	150～200	8～12	(1)用木夯或机械夯; (2)木夯重 40kg,落距 400～500mm; (3)一夯压半夯,全面夯实	适用于砂石垫层
碾压法	150～350	8～12	用 6～10t 压路机反复碾压,碾压次数以达到要求密实度为准	适用于大面积的砂石垫层,不宜用于地下水水位以下的砂垫层

7）冬期施工时，不得采用夹有冰块的砂石做垫层，并应采取措施防止砂石内水分冻结。

（3）质量检验标准和检查方法

砂和砂石地基的质量检验标准：砂和砂石地基的质量检验标准和检查方法应符合表 2-2 的规定。砂和砂石地基密实度主要通过现场测定其干密度来鉴定。

砂和砂石地基质量检验标准   表 2-2

项	序	项目	允许值或允许偏差		检查方法
			单位	数值	
主控项目	1	地基承载力	不小于设计值		静载试验
	2	配合比	设计要求		检查拌合时的体积比或质量比
	3	压实系数	不小于设计值		环刀法现场实测
一般项目	1	砂石料有机质含量	%	≤5	灼烧减量法
	2	砂石料含泥量	%	≤5	水洗法
	3	砂石料粒径	mm	≤50	筛析法
	4	分层厚度	mm	±50	水准测量法

2. 灰土地基

（1）材料要求

灰土地基是将基础底面下要求范围内的软弱土层挖去，用一定比例的石灰与土，在最优含水量的情况下充分拌合，分层回填夯实或压实而成。灰土地基具有一定的强度、水稳定性和抗渗性，施工工艺简单，取材容易，费用较低，是一种应用广泛、经济、实用的地基加固方法。其适用于加固深 1~4m 厚的软弱土、湿陷性黄土、杂填土等，还可用作结构的辅助防渗层。

1）土料。应采用就地挖土的黏性土及塑性指数大于 4 的粉土，土内不得含有松软杂质和耕植土；土料应过筛，其颗粒直径不应大于 15mm。

2）石灰。应用Ⅲ级以上新鲜的块灰，其中，氧化钙、氧化镁的含量越高越好，使用前 1~2d 消解并过筛，其颗粒直径不应大于 5mm，且不应夹有未熟化的生石灰块粒及其他杂质，也不得含有过多水分。灰土中石灰氧化物含量对强度的影响见表 2-3。

灰土中石灰氧化物含量对强度的影响（%）   表 2-3

相对强度	100	74	60
活性氧化钙含量	81.74	74.59	69.49

3）灰土。灰土土质、灰土比、龄期对强度的影响见表 2-4。

4）水泥（代替石灰）。可选用 42.5 级普通硅酸盐水泥，安定性和强度应经复试合格。

（2）施工要点

1）灰土料的施工含水量应控制在最优含水量±2%的范围内，最优含水量可以通过击实试验确定，也可按当地经验取用。

灰土土质、灰土比、龄期对强度的影响　　　　　表 2-4

龄期	灰土比	不同土质的强度(MPa)		
		黏土	粉质黏土	粉土
7d	4:6	0.507	0.411	0.311
	3:7	0.669	0.533	0.284
	2:8	0.526	0.537	0.163

青藏铁路精神挑战极限，勇创一流。世界冻土覆盖路程最长、海拔最高、时速最快、技术最先进的高原铁路——青藏铁路是中国三次举全国之力前赴后继克服了世界级困难（不良地基冻土）修建而成的超级工程，载着西藏人民奔向共同富裕，体现了社会主义国家为促进各民族团结和共同繁荣的初心使命。十多万筑路大军在平均海拔超过 4000m 的"生命禁区"，冒严寒、顶风雪、战缺氧、斗冻土，充分体现了老一辈工程人员不怕牺牲、吃苦耐劳、敢于创新的劳模精神和工匠精神，彰显中国大国工匠风骨。

2）灰土分段施工时，不得在墙角、柱基及承重窗间墙下接缝，上、下两层的接缝距离不得小于 500mm，接缝处应夯压密实，并做成直槎。当灰土地基高度不同时，应做成阶梯形，每阶宽不小于 500mm。对作辅助防渗层的灰土，应将地下水水位以下结构包围，并处理好接缝，同时注意接缝质量；每层虚土从留缝处往前延伸 500mm，夯实时应夯过接缝 300mm 以上；接缝时，用铁锹在留缝处垂直切齐，再铺下段夯实。

3）灰土应于当日铺填夯压，入槽（坑）灰土不得隔日夯打。夯实后的灰土在 30d 内不得受水浸泡，并及时进行基础施工与基坑回填，或在灰土表面作临时性覆盖，避免日晒雨淋。雨期施工时，应采取适当的防雨、排水措施，以保证灰土在基槽（坑）内无积水的状态下进行夯实。刚夯打完的灰土，如突然遇雨，应将松软灰土除去，并补填夯实；稍受湿的灰土可在晾干后补夯。

4）冬期施工必须在基层不冻的状态下进行，土料应覆盖保温，冻土及夹有冻块的土料不得使用；已熟化的石灰应在次日用完，以充分利用石灰熟化时的热量。当日拌合灰土应当日铺填夯完，表面应用塑料布及草袋覆盖保温，以防灰土垫层早期受冻而降低强度。

5）施工时，应注意妥善保护定位桩、轴线桩，防止碰撞发生位移，并应经常复测。

6）对基础、基础墙或地下防水层、保护层及从基础墙伸出的各种管线，均应妥善保护，防止回填灰土时遭到碰撞或损坏。

7）夜间施工时应合理安排施工顺序，配备足够的照明设施，防止铺填超厚或配合比错误。

8）灰土地基夯实后，应及时进行基础和地坪面层的施工；否则，应临时遮盖地基，防止日晒雨淋。

9）每一层铺筑完毕，应进行质量检验并认真填写分层检测记录。当某一填层不符合质量要求时，应立即采取补救措施，进行整改。

（3）质量检查方法

灰土回填每层夯（压）实后，应根据相关规范规定进行质量检验。达到设计要求时，才能进行上一层灰土的铺摊。检验方法主要有环刀取样法和贯入测定法两种。

1）环刀取样法。在压实后的垫层中，用容积不小于 $200cm^3$ 的环刀压入每层 2/3 的深度处取样，测定干密度，其值以不小于灰土料在中密状态的干密度值为合格。

2）贯入测定法。先将垫层表面 3cm 左右的填料刮去，然后用贯入仪、钢叉或钢筋以贯入度的大小来定性地检查垫层质量。应根据垫层的控制干密度，预先进行以下相关性试验，以确定贯入度值：

① 钢筋贯入法。用直径为 20mm、长度为 1250mm 的平头钢筋，自 700mm 高处自由落下，插入深度以不大于根据该垫层的控制干密度测定的深度为合格。

② 钢叉贯入法。用水撼法使用的钢叉，自 500mm 高处自由落下，插入深度以不大于根据该垫层的控制干密度测定的深度为合格。

灰土地基砂的承载力必须达到设计要求。地基承载力的检验数量每 300m 不应少于 1 点，超过 3000m 部分每 500m 不应少于 1 点。每单位工程不应少于 3 点。

施工前应检查灰土土料、石灰或水泥等配合比及灰土的拌合均匀性。施工中应检查分层铺设的厚度、夯实时的加水量、夯压遍数及压实系数。施工结束后，应进行地基承载力检验。

（4）质量检验标准

灰土地基质量检验标准应符合表 2-5 的规定。

灰土地基质量检验标准 表 2-5

项	序	项目	允许值或允许偏差		检查方法
			单位	数值	
主控项目	1	地基承载力	不小于设计值		静载试验
	2	配合比	设计值		检查拌合时的体积比
	3	压实系数	不小于设计值		环刀法
一般项目	1	石灰粒径	mm	≤5	筛析法
	2	土料有机质含量	%	≤5	灼烧减量法
	3	土颗粒粒径	mm	≤15	筛析法
	4	含水量	最优含水率±2%		烘干法
	5	分层厚度	mm	±50	水准测量

二、强夯地基

强夯地基是用起重机械将重锤（一般 8～30t）吊起从高处（一般 6～30m）自由落下，对地基产生冲击力和振动，从而提高地基土的强度并降低其压缩性的一种有效的地基加固方法。

> **特别提示**
>
> 强夯地基效果好、速度快、节省材料、施工简便，但施工时噪声和振动大。适用于碎石土、砂土、黏性土、湿陷性换土等填土地基的加固处理。

1. 施工机具

（1）起重机械

强夯地基与
强夯置换
地基

起重机械宜选用起重能力为 150kN 以上的履带式起重机，也可采用专用三角起重架或龙门架作起重设备。起重机械的起重能力为：当直接用钢丝绳悬吊夯锤时，应大于夯锤的 3～4 倍；当采用自动脱钩装置时，取大于 1.5 倍锤重。

（2）夯锤

夯锤底面有圆形和方形两种，圆形不易旋转，定位方便，稳定性和重合性好，应用较广，锤底面积取决于表层土质，砂土一般为 $3～4m^2$，黏性土或淤泥质土不宜小于 $6m^2$。

（3）脱钩装置

脱钩装置应有足够的强度，且施工灵活，常用的工地自制自动脱钩装置由吊环、耳板、销环、吊钩等组成，由钢板焊接制成。

2. 施工要点

（1）施工前应做好强夯地基地质勘察，对不均匀土层适当增加钻孔和原位测试工作，掌握土质情况，作为制订强夯方案和对比夯前、夯后加固效果之用。查明强夯影响范围内的地下构筑物和各种地下管线的位置及标高，采取必要的防护措施，避免因强夯施工而造成破坏。

（2）施工前应检查夯锤质量、尺寸，落锤控制手段及落距，夯击遍数，夯点布置，夯击范围，进而现场试夯，用以确定施工参数。

（3）夯击时，落锤应保持平稳，夯位应准确，夯击坑内积水应及时排除。坑底含水量过大时，可铺砂石后再进行夯击。

（4）强夯施工必须按试验确定的技术参数进行。一般以各个夯击点的夯击数为施工控制值，也可采用试夯后确定的沉降量控制。夯击时，落锤应保持平稳，夯位准确，如错位或坑底倾斜过大，宜用砂土将坑底整平，才可进行下一次夯击。

（5）每一遍夯击完后，应测量场地平均下沉量，然后用土将夯坑填平，方可进行下一遍夯击。最后一遍的场地平整下沉量，必须符合要求。

（6）强夯施工最好在干旱季节进行，如遇雨天施工，夯击坑内或夯击过的场地有积水时，必须及时排除。冬期施工时，应将冻土击碎。

（7）强夯施工时应对每一夯实点的夯击能量、夯击次数和每次夯沉量等作好详细的现场记录。

3. 质量检验标准及检查方法

（1）检查施工过程中的各项测试数据和施工记录，不符合设计要求时应补夯或采取其他有效措施。

（2）强夯处理后的地基竣工验收承载力检验，在施工结束后间隔一定时间方能进行。

对于碎石土和砂土地基，其间隔时间可取 7～14d；对于粉土和黏性土地基，可取 14～28d。

（3）强夯处理后的地基竣工验收时，承载力检验应采用静载试验、原位测试和室内土工试验。

（4）强夯地基质量检验标准应符合表 2-6 的规定。

强夯地基质量检验标准 表 2-6

项	序	项目	允许值或允许偏差		检查方法
			单位	数值	
主控项目	1	处理后地基土的强度	不小于设计值		原位测试
	2	地基承载力	不小于设计值		静载试验
	3	变形指标	设计值		原位测试
一般项目	1	夯锤落距	mm	±300	钢索设标志
	2	夯锤质量	kg	±100	称重
	3	夯击遍数	不小于设计值		计数法
	4	夯击顺序	设计要求		检查施工记录
	5	夯击击数	不小于设计值		计数法
	6	夯点位置	mm	±500	用钢尺量
	7	夯击范围（超出基础范围距离）	设计要求		用钢尺量
	8	前后两遍间歇距离	设计值		检查施工记录
	9	最后两击平均夯沉量	设计值		水准测量
	10	场地平整度	mm	±100	水准测量

三、振冲地基

振冲地基是利用振冲器在土中形成振冲孔，并在振动冲水过程中填以砂、碎石等材料，借振冲器的水平及垂直振动，振密填料，形成的砂石桩体与原地基构成复合地基，提高地基的承载力和改善土体的排水降压通道，并对可能发生液化的砂土产生预振效应，防止液化。

振冲桩加固地基不仅可节省钢材、水泥和木材，且施工简单，加固期短，还可因地制宜，就地取材，用碎石、卵石和砂、矿渣等填料，费用低廉，经济节省，是一种快速、经济、有效的地基加固方法。

特别提示

振冲地基适用于处理不排水、抗剪强度小于 20kPa 的黏性土、粉土、黄土及人工填土等地基。对黏性土和人工填土地基，经试验证明加固有效时方可使用；对于粗砂土地基，可利用振冲器的振动和水冲过程使砂土结构重新排列挤密，而不必另加砂石填料（也称振冲挤密法）。

1. 施工机具

（1）振冲器

宜采用潜水电机的振冲器，其功率、振动力、振动频率等参数，可按加固的孔径大小、达到的土体密实度选用。

（2）起重机械

起重能力和提升高度应符合施工和安全要求，起重能力一般为 80～150kN。

（3）水泵及供水管道

供水压力宜大于 0.5MPa，供水量宜大于 20m³/h。

（4）加料设备

可采用翻斗车、手推车或皮带运输机等，其能力须符合施工要求。

（5）控制设备

控制电流操作台，附有 150A 以上容量的电流表（或自动记录电流计）、500V 电压表等。

2. 施工要求

（1）施工前应先进行振冲试验，以确定其成孔施工合适的水压、水量、成孔速度及填料方法，达到土体密实度时的密实电流值和留振时间等。

（2）振冲施工工艺如图 2-1 所示。先按图定位，然后振冲器对准孔点以 1～2m/min 的速度沉入土中。每沉入 0.5～1.0m，宜在该段高度悬留振冲 5～10s，进行扩孔，待孔内泥浆溢出时再继续沉入，使之形成 0.8～1.2m 的孔洞。当下沉达到设计深度时，留振并减小射水压力（一般保持 0.1N/mm²），以便排除泥浆进行清孔。也可将振冲器以 1～2m/min 的均速沉至设计深度以上 300～500mm，然后以 3～5m/min 的均速提出孔口，再用同法沉至孔底，如此反复一两次达到扩孔的目的。

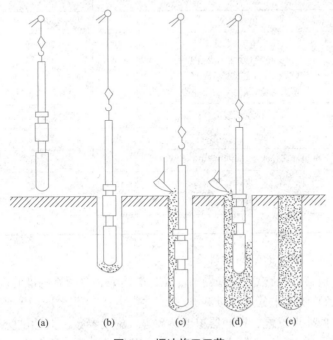

图 2-1　振冲施工工艺

(a) 定位；(b) 振冲下沉；(c) 加填料；(d) 振密；(e) 成桩

（3）成孔后应立即往孔内加料，把振冲器沉入孔内的填料中进行振密，至密实电流值达到规定值为止。如此提出振冲器，加料，沉入振冲器振密，反复进行直至桩顶，每次加料的高度为0.5～0.8m。在砂性土中制桩时，也可采用边振边加料的方法。

（4）在振密过程中宜小水量喷水补给，以降低孔内泥浆密度，有利于填料下沉，便于振捣密实。

（5）振冲造孔方法可按表2-7选择。

振冲造孔方法的选择 表2-7

造孔方法	步骤	优缺点
排孔法	由一端开始，依次逐步造孔至另一端结束	易于施工且不易漏掉孔位，但当孔位较密时，后打桩易发生倾斜和移位
跳打法	同一排孔采取隔一孔造一孔	先后造孔影响小，易保证桩的垂直度，但应防止漏掉孔位，并注意桩位准确
围幕法	先造外围2～3圈孔，然后造内圈，隔圈造一圈或依次向中心区造孔	能减少振冲能量的扩散，振密效果好，可节约桩数10%～15%，大面积施工常用此法，但施工时应注意防止漏孔和保证位置准确

3. 质量检验标准及检查方法

（1）振冲地基的质量检验标准

振冲地基的质量检验标准应符合表2-8的规定。

振冲地基的质量检验标准 表2-8

项	序	项目	允许偏差或允许值		检查方法
			单位	数值	
主控项目	1	填料粒径		设计要求	抽样检查
	2	密实电流（黏性土）	A	50～55	电流表读数
		密实电流（砂性土或粉土）	A	40～50	电流表读数
		（以上为功率30kW振冲器）			
		密实电流（其他类型振冲器）	A	$(1.5～2.0)I_0$	I_0为空振电流
	3	地基承载力		设计要求	按规定方法
一般项目	1	填料含泥量	%	<5	抽样检查
	2	振冲器喷水中心与孔径中心偏差	mm	≤50	用钢尺量
	3	成孔中心与设计孔径中心偏差	mm	≤100	用钢尺量
	4	桩体直径	mm	<50	用钢尺量
	5	孔深	mm	±200	量钻杆或重锤测

（2）振冲地基的质量检查方法

1）施工前检查振冲器的性能、电流表、电压表的准确度及填料的性能；

2）施工中检查密实度电流、供水电压、供水量、填料量、孔底留振时间、振冲点位置、振冲器施工参数等（施工参数由振冲试验或设计确定）；

3）施工结束后，应在有代表性的地段做地基强度或地基承载力检验。

水泥土搅拌桩地基

四、地基其他加固方法简介

1. 水泥土搅拌桩地基

水泥土搅拌桩地基是利用水泥浆做固化剂，采用深层搅拌机在地基深部就地将软土和固化剂充分拌合，利用固化剂和软土发生一系列物理-化学反应，使之凝结成具有整体性、水稳性和较高强度的水泥加固体，与天然地基形成复合地基。

水泥土搅拌桩地基加固工艺合理，技术可靠，施工中无振动、无噪声，对环境无污染，对土壤无侧向挤压，对邻近建筑影响很小，同时工期较短，造价较低，效益显著。

水泥土搅拌桩地基适用于加固较深、较厚的饱和黏土及软黏土，沼泽地带的泥炭土，粉质黏土和淤泥质土等。土类加固后多用于墙下条形基础及大面积堆料厂房下的地基。其施工要点如下：

（1）水泥土搅拌桩地基的施工工艺流程如图 2-2 所示。

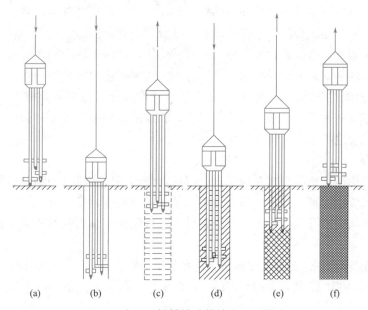

图 2-2 水泥土搅拌桩地基的施工工艺流程

（a）定位；（b）预拌下沉；（c）喷浆搅拌机上升；（d）重复搅拌下沉；（e）重复搅拌上升；（f）施工完毕

施工过程：水泥土搅拌桩机定位→预搅下沉→制配水泥浆→提升喷浆搅拌→重复上下搅拌→清洗→移至下一根桩位。重复上述工序直至施工完成。

（2）施工时，先将水泥土搅拌桩机用钢丝绳吊挂在起重机上，用输浆胶管将贮料罐、砂浆泵同深层搅拌机接通，开动电机，搅拌机叶片相向而转，以 0.38～0.75m/min 的速度沉至要求加固深度；再以 0.3～0.5m/min 的均匀速度提升搅拌机，与此同时开动砂浆泵，将砂浆从搅拌机中心管不断压入土中，由搅拌机叶片将水泥浆与深层处的软土搅拌，边搅拌边喷浆，直至提升地面，即完成一次搅拌过程。用同法再一次重复搅拌下沉和重复搅拌喷浆上升，即完成一根柱状加固体，外形呈"8"字形，一根接一根搭接，即成壁状加固体，几个壁状加固体连成一片即形成块体。

（3）施工中要控制搅拌机提升速度，使其连续匀速以便控制注浆量，保证搅拌均匀。

（4）每天加固完毕，应用水清洗储料罐、砂浆泵、水泥土搅拌桩机及相应管道，以备再用。

2. 注浆地基

注浆地基是指利用水泥浆或其他化学浆液，通过压力灌注或搅拌混合等措施注入地基土层中，而将土粒胶结起来的地基处理方法。本法具有设备工艺简单、加固效果好、可提高地基承载力、消除土的湿陷性、降低压缩性等特点。适用于局部加固新建或已建的建（构）筑物基础、稳定边坡以及防渗帷幕等，也适用于湿陷性黄土地基，对于黏性土、素填土、地下水位以下的黄土地基，经试验有效时也可应用，但长期受酸性污水浸蚀的地基不宜采用。化学加固能否获得预期的效果，主要决定于能否根据具体的土质条件，选择适当的化学浆液（溶液和胶结剂）和采用有效的施工工艺。

3. 砂桩地基

砂桩地基是采用类似沉管灌注桩的机械和方法，通过冲击和振动，把砂计入土中而成的。这种方法经济、简单且有效。

对于砂土地基，可通过振动或冲击的挤密作用，使地基达到密实，从而增加地基承载力，降低孔隙比减少建筑物沉降，提高砂基抵抗震动液化的能力。

对于黏性土地基，可起到置换和排水沙井的作用，加速土的固结，形成置换桩与固结后软黏土的复合地基，显著地提高地基抗剪强度。这种桩适用于挤密松散砂土、素填土和杂填土等地基。对于饱和软黏土地基，由于其渗透性较小，抗剪强度较低，灵敏度又较大，要使砂桩本身挤密并使地基土密实较困难，相反的，却破坏了土的天然结构，使抗剪强度降低，因而对这类工程要慎重对待。

4. 压实地基

压实主要是用压路机等机械对地基进行碾压，使地基压实排水固结，也可在地基范围的地面上预先堆置重物预压一段时间，以增加地基的密实度，提高地基的承载力，减少沉降量。常用的方法有砂井堆载预压法、袋装砂井堆载预压法、塑料排水带堆载预压法和真空预压法。

（1）砂井堆载预压法。砂井堆载预压法是在预压层的表面铺砂层，并用砂井穿过该土层，以利于排水固结，如图2-3所示。砂井直径一般为300～400mm，间距为砂井直径的6～9倍。

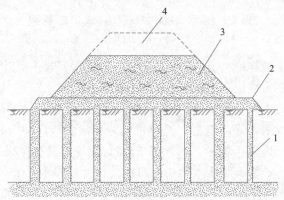

图2-3　砂井地基剖面
1—砂井；2—砂垫层；3—永久性填土；4—临时性超载填土

（2）袋装砂井堆载预压法。袋装砂井堆载预压法的施工过程如图2-4所示。首先用振动贯入法、锤击打入法或静力压入法将成孔用的无缝钢管作为套管埋入土层，到达规定标高后放入沙袋，然后拔出套管，再于地表面铺设排水砂层即可。用振动打桩机成孔时，一个长为20m的孔只需20～30s，完成一个袋装砂井的全套工序只需6～8min，施工十分简便。

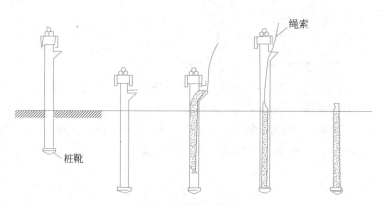

图2-4　袋装砂井堆载预压法的施工过程

（3）塑料排水带堆载预压法。塑料排水带堆载预压法是将塑料排水带用插排机将其插入软土层中，组成垂直和水平排水体系，然后堆载预压。土中孔隙水沿塑料带的沟槽上升溢出地面，从而使地基沉降固结。

（4）真空预压法。真空预压法利用大气压力作为预压荷载，无需堆载加荷，即在地基表面砂垫层上覆盖一层不透气的塑料薄膜或橡胶布。四周密封，与大气隔绝，然后用真空设施进行抽气，使土中孔隙水产生负压力，将土中的水和空气逐渐吸出，从而使土体固结，如图2-5所示。为了加速排水固结，也可在加固部位设置砂井、袋装砂井或塑料排水带等竖向排水系统。

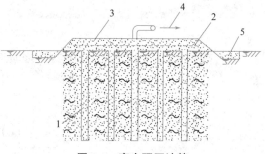

图2-5　真空预压地基

1—砂井；2—砂地基；3—薄膜；
4—抽水和空气；5—黏土

任务2　浅基础施工

基础指建筑底部与地基接触的承重构件，它的作用是把建筑上部的荷载传给地基。因此地基必须坚固、稳定而可靠。基础按其埋置深度可分为浅基础，深基础；按其结构形式可分为扩展基础、杯形基础、筏形基础、箱形基础和桩基础；按基础材料的受力特点和变形特点分为刚性基础（如砖基础、混凝土基础）和柔性基础（钢筋混凝土基础）等。下面主要介绍钢筋混凝土基础的施工。

知识链接

1. 浅基础是指基础埋深小于5m的基础。
2. 深基础是指基础埋深大于等于5m的基础。

一、钢筋混凝土扩展基础施工

1. 钢筋混凝土扩展基础的构造

钢筋混凝土条形基础包括柱下钢筋混凝土独立基础（如图2-6所示）和墙下钢筋混凝土条形基础（如图2-7所示）。钢筋混凝土基础的抗弯和抗剪性能良好，可在竖向荷载较大、地基承载力不高以及承受水平力和力矩等情况下使用。钢筋混凝土基础因高度不受台阶宽高比的限制，故适宜于需要"宽基浅埋"的场合。

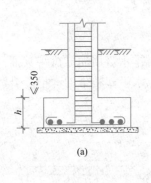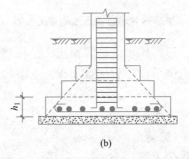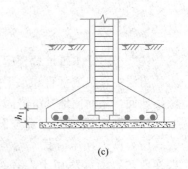

（a）　　　　　　　　　（b）　　　　　　　　　（c）

图 2-6　柱下钢筋混凝土独立基础

（a）矩形；（b）阶梯形；（c）锥形

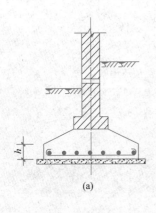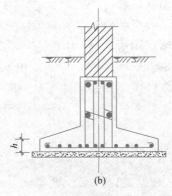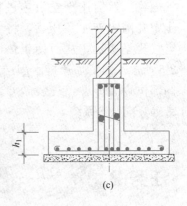

（a）　　　　　　　　　（b）　　　　　　　　　（c）

图 2-7　墙下钢筋混凝土条形基础

（a）锥形板式；（b）锥形梁板式；（c）矩形梁板式

2. 钢筋混凝土扩展基础施工要点

（1）基坑（槽）应进行验槽，局部软弱土层应挖去，用灰土或砂砾分层回填夯实至与基底相平。基坑（槽）内浮土、积水、淤泥、垃圾、杂物应清除干净。验槽后地基混凝土应立即浇筑，以免地基土被扰动。

（2）垫层达到一定强度后，在其上弹线、支模、铺放钢筋网片时底部用与混凝土保护层同厚度的垫块垫塞，以保证位置正确。

（3）在浇筑混凝土前，应清除模板上的垃圾、泥土和钢筋上的油污等杂物，模板应浇水加以湿润。

（4）基础混凝土宜分层连续浇筑完成。阶梯形基础的每一台阶高度内应分层浇捣，每浇捣完一台阶应停顿 0.5～1.0h，待其初步沉实后，再浇筑上层，以防止下层台阶混凝土溢出，在上台阶根部出现"烂脖子"，台阶表面应基本抹平。

条形基础
施工

（5）锥形基础的斜面部分模板应随混凝土浇捣分段支设并预压紧，以防模板上浮变形，边角处的混凝土应注意捣实。严禁斜面部分不支模，用铁锹拍实。

（6）基础上有插筋时，要加以固定，保证插筋位置正确，防止浇捣混凝土发生位移。

（7）混凝土浇筑完毕，外露表面应按规定覆盖浇水养护。

二、钢筋混凝土杯形基础施工

1. 钢筋混凝土杯形基础构造

杯形基础常用作钢筋混凝土预制柱基础，基础中预留凹槽（即杯口），然后插入预制柱，临时固定后，即在四周空隙中灌细石混凝土。其形式有一般杯口基础、双杯口基础和高杯口基础等（图 2-8）。

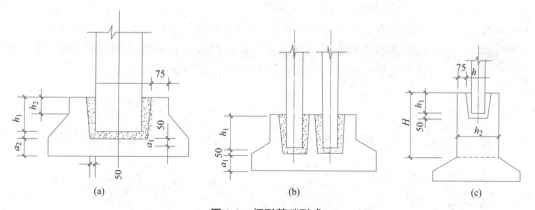

图 2-8　杯形基础形式

（a）一般杯口基础；（b）双杯口基础；（c）高杯口基础

> **特别提示**
>
> 钢筋混凝土杯形基础一般用作钢筋混凝土预制柱的基础，常出现在厂房施工中。

2. 施工准备

同板式基础的材料设备的准备，只是要购置或现场制作预制柱。

3. 施工工艺

定位放线→浇筑混凝土垫层→扎承台钢筋→支模→浇筑混凝土→支地梁底模→扎地梁

筋→支地梁侧模→浇筑混凝土→人工养护→局部基础砌体→验收→土方分层回填。

4. 钢筋混凝土杯形基础施工要点

杯形基础除参照板式基础的施工要点外，还应注意以下几点：

（1）混凝土应按台阶分层浇筑，对高杯口基础的高台阶部分按整段分层浇筑。

（2）杯口模板可做成二半式的定型模板，中间各加一块楔形板，拆模时，先取出楔形板，然后分别将两半杯口模板取出。为便于周转宜做成工具式的，支模时杯口模板要固定牢固并压浆。

（3）浇筑杯口混凝土时，应注意四侧要对称均匀进行，避免杯口模板挤向一侧。

（4）施工时应先浇筑柱底混凝土并振实，注意在杯底一般有50mm厚的细石混凝土找平层，应仔细留出，杯底混凝土宁低勿高。待杯底混凝土沉实后，再浇筑杯口四周混凝土。基础浇捣完毕，在混凝土初凝后终凝前将杯口模板取出，并将杯口内侧表面混凝土凿毛。

（5）施工高杯口基础时，可采用后安装杯口底模板的方法施工，即当混凝土浇捣接近杯口底时，再安装固定杯口模板，继续浇筑杯口四周混凝土。

（6）根据柱的实测标高定出杯底控制标高，再用细石混凝土（或水泥砂浆）粉底至控制标高，并复测一遍；若杯底偏高，则凿除杯底使之低于控制标高，再用水泥砂浆粉底。

三、钢筋混凝土筏形基础施工

1. 钢筋混凝土筏形基础构造

梁板式筏形基础施工

钢筋混凝土筏形基础由钢筋混凝土底板、梁等组成，其外形和构造像倒置的钢筋混凝土楼盖，整体刚度较大，能有效将各柱子的沉降调整得较为均匀。筏形基础一般可分为梁板式和平板式两类（图2-9）。

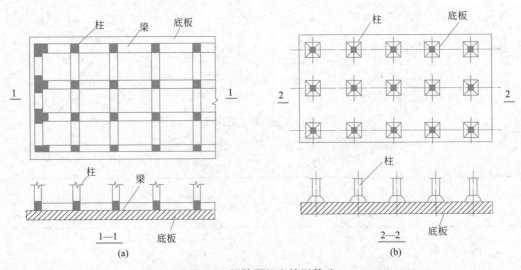

图2-9 钢筋混凝土筏形基础

（a）梁板式；（b）平板式

> **特别提示**
>
> 钢筋混凝土筏形基础适用于地基承载力较低而上部结构荷载很大的场合。

2. 施工工艺

定位放线→土方开挖→地基验槽→垫层施工→抄平放线→模板工程施工→钢筋工程施工→混凝土工程施工。

3. 施工要点

（1）施工前，如地下水位较高，可人工降低地下水位至基坑底不少于500mm，以保证在无水情况下进行基坑开挖和基础施工。

（2）施工时，可先在垫层上绑扎底板、梁的钢筋和柱子锚固插筋，浇筑底板混凝土，待达到25%设计强度后，再在底板上支梁模板，继续浇筑完梁部分混凝土；也可将底板和梁模板一次同时支好，混凝土一次连续浇筑完成，梁侧模板采用支架支承并固定牢固。

（3）混凝土浇筑时一般不宜留施工缝，必须留设时，应按施工缝要求处理，并应设置止水带。

（4）基础浇筑完毕，表面应覆盖和洒水养护，并防止地基被水浸泡。

四、钢筋混凝土箱形基础施工

1. 钢筋混凝土箱形基础构造

钢筋混凝土箱形基础是由钢筋混凝土底板、顶板、外墙以及一定数量的内隔墙构成封闭的箱体（图2-10），基础中部可在内隔墙开门洞做地下室。该基础具有整体性好，刚度大，调整不均匀沉降能力及抗震能力强，可消除因地基变形使建筑物开裂的可能性，减小基底处原有地基自重应力，降低总沉降量等特点。

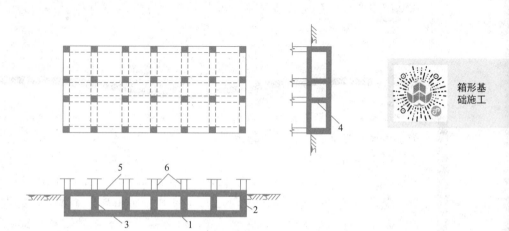

箱形基础施工

图 2-10 钢筋混凝土箱形基础
1—底板；2—外墙；3—内隔墙；4—内纵隔墙；5—顶板；6—柱

特别提示

钢筋混凝土箱形基础适用于软弱地基上的面积较小、平面形状简单、上部结构荷载大且分布不均匀的高层建筑物的基础和对沉降有严格要求的设备基础或特种构筑物基础。

---

2. 箱形基础施工要点

（1）基坑开挖，如地下水位较高，应采取措施降低地下水位至基坑底以下500mm处，并尽量减少对基坑底土的扰动。当采用机械开挖基坑时，在基坑底面以上200～400mm厚的土层，应用人工挖除并清理，基坑验槽后，应立即进行基础施工。

（2）施工时，基础底板、内外墙和顶板的支模、钢筋绑扎和混凝土浇筑，可分块进行，其施工缝的留设位置和处理应符合《混凝土结构工程施工质量验收规范》GB 50204—2015的有关要求，外墙接缝应设止水带。

（3）基础的底板、内外墙和顶板宜连续浇筑完毕。为防止出现温度收缩裂缝，一般应设置贯通后浇带，带宽不宜小于800mm，在后浇带处钢筋应贯通，顶板浇筑后，相隔2～4周，用比设计强度提高一级的细石混凝土将后浇带填灌密实，并加强养护。

（4）基础施工完毕，应立即回填土。停止降水时，应验算基础的抗浮稳定性，抗浮稳定系数不宜小于1.2，如不能满足时，应采取有效措施，例如继续抽水直至上部结构荷载加上后能满足抗浮稳定系数要求为止，或在基础内灌水或加重物等，以防止基础上浮或倾斜。

任务3 桩基础施工

深基础主要有桩基础、墩基础、沉井和地下连续墙等几种类型，其中以桩基础较为常用。

近年来，我们贯彻新发展理念，坚持高质量发展，深化供给侧结构性改革，加快构建新发展格局，举全国之力打赢了脱贫攻坚战，历史性解决了绝对贫困问题，如期全面建成小康社会，开创了中华民族有史以来未曾有过的经济社会全面进步、全体人民共同受惠的好时代，为实现第二个百年奋斗目标、实现中华民族伟大复兴奠定了更为坚实的物质基础。同时，以北京中信大厦、上海中心大厦、广州东塔、深圳平安大厦等各地标式建筑为代表的中国建造也享誉世界，彰显民族自信。

以上海中心大厦为例，看看中国建造的名片。它的设计高度超过附近的上海环球金融中心。总建筑面积 57.8 万 m²，建筑主体为地上 127 层，地下 5 层，总高为 632m，结构高度为 580m，占地面积 30368m²。其建造地点位于河流三角洲，属于冲积层，土质松软，含有大量黏土。像这种摩天大楼，绝大部分的基础都是采用桩筏基础形式，上海中心大厦主楼 61000m³ 大底板混凝土浇筑工作于 2010 年 3 月 29 日凌晨完成，如此大体积的底板浇筑工程在世界民用建筑领域内开创了先河。上海中心大厦基础大底板浇筑施工的难点在于，主楼深基坑是全球少见的超深、超大、无横梁支撑的单体建筑基坑，其大底板是一块直径 121m，厚 6m 的圆形钢筋混凝土平台，11200m² 的面积相当于 1.6 个标准足球场大小，厚度则达到两层楼高，是世界民用建筑底板体积之最。其施工难度之大，对混凝土的供应和浇筑工艺都是极大的挑战。作为 632m 高的摩天大楼的底板，它将和其下方的 955 根主楼桩基一起承载上海中心大厦主楼的负载，被施工人员形象地称为"定海神座"。

一、桩基础的构造与分类

桩基础由设置于土中的桩和承接上部结构的承台组成。其作用是将上部建筑物的荷载传递到深处承载力较强的土层上，或将软弱土层挤密实以提高地基土的承载能力和密实度。

桩基础按传力和作用性质不同，可分为端承桩和摩擦桩两类，如图 2-11 所示。端承桩是指穿过软弱土层并将建筑物的荷载直接传给桩端的坚硬土层的桩。摩擦桩是指沉入软弱土层一定深度，将建筑物的荷载传递到四周的土中和桩端下的土中，主要是靠桩身侧面与土之间的摩擦力承受上部结构荷载的桩。

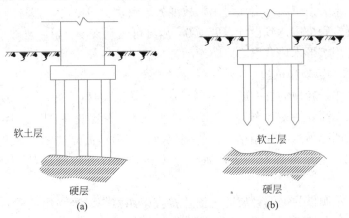

图 2-11 桩基础示意图

（a）端承桩；（b）摩擦桩

桩基础按施工方法不同可分为预制桩和灌注桩两类。预制桩是在工厂或施工现场成桩，而后用沉桩设备将桩打入、压入、高压水冲入、振入或旋入土中。其中，锤击打入和压入法是较常见的两种方法。

 知识链接

贯入度：在地基土中用重力击打桩时，桩进入土中的深度。

灌注桩是在桩位上直接成孔，然后在孔内安放钢筋笼，浇筑混凝土而成的桩。根据成孔方法的不同，可分为钻孔桩、冲孔桩、沉管桩、人工挖孔桩及爆扩桩等。

人工挖孔工艺在下列区域不得使用：1. 地下水丰富、存在软弱土层、流砂等不良地质条件的区域；2. 孔内空气污染物超标准的区域；3. 机械成孔设备可以到达的区域。

二、钢筋混凝土预制桩施工

钢筋混凝土预制桩的施工，主要包括制作、起吊、运输、堆放、沉桩、接桩等过程。

1. 桩的种类

（1）钢筋混凝土实心桩。钢筋混凝土实心桩，断面一般呈方形。桩身截面一般沿桩长不变。实心方桩截面尺寸一般为 200mm×200mm～600mm×600mm。

钢筋混凝土实心桩的优点是可在一定范围内根据需要选择长度和截面，由于在地面上预制，制作质量容易保证，承载能力高，耐久性好。因此，钢筋混凝土实心桩在工程上应用较广。

钢筋混凝土实心桩由桩尖、桩身和桩头组成。钢筋混凝土实心桩所用混凝土的强度等级不宜低于 C30。采用静压法沉桩时，可适当降低，但不宜低于 C20。预应力混凝土桩的混凝土强度等级不宜低于 C40。

（2）钢筋混凝土管桩。钢筋混凝土管桩一般在预制厂用离心法生产。桩径有 $\phi300$mm、$\phi400$mm、$\phi600$mm 不等，每节长度分为 8m、10m、12m 不等。接桩时，接头数量不宜超过 4 个。混凝土管桩各节段之间可以用角钢焊接或法兰螺栓连接。因采用离心法成型，混凝土中多余的水分由于离心力而甩出，故混凝土致密、强度高，抵抗地下水和其他腐蚀的性能好。混凝土管桩应达到设计强度 100% 后方可运到现场打桩。堆放层数不超过 4 层，底层管桩边缘应用楔形木块塞紧，以防滚动。

2. 桩的制作、运输和堆放

（1）桩的制作。较短的桩一般在预制厂制作，较长的桩一般在施工现场附近露天预制。预制场地的地面要平整、夯实，并防止浸水沉陷。预制桩叠浇预制时，桩与桩之间要做隔离层，以保证起吊时不互相粘结。叠浇层数，应由地面允许的荷载和施工要求而定，一般不超过 4 层，上层桩必须在下层桩混凝土达到设计强度等级的 30% 以后，方可进行浇筑。

钢筋混凝土预制桩的钢筋骨架的主筋连接宜采用对焊。当采用闪光对焊和电弧焊时，主筋接头配置在同一截面内的数量不得超过 50%；同一根钢筋两个接头的距离应大于 $30d$，且不小于 500mm。预制桩的混凝土浇筑工作应由桩顶向桩尖连续浇筑，严禁中断，制作完成后，应洒水养护不少于 7d。

制作完成的预制桩应在每根桩土上标明编号及制作日期，如设计不埋设吊环，则应标明绑扎点位置。

预制桩几何尺寸的允许偏差为：横截面边长±5mm；桩顶对角线之差 10mm；混凝土保护层厚度±5mm；桩身弯曲矢高不大于 0.1%桩长；桩尖中心线 10mm；桩顶面平整度小于 2mm。预制桩制作质量还应符合下列规定：

1）桩的表面应平整、密实，掉角深度小于 10mm，且局部蜂窝和掉角的缺损总面积不得超过该桩表面全部面积的 0.5%，同时不得过分集中。

2）由于混凝土收缩产生的裂缝，深度小于 20mm，宽度小于 0.25mm；横向裂缝长度不得超过边长的一半。

（2）桩的运输。钢筋混凝土预制桩应在混凝土达到设计强度等级的 70%后方可起吊，达到设计强度等级的 100%后才能运输和打桩。如提前吊运，必须采取措施并经过验算合格后才能进行。

桩在起吊搬运时，必须做到平稳，避免冲击和振动，吊点应同时受力，且吊点位置应符合设计规定。如无吊环，而设计又未作规定时，绑扎点的数量及位置按桩长而定，应符合起吊弯矩最小的原则，可按图 2-12 所示的位置捆绑。长为 20~30m 的桩，一般采用 3 个吊点。

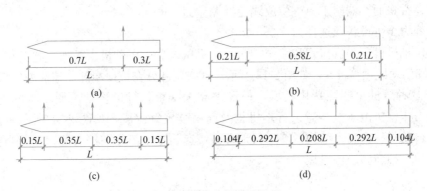

图 2-12　吊点的合理位置

（a）1 个吊点；（b）2 个吊点；（c）3 个吊点；（d）4 个吊点

（3）桩的堆放。桩堆放时，地面必须平整、坚实，垫木间距应根据吊点确定，各层垫木应位于同一垂直线上，最下层垫木应适当加宽，堆放层数不宜超过 4 层，不同规格的桩应分别堆放。

特别提示

桩堆放时，垫木与吊点的位置应相同，并应保持在同一平面内；同桩号的桩应堆放在一起，而桩尖应向一端。

3. 静力压桩施工

混凝土预制桩的沉桩方法有锤击沉桩、静力压桩、振动沉桩等。本书主要介绍静力压桩施工。静力压桩是用静力压桩机或锚杆将预制钢筋混凝土桩分节压入地基土中的一种沉桩施工工艺。

静力压桩施工

知识链接

　　静力压桩适用于软土、填土及一般黏性土层，特别适用于居民稠密及危房附近、环境要求严格的地区沉桩，但不宜用于地下有较多孤石、障碍物或有厚度大于 2m 的中密以上砂夹层，以及单桩承载力超过 1600kN 的情况。

　　（1）施工准备

　　1）处理障碍物。打桩前，宜向城市管理、供水、供电、煤气、电信、房管等有关单位提出要求，认真处理高空、地上和地下的障碍物。然后对现场周围（一般为 10m 以内）的建筑物、驳岸、地下管线等作全面检查，必须予以加固或采取隔振措施或拆除，以免打桩中由于振动的影响引起倒塌。

　　2）场地平整。打桩场地必须平整、坚实，必要时宜铺设道路，经压路机碾压密实，场地四周应挖排水沟以利排水。

　　3）抄平放线定桩位。在打桩现场附近设水准点，其位置应不受压桩影响，数量不得少于两个，用以抄平场地和检查桩的入土深度。要根据建筑物的轴线控制桩定出桩基础的每个桩位，可用小木桩标记。正式打桩之前，应对桩基的轴线和桩位复查一次。以免因小木桩挪动、丢失而影响施工。桩位放线允许偏差为 20mm。

　　（2）静力压桩设备及选择

　　静力压桩机可分为机械式和液压式两种。机械式静力压桩机由桩架、卷扬机、加压钢丝滑轮组和活动压梁等组成，如图 2-13 所示。其施压部分在桩顶端部，施加静压力为 600～2000kN，这种压桩机装配费用较低，但设备高大笨重，行走移动不便，压桩速度较慢。液压式静力压桩机由压拔装置、行走机构及起吊装置等组成，如图 2-14 所示。其采用液压操作，自动化程度高，结构紧凑，行走方便快速，施压部分在桩身侧面，是当前国内采用较广泛的一种新型压桩机械。

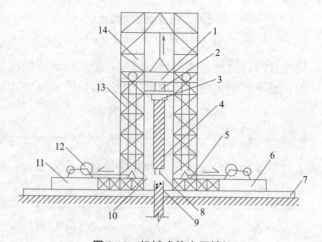

图 2-13　机械式静力压桩机

1—活动压梁；2—油压表；3—桩帽；4—上段桩；5—压重；6—底盘；7—轨道；8—上段接桩锚筋；
9—下段接桩锚筋孔；10—导笼口；11—操作平台；12—卷扬机；13—加压钢丝滑轮组；14—桩架导向笼

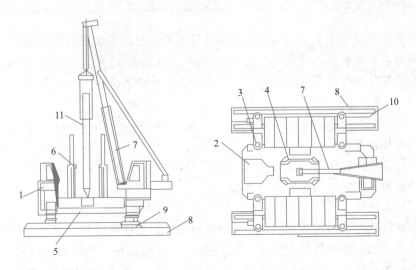

图 2-14　液压式静力压桩机

1—操纵室；2—电控系统；3—液压系统；4—导向架液压起重机；5—配重；6—夹持及拔桩装置；
7—吊桩把杆；8—支腿式底盘结构；9—横向行走与回转装置；10—纵向行走装置；11—桩

（3）压桩试验

施工前应作不少于 2 根桩的压桩工艺试验，用以了解桩的沉入时间、最终沉入度、持力层的强度、桩的承载力以及施工过程中可能出现的各种问题和反常情况等，以便检验所选的静力压桩设备和施工工艺，确定是否符合设计要求。

（4）确定静力压桩顺序

压桩顺序直接影响到桩基础的质量和施工速度，应根据桩的密集程度（桩距大小）、桩的规格、长短、桩的设计标高、工作面布置、工期要求等综合考虑，合理确定压桩顺序。根据桩的密集程度，压桩顺序一般分为逐排压桩、自中部向四周压桩和由中间向两侧压桩三种，如图 2-15 所示。

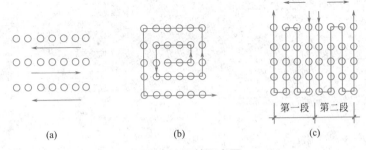

图 2-15　压桩顺序图

（a）逐排压桩；（b）自中部向四周压桩；（c）由中间向两侧压桩

根据施工经验，压桩的顺序，以自中部向四周压桩、由中间向两侧压桩为最佳。但当桩距大于 4 倍桩的边长或直径时，压桩顺序关系不大，可采用由一侧向单一方向压桩的方式（逐排压桩），这样，桩架单方向移动，压桩效率高。

特别提示

压桩要有顺序,若顺序不当,土体被挤密,邻桩受挤偏位或桩体被土抬起,桩位移产生偏移,影响桩沉入质量。

根据基础的设计标高和桩的规格,宜按先深后浅、先大后小、先长后短的顺序进行打桩。

---

(5) 确定压桩程序

静力压桩的施工程序为:测量定位→桩机就位→吊桩插桩→桩身对中调直→静压沉桩→接桩→再静压沉桩→终止压桩→截桩。

(6) 压桩方法

用起重机将预制桩吊运或用汽车运至桩机附近,再用桩机自身设置的起重机将其吊入夹持器中,夹持油缸将桩从侧面夹紧,压桩油缸做伸程动作,把桩压入土层中。伸程完后,夹持油缸回程松夹,压桩油缸回程,重复上述动作,实现连续压桩操作,直至把桩压入预定深度土层中。

(7) 桩拼接的方法

钢筋混凝土预制长桩在起吊、运输时受力极为不利,因此,一般情况下都采取长桩分段预制、分段压入、逐段接长的方法。接桩的方法目前有焊接法、浆锚法两种。

1) 焊接法接桩(图2-16)时,必须对准下节桩并垂直无误后,用点焊将拼接角钢连接固定,再次检查位置正确后进行焊接。施焊时,应两人同时对角对称地进行,以防止节点变形不匀而引起桩身歪斜。焊缝要连续饱满。

2) 浆锚法接桩(图2-17)时,首先将上节桩对准下节桩,使四根锚筋插入锚筋孔中(直径为锚筋直径的2.5倍),下落压梁并套住桩顶,然后将桩和压梁同时上升约200mm(以四根锚筋不脱离锚筋孔为度)。此时,安设好施工夹箍(施工夹箍:由四块木板,内侧用人造革包裹40mm厚的树脂海绵块而成),将熔化的硫磺胶泥注满锚筋孔内和接头平面,然后将上节桩和压梁同时下落,当硫磺胶泥冷却并拆除施工夹箍后,即可继续加荷施压。

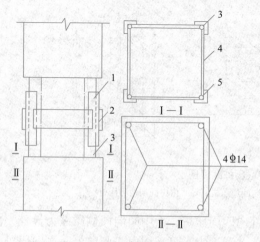

图 2-16 焊接法接桩节点构造

1—连接角钢;2—拼接板;3—与主筋连接角钢;4—拼接板;5—主筋

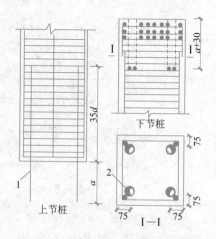

图 2-17 浆锚法接桩节点构造

1—锚筋;2—锚筋孔

为保证接桩质量,应做到:锚筋应刷净并调直;锚筋孔内应有完好螺纹,无积水、杂物和油污;接桩时接点的平面和锚筋孔内应灌满胶泥;灌注时间不得超过 2min;灌注后停歇时间应符合有关规定。

(8) 压桩施工要点

1) 压桩应连续进行,应故停歇时间不宜过长,否则将导致桩压不下去或桩机被抬起。

2) 压桩的终压控制很重要。一般对纯摩擦桩,终压时以设计桩长为控制条件,对长度大于 21m 的端承摩擦型静压桩,应以设计桩长控制为主,终压力值作对照;对一些设计承载力较高的桩基,终压力值宜尽量接近压桩机满载值;对长 14~21m 的静压桩,应以终压力值达满载值为终压控制条件;对桩周土质较差且设计承载力较高的,宜复压 1~2 次。对长度小于 14m 的桩,宜连续多次复压,特别对长度小于 8m 的短桩,连续复压的次数应适当增加。

3) 静力压桩单桩竖向承载力,可通过桩的终止压力值大致判断。如判断的终止压力值不能满足设计要求,应立即采取送桩加深处理或补桩,以保证桩基的施工质量。

4. 质量标准

钢筋混凝土预制桩的允许偏差应符合表 2-9 的规定。

钢筋混凝土预制桩允许偏差　　　　　　　　　表 2-9

项次	项目	允许偏差(mm)	检验方法
1	垂直基础梁的中心线方向	100	尺量检查
	沿基础梁的中心线方向	50	尺量检查
2	桩数为 1~3 根或单排桩	100	尺量检查
3	桩数为 4~16 根	$d/3$	尺量检查
4	边缘桩	$d/3$	尺量检查
5	中间桩	$d/2$	尺量检查

注:d 为桩的直径或截面边长。

> **特别提示**
>
> ① 桩在起吊及搬运时,必须做到吊点符合设计要求,要平稳并不得损坏。
> ② 妥善保护好桩基的轴线和标高控制桩,不得由于碰撞和振动而产生位移。
> ③ 打桩时如发现地质资料与提供的数据不符时,要停止施工,并与有关单位共同研究处理。
> ④ 在邻近有建筑物或岸边、斜坡上打桩时,要会同有关单位采取有效的加固措施,施工时要随时进行观测,确保避免因打桩振动而发生安全事故。

三、灌注桩施工

混凝土灌注桩是直接在施工现场桩位上成孔,然后在孔内安装钢筋笼,浇筑混凝土成桩。与预制桩相比,灌注桩具有不受地层变化限制,不需要接桩和截桩,节约钢材,振动

干作业钻
孔灌注桩
施工

小，噪声小等特点，但施工工艺复杂，影响质量的因素多。灌注桩按成孔方法分为：泥浆护壁成孔灌注桩、干作业成孔灌注桩、人工挖孔灌注桩、沉管灌注桩等，近年来还出现了夯扩桩、管内泵压桩、变径桩等新工艺，特别是变径桩，将信息化技术引进到桩基础中。

1. 干作业成孔灌注桩

干作业成孔灌注桩是先用钻机在桩位处进行钻孔，然后将钢筋骨架放入桩孔内，再浇筑混凝土而成的桩。干作业成孔灌注桩适用于地下水水位以上的填土层、黏性土层、粉土层、砂土层和粒径不大的砂砾层。

（1）施工设备

干作业成孔施工设备主要有螺旋钻机、旋挖机、机动或人工洛阳铲等。在此主要介绍螺旋钻机。

常用的螺旋钻机有履带式和步履式（图2-18）两种。前者一般由履带车、支架、导杆、鹅头架滑轮、电动机头、螺旋钻杆及出土筒组成。后者的行走度盘为步履式，在施工时用步履进行移动。步履式机下装有活动轮子，施工完毕后装上轮子由机动车牵引到另一工地。

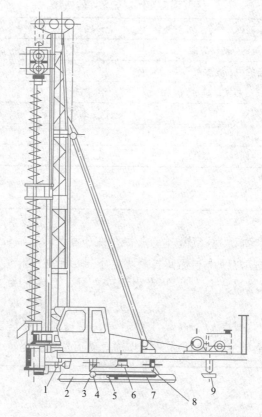

图 2-18　步履式钻机

1—上盘；2—盘；3—回转滚轮；4—行走滚轮；5—钢丝滑轮；
6—旋转中心轴；7—行走油缸；8—中盘；9—支腿

（2）施工工艺

干作业成孔的主要施工工艺为：

放线→钻机就位→成孔→吊放钢筋笼→浇筑混凝土。

（3）施工方法

钻机钻孔前，应做好现场准备工作。钻孔场地必须平整、碾压或夯实，雨期施工时需要加白灰碾压以保证钻孔行车安全，并按设计放好桩位线。

钻机按桩位就位时，钻杆要垂直对准桩位中心，放下钻机使钻头触及土面。

钻进时要求钻杆垂直，钻孔过程中发现钻杆摇晃或进钻困难时，可能是遇到石块等硬物，应立即停车检查，及时处理，以免损坏钻具或导致桩孔偏斜。

施工中，如发现钻孔偏斜，应提起钻头上下反复扫钻数次，以便削去硬土。如纠正无效，应在孔中回填黏土至偏孔处以上 0.5m，再重新钻进；如成孔时发生塌孔，宜钻至塌孔处以下 1～2m 处，用低强度等级的混凝土填至塌孔以上 1m 左右，待混凝土初凝后再继续下钻，钻至设计深度，也可用 3∶7 的灰土代替混凝土。

钻孔达到要求深度后，进行孔底土清理，即钻到设计钻深后，必须在深处进行空转清土，然后停止转动，提钻杆，不得回转钻杆。

桩孔钻成并清孔后，先吊放钢筋笼，后浇筑混凝土。为防止孔壁坍塌，避免雨水冲刷，成孔经检查合格后，应及时浇筑混凝土；若土层较好，没有雨水冲刷，从成孔到混凝土浇筑的时间间隔也不得超过 24h，灌注桩的混凝土强度等级不得低于 C15，坍落度一般采用 80～100mm；混凝土应连续浇筑，分层捣实，每层高度不得大于 1.5m；当混凝土浇筑到桩顶时，应适当超过桩顶标高，以保证在凿除浮浆层后，桩顶标高和质量能符合设计要求。

（4）质量要求

1）垂直度容许偏差 1%。

2）孔底虚土容许厚度不大于 100mm。

3）桩位允许偏差：单桩、条形桩基沿垂直轴线方向和裙桩基础边沿的偏差为 1/6 桩径；条形桩基沿顺轴方向和群桩基础中间桩的偏差为 1/4 桩径。

2. 泥浆护壁成孔灌注桩的施工

泥浆护壁成孔是利用原土自然造浆或人工造浆浆液进行护壁，通过循环泥浆将被钻头切下的土块携带排出孔外成孔，然后安装绑扎好的钢筋笼，用导管法水下灌注混凝土沉桩。

泥浆护壁成孔灌注桩成孔方法按成孔机械分类有回转钻机成孔、潜水钻机成孔、冲击钻机成孔、冲抓锥成孔等，其中以钻机成孔应用最多。

（1）回转钻机成孔。回转钻机是由动力装置带动钻机回转装置转动，再由其带动带有钻头的钻杆移动，由钻头切削土层。适用于地下水位较高的软、硬土层，如淤泥、黏性土、砂土、软质岩层。

回转钻机钻孔方式根据泥浆循环方式的不同，分为正循环回转钻机成孔和反循环回转钻机成孔。

正循环回转钻机成孔的工艺如图 2-19 所示。由空心钻杆内部通入泥浆或高压水，从钻杆底部喷出，携带钻下的土渣沿孔壁向上流动，由孔口将土渣带出流入泥浆池。

反循环回转钻机成孔的工艺如图 2-20 所示。泥浆带渣流动的方向与正循环回转钻机成孔的情形相反。反循环工艺的泥浆上流的速度较高，能携带较大的土渣。

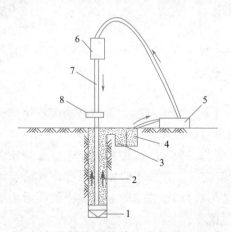

图 2-19　正循环回转钻机成孔工艺原理图

1—钻头；2—泥浆循环方向；3—沉淀池；4—泥浆池；

5—泥浆泵；6—水龙头；7—钻杆；8—钻机回转装置

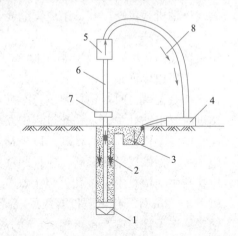

图 2-20　反循环回转钻机成孔工艺原理图

1—钻头；2—新泥浆流向；3—沉淀池；4—砂石泵；

5—水龙头；6—钻杆；7—钻机回转装置；8—混合液流向

（2）潜水钻机成孔。潜水钻机成孔示意图如图 2-21 所示。潜水钻机是一种将动力、变速机构、钻头连在一起加以密封，潜入水中工作的体积小而轻的钻机，这种钻机的钻头有多种形式，以适应不同桩径和不同土层的需要。钻头可带有合金刀齿，靠电机带动刀齿旋转切削土层或岩层。钻头靠桩架悬吊吊杆定位，钻孔时钻杆不旋转，仅钻头部分放置切削下来的泥渣通过泥浆循环排出孔外。

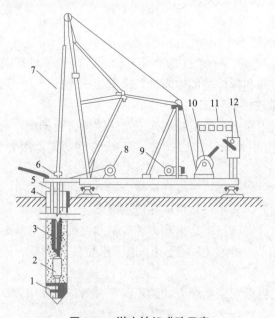

图 2-21　潜水钻机成孔示意

1—钻头；2—潜水钻机；3—电缆；4—护筒；5—水管；6—滚轮（支点）；7—钻杆；

8—电缆盘；9—5kN 卷扬机；10—10kN 卷扬机；11—电流电压表；12—启动开关

钻机桩架轻便，移动灵活，钻进速度快，噪声小，钻孔直径为 $500\sim1500\text{mm}$，钻孔深度可达 50m，甚至更深。

潜水钻机成孔适用于黏性土、淤泥、淤泥质土、砂土等钻进，也可钻入岩层，尤其适用于地下水位较高的土层中成孔。当钻一般黏性土、淤泥、淤泥质土及砂土时，宜用笼式钻头；穿过不厚的砂夹卵石层或在强风化岩上钻进时，可镶焊硬质合金刀头的笼式钻头；遇孤石或旧基础时，应用带硬质合金齿的筒式钻头。

（3）冲击钻机成孔。冲击钻机通过机架、卷扬机把带刃的重钻头（冲击锤）提高到一定高度，靠自由下落的冲击力切削破碎岩层或冲击土层成孔（图 2-22）。部分碎渣和泥浆挤压进孔壁，大部分碎渣用掏渣筒掏出。此法设备简单，操作方便，对于有孤石的砂卵石岩、坚质岩、岩层均可成孔。

冲击钻头形式有十字形、工字形、人字形等，一般常用十字形冲击钻头（图 2-23）。在钻头锥顶与提升钢丝绳间设有自动转向装置，冲击锤每冲击一次转动一个角度，从而保证桩孔冲成圆孔。

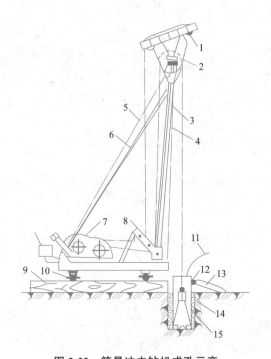

图 2-22　简易冲击钻机成孔示意

1—副滑轮；2—主滑轮；3—主杆；4—前拉索；
5—后拉索；6—斜撑；7—双滚筒卷扬机；8—导向轮；
9—垫木；10—钢管；11—供浆管；12—溢流口；
13—泥浆渡槽；14—护筒回填土；15—钻头

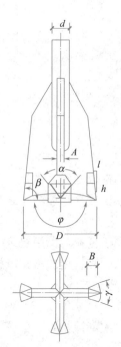

图 2-23　十字形冲击钻头示意

冲孔前应埋设钢护筒，并准备好护壁材料。若表层为淤泥、细砂等软土，则在筒内加入小块片石、砾石和黏土；若表层为砂砾卵石，则投入小颗粒砂砾石和黏土，以便冲击造浆，并使孔壁挤密实。冲击钻机就位后，校正冲锤中心对准护筒中心，在冲程 $0.4\sim0.8\text{m}$ 范围内应低提密冲，并及时加入石块与泥浆护壁，直至护筒下沉 $3\sim4\text{m}$ 以后，冲程可以提高到 1.5～2.0m，转入正常冲击，随时测定并控制泥浆相对密度。

施工中，应经常检查钢丝绳损坏情况，卡机松紧程度和转向装置是否灵活，以免掉钻。如果冲孔发生偏斜，应回填片石（厚 300～500mm）后重新冲孔。

（4）冲抓锥成孔。冲抓锥（图 2-24）锥头上有一重铁块和活动抓片，通过机架和卷扬机将冲抓锥提升到一定高度，下落时松开卷筒刹车，抓片张开，锥头便自由下落冲入土中，然后开动卷扬机提升锥头，这时抓片闭合抓土。冲抓锥整体提升至地面上卸去土渣，依次循环成孔。

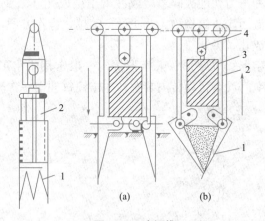

图 2-24　冲抓锥

（a）抓土；（b）提土

1—抓片；2—连杆；3—压重；4—滑轮组

冲抓锥成孔施工过程、护筒安装要求、泥浆护壁循环等与冲击钻机成孔施工相同。

冲抓锥成孔直径为 450～600mm，孔深可达 10m，冲抓高度宜控制在 1.0～1.5m。

1）施工范围

适用于工业与民用建筑中地下水位高的软、硬土层泥浆护壁成孔灌注桩工程。但遇到坚硬土层时宜换用冲击钻机施工。

2）施工准备

水泥：宜采用 32.5～42.5 级普通硅酸盐水泥或矿渣硅酸盐水泥。

砂：中砂或粗砂，含泥量不大于 5%。

石子：粒径为 0.5～3.2cm 的卵石或碎石，含泥量不大于 2%。

水：应用自来水或不含有害物质的洁净水。

黏土：可就地选择塑性指数 $I_p \geqslant 17$ 的黏土。

外加早强剂应通过试验确定。

钢筋：钢筋的级别、直径必须符合设计要求，有出厂证明书及复试报告。

主要机具：回旋钻孔机、翻斗车或手推车、混凝土导管、套管、水泵、水箱、泥浆池、混凝土搅拌机、平尖头铁锹、胶皮管等。

3）施工工艺流程

钻孔机就位→钻孔→注泥浆→下套管→继续钻孔→排渣→清孔→吊放钢筋笼→射水清底→插入混凝土导管→浇筑混凝土→拔出导管→插桩顶钢筋。

钻孔机就位：钻孔机就位时，必须保持平稳，不发生倾斜、位移，为准确控制钻孔深度，应在机架上或机管上作出控制的标尺，以便在施工中进行观测、记录。

钻孔及注泥浆：调直机架挺杆，对好桩位（用对位圈），开动机器钻进，出土，达到一定深度（视土质和地下水情况）停钻，孔内注入事先调制好的泥浆，然后继续进钻。

下套管（护筒）：钻孔深度到5m左右时，提钻下套管。套管内径应大于钻头100mm。套管位置应埋设正确和稳定，套管与孔壁之间应用黏土填实，套管中心与桩孔中心线偏差不大于50mm。套管埋设深度：在黏性土中不宜小于1m，在砂土中不宜小于1.5m，并应保持孔内泥浆面高出地下水位1m以上。

继续钻孔：防止表层土受振动坍塌，钻孔时不要让泥浆水位下降，当钻至持力层后，设计无特殊要求时，可继续钻深1m左右，作为插入深度。施工中应经常测定泥浆相对密度。

清孔及排渣：在黏土和粉质黏土中成孔时，可注入清水，以原土造浆护壁。排渣泥浆的相对密度应控制在1.1～1.2。在砂土和较厚的夹砂层中成孔时，泥浆相对密度应控制在1.1～1.3；在穿过砂夹卵石层或容易坍孔的土层中成孔时，泥浆的相对密度应控制在1.3～1.5。

吊放钢筋笼：钢筋笼放前应绑好砂浆垫块；吊放时要对准孔位，吊直扶稳，缓慢下沉，钢筋笼放到设计位置时，应立即固定，防止上浮。

射水清底：在钢筋笼内插入混凝土导管（管内有射水装置），通过软管与高压泵连接，开动泵水即射出。射水后孔底的沉渣即悬浮于泥浆之中。

浇筑混凝土：停止射水后，应立即浇筑混凝土，随着混凝土不断增高，孔内沉渣将浮在混凝土上面，并同泥浆一同排回贮浆槽内。

水下浇筑混凝土应连接施工；导管底端应始终埋入混凝土中0.8～1.3m；导管的第一节底管长度应大于等于4m。

混凝土的配制：配合比应根据试验确定，在选择施工配合比时，混凝土的试配强度应比设计强度提高10％～15％。水灰比不宜大于0.6。有良好的和易性，在规定的浇筑期间内，坍落度应为16～22cm；在浇筑初期，为使导管下端形成混凝土堆，坍落度宜为14～16cm。水泥用量一般为350～400kg/m³。砂率一般为45％～50％。

拔出导管：混凝土浇筑到桩顶时，应及时拔出导管。但混凝土的上顶标高一定要符合设计要求。

插桩顶钢筋：桩顶上的插筋一定要保持垂直插入，有足够锚固长度和保护层，防止插偏和插斜。同一配合比的试块，每班不得少于1组。每根灌注桩不得少于1组。

冬雨期施工：泥浆护壁回转钻孔灌注桩不宜在冬期进行。雨期施工现场必须有排水措施，严防地面雨水流入桩孔内。要防止桩机移动，以免造成桩孔歪斜等情况。

───　特别提示　───

灌注桩的原材料和混凝土强度必须符合设计要求和施工规范的规定。

实际浇灌混凝土量，严禁小于计算的体积。

浇灌混凝土后的桩顶标高及浮浆的处理，必须符合设计要求和施工规范的规定。

成孔浓度必须符合设计要求。以摩擦力为主的桩，沉渣厚度严禁大于300mm，以端承力为主的桩，沉渣厚度严禁大于100mm。

4) 施工要求

钢筋笼在制作、运输和安装过程中，应采取措施防止变形。吊入桩孔内，应牢固确定其位置，防止上浮。

灌注桩施工完毕进行基础开挖时，应制定合理的施工顺序和技术措施，防止桩的位移和倾斜，并应检查每根桩的纵横水平偏差。

在钻孔机安装、钢筋笼运输及混凝土浇筑时，均应注意保护好现场的轴线桩、高程桩，并应经常予以校核。

桩头外留的主筋插铁要妥善保护，不得任意弯折或压断。

桩头的混凝土强度没有达到 5MPa 时，不得碾压，以防桩头损坏。

泥浆护壁成孔时，发生斜孔、弯孔、缩孔和塌孔或沿套管周围冒浆以及地面沉陷等情况，应停止钻进。经采取措施后，方可继续施工。

钻进速度，应根据土层情况、孔径、孔深、供水或供浆量的大小、钻机负荷以及成孔质量等具体情况确定。

水下混凝土面平均上升速度不应小于 0.25m/h。浇筑前，导管中应设置球、塞等隔水；浇筑时，导管插入混凝土的深度不宜小于 1m。

施工中应经常测定泥浆密度，并定期测定黏度、含砂率和胶体率。泥浆黏度 18~22s，含砂率不大于 4%~8%，胶体率不小于 90%。

清孔过程中，必须及时补给足够的泥浆，并保持浆面稳定。

钢筋笼变形：钢筋笼在堆放、运输、起吊、入孔等过程中，必须加强对操作工人的技术交底，严格执行加固的技术措施。

混凝土浇到接近桩顶时，应随时测量顶部标高，以免过多截桩或补桩。

> **特别提示**
>
> 浇灌混凝土前，应检查孔底 500mm 以内的泥浆，相对密度＜1.25，含砂率≤8%，黏度≤28s。
>
> 承包单位在 1.5~3h 内（最多不超过 4h）完成混凝土浇筑的准备工作，就绪后监理工程师下达浇筑通知。混凝土导管浇筑过程中应保持导管始终在孔洞中心，并随时测量浇筑深度，确定埋置深度（一般控制在 3~6m，最小不得小于 2m），防止导管提拔过快、过多，造成断桩。

3. 沉管灌注桩的施工

沉管灌注桩

沉管灌注桩是指利用锤击打桩设备或振动沉桩设备，将带有钢筋混凝土的桩尖（或钢板靴）或带有活瓣式桩靴的钢管沉入土中（钢管直径应与桩的设计尺寸一致），形成桩孔，然后放入钢筋骨架并浇筑混凝土，随之拔出套管，利用拔管时的振动将混凝土捣实，便形成所需要的灌注桩。利用锤击沉桩设备沉管、拔管成桩的，称为锤击沉管灌注桩；利用振动器振动沉管、拔管成桩的，称为振动沉管灌注桩。

在沉管灌注桩施工过程中，对土体有挤密作用和振动影响，施工中应结合现场施工条件，考虑成孔的顺序。即间隔一个或两个桩位成孔；在邻桩混凝土初凝前或终凝后成孔；

一个承台下桩数在 5 根以上者，中间的桩先成孔，外围的桩后成孔。

为了提高桩的质量和承载能力，沉管灌注桩常采用单打法、复打法、反插法等施工工艺。

① 单打法（又称一次拔管法）：拔管时，每提升 0.5～1.0m，振动 5～10s，然后再拔管 0.5～1.0m，这样反复进行，直至全部拔出。

② 复打法：在同一桩孔内连续进行两次单打，或根据需要进行局部复打。施工时，应保证前后两次沉管轴线重合，并在混凝土初凝之前进行。

③ 反插法：钢管每提升 0.5m，再下插 0.3m，这样反复进行，直至拔出。

在施工时，注意及时补充套筒内的混凝土，使管内混凝土面保持一定高度并高于地面。

（1）锤击沉管灌注桩

锤击沉管灌注桩适宜于一般黏性土、淤泥质土和人工填土地基。

1）施工准备

① 材料准备：

水泥：42.5 级及以上的硅酸盐水泥、普通硅酸盐水泥、矿渣、火山水泥。水泥进场时应有出厂合格证明书。施工单位应根据进场水泥品种、批号进行抽样检验，合格后才能使用。水泥如存放时间超过三个月，应重新检验确认符合要求后才能使用。

中粗砂：采用级配良好、质地坚硬、颗粒洁净的河砂或海砂，其含泥量不大于 3%。

石子：采用坚硬的碎石或卵石，最大粒径不宜大于 40mm，且不宜大于钢筋最小净距的 1/3，其针片状颗粒不超过 25%，含泥量不大于 2%。

钢筋：钢筋进场时应有出厂质量合格证明书，应检查其品种规格是否符合要求及有无损伤、锈蚀、油污，并应按规定抽样，进行抗压、抗弯、焊接试验，经试验合格后方能使用（进口钢筋要进行化学成分检验和焊接试验，符合有关规定后方可用于工程）。钢筋笼的直径除应符合设计要求外，还应比套管内径小 60～80mm。

② 桩尖：一般采用钢筋混凝土桩尖，也可用钢桩尖。钢筋混凝土的桩尖强度等级不低于 C30。其配筋构造和数量必须符合设计或施工规范的要求。

2）施工工艺流程

定位埋设混凝土预制桩尖→桩机就位→锤击沉管→灌注混凝土→边拔管、边锤击、边继续灌注混凝土（中间插入吊放钢筋笼）。如图 2-25 所示。

① 定位埋设混凝土预制桩尖：采用活瓣式桩尖时，应先将桩尖活瓣用麻绳或铁丝捆紧合拢，活瓣间隙应紧密。当桩尖对准桩基中心，并核查高速套管垂直度后，利用锤击及套管自重将桩尖压入中。采用预制混凝土桩尖时，应

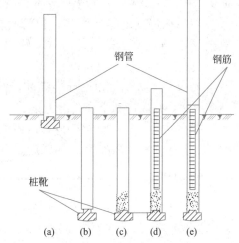

图 2-25 沉管灌注桩施工过程

（a）就位；（b）沉钢管；（c）开始灌注混凝土；
（d）下钢筋骨架继续浇筑混凝土；（e）拔管成型

先在桩基中心预埋好桩尖，在套管下端与桩尖接触处垫好缓冲材料。

② 桩机就位：桩机就位后，吊起套管，对准桩尖，使套管、桩尖、桩锤在一条垂直线上，利用锤重及套管自重将桩尖压入土中。

③ 锤击沉管：开始沉管时应轻击慢振。锤击沉管时，可用收紧钢绳加压或加配重的方法提高沉管速率。

④ 灌注混凝土：灌注时充盈系数应不小于1。一般土质为1.1；软土为1.2～1.3。在施工中可根据不同土质的充盈系数，计算出单桩混凝土需用量，折后成料斗浇灌次数，以核对混凝土实际灌注量。当充盈系数小于1时，应采用全桩复打。

⑤ 钢筋笼的吊放：对通长的钢筋笼在成孔完成后埋设，短钢筋笼可在混凝土灌至设计标高时再埋设，埋设钢筋笼时要对准管孔，垂直缓慢下降。在混凝土桩顶采取构造连接插筋时，必须沿周围对称均匀垂直插入。

⑥ 拔管：拔管前，应先锤击或振动套管，在测得混凝土确已流出套管时方可拔管。每次高度应以能容纳吊斗一次所灌注混凝土为限，并边拔边灌。在任何情况下，套管内应保持不少于2m高度的混凝土，并按沉管方法不同分别采取不同的方法拔管。在拔管过程中，应有专人用测锤或浮标检查管内混凝土下降情况，一次不应拔得过高。拔管过程中应及时清除桩管外壁和地面上的污泥。前后两次沉管的轴线必须重合。

 知识链接

灌注时充盈系数＝实际灌注混凝土量/理论计算量，要求不小于1。

3）施工要点

① 桩尖与桩管接口处应垫麻（或草绳）垫圈，以防地下水渗入管内和作缓冲层。沉管时先用低锤锤击，观察无偏移后，才正常施打。

② 桩身混凝土浇筑后有必要复打时，必须在原桩混凝土未初凝前在原桩位上重新安装桩尖，第二次沉管。沉管后每次灌注混凝土应达到自然地面高，不得小灌。

③ 桩管内混凝土尽量填满，拔管时要均匀，保持连续密锤轻击，并控制拔管速度，一般土层以不大于1m/min为宜，软弱土层与软硬交界处，以控制在0.8m/min以内为宜。

④ 在管底未拔到桩顶设计标高前，倒打或轻击不得中断，注意使管内的混凝土保持略高于地面，并保持到全管拔出为止。

⑤ 桩的中心距在5倍桩管外径以内或小于2m时，均应跳打施工；中间空出的桩须待邻桩混凝土达到设计强度的50%以后，方可施打。

特别提示

锤击沉管桩混凝土强度等级不得低于C20，每立方米混凝土的水泥用量不宜少于300kg。混凝土坍落度在配钢筋时宜为80～100mm，无筋时宜为60～80mm。碎石粒径在配有钢筋时不大于25mm，无筋时不大于40mm。预制钢筋混凝土桩尖的强度等级不得低于C30。

（2）振动沉管灌注桩

振动沉管灌注桩采用激振器或振动冲击沉管。其施工工艺为：

1）桩机就位：将桩尖活瓣合拢对准桩位中心，利用振动器及桩管自重，把桩尖压入土中。

2）沉管：开动振动箱，桩管即在强迫振动下迅速沉入土中。沉管过程中，应经常探测管内有无水或泥浆，如发现水、泥浆较多，应拔出桩管，用砂回填桩孔后方可重新沉管。

3）上料：桩管沉到设计标高后停止振动，放入钢筋笼，再上料斗将混凝土灌入桩管内，一般应灌满桩管或略高于地面。

4）拔管：开始拔管时，应先启动振动箱 8～10min，并用吊砣测得桩尖活瓣确已张开，混凝土确已从桩管中流出以后，卷扬机方可开始抽拔桩管，边振边拔。拔管速度应控制在 1.5m/min 以内。

4. 夯扩桩

夯扩桩即夯压成型灌注桩，是在普通沉管灌注桩的基础上加以改进，增加一根内夯管，使桩端扩大的一种桩型。内夯管的作用是在夯扩工序时，将外管混凝土夯出管外，并在桩端形成扩大头；在施工桩身时利用内管和桩锤的自重将桩身混凝土压实。夯扩桩适用于一般黏性土、淤泥、淤泥质土、黄土、硬黏性土，也可用于有地下水的情况，可在 20 层以下的高层建筑基础中使用。

夯扩桩施工（图 2-26）时，先在桩位处按要求放置干混凝土，然后将内外管套叠对准桩位，再通过柴油锤将双管打入地基土中至设计要求深度。将内夯管拔出，向外管内灌入高度 H 的混凝土，然后将内管放入外管内压实灌入的混凝土，再将外管拔起高度 h。通过柴油锤与内夯管夯打管内混凝土，夯打至外管底端深度略小于设计桩底深度处（差值 Δh）。此过程为一次夯扩，如需第二次夯扩，则重复一次夯扩步骤即可。

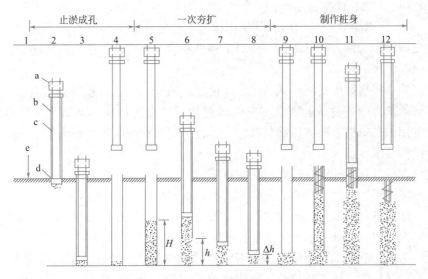

图 2-26　夯扩桩施工

a—柴油锤；b—外管；c—内管；d—内管底板；e—C20 干硬混凝土；$H > h$

┌───┐
特别提示

　　沉管灌注桩施工时易发生断桩、缩颈、吊脚桩等问题，原因：①外管内混凝土拒落；②群桩施工影响，浇筑不久的桩身混凝土受邻桩施工振动或土体挤压影响而剪断，或因地基土隆起将桩拉断；③在流态的淤泥质土层中孔壁坍塌；④外管内严重进水，造成夹层；⑤钢筋笼部位混凝土坍落度偏小，使桩身在钢筋笼下端产生缩颈。

　　防治措施：①正确安排打桩顺序，同一承台的桩应一次连续打完。桩距小于 4 倍桩径或初凝后不久的群桩施工，宜采用跳打法或控制间隔时间的方法，一般间隔时间为一周。②群桩施工时，合理安排施工顺序，宜采取由里层向外层扩展的施工顺序。③在流态淤泥质土层中施工，应采用较低的外管提升速度，一般控制在 60cm/min 左右。④在管内混凝土下落过快时，应及时在管内补充混凝土。⑤外管内进水时，应及时用干硬混凝土二次封填。施工中应加强检查并及时处理。
└───┘

任务 4　桩基础的检测与验收

一、桩基检测

桩基础
工程质量
检测

　　成桩的质量检验有两种基本方法：一种是静载试验法（破损试验）；另一种是动测法（无破损试验）。

1. 静载试验法

（1）试验目的

　　静载试验的目的，是采用接近于桩的实际工作条件，通过静载加压，确定单桩的极限承载力作为设计依据，或对工程桩的承载力进行抽样检验和评价。

（2）试验方法

　　静载试验是根据模拟实际荷载情况，通过静载加压，得出一系列关系曲线，综合评定确定其容许承载力的一种试验方法。它能较好地反映单桩的实际承载力。荷载试验有多种，通常采用的是单桩竖向抗压静载试验、单桩竖向抗拔静载试验和单桩水平静载试验。

（3）试验要求

　　预制桩在桩身强度达到设计要求的前提下，对于砂类土，不应少于 10d；对于粉土和黏性土，不应少于 15d；对于淤泥或淤泥质土，不应少于 25d，待桩身与土体的结合基本趋于稳定，才能进行试验。就地灌注桩和爆扩应在桩身混凝土强度达到设计等级的前提下，对砂类土不少于 10d；对一般黏性土不少于 20d；对淤泥或淤泥质土不少于 30d，才能进行试验。对于地基基础设计等级为甲级或地质条件复杂、成桩质量可靠性低的灌注桩，应采用静载荷试验的方法进行检验，检验桩数不应少于总数的 1%，且不应少于 3 根；当总桩数少于 50 根时，不应少于 2 根，其桩身质量检验时，抽检数量不应少于总数的 30%，且不应少于 20 根；其他桩基工程的抽检数量不应少于总数的 20％，且不应少于 10 根，对混凝土预制桩及地下水位以上且终孔后经过核验的灌注桩，检验数量不应少于总桩数的 10％，且不得少于 10 根。每根柱子承台下不得少于 1 根。

2. 动测法

（1）特点

动测法，又称动力无损检测法，是检测桩基承载力及桩身质量的一项新技术，作为静载试验的补充。

一般静载试验装置较复杂笨重，装、卸操作费工费时，成本高，测试数量有限，并且易破坏桩基。而动测法的试验仪器轻便灵活，检测快速，单桩试验时间，仅为静载试验的 1/50 左右，可大大缩短试验时间，数量多，不破坏桩基，相对也较准确，可进行普查，费用低，单桩测试费约为静载试验的 1/30 左右，可节省静载试验锚桩、堆载、设备运输、吊装焊接等大量人力、物力。

（2）试验方法

动测法是相对静载试验法而言，它是对桩土体系进行适当的简化处理，建立起数学-力学模型，借助于现代电子技术与量测设备采集桩-土体系在给定的动荷载作用下所产生的振动参数，结合实际桩土条件进行计算，所得结果与相应的静载试验结果进行对比，在积累一定数量的动静试验对比结果的基础上，找出两者之间的某种相关关系，并以此作为标准来确定桩基承载力。单桩承载力的动测方法种类较多，国内有代表性的方法有：动力参数法、锤击贯入法、水电效应法、共振法、机械阻抗法、波动方程法等。

（3）桩身质量检验

对于桩身质量检验，国内外广泛使用的动测法是应力波反射法，又称低（小）应变法。其原理是根据一维杆件弹性反射理论（波动理论）采用锤击振动力法检测桩体的完整性，即以波在不同阻抗和不同约束条件下的传播特性来判别桩身质量。

二、桩基验收

1. 桩基验收规定

（1）当桩顶设计标高与施工场地标高相同时，或在桩基施工结束后有可能对桩位进行检查时，桩基工程的验收应在施工结束后进行。

（2）当桩顶设计标高低于施工场地标高，送桩后无法对桩位进行检查时，对打入桩可在每根桩桩顶沉至场地标高时进行中间验收，待全部桩施工结束，承台或底板开挖到设计标高后，再做最终验收，对灌注桩可对护筒位置做中间验收。

2. 桩基验收资料

（1）工程地质勘察报告、桩基施工图、图纸会审纪要、设计变更及材料代用通知单等。

（2）经审定的施工组织设计、施工方案及执行中的变更情况。

（3）桩位测量放线图，包括工程桩位复核签证单。

（4）制作桩的材料试验记录、成桩质量检查报告。

（5）单桩承载力检测报告。

（6）基坑挖至设计标高的基桩竣工平面图及桩顶标高图。

3. 桩基允许偏差

（1）预制桩

预制桩（预制混凝土方桩、先张法预应力管桩、钢桩）的桩位偏差，必须符合表 2-10 规定。斜桩倾斜度的偏差不得大于倾斜角正切值的 15%（倾斜角系桩的纵向中心线与铅垂线间夹角）。

预制桩桩位的允许偏差　　　　　　　　　　　　　　表 2-10

序号	项目	允许偏差(mm)
1	盖有基础梁的桩 (1)垂直基础梁的中心线 (2)沿基础梁的中心线	$100+0.01H$ $150+0.01H$
2	桩数为 1～3 根桩基中的桩	100
3	桩数为 4～16 根桩基中的桩	1/2 桩径或边长
4	桩数大于 16 根桩基中的桩 (1)最外边的桩 (2)中间桩	1/3 桩径或边长 1/2 桩径或边长

注：H 为施工现场地面标高与桩顶设计标高的距离。

（2）灌注桩

灌注桩的偏差必须符合表 2-11 规定，桩顶标高至少要比设计标高高出 0.5m，桩底清孔质量按不同的成桩工艺有不同的要求，应按规范要求执行。每浇筑 $50m^3$ 必须有一组试件，小于 $50m^3$ 的桩，每根桩必须有一组试件。

灌注桩的允许偏差　　　　　　　　　　　　　　表 2-11

序号	成孔方法		桩径允许偏差(mm)	垂直度允许偏差(%)	桩位允许偏差(mm)	
					1～3 根、单排桩基垂直于中心线方向和群桩基础的边桩	条形桩基沿中心线方向和群桩基础的中间桩
1	泥浆护壁成孔桩	$D\leqslant1000mm$	±50	<1	$D/6$,且不大于 100	$D/4$,且不大于 150
		$D>1000mm$	±50		$100+0.01H$	$150+0.01H$
2	管套成孔灌注桩	$D\leqslant500mm$	−20	<1	70	150
		$D>500mm$	−20		100	150
3	干成孔灌注桩		20	<1	70	150
4	人工挖孔桩	混凝土护壁	±50	<0.5	50	150
		钢套管护壁	±50	<1	100	200

注：1. 桩径允许偏差的负值是指个别断面。
　　2. 采用复打、反插法施工的桩，其桩允许偏差不受上表限制。
　　3. H 为施工现场地面标高与桩顶设计标高的距离，D 为设计桩径。

项目小结

地基处理与基础工程施工项目包括地基处理、浅基础施工、桩基础施工、桩基础的检测与验收 4 个任务。

地基处理的方法很多，通过完成任务 1 地基处理，学会换土地基、强夯地基、振冲地基以及挤密地基、堆载预压地基和深层搅拌地基等其他加固方法。

通过完成任务 2 浅基础施工，学会按照钢筋混凝土条形、杯形、筏形、箱形基础的施工工艺和要点安排浅基础施工。

通过完成任务 3 桩基础施工，学会按照预制桩和灌注桩的施工工艺、施工要点安排桩基础施工，并按桩基检测规范对桩基础工程进行验收。

通过完成任务 4 桩基础的检测与验收，学会按桩基检测规范对桩基础工程进行检测与验收。

复习思考题

一、单选题

1. 桩在堆放时，允许的最多堆放层数为（　　）。

A. 一层 　　　　　　B. 三层 　　　　　　C. 四层 　　　　　　D. 五层

2. 预制混凝土桩的表面应平整、密实，掉角深度及混凝土裂缝深度应分别小于（　　）mm。

A. 10，30 　　　　　B. 15，20 　　　　　C. 15，30 　　　　　D. 10，20

3. 对于预制桩的起吊点，设计未作规定时，应遵循的原则是（　　）。

A. 吊点均分桩长 　　　　　　　　　B. 吊点位于中心处

C. 跨中正弯矩最大 　　　　　　　　D. 吊点间跨中正弯矩与吊点处负弯矩相等

4. 对打桩桩锤的选择影响最大的因素是（　　）。

A. 地质条件 　　　B. 桩的类型 　　　C. 桩的密集程度 　　　D. 单桩极限承载力

5. 可用于打各种桩、斜桩，还可拔桩的桩锤是（　　）。

A. 双动汽锤 　　　B. 筒式柴油锤 　　　C. 导杆式柴油锤 　　　D. 单动汽锤

6. 在地下水水位以上的黏性土、填土、中密以上砂土及风化岩等土层中的桩基成孔，常用方法是（　　）。

A. 干作业成孔 　　　B. 沉管成孔 　　　C. 人工挖孔 　　　D. 泥浆护壁成孔

7. 干作业成孔灌注桩采用的钻孔机具是（　　）。

A. 螺旋钻机 　　　B. 潜水钻机 　　　C. 回转钻机 　　　D. 冲击钻机

8. 若在流动性淤泥土层中的桩可能有颈缩现象时，可行又经济的施工方法是（　　）。

A. 反插法 　　　B. 复打法 　　　C. 单打法 　　　D. A 和 B 都正确

9. 人工挖孔灌注桩施工时，其护壁应（　　）。

A. 与地面平齐 　　　　　　　　　　B. 低于地面 100mm

C. 高于地面 150～200mm 　　　　　D. 高于地面 300mm

二、简答题

1. 浅基础的分类有哪些？各适合于哪种情况？

2. 简述筏形基础的施工工艺流程及注意事项。

3. 简述静力压桩的施工工艺流程及注意事项。

4. 简述沉管灌注桩的施工过程，以及施工中易出现的质量问题。

Chapter 03

项目三

脚手架与二次结构智能化施工

教学目标

1. 知识目标

（1）掌握砌筑工程施工中所用脚手架和垂直运输设施的构造及要求；

（2）掌握砌体施工的施工方法和施工工艺；

（3）掌握砌筑工程的质量要求及安全防护措施。

2. 能力目标

（1）能编制脚手架搭设方案；

（2）能依据砌体结构施工工艺和质量标准组织施工；

（3）能编制砌体结构施工方案；

（4）能进行砌筑工程施工质量检查。

3. 素质目标

（1）通过脚手架工程的学习，培养学生"安全施工""文明施工"的意识，践行"人民至上、生命至上"的安全生产观。

（2）通过智能化垂直运输装备和砌筑机器人的学习，树立创新强国的理念，培养发现问题并创新性地解决问题的能力。

引例

脚手架工程是安全事故发生较多的分部分项工程之一。脚手架的方案设计、搭设施工，每一步都要严格按照规范标准实施。

综合应用案例 3 建筑层高为 3.0m，采用 240mm×115mm×90mm 混凝土多孔砖砌筑。其中楼面采用 120mm 厚现浇板，现浇板与承重墙体的现浇圈梁整体浇筑。圈梁设计截面高度为 240mm，底层圈梁已完成，其面标高为 −0.02m，楼地面装饰层预留 40mm 厚面层，门窗洞口高度为 2700mm。

综合应用案例3

思考：外脚手架如何设置？垂直运输设施如何选择？如何组织砖砌体施工？如何实施施工技术交底？

任务1　脚手架及垂直运输设施

一、脚手架工程

脚手架是建筑施工中重要的临时设施，是在施工现场为安全防护、工人操作以及解决楼层间少量垂直和水平运输而搭设的支架。施工中的脚手架种类很多（图 3-1），常用的有多立杆式脚手架、门式脚手架、悬挑式脚手架、附着升降脚手架、悬吊式脚手架（吊篮）以及工具式脚手架等，可根据建筑物的具体要求、现场工具设备条件、各地的操作习惯以及技术经济效果等加以选用。

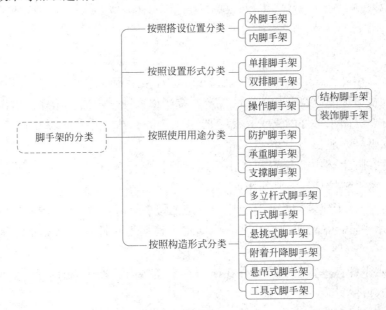

图 3-1　脚手架的分类

脚手架按构配件形式可分为扣件式、盘扣式、套扣式、轮扣式和碗扣式等。目前较为通用的主要为扣件式脚手架，因此本任务主要以扣件式脚手架为例，对不同构造形式进行讲解。

1. 扣件式钢管脚手架基本构造

扣件式钢管脚手架是由标准的钢管扣件（立杆、横杆和斜杆）和特制扣件作连接件组成的脚手架骨架与脚手板、防护构配件、连墙件等搭设而成的，是目前最常见的一种脚手架（图 3-2）。

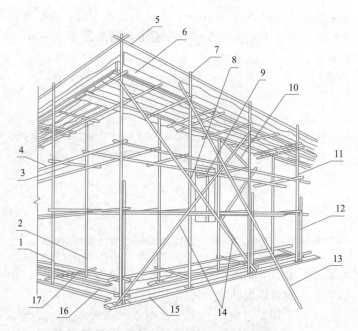

图 3-2 扣件式钢管脚手架基本构造

1—外立杆；2—内立杆；3—横向水平杆；4—纵向水平杆；5—栏杆；6—挡脚板；
7—直角扣件；8—旋转扣件；9—连墙件；10—横向斜撑；11—主立杆；12—副立杆；
13—抛撑；14—剪刀撑；15—垫板；16—纵向扫地杆；17—横向扫地杆

（1）钢管

钢管一般采用外径 48.3mm，壁厚 3.6mm 的焊接钢管，亦可采用同规格的无缝钢管。其化学成分和机械性能应符合相关标准规定，有严重锈蚀、弯曲、压扁、损伤和裂缝者不得使用。立杆、纵向水平杆的钢管长度一般为 4~6m，或每根最大质量以不超过 25.8kg 为宜。横向水平杆一般长为 1.9~2.2m。

根据钢管在脚手架中的位置和作用不同，钢管可分为立杆、纵向水平杆、横向水平杆、剪刀撑、水平斜拉杆等，其作用如下：

1）立杆：平行于建筑物并垂直于地面，是把脚手架荷载传递给基础的受力杆件。

2）纵向水平杆：平行于建筑物并在纵向水平连接各立杆，是承受并传递荷载给立杆的受力杆件。

3）横向水平杆：垂直于建筑物并在横向水平连接内、外排立杆，是承受并传递荷载给立杆的受力杆件。

4）剪刀撑：设在脚手架外侧面并与墙面平行的十字交叉斜杆，可增强脚手架的纵向刚度。

5）连墙件：连接脚手架与建筑物，是既要承受并传递荷载，又可防止脚手架横向失稳的受力杆件。

6）水平斜拉杆：设在有连墙杆的脚手架内、外排立杆间的步架平面内的"之"字形斜杆，可增强脚手架的横向刚度。

7）纵向水平扫地杆：连接立杆下端，是距底座下皮200mm处的纵向水平杆，起约束立杆底端在纵向发生位移的作用。

8）横向水平扫地杆：连接立杆下端，是位于纵向水平扫地杆上方处的横向水平杆，起约束立杆底端在横向发生位移的作用。

（2）连接扣件

连接扣件有三种，即：直角扣件，作两根垂直相交的钢管连接用（图3-3a）；旋转扣件，供两根任意相交钢管连接用（图3-3b）；对接扣件，供对接钢管用（图3-3c）。扣件质量应符合《钢管脚手架扣件》GB 15831—2006中的有关规定。当扣件螺栓拧紧力矩达65N·m时扣件不得破坏。

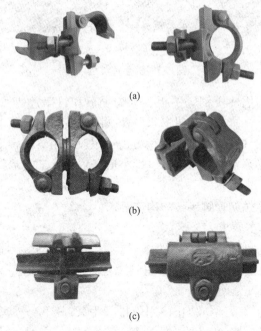

(a)

(b)

(c)

图3-3　连接扣件

（a）直角扣件；（b）旋转扣件；（c）对接扣件

（3）脚手板

脚手板可用钢、木、竹等材料制作，每块质量不宜大于30kg。冲压钢脚手板是常用的一种，脚手板一般用厚2mm的钢板压制而成，长度2～4m，宽度250mm，表面应有防滑措施。木脚手板可采用厚度不小于50mm的杉木板或松木制作，长度3～4m，宽度200～250mm，两端均应设镀锌钢丝箍两道，以防止木脚手板端部破坏。竹脚手板，则应用毛竹或楠竹制成竹串片脚手板及竹笆脚手板（图3-4）。

钢脚手板

竹笆脚手板 　　　　　　　木脚手板 　　　　　　　竹串片脚手板

图 3-4　脚手片类型

由于中国北方一般采用冲压钢脚手板、木脚手板和竹串片脚手板，使用上述脚手板时，横向水平杆（即小横杆）必须在纵向水平杆（即大横杆）之上来支承脚手板，因此俗称扣件式脚手架北方做法（图 3-5）；中国南方由于一般采用竹笆脚手板横向铺盖，要求纵向水平杆（即大横杆）必须在横向水平杆（即小横杆）之上来支承脚手板，因此俗称扣件式脚手架南方做法（图 3-6）。

2. 扣件式钢管脚手架的构造要求

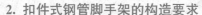

落地式
双排外
脚手架

（1）基本要求

1）脚手架必须有足够的承载能力、刚度和稳定性，在施工中各种荷载作用下不发生失稳倒塌以及超过规范许可要求变形、倾斜、摇晃或扭曲现象，以确保安全使用。

2）高度超过 24m 的脚手架，禁止使用单排脚手架。高层外脚手架一般均超过 24m，应搭设双排脚手架；高度一般不超过 50m，超过 50m 时，应通过设计计算，采取分段搭设，分段卸荷。

3）脚手架搭设在纵向水平杆与立杆的交点处必须设置横向水平杆，并与纵向水平杆卡牢。立杆下应设底座和垫板。整个架子应设置必要的支撑和连墙点，以保证脚手架构成一个稳固的整体。

4）外脚手架的搭设，一般应沿建筑物四周连续交圈搭设，当不能交圈搭设时，应设置必要的横向"之"字支撑，端部应加设连墙点加强。

5）脚手架搭设应满足工人操作，材料、模板工具临时堆放及运输等使用要求，并应保证搭设升高、周转脚手板和操作安全方便。

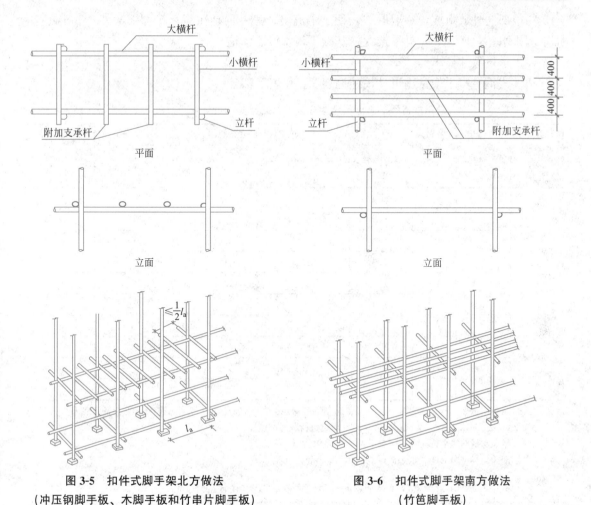

图 3-5　扣件式脚手架北方做法
（冲压钢脚手板、木脚手板和竹串片脚手板）

图 3-6　扣件式脚手架南方做法
（竹笆脚手板）

（2）脚手架立杆基础要求

1）搭设高度在 25m 以下时，可素土夯实找平，上面铺宽度不少于 20cm、5cm 厚木板，长度为 2m 时可垂直于墙面放置，当板长为 4m 左右时可平行于墙放置。

2）搭设高度在 25m 至 50m 时，应根据现场地耐力情况设计基础做法或在回填土分层夯实达到要求时用枕木支垫，或在地基上加铺 20cm 厚道碴，其上铺设混凝土预制板，再仰铺 12～16 号槽钢。

3）搭设高度超过 50m 时，应进行计算并根据地耐力设计基础做法或于地面 1m 深处采用灰土地基或浇筑 50cm 厚混凝土基础，其上采用枕木支垫。

4）立杆基础也可以采用底座。搭设时将木垫板铺平放好底座，再将立杆放入底座内。其底座形式如下：

① 金属底座由 $\phi 60mm$，长 150mm 套管和 150mm×150mm×8mm 钢板焊制而成。

② 钢筋水泥底座由 8 根 $\phi 6$ 钢筋（两层）、C20 混凝土浇筑而成。规格 200mm×200mm×100mm，插孔 $\phi 60mm$，深 30mm。

5）立杆基础应有排水措施。一般采取两种方法，一种是在地基平整过程中，有意从建筑物根部向外放点坡，一般取 5°，便于水流出；另一种是在距建筑物根部外 2.5m 处挖排水沟排水。总而言之，脚手架立杆基础不得水浸、渍泡。

（3）搭设尺寸要求

扣件式钢管脚手架常用设计尺寸见表 3-1 和表 3-2。

常用密目式安全立网全封闭式双排脚手架的设计尺寸（m）　　　　表 3-1

连墙件设置	立杆横距 l_b	步距 h	下列荷载时的立杆纵距 l_a				脚手架允许搭设高度 $[H]$
			$2+0.35$ (kN/m²)	$2+2+2×0.35$ (kN/m²)	$3+0.35$ (kN/m²)	$3+2+2×0.35$ (kN/m²)	
二步三跨	1.05	1.5	2.0	1.5	1.5	1.5	50
		1.80	1.8	1.5	1.5	1.5	32
	1.30	1.5	1.8	1.5	1.5	1.5	50
		1.80	1.2	1.5	1.5	1.2	30
	1.55	1.5	1.8	1.5	1.5	1.5	38
		1.80	1.2	1.5	1.5	1.2	22
三步三跨	1.05	1.5	2.0	1.5	1.5	1.5	43
		1.80	1.2	1.5	1.5	1.5	24
	1.30	1.5	1.8	1.5	1.5	1.2	30
		1.80	1.2	1.5	1.5	1.2	17

注：1. 表中所示 $2+2+2×0.35$ (kN/m²)，包括下列荷载：$2+2$ (kN/m²) 为二层装修作业层施工荷载标准值；$2×0.35$ (kN/m²) 为二层作业层脚手板自重荷载标准值。

2. 作业层横向水平杆间距，应按不大于 $l_a/2$ 设置。

3. 地面粗糙度为 B 类，基本风压 $w_0=0.4$kN/m²。

常用密目式安全立网全封闭式单排脚手架的设计尺寸（m）　　　　表 3-2

连墙件设置	立杆横距 l_b	步距 h	下列荷载时的立杆纵距 l_a		脚手架允许搭设高度 $[H]$
			$2+0.35$(kN/m²)	$3+0.35$(kN/m²)	
二步三跨	1.20	1.5	2.0	1.8	24
		1.80	1.5	1.2	24
	1.40	1.5	1.8	1.5	24
		1.80	1.5	1.2	24
三步三跨	1.20	1.5	2.0	1.8	24
		1.80	1.2	1.2	24
	1.40	1.5	1.8	1.5	24
		1.80	1.2	1.2	24

注：同表 3-1。

（4）脚手架纵向水平杆、横向水平杆、脚手板

1）纵向水平杆的构造应符合下列规定：

① 纵向水平杆应设置在立杆内侧，单根杆长度不应小于 3 跨。

② 纵向水平杆接长应采用对接扣件连接或搭接，并应符合下列规定：

a. 两根相邻纵向水平杆的接头不应设置在同步或同跨内；不同步或不同跨两个相邻接头在水平方向错开的距离不应小于 500mm；各接头中心至最近主节点的距离不应大于纵距的 1/3（图 3-7）。

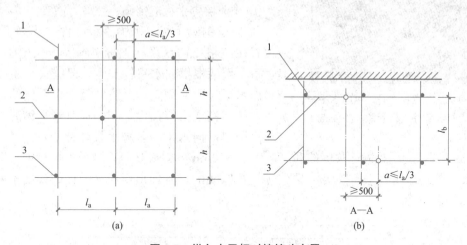

图 3-7　纵向水平杆对接接头布置

（a）接头不在同步内（立面）；（b）接头不在同跨内（平面）

1—立杆；2—纵向水平杆；3—横向水平杆

b. 搭接长度不应小于 1m，应等间距设置 3 个旋转扣件固定；端部扣件盖板边缘至搭接纵向水平杆杆端的距离不应小于 100mm。

③ 当使用冲压钢脚手板、木脚手板、竹串片脚手板时，纵向水平杆应作为横向水平杆的支座，用直角扣件固定在立杆上；当使用竹笆脚手板时，纵向水平杆应采用直角扣件固定在横向水平杆上，并应等间距设置，间距不应大于 400mm（图 3-8）。

2）横向水平杆的构造应符合下列规定：

① 作业层上非主节点处的横向水平杆，宜根据支承脚手板的需要等间距设置，最大间距不应大于纵距的 1/2。

② 当使用冲压钢脚手板、木脚手板、竹串片脚手板时，双排脚手架的横向水平杆两端均应采用直角扣件固定在纵向水平杆上；单排脚手架的横向水平杆的一端应用直角扣件固定在纵向水平杆上，另一端应插入墙内，插入长度不应小于 180mm。

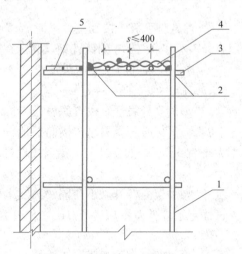

图 3-8　铺竹笆脚手板时纵向水平杆的构造

1—立杆；2—纵向水平杆；3—横向水平杆；
4—竹笆脚手板；5—其他脚手板

③ 当使用竹笆脚手板时，双排脚手架的横向水平杆的两端，应用直角扣件固定在立杆上；单排脚手架的横向水平杆的一端，应用直角扣件固定在立杆上，另一端插入墙内，插入长度不应小于 180mm。

图 3-9　主节点—立杆、纵向水平杆、横向水平杆三杆紧靠的扣接点

3）主节点处（图 3-9）必须设置一根横向水平杆，用直角扣件扣接且严禁拆除。

4）脚手板的设置应符合下列规定：

① 作业层脚手板应铺满、铺稳、铺实。

② 冲压钢脚手板、木脚手板、竹串片脚手板等，应设置在三根横向水平杆上。当脚手板长度小于 2m 时，可采用两根横向水平杆支承，但应将脚手板两端与横向水平杆可靠固定，严防倾翻。脚手板的铺设应采用对接平铺或搭接铺设。脚手板对接平铺时，接头处应设两根横向水平杆，脚手板外伸长度应为 130～150mm，两块脚手板外伸长度的和不应大于 300mm（图 3-10a）；脚手板搭接铺设时，接头应支在横向水平杆上，搭接长度不应小于 200mm，其伸出横向水平杆的长度不应小于 100mm（图 3-10b）。

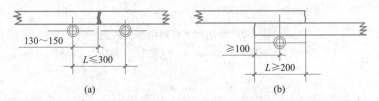

图 3-10　脚手板对接、搭接构造
(a) 脚手板对接；(b) 脚手板搭接

③ 竹笆脚手板应按其主竹筋垂直于纵向水平杆方向铺设，且应对接平铺，四个角应用直径不小于 1.2mm 的镀锌钢丝固定在纵向水平杆上。

④ 作业层端部脚手板探头长度应取 150mm，其板的两端均应固定于支承杆件上。

（5）脚手架立杆

1）每根立杆底部宜设置底座或垫板。

2）脚手架必须设置纵、横向扫地杆。纵向扫地杆应采用直角扣件固定在距钢管底端不大于 200mm 处的立杆上。横向扫地杆应采用直角扣件固定在紧靠纵向扫地杆下方的立杆上。

3）脚手架立杆基础不在同一高度上时，必须将高处的纵向扫地杆向低处延长两跨与立杆固定，高低差不应大于 1m。靠边坡上方的立杆轴线到边坡的距离不应小于 500mm（图 3-11）。

4）单、双排脚手架底层步距均不应大于 2m。

5）单排、双排与满堂脚手架立杆接长除顶层顶步外，其余各层各步接头必须采用对接扣件连接。

6）脚手架立杆的对接、搭接应符合下列规定：

① 当立杆采用对接接长时，立杆的对接扣件应交错布置，两根相邻立杆的接头不应设置在同步内，同步内隔一根立杆的两个相隔接头在高度方向错开的距离不宜小于 500mm；各接头中心至主节点的距离不宜大于步距的 1/3。

② 当立杆采用搭接接长时，搭接长度不应小于 1m，并应采用不少于 2 个旋转扣件固

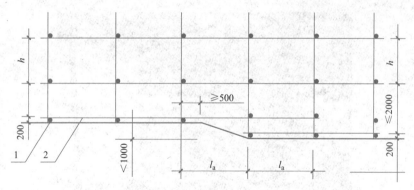

图 3-11 纵、横向扫地杆构造

1—横向扫地杆；2—纵向扫地杆

定。端部扣件盖板的边缘至杆端距离不应小于 100mm。

7）脚手架立杆顶端栏杆宜高出女儿墙上端 1m，宜高出檐口上端 1.5m。

（6）脚手架的连墙件

1）脚手架连墙件设置的位置、数量应按专项施工方案确定。

2）脚手架连墙件数量的设置除应满足规范的计算要求外，还应符合表 3-3 的规定。

连墙件布置最大间距 表 3-3

脚手架高度（m）		竖向间距	水平间距	每根连墙件覆盖面积（m²）
双排	≤50	$3h$	$3l_a$	≤40
	>50	$2h$	$3l_a$	≤27
单排	≤24	$3h$	$3l_a$	≤40

注：h——步距；l_a——纵距。

3）连墙件的布置应符合下列规定：

① 应靠近主节点设置，偏离主节点的距离不应大于 300mm；

② 应从底层第一步纵向水平杆处开始设置，当该处设置有困难时，应采用其他可靠措施固定；

③ 应优先采用菱形布置，或采用方形、矩形布置。

4）开口型脚手架的两端必须设置连墙件，连墙件的垂直间距不应大于建筑物的层高，并且不应大于 4m。

5）连墙件中的连墙杆应呈水平设置，当不能水平设置时，应向脚手架一端下斜连接。

6）连墙件必须采用可承受拉力和压力的构造。对高度 24m 以上的双排脚手架，应采用刚性连墙件与建筑物连接（图 3-12、图 3-13）。

刚性连墙杆与梁连接的具体做法是：用长 40cm 左右钢管预埋在结构混凝土梁内，预埋长度为 20cm，露出长度保留 20cm，然后再用钢管扣件与架体连接，并两跨逐层设置，如遇到剪力墙，尽量避开在剪力墙设置连墙件，如避不开可用 6.0cm 的 PC 管预埋在板墙处，PC 管两侧孔处必须封实，等模板拆除后用钢管、扣件连接。连墙件布置应靠近主节点设置，偏离主节点不应大于 30cm。脚手架必须配合施工进度搭设。一次搭设高度不应超过相邻连墙件以上两步。每搭设一步脚手架后，应按规范要求校正步距、纵距、横距及

图 3-12　刚性连墙件与柱连接

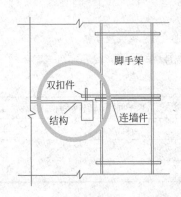

图 3-13　刚性连墙件与梁连接示意图与现场照片

立杆的垂直度,确保连墙件拉结的可靠性。

7)当脚手架下部暂不能设连墙件时应采取防倾覆措施。当搭设抛撑时,抛撑应采用通长杆件,并用旋转扣件固定在脚手架上,与地面的倾角应在 45°~60° 之间;连接点中心至主节点的距离不应大于 300mm。抛撑应在连墙件搭设后再拆除。

8)架高超过 40m 且有风涡流作用时,应采取抗上升翻流作用的连墙措施。

(7)脚手架的剪刀撑与横向斜撑

1)双排脚手架应设置剪刀撑与横向斜撑,单排脚手架应设置剪刀撑。

2)单、双排脚手架剪刀撑的设置应符合下列规定:

① 每道剪刀撑跨越立杆的根数应按表 3-4 的规定确定。每道剪刀撑宽度不应小于 4 跨,且不应小于 6m,斜杆与地面的倾角应在 45°~60° 之间(表 3-4)。

剪刀撑跨越立杆的最多根数　　　　　　　　　　　　　　　　　　　表 3-4

剪刀撑斜杆与地面的倾角 α	45°	50°	60°
剪刀撑跨越立杆的最多根数 n	7	6	5

② 剪刀撑斜杆的接长应采用搭接或对接,搭接时搭接长度不应小于 1m,并应采用不

少于 2 个旋转扣件固定。端部扣件盖板的边缘至杆端距离不应小于 100mm。

③ 剪刀撑斜杆应用旋转扣件固定在与之相交的横向水平杆的伸出端或立杆上，旋转扣件中心线至主节点的距离不应大于 150mm。

3）高度 24m 及以上的双排脚手架应在外侧全立面连续设置剪刀撑；高度在 24m 以下的单、双排脚手架，均必须在外侧两端、转角及中间间隔不超过 15m 的立面上，各设置一道剪刀撑，并应由底至顶连续设置（图 3-14）。

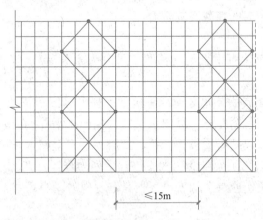

图 3-14　高度 24m 以下剪刀撑布置

4）双排脚手架横向斜撑的设置应符合下列规定：

① 横向斜撑应在同一节间，由底至顶层呈之字形连续布置，斜撑的固定应符合《建筑施工扣件式钢管脚手架安全技术规范》JGJ 130—2011 的规定；

② 高度在 24m 以下的封闭型双排脚手架可不设横向斜撑，高度在 24m 以上的封闭型脚手架，除拐角应设置横向斜撑外，中间应每隔 6 跨距设置一道。

5）开口型双排脚手架的两端均必须设置横向斜撑。

（8）斜道

1）人行并兼作材料运输的斜道的形式宜按下列要求确定：

① 高度不大于 6m 的脚手架，宜采用一字形斜道；

② 高度大于 6m 的脚手架，宜采用之字形斜道。

2）斜道的构造应符合下列规定：

① 斜道应附着外脚手架或建筑物设置。

② 运料斜道宽度不应小于 1.5m，坡度不应大于 1：6；人行斜道宽度不应小于 1m，坡度不应大于 1：3。

③ 拐弯处应设置平台，其宽度不应小于斜道宽度。

④ 斜道两侧及平台外围均应设置栏杆及挡脚板。栏杆高度应为 1.2m，挡脚板高度不应小于 180mm。

⑤ 运料斜道两端、平台外围和端部均应按《建筑施工扣件式钢管脚手架安全技术规范》JGJ 130—2011 的规定设置连墙件；每两步应加设水平斜杆；并应按规定设置剪刀撑和横向斜撑。

3）斜道脚手板构造应符合下列规定：

① 脚手板横铺时，应在横向水平杆下增设纵向支托杆，纵向支托杆间距不应大于500mm；

② 脚手板顺铺时，接头应采用搭接，下面的板头应压住上面的板头，板头的凸棱处应采用三角木填顺；

③ 人行斜道和运料斜道的脚手板上应每隔250～300mm设置一根防滑木条，木条厚度应为20～30mm。

3. 扣件式钢管脚手架的荷载及其组合

（1）荷载分类

1）作用于扣件式钢管脚手架上的荷载，可分为永久荷载（恒荷载）与可变荷载（活荷载）。

2）单排架、双排架脚手架永久荷载应包含下列内容：

① 架体结构自重：包括立杆、纵向水平杆、横向水平杆、剪刀撑、扣件等的自重；

② 构、配件自重：包括脚手板、栏杆、挡脚板、安全网等防护设施的自重。

3）单排架、双排架脚手架可变荷载应包含下列内容：

① 施工荷载：包括作业层上的人员、器具和材料等的自重；

② 风荷载。

（2）荷载标准值

永久荷载标准值的取值应符合下列规定：

1）单、双排脚手架立杆承受的每米结构自重标准值，可按《建筑施工扣件式钢管脚手架安全技术规范》JGJ 130—2011附录A计算用表中表A.0.1取用。

2）冲压钢脚手板、木脚手板、竹串片脚手板与竹芭脚手板自重标准值，宜按表3-5取用。

脚手板自重标准值   表3-5

类别	标准值(kN/m²)
冲压钢脚手板	0.30
竹串片脚手板	0.35
木脚手板	0.35
竹芭脚手板	0.10

3）栏杆与挡脚板自重标准值，宜按表3-6采用。

栏杆、挡脚板自重标准值   表3-6

类别	标准值(kN/m)
栏杆、冲压钢脚手板挡板	0.16
栏杆、竹串片脚手板挡板	0.17
栏杆、木脚手板挡板	0.17

4）脚手架上吊挂的安全设施（安全网）的自重标准值应按实际情况采用，密目式安

全立网自重标准值不应低于 $0.01kN/m^2$。

5）单、双排与满堂脚手架作业层上的施工均布荷载标准值应根据实际情况确定，且不应低于表 3-7 的规定。

施工均布荷载标准值　　　　　　　　　　　　　　表 3-7

类别	标准值(kN/m^2)
装修脚手架	2.0
混凝土、砌筑结构脚手架	3.0
轻型钢结构及空间网格结构脚手架	2.0
普通钢结构脚手架	3.0

注：斜道上的施工均布荷载标准值不应低于 $2.0kN/m^2$。

6）当在双排脚手架上同时有 2 个及以上操作层作业时，在同一个跨距内各操作层的施工均布荷载标准值总和不得超过 $5.0kN/m^2$。

7）作用于脚手架上的水平风荷载标准值，应按下式计算：

$$w_k = \mu_z \cdot \mu_s \cdot w_0 \tag{3-1}$$

式中：w_k——风荷载标准值（kN/m^2）；

　　　μ_z——风压高度变化系数，应按现行国家标准《建筑结构荷载规范》GB 50009 规定采用；

　　　μ_s——脚手架风荷载体型系数，应按表 3-8 的规定采用；

　　　w_0——基本风压值（kN/m^2），应按国家标准《建筑结构荷载规范》GB 50009 的规定采用，取重现期 $n=10$ 对应的风压值。

脚手架的风荷载体型系数 μ_s　　　　　　　　　　表 3-8

背靠建筑物的状况		全封闭墙	敞开、框架和开洞墙
脚手架状况	全封闭、半封闭	1.0Φ	1.3Φ
	敞开	μ_{stw}	

注：1. μ_{stw} 值可将脚手架视为桁架，按现行国家标准《建筑结构荷载规范》GB 50009 的规定计算；
　　2. Φ 为挡风系数，$\Phi=1.2A_n/A_w$，其中：A_n 为挡风面积；A_w 为迎风面积。敞开式脚手架的 Φ 值可按表 3-9 采用。

敞开式单排、双排、满堂脚手架与满堂支撑架的挡风系数 Φ 值　　　表 3-9

步距(m)	纵距(m)										
	0.4	0.6	0.75	0.9	1.0	1.2	1.3	1.35	1.5	1.8	2.0
0.6	0.260	0.212	0.193	0.180	0.173	0.164	0.160	0.158	0.154	0.148	0.144
0.75	0.241	0.192	0.173	0.161	0.154	0.144	0.141	0.139	0.135	0.128	0.125
0.90	0.228	0.180	0.161	0.148	0.141	0.132	0.128	0.126	0.122	0.115	0.112
1.05	0.219	0.171	0.151	0.138	0.132	0.122	0.119	0.117	0.113	0.106	0.103
1.20	0.212	0.164	0.144	0.132	0.125	0.115	0.112	0.110	0.106	0.099	0.096
1.35	0.207	0.158	0.139	0.126	0.120	0.110	0.106	0.105	0.100	0.094	0.091
1.50	0.202	0.154	0.135	0.122	0.115	0.106	0.102	0.100	0.096	0.090	0.086

续表

步距 (m)	纵距(m)										
	0.4	0.6	0.75	0.9	1.0	1.2	1.3	1.35	1.5	1.8	2.0
1.6	0.200	0.152	0.132	0.119	0.113	0.103	0.100	0.098	0.094	0.087	0.084
1.80	0.1959	0.148	0.128	0.115	0.109	0.099	0.096	0.094	0.090	0.083	0.080
2.0	0.1927	0.144	0.125	0.112	0.106	0.096	0.092	0.091	0.086	0.080	0.077

8）密目式安全立网全封闭脚手架挡风系数 Φ 不宜小于0.8。

（3）荷载效应组合

设计脚手架的承重构件时，应根据使用过程中可能出现的荷载取其最不利组合进行计算，荷载效应组合宜按表3-10采用。

荷载效应组合 表3-10

计算项目	荷载效应组合
纵向、横向水平杆强度与变形	永久荷载＋施工荷载
脚手架立杆地基承载力 型钢悬挑梁的强度、稳定与变形	1. 永久荷载＋施工荷载 2. 永久荷载＋0.9（施工荷载＋风荷载）
立杆稳定	1. 永久荷载＋可变荷载（不含风荷载） 2. 永久荷载＋0.9（可不荷载＋风荷载）
连墙件强度与稳定	单排架，风荷载＋2.0kN 双排架，风荷载＋3.0kN

（4）扣件式钢管脚手架计算

1）基本设计规定

① 脚手架的承载能力应按概率极限状态设计法的要求，采用分项系数设计表达式进行设计。可只进行下列设计计算：

a. 纵向、横向水平杆等受弯构件的强度和连接扣件的抗滑承载力计算；

b. 立杆的稳定性计算；

c. 连墙件的强度、稳定性和连接强度的计算；

d. 立杆地基承载力计算。

② 计算构件的强度、稳定性与连接强度时，应采用荷载效应基本组合的设计值。永久荷载分项系数应取1.2，可变荷载分项系数应取1.4。

③ 脚手架中的受弯构件，尚应根据正常使用极限状态的要求验算变形。验算构件变形时，应采用荷载效应的标准组合的设计值，各类荷载分项系数均应取1.0。

④ 当纵向或横向水平杆的轴线对立杆轴线的偏心距不大于55mm时，立杆稳定性计算中可不考虑此偏心距的影响。

⑤ 当采用常用密目式安全立网全封闭式双、单排脚手架的设计尺寸规定的构造尺寸时，其相应杆件可不再进行设计计算。但连墙件、立杆地基承载力等仍应根据实际荷载进行设计计算。

⑥ 钢材的强度设计值与弹性模量应按表3-11采用。

钢材的强度设计值与弹性模量（N/mm²）　　　　　　　　　　表 3-11

Q235 钢抗拉、抗压和抗弯强度设计值 f	205
弹性模量 E	$2.06×10^5$

⑦ 扣件、底座、可调托撑的承载力设计值应按表 3-12 采用。

扣件、底座、可调托撑的承载力设计值（kN）　　　　　　　表 3-12

项目	承载力设计值
对接扣件(抗滑)	3.20
直角扣件、旋转扣件(抗滑)	8.00
底座(抗压)、可调托撑(抗压)	40.00

⑧ 受弯构件的挠度不应超过表 3-13 中规定的容许值。

受弯构件的容许挠度　　　　　　　　　　　　　表 3-13

构件类别	容许挠度[υ]
脚手板，脚手架纵向、横向水平杆	$l/150$ 与 10mm
脚手架悬挑受弯杆件	$l/400$
型钢悬挑脚手架悬挑钢梁	$l/250$

⑨ 受压、受拉构件的长细比不应超过表 3-14 中规定的容许值。

受压、受拉构件的容许长细比　　　　　　　　　表 3-14

构件类别		容许长细比[λ]
立杆	双排架 满堂支撑架	210
	单排架	230
	满堂脚手架	250
横向斜撑、剪刀撑中的压杆		250
拉杆		350

2）单、双排脚手架计算

① 纵向、横向水平杆的抗弯强度应按下式计算：

$$\sigma = M/W \leqslant f \qquad (3-2)$$

式中：σ——弯曲正应力（N/mm²）；

M——纵向、横向水平杆弯矩设计值（N·mm）；

W——截面模量（mm³），应按表 3-15 采用；

f——钢材的抗弯强度设计值（N/mm²）。

钢管截面几何特性　　　　　　　　　　　　　　表 3-15

外径 D(mm)	壁厚 t(mm)	截面积 A(cm²)	惯性矩 I(cm⁴)	截面模量 W(cm³)	回转半径 i(cm)	每米长质量 （kg/m）
48.3	3.6	5.06	12.71	5.26	1.59	3.97

② 纵向、横向水平杆弯矩设计值，应按下式计算：

$$M=1.2M_{Gk}+1.4\sum M_{Qk} \tag{3-3}$$

式中：M_{Gk}——脚手板自重产生的弯矩标准值（kN·m）；

$\qquad M_{Qk}$——施工荷载产生的弯矩标准值（kN·m）。

③ 纵向、横向水平杆的挠度应符合下式规定：

$$\upsilon \leqslant [\upsilon] \tag{3-4}$$

式中：υ——挠度（mm）；

$\qquad [\upsilon]$——容许挠度（mm）。

纵向、横向水平杆的内力与挠度计算一般按两种情况考虑：

a. 按南方做法即按图 3-15，这样的构造布置决定了施工荷载的传递路线为：

脚手板→纵向水平杆→横向水平杆→横向水平杆与立杆连接的扣件→立杆。

对应这种传递路线的纵向、横向水平杆的计算简图如图 3-15 所示，即纵向水平杆按受均布荷载的三跨连续梁计算，应验算弯曲正应力、挠度；横向水平杆按受集中荷载的简支梁计算，应验算弯曲正应力、挠度，不计悬挑荷载，但验算扣件抗滑承载力要计入悬挑荷载。

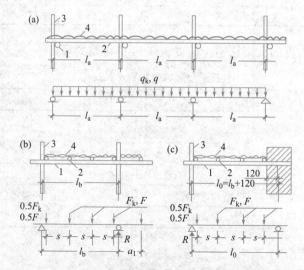

图 3-15　横向、纵向水平杆的计算简图一

（a）纵向水平杆；（b）双排架的横向水平杆；（c）单排架的横向水平杆

1—横向水平杆；2—纵向水平杆；3—立杆；4—脚手板

b. 按北方做法即按图 3-16，这样的构造布置决定了施工荷载的传递路线为：

脚手板→横向水平杆→纵向水平杆→纵向水平杆与立杆连接的扣件→立杆。

对应这种传递路线的横向、纵向水平杆的计算简图如图 3-16 所示，即横向水平杆先按受均布荷载的简支梁计算，验算弯曲正应力和挠度，不应计入悬挑部分的荷载作用；纵向水平杆按受集中荷载作用的三跨连续梁计算，应验算弯曲正应力、挠度和扣件抗滑承载力。

④ 纵向或横向水平杆与立杆连接时，其扣件的抗滑承载力应符合下式规定：

$$R \leqslant R_c \tag{3-5}$$

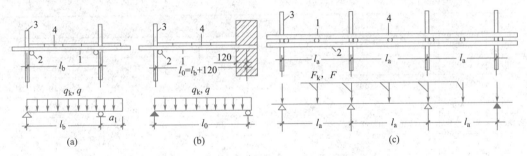

图 3-16 横向、纵向水平杆的计算简图二
(a) 双排架的横向水平杆；(b) 单排架的横向水平杆；(c) 纵向水平杆
1—横向水平杆；2—纵向水平杆；3—立杆；4—脚手板

式中：R——纵向或横向水平杆传给立杆的竖向作用力设计值（kN）；

R_c——扣件抗滑承载力设计值（kN）。

⑤ 立杆的稳定性应符合下列公式要求：

不组合风荷载时：
$$N/(\varphi A) \leqslant f \tag{3-6}$$

组合风荷载时：
$$N/(\varphi A) + M_w/W \leqslant f \tag{3-7}$$

式中：N——计算立杆段的轴向力设计值（N）；

φ——轴心受压构件的稳定系数，应根据长细比 λ 由表 3-16 取值；

λ——长细比，$\lambda = l_0/i$；

l_0——计算长度（mm）；

i——截面回转半径（mm）；

A——立杆的截面面积（mm^2）；

M_w——计算立杆段由风荷载设计值产生的弯矩（N·mm）；

f——钢材的抗压强度设计值（N/mm^2）。

轴心受压构件的稳定系数 φ（Q235 钢）　表 3-16

λ	0	1	2	3	4	5	6	7	8	9
0	1.000	0.997	0.995	0.992	0.989	0.987	0.984	0.981	0.979	0.976
10	0.974	0.971	0.968	0.966	0.963	0.960	0.958	0.955	0.952	0.949
20	0.947	0.944	0.941	0.938	0.936	0.933	0.930	0.927	0.924	0.921
30	0.918	0.915	0.912	0.909	0.906	0.903	0.899	0.896	0.893	0.889
40	0.886	0.882	0.879	0.875	0.872	0.868	0.864	0.861	0.858	0.855
50	0.852	0.849	0.846	0.843	0.839	0.836	0.832	0.829	0.825	0.822
60	0.818	0.814	0.810	0.806	0.802	0.797	0.793	0.789	0.784	0.779
70	0.775	0.770	0.765	0.760	0.755	0.750	0.744	0.739	0.733	0.728
80	0.722	0.716	0.710	0.704	0.698	0.692	0.686	0.680	0.673	0.667
90	0.661	0.654	0.648	0.641	0.634	0.626	0.618	0.611	0.603	0.595
100	0.588	0.580	0.573	0.566	0.558	0.551	0.544	0.537	0.530	0.523
110	0.516	0.509	0.502	0.496	0.489	0.483	0.476	0.470	0.464	0.458

续表

λ	0	1	2	3	4	5	6	7	8	9
120	0.452	0.446	0.440	0.434	0.428	0.423	0.417	0.412	0.406	0.401
130	0396	0.391	0.386	0.381	0.376	0.371	0.367	0.362	0.357	0.353
140	0.349	0.344	0.340	0.336	0.332	0.328	0.324	0.320	0.316	0.312
150	0.308	0.305	0.301	0.298	0.294	0.291	0.287	0.284	0.281	0.277
160	0.274	0.271	0.268	0.265	0.262	0.259	0.256	0.253	0.251	0.248
170	0.245	0.243	0.240	0.237	0.235	0.232	0.230	0.227	0.225	0.223
180	0.220	0.218	0.216	0.214	0.211	0.209	0.207	0.205	0.203	0.201
190	0.199	0.197	0.195	0.193	0.191	0.189	0.188	0.186	0.184	0.182
200	0.180	0.179	0.177	0.175	0.174	0.172	0.171	0.169	0.167	0.166
210	0.164	0.163	0.161	0.160	0.159	0.157	0.156	0.154	0.153	0.152
220	0.150	0.149	0.148	0.146	0.145	0.144	0.143	0.141	0.140	0.139
230	0.138	0.137	0.136	0.135	0.133	0.132	0.131	0.130	0.129	0.128
240	0.127	0.126	0.125	0.124	0.123	0.122	0.121	0.120	0.119	0.118
250	0.117	—	—	—	—	—	—	—	—	—

注：当 $\lambda > 250$ 时，$\varphi = 7320/\lambda^2$。

计算立杆段的轴向力设计值 N，应按下列公式计算：

不组合风荷载时：

$$N = 1.2(N_{G1k} + N_{G2k}) + 1.4 \sum N_{Qk} \tag{3-8}$$

组合风荷载时：

$$N = 1.2(N_{G1k} + N_{G2k}) + 0.9 \times 1.4 \sum N_{Qk} \tag{3-9}$$

式中：N_{G1k}——脚手架结构自重产生的轴向力标准值；

$\quad\quad N_{G2k}$——构配件自重产生的轴向力标准值；

$\quad\quad \sum N_{Qk}$——施工荷载产生的轴向力标准值总和，内、外立杆各按一纵距内施工荷载总和的 1/2 取值。

立杆计算长度 l_0 应按下式计算：

$$l_0 = k\mu h \tag{3-10}$$

式中：k——立杆计算长度附加系数，其值取 1.155，当验算立杆允许长细比时，取 $k=1$；

$\quad\quad \mu$——考虑单、双排脚手架整体稳定因素的单杆计算长度系数，应按表 3-17 采用；

$\quad\quad h$——步距。

单、双排脚手架立杆的计算长度系数 μ 表 3-17

类别	立杆横距(m)	连墙件布置	
		二步三跨	三步三跨
双排架	1.05	1.50	1.70
	1.30	1.55	1.75
	1.55	1.60	1.80
单排架	≤1.50	1.80	2.00

由风荷载产生的立杆段弯矩设计值 M_w，可按下式计算：

$$M_w = 0.9 \times 1.4 M_{wk} = 0.9 \times 1.4 w_k l_a h^2 / 10 \qquad (3-11)$$

式中：M_{wk}——风荷载产生的弯矩标准值（kN·m）；

　　　w_k——风荷载标准值（kN/m²）；

　　　l_a——立杆纵距（m）。

单、双排脚手架立杆稳定性计算部位的确定应符合下列规定：

a. 当脚手架采用相同的步距、立杆纵距、立杆横距和连墙件间距时，应计算底层立杆段；

b. 当脚手架的步距、立杆纵距、立杆横距和连墙件间距有变化时，除计算底层立杆段外，还必须对出现最大步距或最大立杆纵距、立杆横距、连墙件间距等部位的立杆段进行验算。

⑥ 单、双排脚手架允许搭设高度［H］应按下列公式计算，并应取较小值。

不组合风荷载时：

$$[H] = \{\varphi A f - (1.2 N_{G2k} + 1.4 \sum N_{Qk})\} / 1.2 g_k \qquad (3-12)$$

组合风荷载时：

$$[H] = \{\varphi A f - [1.2 N_{G2k} + 0.9 \times 1.4 (\sum N_{Qk} + M_{wk} \varphi A / W)]\} / 1.2 g_k \qquad (3-13)$$

式中：［H］——脚手架允许搭设高度（m）；

　　　g_k——立杆承受的每米结构自重标准值（kN/m）。

⑦ 连墙件杆件的强度及稳定应满足下列公式的要求：

强度： $\sigma = N_l / A_c \leqslant 0.85 f$

稳定： $N_l / \varphi A \leqslant 0.85 f \qquad (3-14)$

$$N_l = N_{lw} + N_o \qquad (3-15)$$

式中：σ——连墙件应力值（N/mm²）；

　　A_c——连墙件的净截面面积（mm²）；

　　A——连墙件的毛截面面积（mm²）；

　　N_l——连墙件轴向力设计值（N）；

　　N_{lw}——风荷载产生的连墙件轴向力设计值，应按式（3-16）计算；

　　N_o——连墙件约束脚手架平面外变形所产生的轴向力；单排架取 2kN，双排架取 3kN；

　　φ——连墙件的稳定系数；

　　f——连墙件钢材的强度设计值（N/mm²）。

由风荷载产生的连墙件的轴向力设计值，应按下式计算：

$$N_{lw} = 1.4 w_k A_w \qquad (3-16)$$

式中：A_w——单个连墙件所覆盖的脚手架外侧面的迎风面积。

⑧ 连墙件与脚手架、连墙件与建筑结构连接的连接强度应按下式计算：

$$N_l \leqslant N_V \qquad (3-17)$$

式中：N_V——连墙件与脚手架、连墙件与建筑结构连接的抗拉（压）承载力设计值，应根据相应规范规定计算。

⑨ 当采用钢管扣件做连墙件时，扣件抗滑承载力的验算，应满足下式要求：

$$N_l \leqslant R_c \tag{3-18}$$

式中：R_c——扣件抗滑承载力设计值，一个直角扣件应取 8.0kN。

⑩ 脚手架地基承载力计算

立杆基础底面的平均压力应满足下式的要求：

$$P_k = N_k/A \leqslant f_g \tag{3-19}$$

式中：P_k——立杆基础底面处的平均压力标准值（kPa）；

N_k——上部结构传至立杆基础顶面的轴向力标准值（kN）；

A——基础底面面积（m^2）；

f_g——地基承载力特征值（kPa）。

地基承载力特征值的取值应符合下列规定：

a. 当为天然地基时，应按地质勘察报告选用；当为回填土地基时，应对地质勘察报告提供的回填土地基承载力特征值乘以折减系数 0.4；

b. 由载荷试验或工程经验确定。

对搭设在楼面等建筑结构上的脚手架，应对支撑架体的建筑结构进行承载力验算，当不能满足承载力要求时应采取可靠的加固措施。

4. 悬挑式脚手架

悬挑式脚手架施工

悬挑式脚手架是一种不落地式脚手架。这种脚手架的特点是脚手架的自重及其施工荷重，全部传递至由建筑物承受，因而搭设不受建筑物高度的限制。主要用于外墙结构、装修和防护，以及在全封闭的高层建筑施工中，用以防坠物伤人。

（1）适用范围

1）±0.000 以下结构工程回填土不能及时回填，脚手架没有搭设的基础，而主体结构工程又必须立即进行，否则将影响工期。

2）高层建筑主体结构四周为裙房，脚手架不能直接支撑在地面上。

3）超高层建筑施工，脚手架搭设高度超过了架子的容许搭设高度，因此将整个脚手架按容许搭设高度分成若干段，每段脚手架支撑在由建筑结构向外悬挑的结构上。

（2）悬挑支撑结构形式

悬挑式脚手架是利用建筑结构边沿向外伸出的悬挑结构来支撑外脚手架，并将脚手架的荷载全部或部分传递给建筑结构。悬挑式脚手架的关键是悬挑支撑结构必须有足够的强度、刚度和稳定性，并能将脚手架的荷载传递给建筑结构。

悬挑式脚手架的支撑结构形式大致分为悬挂式挑梁、下撑式挑梁和花篮式挑梁三类。

1）悬挂式挑梁

用型钢作梁挑出，端头加钢丝绳（或用钢筋花篮形螺栓拉杆）斜拉，组成悬挑支撑结构。由于悬出端支撑杆件是斜拉索（或拉杆），又称为斜拉式挑梁（图 3-17）。

2）下撑式挑梁

通常采用型钢焊接的三角桁架作为悬挑支撑结构，其悬出端支撑杆件是斜撑受压杆件，承力由压杆稳定性控制，故断面较大，钢材用量多且自重大。三角桁架挑梁与结构墙体之间还可以采用以螺栓连接的做法。螺栓穿在刚性墙体的预留孔洞或预埋套管中，可以方便地拆除和重复使用（图 3-18）。

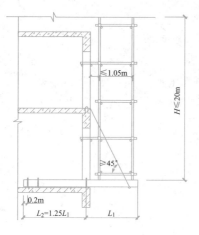

图 3-17　悬挂式挑梁脚手架构造

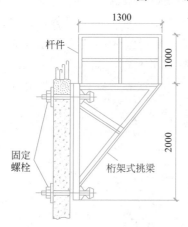

图 3-18　下撑式挑梁脚手架构造

3）花篮式挑梁

花篮式挑梁利用工字钢和高强螺栓将悬挑梁锚固定在主体结构梁上，并且在梁端增加了花篮螺栓和钢拉杆组成的上拉杆件，将拉杆上端与主体结构螺栓连接起来（图 3-19）。

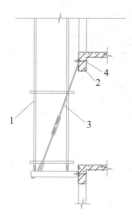

图 3-19　花篮式挑梁脚手架构造

1—钢管脚手架；2—钢筋混凝土主体结构；3—特制钢斜拉杆；4—高强螺栓

（3）悬挂式悬挑脚手架构造要求

目前高层建筑使用得比较多的形式是悬挂式悬挑脚手架。

1）固定悬挑钢梁的混凝土结构要求

① 锚固型钢的主体结构混凝土强度等级不得低于 C20。

② 锚固位置设置在楼板上时，楼板的厚度不宜小于 120mm。如果楼板的厚度小于 120mm 应采取加固措施。

2）悬挑脚手架的构造与设计

① 悬挑钢梁悬挑长度应按设计确定，固定段长度不应小于悬挑段长度的 1.25 倍。

② 型钢悬挑梁宜采用双轴对称截面的型钢。悬挑钢梁型号及锚固件应按设计确定，钢梁截面高度不应小于 160mm。

3）悬挑钢梁的固定形式

① 型钢悬挑梁固定端应采用 2 个（对）及以上 U 形钢筋拉环或锚固螺栓与建筑结构梁板固定，U 形钢筋拉环或锚固螺栓应预埋至混凝土梁、板底层钢筋位置，并应与混凝土梁、板底层钢筋焊接或绑扎牢固，其锚固长度应符合现行国家标准《混凝土结构设计规范》GB 50010 中钢筋锚固的规定，如图 3-20～图 3-22 所示。

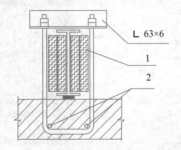

图 3-20 悬挑钢梁 U 形螺栓固定构造

1—木楔侧向楔紧；2—两根长 1.5m 直径 18mm 的钢筋

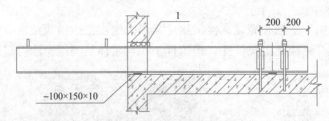

图 3-21 悬挑钢梁穿墙构造

1—木楔楔紧

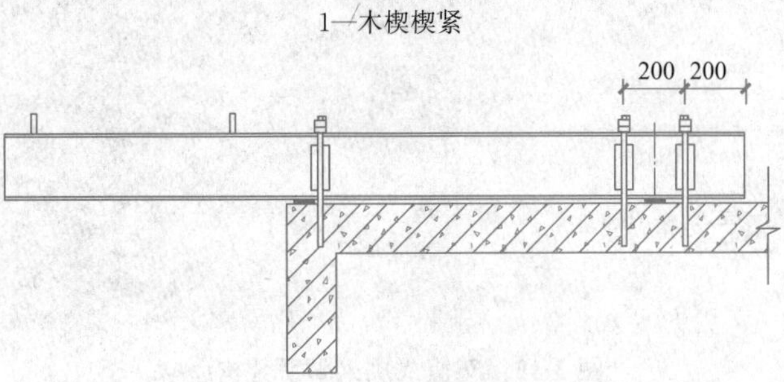

图 3-22 悬挑钢梁楼面构造

② 当型钢悬挑梁与建筑结构采用螺栓钢压板连接固定时，钢压板尺寸不应小于 100mm×10mm（宽×厚）；当采用螺栓角钢压板连接时，角钢的规格不应小于 63mm× 63mm×6mm。

③ 悬挑梁尾端应在两处及以上固定于钢筋混凝土梁板结构上。锚固型钢悬挑梁的 U 形钢筋拉环或锚固螺栓直径不宜小于 16mm。

④ 用于锚固的 U 形钢筋拉环或螺栓应采用冷弯成型。U 形钢筋拉环、锚固螺栓与型钢间隙应用钢楔或硬木楔楔紧。

⑤ 悬挑梁间距应按悬挑架架体立杆纵距设置，每一纵距设置一根。

4）悬挑脚手架的安装

① 一次悬挑脚手架高度不宜超过 20m。

② 每个型钢悬挑梁外端宜设置钢丝绳或钢拉杆与上一层建筑结构斜拉结。钢丝绳、钢拉杆不参与悬挑钢梁受力计算；钢丝绳与建筑结构拉结的吊环应使用 HPB300 级钢筋，其直径不宜小于 20mm，吊环预埋锚固长度应符合现行国家标准《混凝土结构设计规范》 GB 50010 中钢筋锚固的规定。

③ 型钢悬挑梁悬挑端应设置能使脚手架立杆与钢梁可靠固定的定位点，定位点离悬挑梁端部不应小于 100mm。

④ 悬挑架的外立面剪刀撑应自下而上连续设置。剪刀撑设置和横向斜撑设置、连墙件设置应符合落地式脚手架的规定。

5. 门式脚手架

虽然扣件式钢管脚手架装拆方便，搭设灵活，但由于杆件较多，连接件施工麻烦，搭设速度较慢。因此将门架（图 3-23）与几根杆件组合成为一个基本单元（图 3-24），由于形状类似门形故得名门式脚手架，也称为框组式钢管脚手架。门式脚手架是一种工厂生产、现场搭设的脚手架，是当今国际上应用最普遍的脚手架之一。它不仅可以作为外脚手架，也可以作为内脚手架或满堂脚手架。门式脚手架的主要特点是尺寸标准、结构合理、承载力高、装拆容易、安全可靠，并可调节高度，特别适用于搭设使用周期短或频繁周转的脚手架。其广泛应用于建筑、桥梁、隧道、地铁等工程施工，若在门架下部安装轮子，也可以作为机电安装、油漆粉刷、设备维修、广告制作等活动工作平台。但由于组装件接头大部分不是螺栓紧固性的连接，而是插销或扣搭形式的连接，因此搭设较高大或荷重较大的支架时，必须附加钢管拉结紧固，否则会摇晃不稳。

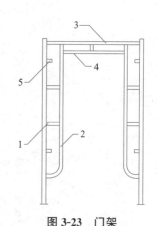

图 3-23 门架
1—立杆；2—立杆加强杆；
3—横杆；4—横杆加强杆；5—锁销

门式脚手架又称多功能门式脚手架，是用普通钢管材料制成工具式标准件，在施工现场组合而成。其基本单元是由一副门式框架、两副剪刀撑、一副水平梁架和四个连接器组合而成。若干基本单元通过连接器在竖向叠加，扣上臂扣，组成了一个多层框架。在水平方向，用加固杆和水平梁架使相邻单元连成整体，加上斜梯、栏杆柱和横杆组成上下不相通的外脚手架，即构成整片脚手架（图 3-25）。门式钢管脚手架的具体组成详见图 3-26。

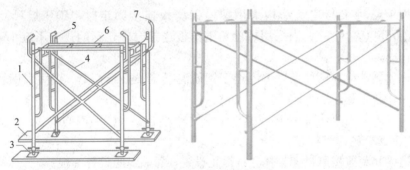

图 3-24　基本单元

1—门架；2—垫板；3—底座；4—交叉支撑；5—连接棒；6—水平架；7—锁臂

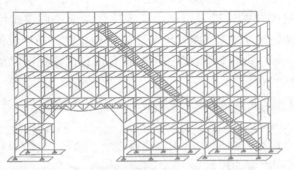

图 3-25　整片脚手架

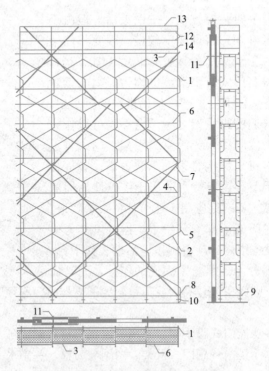

图 3-26　门式钢管脚手架的组成

1—门架；2—交叉支撑；3—挂扣式脚手板；4—连接棒；5—锁臂；6—水平加固杆；7—剪刀撑；
8—纵向扫地杆；9—横向扫地杆；10—底座；11—连墙件；12—栏杆；13—扶手；14—挡脚板

连接棒——用于门架立杆竖向组装的连接件，由中间带有突环的短钢管制作。

锁臂——门架立杆装接头处的拉接件，其两端有圆孔挂于上下榀门架的锁销上，其外端有可旋转 90°的卡销。

交叉支撑——连接每两榀架的交叉拉杆。

挂扣式脚手板——两端设有挂钩，可紧扣在两榀门架横梁上的定型钢制脚手板。

底座——安插在门架下端将力传给基础的构件，分为可调底座和固定底座。

加固件——用于增强脚手架刚度而设置的杆件，包括剪刀撑、水平加固杆与扫地杆。

剪刀撑——在架体外侧或内部成对设置的交叉杆件，分为竖向剪刀撑和横向剪刀撑。

水平加固杆——设置于架体层间门架两侧的立杆上用于增强架体刚度的水平杆件。

扫地杆——设置于架体底部门架立杆下端的水平杆件，分为纵向和横向水平杆件。

连墙件——将脚手架与主体结构可靠连接并能够传递拉、压力的构件。

落地门式钢管脚手架的搭设高度除应满足设计计算条件外，不宜超过表 3-18 的规定。

落地门式钢管脚手架的搭设高度　　　　　　　　　　表 3-18

序号	搭设方式	施工荷载标准值 $\Sigma Q_k(\text{kN/m}^2)$	搭设高度 (m)
1	落地、密目式安全网全封闭	≤3.0	≤55
2		>3.0 且≤5.0	≤40
3	悬挑、密目式立网全封闭	≤3.0	≤24
4		>3.0 且≤5.0	≤18

注：表内数据适用于重现期为 10 年、基本风压值 $w_0 \leq 0.45\text{kN/m}^2$ 的地区，对于 10 年重现期、基本风压值 $w_0 > 0.45\text{kN/m}^2$ 的地区应按实际计算确定。

> 　　脚手架工程是最常见的危险性较大分部分项工程（危大工程），在工程中，务必要认真判别危大工程，判定为危大工程的，必须编制合理完善的施工方案，在施工过程中也必须做好安全监测检查工作。安全生产大于天，是每一个建筑从业者都要时刻牢记的。

6. 附着升降脚手架

附着升降脚手架（也称爬架），是指搭设一定高度并附着于工程结构上，依靠自身的升降设备和装置，可随工程结构逐层爬升或下降，具有防倾覆、防坠落装置的外脚手架。附着升降脚手架主要由附着升降脚手架架体结构、附着支座、防倾装置、防坠落装置、升降机构及控制装置等构成。

附着升降脚手架的分类有多种多样，按附着支撑的形式可以分为悬挑式、吊拉式、导轨式、导座式等；按升降动力类型可以分为电动、手拉葫芦、液压等；按升降方式可分为单片式、分段式、整体式等；按控制方式可分为人工控制、自动控制等；按爬升方式可分为套管式、悬挑式、互爬式和导轨式等。

（1）套管式附着升降脚手架

套管式附着升降脚手架的基本结构（图3-27）由脚手架系统和提升设备两部分组成。其中，脚手架系统由升降框和连接升降框的纵向水平杆、剪刀撑、脚手板以及安全网等组成。

套管式附着升降脚手架的升降原理是通过固定架和滑动框的交替升降来实现。固定架和滑动框可以相对滑动，并且分别同建筑物固定。因此，在固定框固定的情况下，可以松开滑动框与建筑物之间的连接，利用固定架上的吊点将滑动框提升一定高度并与建筑物固定，然后再松开固定架同建筑物之间的连接，利用滑动框上的吊点将固定架提升一定高度并固定，从而完成一个提升过程，下降则反向操作（图3-28）。

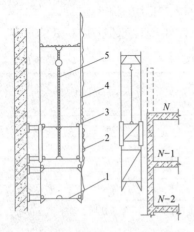

图3-27 套管式附着升降脚手架的基本结构

1—固定架；2—滑动框；3—纵向水平杆；
4—围护；5—升降设备

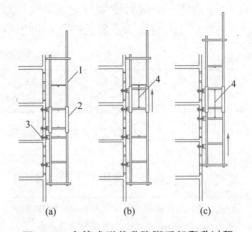

图3-28 套管式附着升降脚手架爬升过程

（a）爬升前的位置；（b）活动框爬升（半个层高）；
（c）固定架爬升（半个层高）

1—固定架；2—活动框；3—附墙螺栓；4—升降设备

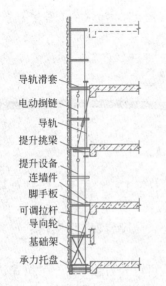

导轨滑套
电动捯链
导轨
提升挑梁
提升设备
连墙件
脚手板
可调拉杆
导向轮
基础架
承力托盘

图3-29 悬挑式附着升降脚手架

（2）悬挑式附着升降脚手架

悬挑式附着升降脚手架是目前应用面较广的一种附着升降脚手架，其种类也很多，基本构造由脚手架、爬升机构和提升系统三部分组成（图3-29）。脚手架可以用扣件式钢管脚手架或碗扣式钢管脚手架搭设而成；爬升机构包括承力托盘、提升挑梁、导向轮及防倾覆防坠落安全装置等部件；提升系统一般使用环链式电动捯链和控制柜，电动捯链的额定提升荷载一般不小于70kN，提升速度不宜超过250mm/min。

悬挑式附着升降脚手架的升降原理是将电动捯链（或其他提升设备）挂在挑梁上，电动捯链的吊钩挂到承力托盘上，使各电动捯链受力，松开承力托盘同建筑物的固定连接，开动电动捯链，则爬架就会沿建筑物上升（或下降），待爬架升高（或下降）一层，到达一定位置时，将承力托盘同建筑物固定，并将架子同建筑物连接好，则架子就完成一次升（或降）的过程。再将挑梁移至下一个位置，准备下一次升降。

（3）互爬式附着升降脚手架

互爬式附着升降脚手架其基本结构由脚手架单元、连墙支座和提升装置组成（图 3-30）。单元脚手架可由扣件式钢管脚手架和碗扣式脚手架搭设而成，附墙支撑机构是将单元脚手架固定在建筑物上的装置，可通过穿墙螺栓或预埋件固定，也可以通过斜拉杆和水平支撑将单元脚手架吊在建筑物上，还可以在架子底部设置斜撑杆支撑单元脚手架；提升装置一般使用手拉捯链，其额定提升荷载不小于 20kN，手拉捯链的吊钩挂在与被提升单元相邻架体的横梁上，挂钩则挂在被提升单元底部。

互爬式附着升降脚手架的升降原理（图 3-31）：每一个单元脚手架单独提升，当提升某一单元时，先将提升捯链的吊钩挂在被提升单元相邻的两个架体上，提升捯链的挂钩则会钩住被提升单元的底部，解除被提升单元约束，操作人员站在两相邻的架体上进行升降操作；当该升降单元升降到位后，与建筑物固定，再将葫芦挂在该单元横梁上，进行与之相邻的脚手架单元的升降操作。相隔的单元脚手架可同时进行升降操作。

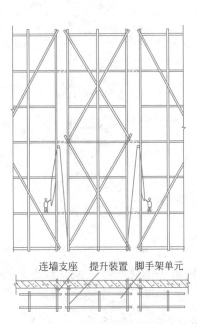

图 3-30　互爬式附着升降脚手架基本结构图

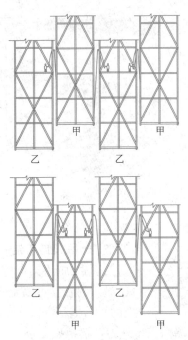

图 3-31　互爬式附着升降脚手架升降原理

（4）导轨式附着升降脚手架

导轨式附着升降脚手架，其基本结构由脚手架、爬升机械和提升系统三个部分组成（图 3-32）。爬升机械是一套独特的机构，包括导轨、导轮组、提升滑轮组、提升挂座、附墙支座、连墙挂板、限位装置等定型构件。提升系统采用手拉捯链或环链式电动捯链。

导轨式附着升降脚手架的升降原理：导轨沿建筑物竖向布置，其长度比脚手架高一层，架子的上部和下部均装有导轮，提升挂座固定在导轨上，其一侧挂提升捯链，另一侧固定钢丝绳，钢丝绳绕过提升滑轮组同提升捯链的挂钩连接；启动提升捯链，架子沿导轨上升，提升到位后固定；将底部空出的那根导轨及连墙板拆除，装到顶部，将提升挂座移到上部，准备下次提升。

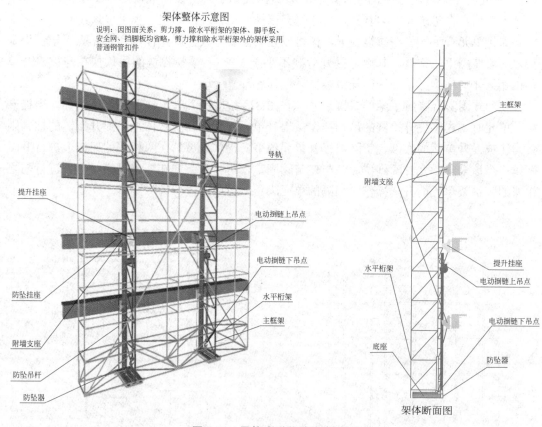

架体整体示意图

说明：因图面关系，剪力撑、除水平桁架的架体、脚手板、安全网、挡脚板均省略，剪力撑和除水平桁架外的架体采用普通钢管扣件

架体断面图

图 3-32　导轨式附着升降脚手架

悬吊式脚手架施工

7. 悬吊式脚手架

悬吊式脚手架也称为吊篮，主要用于建筑外墙施工和装修。它是将架子（吊篮）的悬挂点固定在建筑物顶部悬挑出来的结构上，通过设在每个架子上的简易提升机械和钢丝绳，使架子升降，以满足施工要求。悬吊式脚手架与外墙面满搭外脚手架相比，可节约大量钢管材料，节省劳力，缩短工期，操作方便灵活，技术经济效益较好。

吊篮一般分手动与电动两种，手动吊篮用扣件钢管组装而成，比电动吊篮经济实用。但用于高层建筑外墙面的维修、清扫时，采用电动吊篮（或擦窗机）则具有灵活、轻便、速度快的优点。

手动吊篮由支撑设施（建筑物顶部悬挑或桁架）、吊篮绳（钢丝绳或钢筋链杆）、安全钢丝绳、捯链和篮型架子（一般称吊篮架体）等组成（图 3-33）。

电动吊篮由工作吊篮、提升机构、绳轮系统、屋面支撑系统及安全锁等组成（图 3-34）。

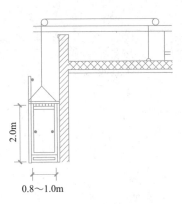

图 3-33　手动吊篮

图 3-34　电动吊篮

二、垂直运输设施

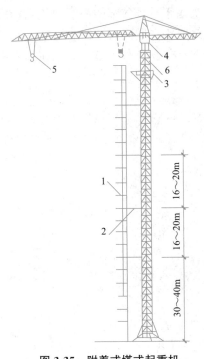

图 3-35　附着式塔式起重机
1—建筑物；2—撑杆；3—标准节；
4—操纵室；5—起重小车；6—顶升套架

1. 塔式起重机

塔式起重机是工业与民用建筑结构及设备安装工程的主要施工机械之一。它适用范围广，回转半径大，操作简单，工作效率高。

（1）塔式起重机的类型

1）按行走机构分类

① 轨道式塔式起重机：可在直线和曲线轨道上负荷行走，同时完成垂直和水平运输，生产效率高，是多幢多层房屋施工中广泛应用的一种起重机。但是需铺设轨道，占用施工场地面积大，拆装、转移费工费时，台班费用较高。

② 附着式塔式起重机：固定在建筑物近旁的钢筋混凝土基础上，可随建筑物升高而利用液压自身系统逐步将塔顶顶升，塔身接高。为了减少塔身的计算长度应每隔 20m 左右与建筑物用锚固装置连接在一起（图 3-35）。

垂直运输设施的布置

附着式塔式起重机安装

附着式塔式起重机顶升接高是借助于液压千斤顶和顶升套架来实现的，需要接高时，利用塔顶的液压千斤顶，将塔顶上部结构（起重臂等）顶高，用定位销固定，千斤顶回油，推入标准节，用螺栓与下面的塔身连成整体，其顶升接高过程如图 3-36 所示。

③ 爬升式塔式起重机：安装在建筑物内部框架或电梯间结构上，每隔 1~2 层楼爬升

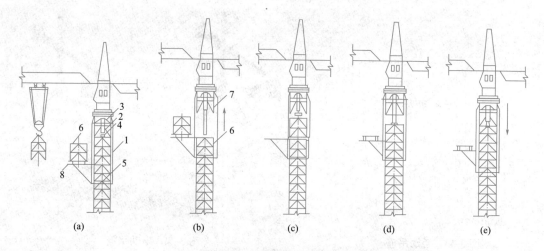

图 3-36 顶升接高过程示意

（a）准备状态；（b）顶升塔顶；（c）入塔身标准节；（d）安装塔身标准节；（e）塔顶与塔身连成整体

1—顶升套架；2—液压千斤顶；3—支撑座；4—顶升横梁；5—定位销；

6—标准节；7—过渡节；8—摆渡小车

一次。其特点是机身体积小，安装简单，不占用场地，适用于现场狭窄的高层建筑结构安装。但塔基作用于楼层，建筑结构需要相应的加固，拆卸时需在屋面架设辅助起重设备。

爬升式塔式起重机爬升过程如图 3-37 所示，主要分为准备状态、提升套架和提升起重机三个阶段。

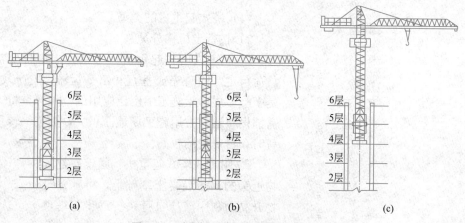

图 3-37 爬升式塔式起重机的爬升过程

（a）准备状态；（b）提升套架；（c）提升起重机

2）按起重臂变幅方式分类

① 动臂变幅塔式起重机（图 3-38）：臂架与塔身铰接，变幅时可调整起重臂的仰角。其变幅机构有手动和电动两种。

② 小车变幅塔式起重机（图 3-39）：起重臂水平放置，下弦装有起重小车，依靠小车的位置变化来改变工作幅度。这种变幅平稳、速度快。

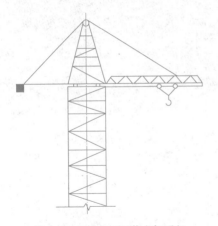

图 3-38　动臂变幅塔式起重机

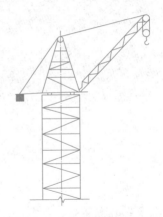

图 3-39　小车变幅塔式起重机

3）按回转方式分类

① 上回转塔式起重机（图 3-40）：这类起重机的塔身不转，回转部分装在塔顶上部。按回转支撑构造形式不同，上回转部分的结构可分为塔帽式、转托式和转盘式三种。

② 下回转塔式起重机（图 3-41）：起重机的吊臂装在塔身顶部，塔身、平衡重和所有的机构均装在转台上，并与转台一起回转。

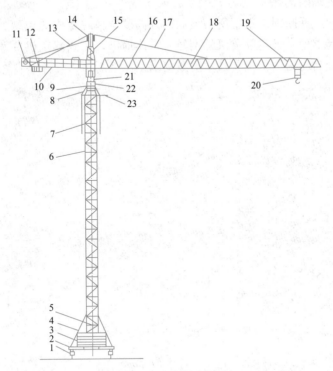

图 3-40　上回转塔式起重机

1—台车；2—底架；3—压重；4—斜撑；5—塔身基础节；6—塔身标准节；7—顶升套架；8—承座；9—转台；
10—平衡臂；11—起升机构；12—平衡重；13—平衡臂拉索；14—塔帽操作平台；15—塔帽；16—小车牵引机构；
17—平衡臂拉索；18—起重臂；19—起重小车；20—吊钩滑轮；21—司机室；22—回转机构；23—引进轨道

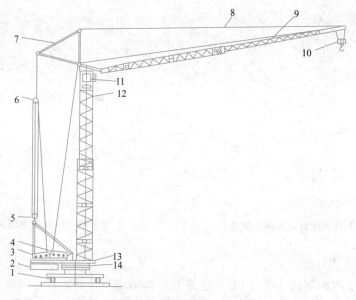

图 3-41　下回转塔式起重机

1—底架即行走机构；2—配重；3—架设及变幅机构；4—起升机构；5—变幅定滑轮组；6—变幅定滑轮组；
7—塔顶撑架；8—臂架拉绳；9—起重臂；10—吊钩滑轮；11—司机室；12—塔身；13—转台；14—回转支撑装置

（2）塔式起重机的选择

塔式起重机的选择原则：根据所需最大起升高度选择起重机的类型；根据所需吊运的不同距离和不同起重量来确定起重机的型号。具体地讲，塔式起重机要满足幅度、起重力矩、起重量和起升高度这四个主要技术参数要求（图 3-42）。

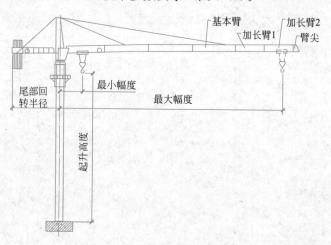

图 3-42　塔机主要技术参数示意

1）幅度

幅度又称回转半径或工作半径，是从回转中心线至吊钩中心线的水平距离，又包括最大幅度和最小幅度两个参数。

选择幅度应考虑起重机最大幅度，即塔式起重机旋转中心到吊钩中心最远的水平距离（此时起重量 Q 为最小），常用式（3-20）计算（图 3-43）：

$$R_{max}=A+B+\Delta L \tag{3-20}$$

式中：A——安全操作距离；

B——建筑物的全宽（包括阳台、雨棚等）；

ΔL——为便于安装就位所需裕量，常取 $\Delta L=1.5\sim2m$。

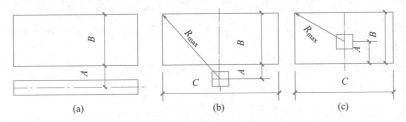

图 3-43　塔式起重机幅度的确定

(a) 轨道式；(b) 附着式和固定式；(c) 内爬式

轨道式塔式起重机安全操作距离 A 取自轨道中心至建筑凸出部分外墙皮之间的距离。

若施工中要搭设外脚手架，应取轨道中心至外脚手架边线的距离，并另加 $0.7\sim1m$ 的安全裕量。

当采用附着式塔式起重机进行高层建筑施工时，塔机的最大幅度应满足：

$$R_{max}\geqslant[(C/2)^2+(A+B)^2]^{1/2} \tag{3-21}$$

当采用内爬式塔式起重机进行高层建筑施工时，塔机的最大幅度应满足：

$$R_{max}\geqslant[(C/2)^2+(B-A)^2]^{1/2} \tag{3-22}$$

2）起重量

起重量包括最大幅度时的起重量和最大起重量两个参数。起重量包括重物、吊索及铁扁担或容器等的自重。

选用塔式起重机进行吊装施工时，首先应检查最大幅度起重量是否满足要求，即最大幅度起重量应大于构件重量及吊具重量的总和并留有一定的裕量（$1.1\sim1.2$ 倍）。

3）起重力矩

幅度和与之相对应的起重量的乘积，称为起重力矩。塔式起重机的额定起重力矩是反映塔式起重机起重能力的首要指标。在进行塔式起重机选型时，初步确定起重量和幅度参数后，还必须根据塔式起重机技术说明书给出的数据，核查是否超过额定起重力矩。

4）起升高度

起升高度是轨道基础的轨道顶面或混凝土基础顶面至吊钩中心的垂直距离，其大小与塔身高度及臂架构造类型有关。选用时，应根据建筑物的总高度、预制构件或部件的最大高度、脚手架构造尺寸以及施工方法等确定。

在吊装拼装结构建筑时，安装最高一层墙板或大模板所必需的起升高度可按式（3-23）计算：

$$H=H_1+H_2+H_3+H_4 \tag{3-23}$$

式中：H——塔机所需最大起吊高度；

H_1——建筑物总高度（包含高出建筑物脚手架或附属物的高度）；

H_2——建筑物顶层人员安全生产所需高度，一般取 $2m$；

H_3——构件高度，对预制壁板可取 $3m$，对大模板可取 $3.5m$ 或实长；

H_4——吊索高度，一般取 2m。

在选用塔式起重机时可作如下安排：对于一般 9～13 层高层建筑，宜选用轨道式上回转塔式起重机和轨道式下回转快速安装塔式起重机，以后者效益较好。对于 13～18 层的高层建筑，可选用轨道式上回转塔式起重机或上回转自升式塔式起重机，以前者费用较省。对于 18～30 层，应根据建筑构造设计和使用条件，选择参数合适的附着式自升塔式起重机或内爬式塔式起重机。30 层以上高层建筑，应优先选用内爬式塔式起重机。

2. 施工升降机

施工升降机（又称外用电梯、施工电梯、附着式升降机）是用吊笼载人、载物沿导轨作上下运输的施工机械。用于运载人员及货物的施工升降机称作人货两用施工升降机；用于运载货物，禁止运载人员的施工升降机称作货用施工升降机（物料提升机）。施工升降机在施工现场通常是配合塔式起重机使用，一般载重量为 1～3t，运行速度为 1～60m/min。每一台高层建筑施工用的塔式起重机应至少配备一台施工升降机。

（1）施工升降机的类型

施工升降机的种类很多，按运行方式分为无对重和有对重两种；按构造分单笼式和双笼式，单笼式适用于输送量较少的建筑物，双笼式适用于运输量较多的建筑物；按其控制方式分为手动控制式和自动控制式；按其传动形式分为齿轮齿条式、钢丝绳式和混合式，齿轮齿条式是采用齿轮齿条传动，钢丝绳式是采用钢丝绳提升的施工升降机，混合式是一个吊笼采用齿轮齿条传动，另一个吊笼采用钢丝绳提升的施工升降机。

齿轮齿条式施工升降机按承载能力可分两级，一级能载重量 1000kg 或乘员 11～12 人，另一级载重量为 2000kg 或乘员 24 名。齿轮齿条式施工升降机结构简单，传动平稳，为较多机型采用（图 3-44）。

钢丝绳式施工升降机有人货两用（载重量为 1000kg 或乘员 8～10 人）（图 3-45）和只载货（载重量为 1000kg，用于高层又称为自升式快速提升机）两种。

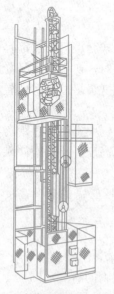

图 3-44　齿轮齿条式施工升降机

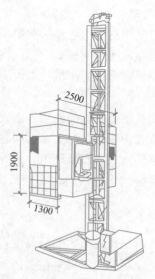

图 3-45　钢丝绳式人货两用施工升降机

（2）施工升降机的选用

施工升降机主要用于运送人员上下楼层，运送人员所用的时间占运营时间的 60%～70%，运货仅占 30%～40%。统计资料表明，施工人员沿楼梯进出施工部位所耗用的上下班时间，随楼层增高而急剧增加。如施工建筑物为 10 层楼，每名工人上下班所占用的时间为 30min，自 10 层楼以上，每增高一层平均约增加 5～10min。采用施工升降机运送工人上下班，却可大大压缩工时损失和提高功效。

施工升降机在运量达到高峰时，可以采取低层不停、高层间隔停的方法。此外施工升降机使用时要注意夜间照明及与结构的连接。

一台施工升降机的服务楼层约为 600m^2。在配置施工升降机时可参考此数据并尽可能选用双吊箱式施工电梯。

钢丝绳式施工升降机造价仅为齿轮齿条式施工升降机的 2/5～1/2，因此为减少施工成本，20 层以下的高层建筑，可采用钢丝绳式施工升降机，20 层以上的高层建筑可采用齿轮齿条式施工升降机。

施工升降机安装的位置应尽量满足下列要求：

1）有利于人员和物料的集散。

2）各种运输距离最短。

3）方便附墙装置安装和设置。

4）接近电源，有良好的夜间照明，便于司机观察。

3. 龙门架与井字架

龙门架与井字架是只载货不载人的物料提升机，因构造简单，制作容易，安装拆卸和使用方便，价格低，是一种投资少，输送效率高的机械设备。它可作为塔式起重机的辅助机械，在特定条件下也可独立承担运输工作。

（1）井字架

井字架（图 3-46）是用型钢或钢管加工的定型井架，多为单孔井架，但也可构成两孔或多孔井架。井字架通常带一根起俯式悬臂桅杆和吊笼。桅杆一般长 8m，起重量为 1000kg 左右，供吊运钢筋和长尺寸材料使用，吊笼和桅杆各用一台卷扬机，吊笼起重量为 1000～1500kg，其中可放置运料的手推车或其他散装材料。单孔井架搭设高度可达 40m，需设缆风绳保持井架的稳定，也可以通过附着杆系与建筑物拉结而不设缆风绳。两孔井架搭设高度可达 60m，30m 以下架体只需固定在混凝土基座上，无需设缆风绳，30m 以上，需与建筑物拉结，通过两道扶着装置锚固于建筑物上。三孔井架最高可搭设 100m，采用附墙固定，三个井孔连成一体，整体性好。井架每孔独立配一台卷扬机驱动，互不干扰，每台吊笼起重量为 1500～2000kg，提升速度为 55～60m/min，最大达 140m/min。井架物料提升机不得用于 25m 及以上的建设工程。

（2）龙门架

龙门架（图 3-47）是由两根三角形截面或矩形截面的立杆及横梁（天轮梁）组成的门式架。最大起重量为 1500kg，最大提升高度为 65m，架体通过附墙设施与建筑物相连，多层建筑可以用缆风绳，保持稳定。也可使用三柱门架式双笼升降机（图 3-48）供运材料用，架设高度可达 150m，配套卷扬机为 2000kg。龙门架物料提升机不得用于 25m 及以上的建设工程。

图 3-46　井字架

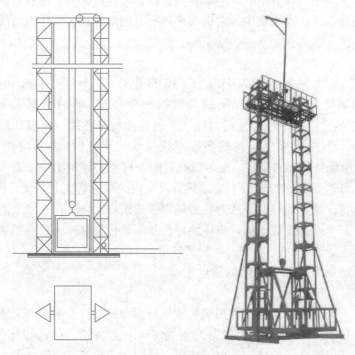

图 3-47　龙门架

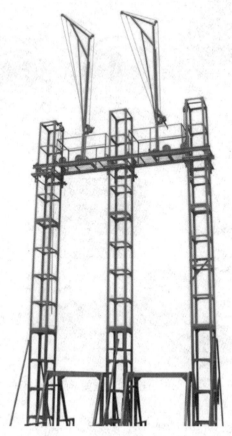

图 3-48　三柱门架式双笼升降机

4. 智能化垂直运输装备

（1）智能化控制塔式起重机

塔式起重机上安装的智能安全服务子系统和安全保护装置（也叫塔机黑匣子），通过全天候的数据监控与记录，实现了塔机操作者和远程监控者的即时数据监控功能。其中塔式起重机智能安全服务子系统是独立、不属于起重机上的安全监测监控系统，应用在塔机防超载、特种作业人员管理、塔机群作业时的防碰撞等方面，可以降低安全生产事故发生，最大限度杜绝人员伤亡，如图 3-49 所示。

塔机吊钩视频子系统和塔机小车视频子系统，通过精密传感器实时采集吊钩高度和小车幅度数据，经过计算获得吊钩和摄像机的角度和距离参数，然后以此为依据，对摄像机镜头的倾斜角度和放大倍数进行实时控制，使吊钩下方起吊重物的视频图像清晰地呈现在驾驶舱内的显示器上，从而指导司机操作，极大地提高了司机操作的安全性。视频图像存储于设备内置的固态硬盘中，便于事故原因分析，同时也可通过无线网络传送到地面项目部和远端监控平台，如图 3-50 所示。

智能型塔机给建筑施工带来了革命性的变化。

大数据中包括塔机发生某一故障时各系统的动作参数，诸如相关电流、电压的数据、吊装状况等，会形成一定的概率分布。

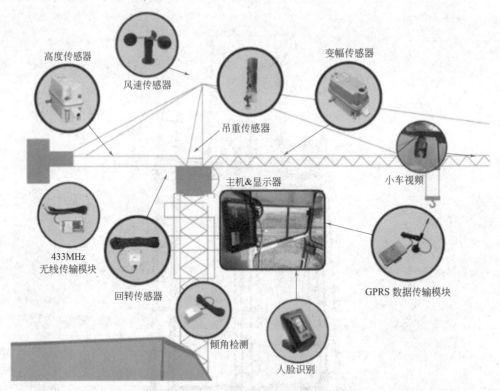

图 3-49 塔式起重机智能安全服务子系统

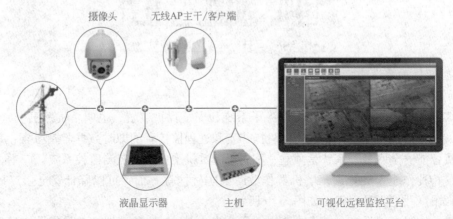

图 3-50 塔机吊钩视频子系统设备效果图

通过数据积累，可在出现相似数据情况下，系统提前自动给出警示避免故障发生。即使出现故障，也能迅速反馈出故障代码和语音提示，指导快速排除故障并加入故障档案。

系统不间断地记录单台塔机终生的工作情况，包括日常的吊次、故障及维修、事故等细节，形成最客观完备的设备履历，便于评估。同时，可根据所属型号对该型号的整体产品综合评估提供数据支持。

操作人员经过指纹及面部识别获权操作，同时也记录了该操作员在本机的出勤、操作习惯、事故、保养等情况，结合其他设备的同样记录，可形成操作员档案，据此出具业绩和能力的客观评估。

通过大数据分析，对易损件例如钢丝绳的磨损、更换数据形成科学的更换标准，当接近标准时系统持续发出警示或强制更换，避免了以往人工繁琐检查及人为错判带来的隐患。同时，根据易损件更换频次的概率分析，便于科学合理地配置随机库存种类和数量。

（2）智能施工升降机

目前建筑中常用的施工升降机为人货两用升降机，自动化控制水平比较低，须通过司机操作，不便于工地人员的使用，同时对实现建筑机器人无障碍垂直通行造成一定的困难，不便于智慧工地的营运。《智能施工升降机》T/GDJSKB 001—2020 是 2020 年 11 月 1日开始实施的一项行业标准，适用于人货两用或智能建筑机器人的运载。其主要特征是具备安全监控功能，升降机能自动响应楼层按钮信号和笼内选层按钮信号，并在这些信号指定的层站平层停靠和自动开关门；也可通过垂直物流调度系统，实现升降机与机器人的双向通信，升降机能获取机器人乘梯点位信息，响应机器人乘梯楼层指令，并自动在这些指令指定的层站平层停靠和自动开关门。智能施工升降机在普通施工升降机的基础上进行了自动化和智能化升级。

（3）龙门架安全监控系统

在实际生产与吊装的过程中，由于场地环境复杂，各类钢材与结构件随处可见，同一轨道上的吊机又同时进行着不同工种的作业。在吊机进行难度最大的大型结构构件吊装工作或者进行机械件对位作业的过程中，起重工与操作人员的配合、机械件的快速对接等要求已成为该作业的难题，对吊机操作员的操作要求和各类数据监测要求也进一步提高。因此，需要安装一套针对龙门架的各个工作环节、各个安全点、各类工况、各类指令的安全监控系统，用来保证龙门架和操作人员的安全，提高工作效率，降低安全隐患，如图 3-51 所示。

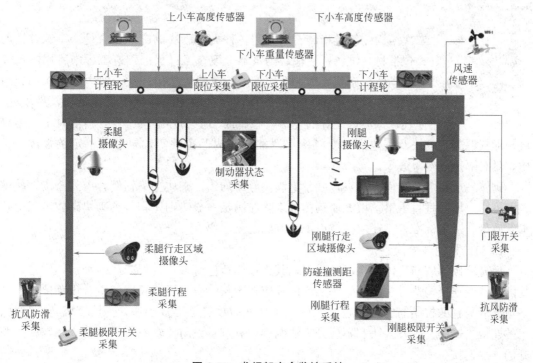

图 3-51　龙门架安全监控系统

如何采用智能化手段避免安全生产事故？

建筑安全工程的智能化监测是智能建造的重要研究方向。主要通过在存在安全隐患的部位设置传感器的方式进行监测。智能化设备本身是成熟的，但是施工现场条件复杂，设备以及传输线路等的维护问题是需要重点关注的，否则好的设备最后可能反而会变成多余的累赘。

任务 2　二次结构智能施工

二次结构是指在框架、剪力墙、框架剪力墙结构中的一些非承重的砌体、构造柱、过梁等在装饰前需要完成的部分。砌筑工程是二次结构施工中的重要环节，也是房屋建筑工程中的重要子分部工程。

一、二次结构砌筑

填充墙砌筑施工

二次结构砌筑是指砖石块体和各种类型砌块的施工，它是一个综合性的过程，包括材料准备、运输、砌筑施工等施工过程；砌筑工程中所用的砌体主要有砖砌体、砌块砌体、石块砌体。在框架结构、框架剪力墙结构的建筑中，砌筑墙体只起围护与分隔的作用，且填充墙体施工是先结构，后填充。

常用体轻、保温性能好的烧结空心砖或小型空心砌块、轻骨料混凝土小型砌块、加气混凝土砌块及其他工业废料掺水泥加工而成的砌块等，要求有一定的强度，轻质，具有隔声隔热等效果。

砌体一般要求灰缝横平竖直，砂浆饱满，厚薄均匀；砌块上下错缝，内外搭砌；接槎牢固可靠，墙面垂直平整。填充墙砌体施工除应满足一般砖砌体和各类砌块砌体等相应技术、质量、工艺标准外，还应注意以下几方面的技术要点。

1. 与结构的连接问题

填充墙砌体应与主体结构可靠连接，其连接构造应符合设计要求，未经设计同意，不得随意改变连接构造方法。拉结钢筋或网片应置于灰缝中，埋置长度应符合设计要求，每一填充墙与柱的拉结筋的位置超过一皮块体高度的数量不得多于一处。填充墙与框架柱、梁的连接构造分为脱开方法和不脱开方法两类。有抗震设防要求时宜采用填充墙与框架脱开的方法连接。

（1）当填充墙与框架采用脱开方法连接时，宜符合下列要求：

1) 填充墙两端与框架柱、填充墙顶面与框架梁之间留出不小于 20mm 的间隙；

2) 填充墙两端与框架柱、梁之间宜用柔性连接，墙体宜卡入设在梁、板底及柱侧的卡口铁件内；

3) 填充墙与框架柱、梁的缝隙可采用聚苯乙烯泡沫塑料板条或聚氨酯发泡充填，并用硅酮胶或其他弹性密封材料封缝。

（2）当填充墙与框架采用不脱开方法连接时，宜符合下列要求：

1) 填充墙应沿框架柱全高每隔 $500\sim600$mm 设 $2\phi6$ 拉结钢筋（图 3-52），拉结钢筋伸入墙内的长度不宜小于 700mm，抗震设防烈度为 6、7 度时宜沿墙全长贯通，在砌筑围护墙时，将柱中预留钢筋甩出，并嵌砌到砖墙灰缝中。填充墙墙顶应与框架梁紧密结合，顶面与上部结构接触处宜用一皮砖或配砖斜砌楔紧（图 3-53）。

图 3-52　承重结构上拉结钢钢筋布置图　　　　图 3-53　填充墙砌全梁底构造处理

2) 当填充墙有洞口时，宜在窗洞口的上端或下端、门洞口的上端设置钢筋混凝土带，钢筋混凝土带应与过梁的混凝土同时浇筑。当有洞口的填充墙尽端至门窗洞口边距离小于240mm 时，宜采用钢筋混凝土门窗框。

（3）填充墙与承重墙、柱、梁的连接钢筋，当采用化学植筋的连接方式时，应进行实体检测。锚固钢筋拉拔试验的轴向受拉非破坏承载力检验值应为 6.0kN。抽检钢筋在检验值作用下应基材无裂缝、钢筋无滑移宏观裂损现象；持荷 2mim 期间荷载值降低不大于5%。填充墙砌体植筋锚固力检测记录完整并按规范填写。

（4）施工注意事项：

填充墙砌体砌筑，应待承重主体结构检验批验收合格后进行。填充墙与承重主体结构间的空（缝）隙部位施工，应在填充墙砌筑 14d 后进行。填充墙施工最好从顶层向下逐层砌筑，防止因结构变形力向下传递而造成早期下层先砌筑的墙体产生裂缝。特别是空心砌块，此裂缝的发生往往是在工程主体完成 $3\sim5$ 个月后，通过墙面抹灰在跨中产生竖向裂缝。因而质量问题的滞后性给后期处理带来困难。

如果工期太紧，填充墙施工必须由底层逐步向顶层进行时，墙顶的连接处理需待全部砌体完成后，从上层向下层施工，目的是给每一层结构一个完成变形的时间和空间。

2. 与门窗框的连接

由于空心砌块与门窗框直接连接不易达到要求，特别是门窗较大时，施工中通常采用在洞口两侧做混凝土构造柱、预埋混凝土预制块及镶砖的方法。空心砌块在窗台顶面可做成混凝土压顶，以保证门窗框与砌体的可靠连接。加气混凝土砌块砌体和轻骨混凝土小砌块砌体的干缩较大，为防止或控制砌体干缩裂缩的产生，做出"不应混砌"的规定；但对于因构造需要的墙底部、墙顶部、局部门、窗洞口处，可酌情采用其他块材补砌。框架填充墙宜在窗洞口的上端或下端、门洞口的上端设置钢筋混凝土带，且与过梁的混凝土同时浇筑。

3. 防潮防水

空心砌块用于外墙面涉及防水问题。在雨季，墙的迎风迎雨面在风雨作用下易产生渗漏现象，主要发生在灰缝处。因此在砌筑中，就注意灰缝饱满密实，其竖缝应灌砂浆插捣密实。外墙面的装饰层采取适当的防水措施，如在抹灰层中加 3‰～5‰ 的防水粉，面砖勾缝或表面刷防水剂等，确保外墙的防水效果。目前市场上有多种防水砂浆材料，其工艺特点是靠砂浆材料自身在养护条件下产生较好的防水效果，以满足外墙防水要求，特别是对高孔隙率的墙体材料。

用于室内隔墙时，在厨房、卫生间、浴室等处采用轻骨料混凝土小型空心砌块、蒸压加气混凝土砌块砌筑墙体时，墙底部宜现浇混凝土坎台等，其高度宜为 150mm。浇筑一定高度混凝土坎台的目的，主要是考虑有利于提高多水房间填充墙墙底的防水效果。

4. 单片面积较大的填充墙施工

大空间的框架结构填充墙，应在墙体中根据墙体长度、高度需要设置构造柱和水平现浇混凝土带，以提高砌体的整体稳定性。当设计无要求时，如墙长大于 5m，墙顶与梁宜有拉结；墙长超过 8m 或层高 2 倍时，宜设置钢筋混凝土构造柱；墙高超过 4m 时，墙体半高宜设置与柱连接且沿墙全长贯通的钢筋混凝土水平系梁；大面积墙体的转角处、T 形交接处或端部应设置构造柱，圈梁宜设在填充墙体高度中部。施工中注意预埋构造柱钢筋的位置应正确。

由于不同的块料填充墙做法各异，因此要求也不尽相同，实际施工时应参照相应设计要求及施工质量验收规范和各地颁布实施的标准图集、施工工艺标准等。

5. 填充墙砌筑施工的质量要求

（1）烧结空心砖、小砌块和砌筑砂浆的强度等级应符合设计要求。

（2）烧结空心砖每 10 万块为一验收批，小砌块每 1 万块为一验收批，不足上述数量时按一批计，抽检数量为一组。砂浆试块的抽检数量按《砌体结构工程施工质量验收规范》GB 50203—2011 的要求进行。

（3）填充墙砌体应与主体结构可靠连接，其连接构造应符合设计要求，未经设计同意，不得随意改变连接构造方法。每一填充墙与柱的拉结筋的位置超过一皮块体高度的数量不得多于一处。

（4）填充墙与承重墙、柱、梁的连接钢筋，当采用化学植筋的连接方式时，应进行实体检测。锚固钢筋拉拔试验的轴向受拉非破坏承载力检验值应为 6.0kN。抽检钢筋在检验值作用下应基材无裂缝、钢筋无滑移宏观裂损现象；持荷 2min 期间荷载值降低不大于 5%。

（5）填充墙砌体尺寸、位置的允许偏差及检验方法应符合表 3-19 的规定。

填充墙砌体尺寸、位置的允许偏差及检验方法　　　　　表 3-19

序号	项目		允许偏差(mm)	检验方法
1	轴线位移		10	用尺检查
2	垂直度 (每层)	≤3m	5	用2m托线板或吊线、尺检查
		>3m	10	
3	表面平整度		8	用2m靠尺和楔形尺检查
4	门窗洞口高、宽(后塞口)		±10	用尺检查
5	外墙上、下窗口偏移		20	用经纬仪或吊线检查

（6）填充墙砌体的砂浆饱满度及检验方法应符合表 3-20 的规定。

填充墙砌体的砂浆饱满度及检验方法　　　　　表 3-20

砌体分类	灰缝	饱满度及要求	检验方法
空心砖砌体	水平	≥80%	采用百格网检查块体底面或侧面砂浆的粘结痕迹面积
	垂直	填满砂浆、不得有透明缝、瞎缝、假缝	
蒸压加气混凝土砌块、轻骨料混凝土小型空心砌块砌体	水平	≥80%	
	垂直	≥80%	

（7）填充墙留置的拉结钢筋或网片的位置应与块体皮数相符合。拉结钢筋或网片应置于灰缝中，埋置长度应符合设计要求，竖向位置偏差不应超过一皮高度。

（8）砌筑填充墙时应错缝搭砌，蒸压加气混凝土砌块搭砌长度不应小于砌块长度的 1/3；轻骨料混凝土小型空心砌块搭砌长度不应小于 90mm；竖向通缝不应大于 2 皮。

（9）填充墙的水平灰缝厚度和竖向灰缝宽度应正确。烧结空心砖、轻骨料混凝土小型空心砌块砌体的灰缝应为 8～12mm。当蒸压加气混凝土砌块砌体当采用水泥砂浆、水泥混合砂浆或蒸压加气混凝土砌块砌筑砂浆时，水平灰缝厚度及竖向灰缝宽度不应超过 15mm；当蒸压加气混凝土砌块砌体采用蒸压加气混凝土砌块粘结砂浆时，水平灰缝厚度和竖向灰缝宽度宜为 3～4mm。

二、砌筑机器人

众所周知，国内的建筑砌体砌筑市场存在两个基本特点：一是体量巨大，各类砌体的砌筑施工量年均超过 10 亿 m³，尽管存在着 ALC 以及各类墙板材的竞争，人工现场砌筑在将来很长一段时间内仍会是一个巨大的刚需市场；二是业态原始，砌筑业的人力资源组织方式，包括人员招募与职业培训、施工组织形式和作业工具基本上都还停留在几十年前的状态，表现为用工时临时招募、师徒相授、手工作业拼体力。

行业业态的原始必然导致生产的低效率，表现为较低的人均产值和庞大的用工人数，属于效率低下的劳动力密集型作业。根据资料统计数据，2019 年全国建筑业砌筑施工从业人员大约 600 万，占当年建筑业 4400 万从业总人数的 14%，砌筑从业人员的人均建筑业名义产值比全行业平均数低 23%。上述 600 万砌筑从业人员中，具备技能的砌筑大工人数约占 50%，即 300 万。尽管在收入分配上，大工有较大的分配权重，但由于整体效率低下，相对于每天砌筑达 3m³，举重量达 3000kg 以上的带技能的重体力劳动，这样的劳动报酬已经不具备吸引力。因此，砌筑从业人员大量流失，普遍高龄化以及砌筑单价的上行压力不断增强，近年来这些痛点已经非常明显。

砌筑机器人的出现，是对落后的传统手工作业方式进行新技术加持下的工艺变革，可以大幅降低砌筑施工的体力消耗，提升效率，减少砌筑劳动用工，提高工序建造的工业化水平，具有广阔的市场需求。

1. 砌筑机器人国外研究现状

墙体砌筑实现机械化或者自动化是人类的百年梦想。理论上讲，砖石砌筑非常适合机械化。首先它是一项重复性劳动，建造一栋砖石建筑需要砌成千上万块砖，每块砖几乎一样，组砌方式也一样。由于每块砖和砂浆的灰缝都是相同的尺寸，砖块的放置也几乎是确定的。更重要的是，砌筑工程是最繁重的建筑劳动之一，需要工人连续工作数个小时，不停地移动重物。因此，这个任务似乎天生就应该用机器来完成，而人们也已经为此努力了 100 多年。

20 世纪 80 年代末到 90 年代初，人们对砌墙机械化的尝试转向了采用工业机械臂，并配套相应任务处理软件，构成了初步的砌筑机器人系统。可以检索到的成果包括 1988 年的 Slocum、1989 年的 Lehiten、1996 年的 Rihani、1993 年的 Altobelli、1996 年的 Pritschow 以及 SMAS、ROCCO 等系统，如图 3-54 所示。但令人遗憾的是，都没有达到理论设想的性能，距离商业应用更是距离尚远。

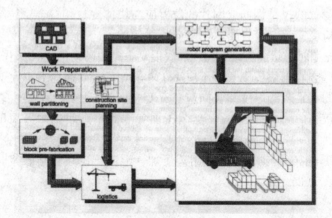

图 3-54 ROCCO 系统示意

进入 21 世纪以来，经过人们不懈的努力，国外已经出现三种接近商业应用的砌筑机器人系统，分别是 Fastbrick Robotics 公司建造的 Hadrian 系统、Construction Robotics 公司开发的 SAM100 系统和 Construction Automation 公司开发的 Brick-laying robot 系统。

Hadrian 系统采用 CAD 计算房子的形状和墙体结构，能够 3D 扫描周围环境，计算出每一砌块的位置，如图 3-55 所示。它使用 92 英尺（28m）长的伸缩臂传送砌块，用压力挤出胶粘剂，涂在待粘结的砌块上，而后按顺序放置砌块。它还可以裁切砌块，并为电线和水管预留位置。Hadrian 配备了集成式的砌块储仓、胶粘剂储存和压力输送系统，整体集成在一辆六轮卡车上，作业时需展开卡车支腿，调平车身。Hadrian 目前每小时可以砌 1000 块砌块。Hadrian 的开发工作 2006 年就开始了，但商业应用进展缓慢。截至目前，也只在澳大利亚建造了三四栋建筑。

图 3-55　Hadrian 系统

相比之下，Construction Robotics 公司开发的 SAM100 在商业化上要更成功一些，自 2015 年以来一直在商业项目中使用。SAM100 由小六轴机械臂、砂浆分配器和传送带、轮式底盘以及附属的升降式轨道装置组成，如图 3-56 所示。SAM100 适用于单块重量小于 3kg 的小型砖砌筑，因为抓手设计和抹浆方法的局限，只能使用全顺砌筑的薄墙施工，无法使用丁顺砌筑的厚墙。工作时，机械臂抓起一块砖，涂上一层专用砂浆，根据系统内置的排砖图纸将其放置在墙体上的适当位置。SAM100 有一系列的传感器来确保放置砖墙的水平度。Hadrian 可以一天 24 小时不间断工作，每小时能砌 1000 块。SAM100 比较适应较长的墙体施工，在较短的墙体上体现不出效率，也不适合室内墙体的砌筑场景，其砂浆勾缝和清理仍需要人工来辅助。

图 3-56　SAM100 系统

Construction Automation 公司的产品是一种需要现场组装的大型自动化砌筑机械。这种 Brick-laying robot（BLR）系统已在北约克郡提供设备出租服务，供当地人自建房用，如图 3-57 所示。BLR 系统考虑了使用传统的砌筑砂浆材料，但砂浆的敷设遇到了难题。为此，系统设计了重力自流式的砂浆落料装置，砂浆由位于高位的储存罐提供。因此，BLR 系统有一个高大的桁架式外框架以满足砂浆储罐的吊装和安装，这一特点造成 BLR

无法满足室内砌筑的场景要求。在沿墙水平方向的移动上，BLR 和 SAM100 类似，采取在装置下安装导轨的方法，导轨的敷设和安装调整让事先的准备工作变得繁琐和费时。BLR 系统的末端抓手采取垂直下放砖块的砌筑方法，比 SAM100 进步，可以丁顺砌筑来达到厚墙的施工要求。

图 3-57　BLR 系统

2. 砌筑机器人国内研究现状

国内对于机器人砌筑的研究多属于一些院校和科技公司的实验室项目，由于工地场景的复杂性，这些实验室装置大多在解决了机器视觉对砖块的辨识定位以及六轴机械臂抓取、安放动作之后就停步不前了。上海自砌科技的 MOBOT GT 系列在商业应用上获得了实质性进展，如图 3-58 所示。

图 3-58　MOBOT GT 系列

MOBOT GT 系列砌筑机器人完全针对室内砌筑这个施工场景来设计，结构上采取悬置的沿墙水平方向的 X 轴作为砌块水平运动的运行轨道，避免了繁复费时的现场敷设导轨的工作。MOBOT GT 系列共有六个运动轴，以满足砌块抓取、涂抹加气混凝土砌块专用砂浆以及精确运动就位的动作需要。

MOBOT GT 系列砌块的抓取重量达到了 30kg，是目前所知砌筑机器人中抓取力最大的，可以满足国内各种砌块的施工要求。为降低机身重量，达到工地垂直运输的要求，该机采用分离式的砂浆机构设计，砂浆搅拌和使用独立于机器人，在施工时放置于机器侧方适当的位置，如图 3-59 所示。

图 3-59　MOBOT GT 的砂浆装置

3. 砌筑机器人的施工

（1）准备工作

1）机器人准备

采用上海自砌科技的 MOBOT GT 系列砌筑机器人，机器人应具有产品出厂检验合格证，并应对照机器人各项技术参数对设备进行逐项检验，合格后方能投入使用。

MOBOT GT 的硬件系统包括六个运动轴（X、Y、Z1、Z2、R 以及末端夹爪）的运动结构、机身框架、液压调节以及上料皮带机和感应式砂浆机六个分系统，如图 3-60、图 3-61 所示。传感器系统包括砂浆机料门接近感应、皮带机输送就位感应、砌块抓紧力反馈以及码放力矩反馈。

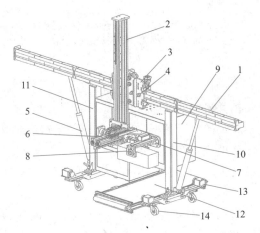

图 3-60　砌筑机器人的构造

1—X 轴；2—Z（Z1+Z2）轴；3—Z 轴背板；4—背板锁定螺栓；5—折叠臂油缸；6—Y 轴；7—R 轴；8—手抓；
9—控制机柜；10—立柱；11—立柱液压油箱；12—皮带上料机；13—支腿油缸；14—承重脚轮

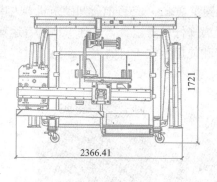
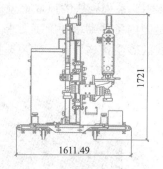
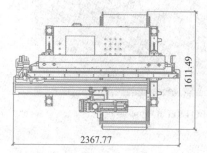

图 3-61　砌筑机器人基本尺寸（说明：皮带机折叠后的机身宽度为 1196mm）

2）砌筑材料准备

宜采用各类重量不超过 30kg 的蒸压加气混凝土砌块，推荐强度和干密度级别为 A5.0B06 级，砌块尺寸误差必须达到国家标准《蒸压加气混凝土砌块》GB/T 11968—2020 合格品要求。

砂浆材料宜采用成品加气混凝土砌块专用砂浆，或者专用砂浆占比不少于 50％的混合料。

3）砌筑人员准备

砌筑机器人工作时一般配备双人机组，一人为机器人操作手，负责机器人操控和砌块上料；一人为辅助瓦工，负责准备砌筑砂浆、灰缝及墙面整理、安放拉结筋以及填塞顶层砖。

4）开工条件准备

① 签订施工合同以及相关班组的分包合同。

② 进入施工工地勘察现场的实际情况，并确认现场是否满足开工条件。

③ 编制施工组织设计并报业主及监理审批。

④ 砌筑机器人的重量较大，设备进场后应有小型叉车配合卸车，场地需要一定的硬化条件。

⑤ 砌筑砂浆使用成品混凝土砌块专用砂浆，砌筑施工前完成蒸压加气混凝土砌块、砂浆、钢筋植筋抗拉拔等检测工作。

⑥ 施工现场需具有可供砌筑机器人（重约 900kg）在各楼层之间转运的施工电梯，如没有，也可用塔式起重机或汽车式起重机进行楼层间的转运，但各楼层的物料平台承载力必须能足以承受砌筑机器人及运输人员的重量。

⑦ 砌筑机器人电源采用 380V 电压，自带 50m 电源线（三级箱 35m，砌筑机器人自身 15m），所以需二级箱隔层设置，并设置在楼层中间部位。

⑧ 砌筑砂浆需现场搅拌，所以各楼层临时用水均需开通。

⑨ 各楼层的垃圾、废料、周转材料等均需清理干净。

⑩ 砌筑植筋、构造柱钢筋绑扎、放线等工序均已施工完毕。

（2）施工要点

1）清理待砌墙体基层，砌筑机器人进入施工位置后首先确定机器人与砌筑墙体的距离，并保证机器人 X 轴与墙体处于平行位置，在现场条件允许的情况下，在砌筑墙体上方梁上安装红外水平仪。

2）砌筑机器人就位后展开机器人四个地脚，使机器人的四个承重轮离地，通过液压地脚支撑机器人固定就位。

3）通过作业附近的二级配电箱（380V）接入砌筑机器人工作电源（通过机器人自带配 3 级电箱接入）。该过程必须由持有电工操作证的人员完成。

4）砌筑机器人工作之前，在砌筑机器人与砌筑墙体之间设置护栏或者警戒绳，禁止砌筑过程中无关人员进入该区域。

5）根据砌筑墙体大小，由泥瓦工现场配制混凝土砌块专用砂浆，专用砂浆的推荐用量为每平方米墙面 5kg 干灰＋20％掺和用水。

6）按照《砌筑机器人使用手册》的要求对砌筑机器人进行操作前检查，开机使机器人处于应伺状态。

7）根据需砌筑墙体的实际尺寸、墙体两侧是否有构造柱来确定是否需要设置马牙槎，并将该数据输入砌筑机器人并保存。

8）每层砌块需要错缝布置，错缝尺寸不能小于砌块长度的 1/3，砌筑前计算出需要使用的半块砖数量，通过切砖器提前切好，待用。

9）砌筑第一块砖时需要通过示教器确认位置，并保存到砌筑机器人控制系统。

10）在砌筑第一、二层砖时传输带不可以连续上砖，上砖时需要确认机器人抓手位置，确保不影响机械抓手水平运行时，方可上砖；当砌筑三层及以上墙面时可连续上砖。

11）砌筑墙体时采用砌筑机器人和泥瓦工配合进行，砌筑的速度取决于泥瓦工抹灰熟练度，实际操作时操作手需注意观察，及时同抹灰人员沟通。

12）墙体构造筋的布置按照设计图纸的要求，由辅助瓦工手动开槽并布筋，并保证钢筋顶部埋入砌块顶面，不突起。

13）泥瓦工施工位置位于墙体另一面，当砌筑墙体超过人体的高度时，采用移动脚手架进行抹灰时，应保证脚手架的稳固和承重能力满足安全规范。

14）位于抹灰工作面一侧的墙体砖缝外挂的灰浆，抹灰工应及时刮平；位于砌筑机器人一侧的灰缝，待机器人砌筑完成后一次性刮平。

15）当墙体砌筑超过机器人砌筑的最高极限，以及梁下最后一层砖时，停止用机器砌筑，采用人工补砌完成。

16）当一面墙体砌筑完成后，需折叠机器人 X 轴两侧的水平臂至运输状态，收起液压地脚，关闭电源，将机器人人工移至新的工作面。

17）每日工作结束前需按照《砌筑机器人使用手册》的要求进行日常检查，清理粘附在机械臂上的砂浆，各轴运动至零位，切断电源离场。图 3-62 为机器人现场施工中各道工序的图片。

图 3-62　砌筑机器人现场施工

三、砌筑工程的质量要求

（1）砌体施工质量控制等级

砌体施工质量控制等级分为三级，其标准应符合表 3-21 的要求。

砌体施工质量控制等级　　　　　　　　　表 3-21

项目	施工质量控制等级		
	A	B	C
施工质量管理	制度健全，并严格执行，非施工方质量监督人员经常到现场，或现场设有常驻代表，施工方有在岗专业技术管理人员，人员齐全，并持证上岗	制度基本健全，并能执行，非施工方质量监督人员间断地到现场进行质量控制，施工方有在岗专业技术管理人员，并持证上岗	有制度，非施工方质量监督人员很少作现场质量控制，施工方有在岗专业技术管理人员
砂浆、混凝土强度	试块按规定制作，强度满足验收规定，离散性小	试块按规定制作，强度满足验收规定，离散性较小	试块强度满足验收规定，离散性大
砂浆拌合方式	机械拌合，配合比计量控制严格	机械拌合，配合比计量控制一般	机械或人工拌合，配合比计量控制较差
砌筑工人	中级工以上，其中高级工不少于 30%	高、中级工不少于 70%	初级工以上

注：1. 砂浆、混凝土强度离散性大小根据强度标准差确定；
　　2. 配筋砌体不得为 C 级施工。

（2）砌体结构工程检验批验收时，其主控项目应全部符合规范规定；一般项目应有 80% 及以上的抽检处符合规范规定；有允许偏差的项目，最大超差值为允许偏差值的 1.5 倍。

（3）砌体工程所用的材料应有产品的合格证书、产品性能检测报告。水泥进场后还应进行复验，其质量必须符合现行国家标准的有关规定。

（4）同一验收批砂浆试块强度平均值≥设计强度等级值的 1.10 倍；同一验收批砂浆试块抗压强度的最小一组平均值≥设计强度等级值的 85%。

（5）基础放线尺寸的允许偏差

砌筑基础前，应校核放线尺寸，允许偏差应符合表 3-22 的规定。

表 3-22

放线尺寸的允许偏差

长度 L、宽度 B(m)	允许偏差（mm）	长度 L、宽度 B(m)	允许偏差（mm）
L（或 B）≤30	±5	60＜L（或 B）≤90	±15
30＜L（或 B）≤60	±10	L（或 B）＞90	±20

（6）砖砌体应横平竖直，砂浆饱满，上下错缝，内外搭砌，接槎牢固。

（7）砖、小型砌块砌体的允许偏差、检查方法和抽检数量应符合表 3-23 规定。

砖、小型砌块砌体的允许偏差、检查方法和抽检数量
表 3-23

项　　目			允许偏差（mm）	检查方法	抽检数量
轴线位移			10	用经纬仪和尺或其他测量仪器检查	承重墙、柱全数检查
基础、墙、柱顶面标高			±15	用水平仪和尺检查	不应少于 5 处
墙面垂直度	每层		5	用 2m 托线板检查	不应少于 5 处
	全高	≤10m	10	用经纬仪、吊线和尺或其他测量仪器检查	外墙全部阳角
		＞10m	20		
表面平整度	清水墙、柱		5	用 2m 直尺和楔形塞尺检查	不应少于 5 处
	混水墙、柱		8		
水平灰缝平直度	清水墙		7	拉 5m 线和尺检查	不应少于 5 处
	混水墙		10		
门窗洞口高、宽（后塞框）			±10	用尺检查	不应少于 5 处
外墙上下窗口偏移			20	以底层窗口为准，用经纬仪吊线检查	不应少于 5 处
清水墙面游丁走缝（中型砌块）			20	以每层第一皮砖为准，用吊线和尺检查	不应少于 5 处

（8）配筋砌体的构造柱位置及垂直度的允许偏差、检查方法和抽检数量应符合表 3-24 的规定。

配筋砌体的构造柱位置及垂直度的允许偏差、检查方法和抽检数量
表 3-24

项次	项目			允许偏差（mm）	检查方法	抽检数量
1	柱中心线位置			10	用经纬仪和尺或其他测量仪器检查	每检验批抽查不应少于 5 处
2	柱层间错位			8	用经纬仪和尺或其他测量仪器检查	
3	柱垂直度	层		10	用 2m 托线板检查	
		全高	≤10m	15	用经纬仪、吊线和尺或其他测量仪器检查	
			＞10m	20		

（9）填充墙砌体一般尺寸的允许偏差、检查方法和抽检数量应符合表 3-25 的规定。

填充墙砌体一般尺寸的允许偏差、检查方法和抽检数量　　表 3-25

项次	项目		允许偏差（mm）	检查方法	抽检数量
1	轴线位移		10	用尺检查	每检验批抽查不应少于 5 处
	垂直度（每层）	≤3m	5	用 2m 托线板或吊线、尺检查	
		>3m	10		
2	表面平整度		8	用 2m 直尺和楔形塞尺检查	
3	门窗洞口高、宽（后塞口）		±10	用尺检查	
4	外墙上、下窗口偏移		20	用经纬仪或吊线检查	

（10）填充墙砌体的砂浆饱满度要求、检查方法和抽检数量应符合表 3-26 的规定。

填充墙砌体的砂浆饱满度要求、检查方法和抽检数量　　表 3-26

砌体分类	灰缝	饱满度要求	检查方法	抽检数量
空心砖砌体	水平	≥80%	采用百格网检查块材底面砂浆的粘结痕迹面积	每检验批抽查不应少于 5 处
	垂直	填满砂浆，不得有透明缝、瞎缝、假缝		
蒸压加气混凝土砌块和轻骨料混凝土小砌块砌体	水平	≥80%		
	垂直	≥80%		

四、砌筑工程的安全技术

（1）在操作之前必须检查操作环境是否符合安全要求，道路是否畅通，机具是否完好牢固，安全设施和防护用品是否齐全，经检查符合要求后才可施工。

（2）砌基础时，应检查和经常注意基坑土质变化情况，有无崩裂现象，堆放砖块材料应离开坑边 1m 以上，当深基坑装设挡板支撑时，操作人员应设梯子上下，不得攀跳，运料不得碰撞支撑，也不得踩踏砌体和支撑上下。

（3）墙身砌体高度超过地坪 1.2m 以上时，应搭设脚手架，在一层以上或高度超过4m 时，采用里脚手架必须支搭安全网，采用外脚手架应设护身栏杆和挡脚板后方可砌筑。

（4）脚手架上堆料量不得超过规定荷载，堆砖高度不得超过 5 皮侧砖，同一块脚手板上的操作人员不应超过 2 人。

（5）采用内脚手架时，应在房屋四周按照安全技术规定的要求设置安全网，并随施工的高度上升，屋檐下一层安全网，在屋面工程完工前，不准拆除。

（6）砌块施工时，不准站在墙身上进行砌筑、画线、检查墙面平整度和垂直度、裂缝、清扫墙面操作，也不准在墙身上行走。

（7）砌块吊装就位时，应待砌块放稳后，方可松开夹具。

（8）已经就位的砌块，必须立即进行竖缝灌浆，对稳定性较差的窗间墙独立柱和挑出墙面较多的部位，应加临时支撑，以保证其稳定性，在台风季节，应及时进行圈梁施工，加盖、楼板或采取其他稳定措施。

（9）在砌块、砌体上，不宜拉缆风绳，不宜吊挂重物，也不宜作其他施工临时设施、支撑的支承点，如确实需要时，应采取有效的措施。

（10）遇到下列情况时，应停止吊装作业：

1）不能听清信号时；

2）起吊设备、索具、夹具等有不安全因素没有排除时；

3）大雾或照明不足时。

（11）冬期施工时，应在上班操作前清除掉在机械、脚手板和作业区内的积雪、冰雪，严禁起吊同其他材料冻结在一起的砌体和构件。

（12）大风、大雨、冰冻等异常气候之后，应检查砌体是否有垂直度的变化，是否产生了裂缝，是否有不均匀下沉等现象。

（13）灰浆泵使用前，输浆管各部插口应拧紧、卡牢，管路应顺直，避免折弯，同时还应检查管道是否畅通，压力表、安全阀是否灵敏可靠，操作时应戴保护眼镜、口罩、手套，在操作过程中，应严格按照规定压力进行，如果超压和压浆管道阻塞，应卸压检修，拆洗时，应先拆靠身的法兰螺丝，以防砂浆喷出伤人。

项目小结

　　本项目主要涵盖了脚手架及垂直运输设施与二次结构砌筑工程施工两大块内容，其中脚手架及垂直运输设施主要介绍了脚手架的常见类型、塔式起重机的类型与选择、施工升降机的类型与选择；二次结构砌筑工程施工主要介绍了二次结构砌筑工程中的注意要点、砌筑机器人的应用、砌筑工程质量要求与安全技术等内容。脚手架中重点介绍了扣件式钢管脚手架的荷载计算、构造要求、搭设方法；二次结构砌筑工程重点介绍了砌筑机器人的研究和应用现状。同时进行了工程实践案例分析。

复习思考题

一、单选题

1. 砖墙水平灰缝的砂浆饱满度至少达到（　　）以上。

A. 90％　　　　　　B. 80％　　　　　　C. 75％　　　　　　D. 70％

2. 砌砖墙留斜槎时，斜槎长度不应小于高度的（　　）。

A. 1/2　　　　　　B.1/3　　　　　　C.2/3　　　　　　D. 1/4

3. 砌砌体留直槎时，需加拉结筋，拉结筋沿墙高（　　）设一层。

A. 300mm　　　　B. 500mm　　　　C. 700mm　　　　D. 1000mm

4. 砌砖墙留直槎时，需加拉结筋。对抗震设防烈度为6度、7度地区，拉结筋每边埋入墙内的长度不应小于（　　）。

A. 50mm　　　　　B. 500mm　　　　C. 700mm　　　　D. 1000mm

5. 砖墙的水平灰缝厚度和竖缝宽度一般应为（　　）左右。

A. 3mm   B. 7mm   C. 10mm   D. 15mm

6. 隔墙或填充墙的顶面与上层结构的接触处，宜（   ）。

A. 最后用砖斜砌顶紧   B. 用砂浆塞紧

C. 用埋筋拉结   D. 用现浇混凝土连接

7. 对于实心砖砌体宜采用（   ）砌筑，容易保证灰缝饱满。

A. 挤浆法   B. 刮浆法

C. "三一"砌砖法   D. 满口灰法

8. 为了避免砌体施工时可能出现的高度偏差，最有效的措施是（   ）。

A. 准确绘制和正确竖立皮数杆   B. 挂线砌筑

C. 采用"三一"砌筑法   D. 提高砂浆的和易性

9. 对砌筑砂浆的技术要求不包括（   ）。

A. 粘结性   B. 保水性

C. 强度   D. 坍落度

10. 砌砖墙留槎正确的做法是（   ）。

A. 墙体转角留斜槎加拉结筋

B. 内外墙交接处必须做成阳直槎

C. 外墙转角处留直槎

D. 不大于7度的抗震设防地区留阳槎加拉结筋

11. 对砖墙的转角处和交接处应（   ）。

A. 分段砌筑   B. 同时砌筑

C. 分层砌筑   D. 分别砌筑

12. 每层承重墙的最上一皮砖，在梁或梁垫的下面，应用（   ）砌筑。

A. 一顺一丁   B. 丁砖

C. 三顺一丁   D. 顺砖

13. 有钢筋混凝土构造柱的标准砖墙应砌成马牙槎，每槎高度不超过（   ）。

A. 一皮砖   B. 二皮砖   C. 三皮砖   D. 五皮砖

14. 砌体墙与柱应沿高度方向每（   ）设 $2\phi6$ 钢筋。

A. 300mm   B. 三皮砖   C. 五皮砖   D. 500mm

15. 砖基础大放脚的组砌形式是（   ）。

A. 三顺一丁   B. 一顺一丁

C. 梅花丁   D. 两平一侧

16. 砌筑砂浆的抽样频率应符合：每一检验批且不超过（   ）砌体的同种砂浆，每台搅拌机至少抽检一次。

A. 100m³   B. 150m³   C. 250m³   D. 500m³

17. 计算纵向、横向水平杆的内力与挠度时，纵向水平杆宜按（   ）连续梁计算。

A. 三跨   B. 两跨   C. 实际跨   D. 任意跨

18. 如图3-63所示，1、2、3杆分别是指（   ）。

A. 竖杆、纵向水平杆、横向水平杆

B. 立杆、横向水平杆、纵向水平杆

C. 大横杆、小横杆、立杆

D. 立杆、纵向水平杆、横向水平杆

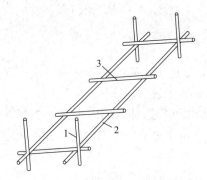

图 3-63　题 18 图

19. 一般情况下单排脚手架搭设允许高度为 24m，双排脚手架搭设高度不宜超过（　　）。

A. 20m　　　　　　B. 30m　　　　　　C. 50m　　　　　　D. 80m

20. 脚手架纵向扫地杆采用直角扣件固定在立杆上，距底座上皮（　　）mm。

A. 100　　　　　　B. 150　　　　　　C. 200　　　　　　D. 250

21. 脚手架连墙杆靠近主节点设置，偏离主节点的距离不应大于（　　）mm。

A. 200　　　　　　B. 250　　　　　　C. 300　　　　　　D. 350

22. 立杆的稳定性应按下列公式计算（　　）。

A. $\dfrac{N}{\varphi A} \leqslant f$

B. $\dfrac{N}{\varphi A} + \dfrac{M_{\mathrm{w}}}{W} \leqslant f$

C. $\dfrac{N}{\varphi A} \leqslant f$ 或 $\dfrac{N}{\varphi A} + \dfrac{M_{\mathrm{w}}}{W} \leqslant f$

D. 都不是

23. 对高度 24m 以上的双排脚手架，必须采用（　　）连墙件与建筑物可靠连接。

A. 刚性　　　　　B. 柔性　　　　　C. 刚性或柔性　　　　　D. 钢丝等

24. 纵向水平杆宜设置在立杆的（　　）侧，其长度不宜小于（　　）跨。

A. 内，2　　　　　B. 内，3　　　　　C. 外，3　　　　　D. 外，2

25. 悬挑式脚手架一般是多层悬挑，将全高的脚手架分成若干段，利用悬挑梁或悬挑架作脚手架基础分段搭设，每段搭设高度不宜超过（　　）m。

A. 15　　　　　　B. 18　　　　　　C. 20　　　　　　D. 24

26. 脚手架顶端宜高出女儿墙上皮（　　）m，高出檐口上皮（　　）m。

A. 0.5，2　　　　B. 1，1　　　　C. 2，1.5　　　　D. 1，1.5

27. 高度在（　　）m 以下的封闭型双排脚手架可不设横向斜撑。

A. 20　　　　　　B. 24　　　　　　C. 25　　　　　　D. 30

28. 脚手架立杆上部应始终高出操作层（　　）m，并进行安全防护。

A. 1.2　　　　　B. 1.3　　　　　C. 1.4　　　　　D. 1.5

29. （　　）尤其适用于现场狭窄的高层建筑施工的水平运输和垂直运输。

A. 轨道式塔式起重机　　　　　　　　B. 爬升式塔式起重机

C. 附着式塔式起重机　　　　　　　　D. 井架

30. 适用于建筑施工和维修，也可在高层建筑施工中运送施工人员的是（　　）。

A. 塔式起重机　　　　　　　　　　B. 龙门架

C. 施工升降机　　　　　　　　　　D. 井架

二、多选题

1. 对砌体结构中的构造柱，下述不正确的做法有（　　）。

A. 马牙槎从每层柱脚开始，应先进后退

B. 沿高度每 500mm 设 $2\phi6$ 钢筋每边伸入墙内不应少于 1000mm

C. 砖墙应砌成马牙槎，每一马牙槎沿高度方向的尺寸不超过 500mm

D. 构造柱应与圈梁连接

E. 应先绑扎钢筋，而后砌砖墙，最后浇筑混凝土

2. 目前填充墙与钢筋混凝土柱墙联结的拉结钢筋留置方式有（　　）。

A. 埋入混凝土内先弯折然后回折

B. 预埋钢板再焊接拉结筋

C. 植筋

D. 膨胀螺栓固定先焊在铁板上的预留拉结筋

E. 混凝土内预埋套筒连接

3. 关于加气混凝土砌块，下列说法正确的有（　　）。

A. 水平灰缝厚度宜为 15mm　　　　B. 可用于建筑物室内地面标高以下部位

C. 砌块搭砌长度不应小于砌块长度 1/3　　D. 不得留设脚手眼

E. 至少抽检 5 片墙

4. 抗震设防烈度较低时，砌砖墙可留直槎，但必须留成阳槎，并沿墙高每 500mm 设置一道拉结筋。当墙体厚度为（　　）时，拉结筋可用 $2\phi6$。

A. 490mm　　　　B. 370mm　　　　C. 240mm　　　　D. 180mm

E. 120mm

5. 砖墙砌筑时，在（　　）处不得留槎。

A. 洞口　　　　　　　　　　　　B. 转角

C. 墙体中间　　　　　　　　　　D. 纵横墙交接

E. 隔墙与主墙交接

6. 下列是脚手架承载能力设计计算内容的是（　　）。

A. 纵向、横向水平杆等受弯构件的强度和连接件的抗滑承载力计算

B. 立杆的稳定性计算

C. 连墙件的强度、稳定性和连接强度的计算

D. 立杆地基承载力计算

E. 剪刀撑强度计算

7. 脚手架立杆稳定计算荷载效应组合方式有（　　）。

A. 永久荷载＋施工均布活荷载

B. 永久荷载＋0.9×(施工均布活荷载＋风荷载)

C. 风荷载＋3.0kN

D. 风荷载＋5.0kN

E. 永久荷载＋0.75×(施工均布活荷载＋风荷载)

8. 在脚手架使用期间，严禁拆除下列杆件 (   )。

A. 主节点处的纵向水平杆　　　　　　B. 主节点处的横向水平杆

C. 剪刀撑　　　　　　　　　　　　　D. 连墙件

E. 纵、横向扫地杆

9. 在发生以下 (   ) 天气情况时，应停止脚手架搭设与拆除作业。

A. 六级及六级以上大风　　　　　　　B. 雾

C. 雨　　　　　　　　　　　　　　　D. 雪

E. 五级大风

10. 空心砌块的排列应遵循 (   )。

A. 上下皮砌块的错缝搭接长度不少于砌体长度的 1/4

B. 墙体转角处和纵横交接处应同时砌筑

C. 砌块中水平灰缝厚度应为 10～20mm

D. 空心砌块要错缝搭接，小砌块应面朝上反砌于墙体上

E. 墙体的转角处和纵横墙交接处，需要镶砖时应整砖镶砌

三、简答题

1. 砌筑砖砌体时，砖应提前 1～2 天浇水湿润，为什么？适宜含水率为多少？现场用什么检验方法检验？

2. 画出构造柱平、立剖面，写出构造柱的工艺流程。

3. 试述墙身皮数杆的用途、画法、立法。

Chapter 04

项目四

钢筋混凝土工程智能化施工

教学目标

1. 知识目标

（1）了解钢筋的种类、性能及要求。

（2）了解模板的种类、构造及其搭设技术要求。

（3）掌握钢筋混凝土工程的施工过程及施工工艺。

（4）掌握钢筋的下料与代换计算。

（5）掌握混凝土的施工配合比换算。

2. 能力目标

（1）能根据大样图进行钢筋放样，编制钢筋的配料单。

（2）能指导钢筋安装施工。

（3）会绘制模板施工图。

（4）能指导混凝土结构模板搭设。

（5）能检查和评定钢筋混凝土施工质量。

（6）能协助质量部门处理钢筋混凝土结构施工质量事故。

3. 素质目标

（1）通过钢筋混凝土工程的项目训练，培养学生"精诚合作""大公无私"的团队精神，践行"人类命运共同体"的理念。

（2）通过钢筋智能化加工和混凝土工程智能化施工的学习，培养学生"创新发展""终生学习"的意识，践行"高质量发展"的理念，胸怀爱国之情，为实现第二个百年奋斗目标（把我国建设成为"富强民主文明和谐美丽"的社会主义现代化强国）而不懈奋斗。

引例

综合应用案例 4.1 为钢筋混凝土结构，主要功能为办公楼，局部钢结构，地下 3 层，地上主体结构 6 层、8 层、11 层、13 层、16 层各一栋，建筑整体外形呈阶梯形。本工程采用夹板和木枋的模板体系，模板一般散支散拆，以适应尺寸变化较多的要求。

综合应用案例 4.2 为钢筋混凝土结构，包括 4 栋 33 层住宅和 1 栋 4 层商业楼，其中地下室设有 2 层地下室、地下车库和设备用房。本工程地下结构采用木模板，地上结构采用铝合金模板。

思考：木模板与铝合金模板的施工工艺有何区别？从经济性和适用性角度看，两个工程模板选型是否合理？

混凝土结构是工业与民用建筑的主要结构之一，包括素混凝土结构、钢筋混凝土结构和预应力混凝土结构等。混凝土结构按施工方法分为现浇混凝土结构和预制装配混凝土结构。

钢筋混凝土结构工程可划分为模板工程、钢筋工程、混凝土工程三个分项工程，在施工中三者之间要密切配合，才能确保工程质量和工期。其施工工艺流程如图 4-1 所示。

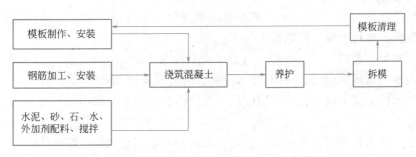

图 4-1　钢筋混凝土结构工程施工工艺流程图

任务 1　模板工程施工

模板是混凝土结构构件成型的模型板，新浇筑的混凝土在此模型内养护硬化，并达到一定的强度，形成结构所要求形状的构件。

模板系统是临时性施工措施，由模板和支撑两部分构成。模板是指与混凝土直接接触，使混凝土具有设计所要求的形状和尺寸的部分；支撑是指支撑模板承受模板、构件及施工荷载的作用，并使模板保持所要求的空间位置的部分。

模板工程施工工艺流程：

模板的选材→选型→设计→制作→安装→拆除→周转。

> 模板工程属于危险性较大的分部分项工程，大量的安全事故案例告诉我们，模板工程虽然大多属于施工时的临时结构，但仅仅是未掌握好拆模时间，就可能造成重大人员伤亡。我们作为未来的工程师，应始终不忘初心，牢记使命，将责任放在第一位。

一、模板的分类和构造

知识链接

根据国外统计，在一般工业与民用建筑中，平均每立方米混凝土需用模板 7.4m^2，模板工程的费用约占混凝土工程费用的 34%。

1. 模板的分类

按模板所用的材料不同，分为木模板、钢模板、铝合金模板、塑料模板、胶合板模板、钢木模板、钢竹模板、玻璃模板等。

按模板的形式及施工工艺不同，分为组合式模板（如木模板、组合钢模板）、工具模板（如大模板、滑模、爬模、飞模、模壳等）、胶合板模板和永久性模板。

按模板规格形式不同，分为定型模板（即定型组合模板，如小钢模板）和非定型模板（散装模板）。

下面重点介绍常用的木模板、组合钢模板、铝合金模板和塑料模板的构造：

（1）木模板

木模板的主要优点是制作拼装随意，尤适用于浇筑外形复杂、数量不多的混凝土结构或构件。此外，因木材导热系数低，混凝土冬期施工时，木模板有一定的保温养护作用。

木模板的木材主要采用松木和杉木，其含水率不宜过高，以免干裂，一般含水率应低于19%，木模板的基本元件为拼板（图4-2），由板条与拼条钉成。板条的宽度不宜大于 200mm，以免受潮翘曲。拼条的间距取决于板条面受荷大小以及板条厚度，一般为 400~500mm。

（2）组合钢模板

组合钢模板是一种定型模板，可组合成多种尺寸和几何形状，用于各种类型建筑物中钢筋混凝土梁、柱、板、基础等施工，也可用其

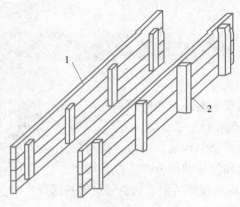

图4-2　拼板

1—板条；2—拼条

拼成大模板、滑模、筒模和台模等。施工时可在现场直接组装，也可预拼装成大块模板或构件模板用起重机吊运安装。组合钢模板的安装工效比木模高；组装灵活，通用性强；拆装方便，周转次数多，每套钢模可重复使用50～100次以上；加工精度高，浇筑的混凝土质量好；成型后的混凝土尺寸准确，棱角齐整，表面光滑，可以节省装修用工。但一次投资费用大。

组合钢
模板

组合钢模板由模板、连接件和支承件组成。

① 模板

组合钢模板包括：平面模板、阴角模板、阳角模板和连接角模，如图4-3所示。

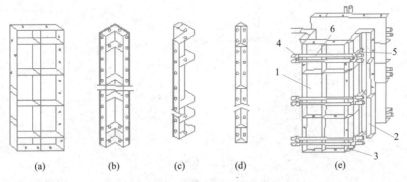

(a)　　(b)　　(c)　　(d)　　(e)

图4-3　组合钢模板

(a) 平面模板；(b) 阴角模板；(c) 阳角模板；(d) 连接角模；(e) 拼装成的附壁柱模板
1—平面模板；2—阴角模板；3—连接角模；4—3形扣件；5—对拉螺栓；6—钢楞

② 连接件

组合钢模板的连接件包括：U形卡、L形插销、钩头螺栓、紧固螺栓、对拉螺栓和扣件等，如图4-4所示。

③ 支承件

组合钢模板的支承件包括：柱箍、钢楞、钢支架、梁卡具、斜撑和钢桁架等，如图4-5所示。

（3）铝合金模板

铝合金模板体系组成部分根据楼层特点进行配套设计，对设计技术人员的能力要求较高，但对拼装人员的能力要求很低。只要有专业的人员进行指导，拼装人员都能在很短的时间里学会独自拼装。铝模板系统中约80%的模板可以在多个项目中重复利用。铝合金模板有以下优点：

① 使用铝合金模板浇筑的混凝土观感好、质量高

铝合金材料的金属表面非常光滑、平整，因此使用铝合金模板技术浇筑的混凝土表面非常平整、观感较佳。另外铝合金模板各个拼件都是在工厂使用器械加工而成，有效保证了模板的质量和平整度，且每块拼件之间使用销钉对孔连接，销钉固定好后几乎能达到无缝连接的效果，可避免因接缝过大而出现的混凝土漏浆现象，造成混凝土表面蜂窝麻面。从这两方面就可以保证使用铝合金模板技术浇筑的混凝土的观感和质量。

② 铝合金模板平均使用成本低

铝合金模板虽然每平方米的购买单价较高，但是将其使用在标准层或标准户型较多的

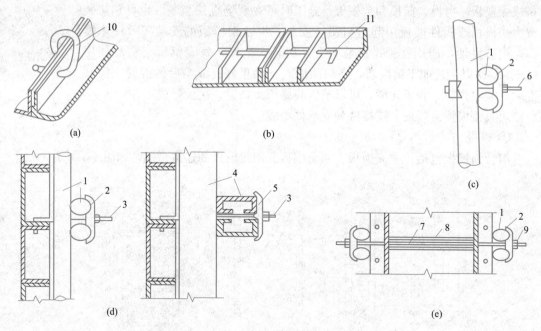

图 4-4　连接件

（a）U 形卡；（b）L 形插销；（c）钩头螺栓；（d）紧固螺栓；（e）对拉螺栓

1—圆钢管钢楞；2—3 形扣件；3—钩头螺栓；4—内卷边槽钢钢楞；

5—蝶形扣件；6—紧固螺栓；7—对拉螺栓；8—塑料套管；9—螺母

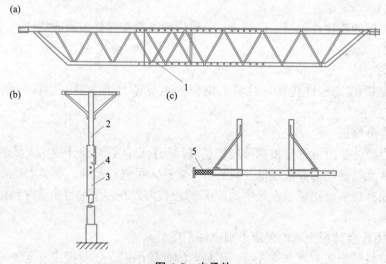

图 4-5　支承件

（a）钢桁架；（b）钢支架；（c）梁卡具

1—桁架伸缩销孔；2—内套钢管；3—外套钢管；4—插销孔；5—调节螺栓

建筑多次循环使用时，其平均使用成本与其他模板技术相比则有较大优势。

③ 铝合金模板的施工周期短

铝合金模板一般采用"快拆体系"技术。所谓"快拆体系"就是当某一层浇筑的混凝土达到一定强度时，在保证施工安全的前提下，除保留的立杆及早拆支撑头外，同步将楞骨、模板等拆除并从传料口运到上一层，保留的立杆必须是稳定体。基本原理就是在施工阶段把结构跨度人为地划小，降低其内力，使模板能够早拆，而结构的安全度又不受影响，以达到模板早拆应有的经济效益及社会效益。这种快拆体系，不但保证了混凝土的正常受力需要，还突破了传统的模板使用习惯，大大提高了模板使用的效率，加快施工进度。为配合"快拆体系"安全稳定性，一般铝合金模板悬挑部分结构配备 6 套支撑体系，梁构件配备 4 套支撑体系，板构件配备 3 套支撑体系。运用"快拆体系"铝合金模板技术，在正常使用情况下，其施工速度可以达到每 4 天浇筑 1 层混凝土。

④ 铝合金模板的质量轻，便于安装

铝合金材料密度较小，质量较轻，铝合金模板每平方米的质量仅为 20～25kg；铝合金模板拼件的尺寸较小，标准尺寸仅为 400mm×1200mm，两人配合可较为轻松完成安装、拆除及转运工作。

⑤ 铝合金模板的承载力高，不易爆模

试验结果显示，目前铝合金模板的承载力可达到 30～50kN/m²，完全可以承受在浇筑混凝土时对模板产生的冲击力。铝合金模板系统所有部位都采用铝合金板组装而成，系统拼装完成后，形成一个整体框架，稳定性十分好，如工人严格按作业指导书进行安装，混凝土浇筑过程中基本不会出现模板鼓胀或爆模的情况。

⑥ 节能环保，不会造成现场污染

铝合金模板在进入施工现场前均在厂家进行预拼装，现场不需要进行裁剪、切割，不会产生相应的废料，也不会产生切割的噪声，施工拆模后，现场无任何垃圾，施工环境安全、干净、整洁。一套铝合金模板可重复使用 200～300 次，报废后的模板也能进行回收，重新熔炼，低碳环保、节能减排，符合国家绿色施工规定。

⑦ 无需人工定位预留孔洞

铝合金模板深化设计已考虑相应的预留洞口，在工厂试拼装后均统一编号，组装简单、方便，同时模板定位精准，与木模相比，省去了预留孔洞定位的繁琐工作，极大地提高了模板安装的效率。

铝合金模板的应用存在的不足主要有：

① 前三层墙体观感不佳

由于铝合金模板在完成拼装后形成一个整体，不易透气，在浇筑过程中，模板与混凝土发生化学反应，若混凝土振捣不足墙体表面会产生气泡，隔离剂涂刷不到位易引起脱皮。

② 定型模板对设计要求较高，变更难度大

铝合金模板在设计时，需要施工的结构图及建筑图纸十分准确，故对项目的技术工作要求较高，需提前做好施工前的图纸变更和图纸会审工作。铝模板加工出来后，在现场安装基本上不能修改，确有设计变更修改的，则需提前跟厂家沟通，重新深化设计、加工及制作，再从厂家运至施工现场，而木模板在工地上可以随便切割。

③ 前期一次性投入相对较大

铝模板每平方米单价相对较高，故其前期一次性相对投入较大。过程中需加强管理，特别是铝合金模板标准板、支撑杆件等要做好回收保养，以便用于下一个工地。

（4）塑料模板

装配式带肋塑料模板体系是目前技术较为成熟的塑料模板体系。如图 4-6 所示，该体系由模板及其各类连接配件组成。

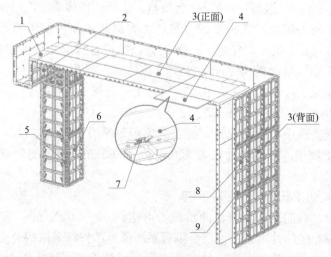

图 4-6　装配式带肋塑料模板体系

1—阴角模板；2—梁；3—板；4—其他板材模板；5—阳角模板；6—柱；7—转接件；8—平面模板；9—锁销

塑料模板在实际应用中具有以下的优势：

① 平整光洁

模板拼接严密平整，模板平整度可控制在 0.3mm 以内，厚薄均匀，厚度可控制在 ±0.3mm 以内，比木胶板节约 2/3 的铁钉。脱模后混凝土结构表面度、光洁度均超过现有清水模板的技术要求，不须二次抹灰，省工省料。

② 轻便易装

重量轻，工艺适应性强，可以锯、刨、钻、钉，可随意组成任何几何形状，满足各种形状建筑支模需要。

③ 脱模简便

混凝土不沾板面，无需隔离剂，轻松脱模，容易清灰。

④ 稳定耐候

机械强度高，吸水膨胀率小于 0.06%，可在 −30～+60℃ 范围内正常使用，不收缩、不湿胀、不开裂、不变形、尺寸稳定、耐碱防腐、阻燃防水、拒鼠防虫。使用 6 年的老化度为 15%，能正常使用 8 年以上。

⑤ 利于养护

模板不吸水，不用特殊养护或保管。

⑥ 可塑性强

能根据设计和构件尺寸要求，加工制作不同形状和不同规格的模板，有弧度构件模板制作更为简单，模板可钻钉、锯、刨等，具有与木模板一样的可加工性，现场拼接简单方便。

⑦ 降低成本

周转次数多，平面模不低于 50 次，柱梁模不低于 60 次，使用成本低。

⑧ 节能环保

可回收反复利用，塑料模板使用到一定程度可以全面回收，不论大小新旧，经处理后，可再加工生产出新的模板，零废物排放。

塑料模板的劣势有以下几方面：

① 塑料建筑模板的强度和刚度太小

塑料建筑模板的静曲强度和静曲弹性模量与其他模板相比较小，国内应用的塑料建筑模板，在强度和刚度方面比竹（木）模板略低。

② 塑料建筑模板的承载量低

目前塑料建筑模板主要以平板形式用作顶板和楼板模板，承载量较低，只要适当控制次梁的间距就能满足施工要求。但是要用作墙柱模板，必须加工成钢框塑料模板。因此，还要调整塑料建筑模板的配方，改进生产工艺，提高塑料建筑模板的性能。

③ 塑料建筑模板的热胀冷缩系数大

塑料板材的热胀冷缩系数比钢铁、木材大，因此塑料建筑模板受气温影响较大，如夏季高温期，昼夜温差达 40℃，据资料介绍，在高温时，3m 长的板伸缩量可达 3～4mm。如果在晚上施工铺板，到中午时模板中间部位将发生起拱；如果在中午施工铺板，到晚上模板收缩将使相邻板之间产生 3～4mm 的缝隙。要解决膨胀大的问题，可以通过调整材料配方，改进加工工艺来缩小膨胀系数。另外，在施工中可以选择一个平均温度的时间来铺板，或在板与板之间加封海绵条，可以做到消除模板缝隙，保证浇筑混凝土不漏浆，又可解决高温时起拱的问题。

④ 电焊渣易烫坏塑料建筑模板

目前，塑料模板主要用作楼板模板，在铺设钢筋时，由于钢筋连接时电焊的焊渣温度很高，落在塑料模板上，易烫坏板面，影响成型混凝土的表面质量。因此，可以在聚丙烯中适当加阻燃剂，提高塑料模板的阻燃性。另外可以在电焊作业时采取防护措施，如给电焊工发一块石棉布，对平面模板可以平铺在焊点下，对竖立模板可以将一块小木板靠在焊点旁，就可以解决电焊烫坏塑料建筑模板的问题。

2. 基本构件模板的构造

现浇钢筋混凝土的基本构件主要有基础、柱、梁和板，下面分别介绍这些基本构件模板的构造。

（1）基础模板

基础模板的特点是高度不高但体积较大，当土质良好时，可以不用侧模，采取原槽灌筑，这样比较经济。但通常需要支模板。

阶梯基础模板，每一台阶模板由四块侧板拼钉而成，四块侧板用挡木拼成方框。上台阶模板通过轿杠木支撑在下台阶上，下层台阶模板的四周要设斜撑及平撑。杯口形基础模板在杯口位置要装设杯芯模。如图 4-7 所示。

（2）柱模板

柱模板的特点是断面、尺寸不大而比较高，因此，柱模主要解决垂直度、柱模在施工时的侧向稳定及抵抗混凝土的侧压力的问题。同时也应考虑方便灌筑混凝土、清理垃圾与钢筋工配合等问题。如图 4-8 所示。

柱模板的底部开有清理模板内的垃圾孔，沿高度每隔约 2m 开有灌筑口（亦是振捣

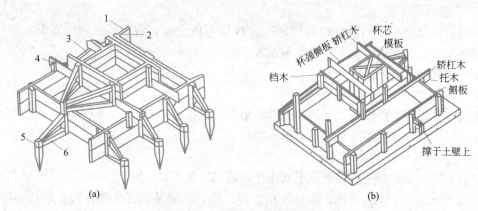

图 4-7　阶梯、杯口形基础模板

（a）阶梯形基础模板；（b）杯口形基础模板

1—第一阶侧模；2—挡木；3—第二阶侧模；4—轿杠木；5—木桩；6—斜撑

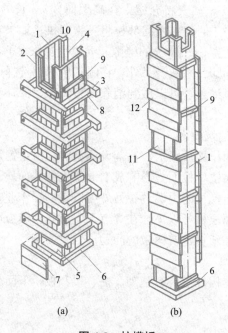

图 4-8　柱模板

（a）拼板柱模板；（b）短横板柱模板

1—内拼板；2—外拼板；3—柱箍；4—梁缺口；5—清理孔；6—木框；7—盖板；
8—拉紧螺栓；9—拼条；10—三角木条；11—浇筑孔；12—短横板

口），柱底一般有个木框用以固定柱子的水平位置。

同在一条直线上的柱，应先校正两头的柱模，再在柱模上口中心线拉一铁丝来校正中间的柱模。柱模之间，还要用水平撑及剪刀撑相互牵搭住。

（3）梁模板

梁模板的特点是跨度较大而宽度一般不大，因此混凝土对梁模板既有横向侧压力，又有垂直压力。梁模板主要由底模、夹木及支架部分组成，梁的下面一般是架空的，梁模板及其支架系统要能承受这些荷载而不致发生超过规范允许的过大变形。如图4-9所示。

单梁的侧模板一般拆除较早，因此侧板应包在底模的外面。柱的模板与梁的侧板一样，也可早拆除，梁的模板也就不应伸到柱模板的开口里面，次梁模板也不应伸到主梁侧板开口里面。

如梁的跨度在4m及以上，应使梁横中部略为起拱，防止由于浇筑混凝土后跨中梁底下垂。如设计无规定时，起拱高度宜为全跨长度的1‰～3‰。

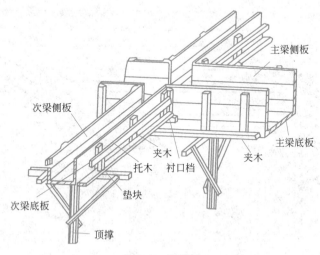

图 4-9　梁模板

（4）墙模板

墙模板的特点是竖向面积大而厚度一般不大，因此墙模板主要应能保持自身稳定，并能承受浇筑混凝土时产生的水平侧压力。墙模板主要由侧模、主肋、次肋、斜撑、对拉螺栓及撑块等组成，如图4-10所示。

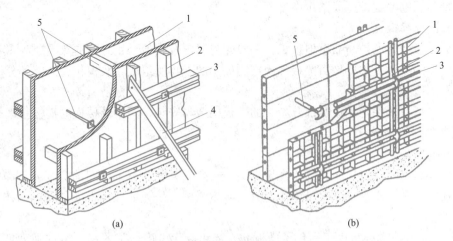

图 4-10　墙模板

（a）胶合板模板；（b）组合钢模板

1—侧模；2—次肋；3—主肋；4—斜撑；5—对拉螺栓及撑块

（5）楼板模板

楼板模板的特点是面积大而厚度一般不大，因此横向侧压力很小，楼板模板及其支架系统主要用于抵抗混凝土的垂直荷载和其他施工荷载，保证楼板不变形下垂，如图 4-11 所示。

楼板模板的安装顺序是：在主次梁模板安装完毕后，首先安托板，然后安装楞木，铺定型模板，铺好后核对楼板标高、预留孔洞及预埋铁等的部位和尺寸。

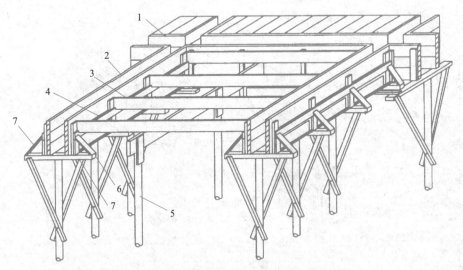

图 4-11　楼板模板

1—楼板模板；2—梁侧模板；3—搁栅；4—横挡支撑；5—支撑；6—夹条；7—短撑木

（6）楼梯模板

楼梯模板的构造与楼板模板相似，不同点是倾斜和做成踏步。

楼梯段楼梯模板安装时，特别要注意每层楼梯第一级与最后一级踏步的高度，不要疏忽了装饰面层的厚度，造成踏步高度不同的现象。

（7）圈梁模板

圈梁模板的特点是断面小但很长，一般除窗洞口及其他个别地方是架空外，其他均搁在墙上。故圈梁模板主要是由侧板和固定侧板用的卡具所组成，底模仅在架空部分使用。

（8）雨篷模板

雨篷包括过梁和雨篷板两部分，它的模板构造与安装，同梁及楼板的模板基本相同。

3.其他模板简介

（1）大模板

大模板是指单块模板的高度相当于楼层的层高、宽度约等于房间的宽度或进深的大块定型模板，在高层建筑施工中可用作混凝土墙体侧模，是一种现浇钢筋混凝土墙体的大型工具式模板。

大模板
施工

大模板由于简化了模板的安装和拆除工序，工效高、劳动强度低、墙面平整、质量好，因而在剪力墙结构的高层建筑（包括内、外墙全现浇体系和外墙用预制板、内墙现浇体系）中得到广泛的应用。

大模板的一次投资大、通用性较差。为了减少大模板的型号，增加其利用率，用大模板施工的工程，在设计上应减少房间开间和进深尺寸的种类，并符合一定的模数，层高和墙厚应固定。外墙预制、内墙现浇的建筑应力求体形简单，加强墙与墙及墙与板之间的连接，采取加强建筑物整体性和提高其抗震能力的措施。

大模板由面板、次肋、主肋、支撑桁架、稳定机构及附件组成，其构造如图 4-12 所示。

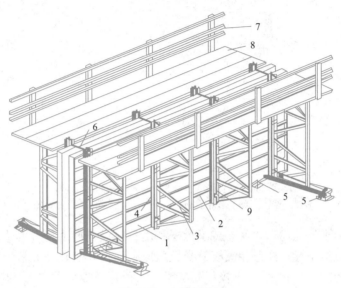

图 4-12　大模板构造

1—面板；2—次肋；3—支撑桁架；4—主肋；5—调整螺旋；6—卡具；

7—栏杆；8—脚手板；9—对拉螺栓

（2）滑升模板

滑升模板施工

滑升模板施工原理是在构筑物或建筑物底部，沿其墙、柱、梁等构件的周边一次性组装高 1.2m 左右的滑动模板，随着向模板内不断地分层浇筑混凝土，用液压提升设备使模板不断地向上滑动，直到需要浇筑的高度为止，是现浇钢筋混凝土结构机械化施工的一种施工方法。

滑升模板施工可以节约模板和支撑材料，加快施工速度和保证结构的整体性。但模板一次性投资大，耗钢量多，对建筑的立面造型和构件断面变化有一定限制。

液压滑升模板是由模板系统、操作平台系统和提升机具系统及施工精度控制系统等部分组成。模板系统包括模板、腰梁围檩（又叫围圈）和提升架等，模板又称围板，依赖腰梁带动其沿混凝土的表面滑动，主要作用是成型混凝土，承受混凝土的侧压力、冲击力和滑升时的摩阻力。操作平台系统包括操作平台、上辅助平台和内外吊脚手架等，是施工操作地点。提升机具系统包括支承杆、千斤顶和提升操纵装置等，是液压滑模向上滑升的动力。提升架将模板系统、操作平台系统和提升机具系统连成整体，构成整套液压滑模装置，其构造如图 4-13 所示。

（3）爬升模板

爬升模板简称爬模，是一种适用于现浇混凝土竖直或倾斜结构施工的模板，是施工剪力墙和筒体结构的高层建筑和桥墩、桥塔等的一种有效的模板体系。爬模既保持了大模板

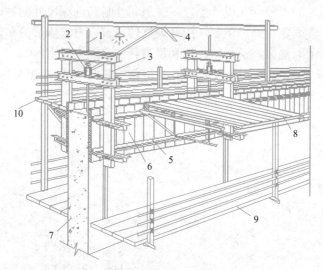

图 4-13　滑升模板构造

1—支承杆；2—液压千斤顶；3—油管；4—提升架；5—围圈；6—模板；
7—混凝土墙体；8—操作平台桁架；9—内吊脚手架；10—外吊脚手架

爬升模板
施工

墙面平整的优点，又保持了滑模利用自身设备向上提升的优点，不需起重运输机械吊运，能避免大模板受大风影响而停止工作，经济效益较好。爬模可分为"有架爬模"（即模板爬架子、架子爬模板）和"无架爬模"（即模板爬模板）两种。有架爬模的工艺原理是以建筑物的混凝土墙体结构为支承主体，通过附着于已完成的混凝土墙体结构上的爬升支架或大模板，利用连接爬升支架与大模板的爬升设备使一方固定，另一方做相对运动，交替向上爬升，完成模板的爬升、下降、就位和校正等工作。

爬升模板由模板、爬架及动力装置组成。其模板形式与大模板类似，宜采用组合模板、胶合板等组成。无架爬模的构造如图 4-14 所示。

（4）台模

台模是一个房间用一块模板，有时甚至更大，是一种大型工具式模板。它的外形像一张桌子，所以叫台模，也称桌模。施工时，利用塔式起重机将台模整体吊装就位。拆模后，又由塔式起重机将整个台模在空中直接吊运到下一个施工位置，因此又称飞模。台模主要用于浇筑平板式或带边梁的水平结构，如用于建筑施工的楼面模板。台模由面板、支撑框架、檩条等组成，其构造如图 4-15 所示。

二、模板设计

常用的木拼板模板和定型组合钢模板，在其经验适用范围内一般不需进行设计验算，但对重要结构的模板、特殊形式的模板或超出经验适用范围的一般模板，应进行设计或验算，以确保工程质量和施工安全，防止浪费。

模板和支撑系统的设计应根据结构形式、荷载大小、地基土类别、施工设备和材料供应等条件进行。设计内容一般包括选型、选材、配板、荷载计算、结构设计、拟定制作安

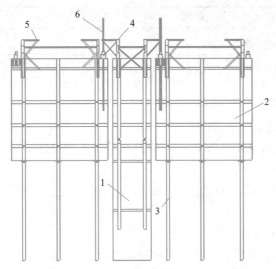

图 4-14　无架爬模的构造

1—甲型模板；2—乙型模板；3—背楞；4—液压千斤顶；5—三角爬架；6—爬杆

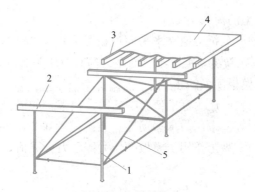

图 4-15　台模的构造

1—支腿；2—可伸缩的横梁；3—檩条；4—面板；5—斜撑

装和拆除方案、绘制模板施工图等。

1. 荷载计算

计算模板及其支撑的荷载，分为荷载标准值和荷载设计值，后者应以荷载标准值乘以相应的荷载分项系数。

（1）荷载标准值的计算

1）模板及其支撑自重

模板及其支撑自重标准值应根据模板设计图确定。肋形楼板及无梁楼板模板的自重标准值可按表 4-1 采用。

楼板模板自重标准值（kN/m²）　　　　　表 4-1

模板构件名称	木模板	定型组合钢模板	钢框胶合板模板
平板的模板及小楞	0.30	0.50	0.40

续表

模板构件名称	木模板	定型组合钢模板	钢框胶合板模板
楼板模板自重(包括梁模板)	0.50	0.75	0.60
楼板模板及支架自重 (楼层高度 4m 以下)	0.75	1.10	0.95

2）新浇筑混凝土自重

对普通混凝土密度可采用 24kN/m³，对其他混凝土可根据实际密度确定。

3）钢筋自重

根据设计图纸确定。对一般梁板结构，每立方米混凝土的钢筋自重标准值为：楼板 1.1kN/m³，梁 1.5kN/m³。

4）施工人员及施工设备荷载

计算梁模板及直接支承模板的小楞时，对均布活荷载取 2.5kN/m²，另应以集中荷载 2.5kN 再进行验算，比较两者所得的弯矩值，按其中较大者采用。计算直接支承小楞结构构件时，均布活荷载取 1.5kN/m²。计算支撑立柱及其他支承结构构件时，均布活荷载取 1.0kN/m²。

5）振捣混凝土时产生的荷载

振捣混凝土时产生的荷载标准值对水平面模板可采用 2.0kN/m²，对垂直面模板可采用 4.0kN/m²（作用范围在新浇筑混凝土侧面压力的有效压头高度之内）。

6）新浇筑混凝土对模板侧面的压力

新浇筑混凝土对模板侧面压力标准值影响的因素很多，如混凝土密度、凝结时间、混凝土的坍落度和掺缓凝剂等。采用内部振动器、浇筑速度在 6m/h 以下的普通混凝土及轻骨料混凝土，其新浇筑的混凝土作用于模板的最大侧压力标准值，可按以下二式计算，并取二式中的较小值

$$F = 0.22 r_c t_0 \beta_1 \beta_2 v^{1/2} \tag{4-1}$$

$$F = r_c H \tag{4-2}$$

式中：F——新浇筑混凝土对模板的最大侧压力标准值，kN/m^2；

r_c——混凝土的重力密度，kN/m^3；

t_0——新浇筑混凝土的初凝时间（h），可按实测确定，当缺乏试验资料时，可采用 $t_0 = 200/(T+15)$ 计算（T 为混凝土的温度，以℃为单位）；

v——混凝土的浇筑速度，m/h；

H——混凝土侧压力计算位置处至新浇筑顶面的总高度，m；

β_1——外加剂影响修正系数，不掺外加剂时取 1.0，掺具有缓凝作用的外加剂时取 1.2；

β_2——混凝土坍落度影响修正系数，当坍落度小于 30mm 时取 0.85，50～90mm 时取 1.0，110～150mm 时取 1.15。

7）倾倒混凝土时产生的荷载

倾倒混凝土时对垂直面模板产生的水平荷载标准值，按表 4-2 采用。

倾倒混凝土时产生的水平荷载标准值　　　　　　　　　　表 4-2

向模板中供料方法	水平荷载标准(kN/m^2)
用溜槽、串筒或由导管输出	2
用容量为 $<0.2m^3$ 的运输器具倾倒	2
用容量为 $0.2\sim0.8m^3$ 的运输器具倾倒	4
用容量为 $>0.8m^3$ 的运输器具倾倒	6

注：作用范围在有效压头高度以内。

（2）荷载设计值的计算

荷载设计值＝荷载标准值×相应的荷载分项系数

荷载分项系数应按表 4-3 采用。

模板及其支撑的荷载分项系数　　　　　　　　　　表 4-3

项次	荷载类别	荷载分项系数
1	模板及支架自重	永久荷载的分项系数：
2	新浇筑混凝土自重	(1)当其效应对结构不利时：对由可变荷载效应控制的组合，应取 1.2；对由永久荷载效应控制的组合，应取 1.35；
3	钢筋自重	
4	新浇筑混凝土对模板侧面的压力	(2)当其效应对结构有利时：一般情况应取 1；对结构的倾覆、滑移验算，应取 0.9
5	施工人员及施工设备荷载	可变荷载的分项系数：
6	振捣混凝土时产生的荷载	一般情况下应取 1.4；
7	倾倒混凝土时产生的荷载	对标准值大于 $4kN/m^2$ 的活荷载应取 1.3
8	风荷载	1.4

（3）荷载组合

表 4-3 中的各项荷载应根据不同的结构构件，参与模板及其支撑荷载效应的组合，各项组合荷载见表 4-4。

参与模板及其支撑荷载效应组合的各项荷载　　　　　　　　　　表 4-4

模板类别	参与组合的荷载项	
	计算承载能力	验算刚度
平板和薄壳的模板及支架	1,2,3,5	1,2,3
梁和拱模板的底板及支架	1,2,3,6	1,2,3
梁、拱、柱(边长≤300mm)、墙(厚≤100mm)的侧面模板	4,6	4
大体积结构、柱(边长>100mm)、墙(厚>100mm)的侧面模板	4,7	4

2. 模板结构的刚度要求

模板结构除必须保证足够的承载能力外，还应保证有足够的刚度。因此，应验算模板及支撑结构的挠度，其最大变形值不得超过下列允许值：

（1）对结构表面外露的模板，为模板构件计算跨度的 1/400。

（2）对结构表面隐蔽的模板，为模板构件计算跨度的 1/250。

（3）对支架的压缩变形值或弹性挠度，为相应的结构计算跨度的 1/1000。

（4）支架的立柱或桁架应保持稳定，并用撑拉杆件固定。

（5）为防止模板及其支撑在风荷载作用下倾倒，应从构造上采取有效措施，如在相互垂直的两个方向加水平斜拉杆、缆风绳、地锚等。当验算模板及支撑在自重和风荷载作用下的抗倾倒稳定性时，应符合有关的专门规定。

3. 定型模板的深化设计

在实际工程应用中，钢模板、铝合金模板、塑料模板等定型模板需要根据项目所提供的施工图进行深化设计。定型模板的深化设计分为图纸初步深化、体系设计深化、施工深化三个阶段。

图纸初步深化阶段需要对该项目能否采用定型模板施工进行可行性论证，明确定型模板体系应用的深度，进而，对项目的施工图进行校核，并整理出问题清单和提出优化建议，主要目的是避免实际施工中各单位可能出现的碰撞问题。初步深化的问题清单一般包含通用问题、建筑结构施工图问题、定型模板结构优化问题。

体系设计深化主要包括建筑外立面装饰线条优化、标准模数优化以及细部构造做法设计。定型模板的应用需要在设计时考虑到模板的工业化设计，要对装饰线条进行优化和简化，同时，混凝土构件应采用标准化的尺寸，以降低施工难度，提高模板的重复率，从而实现工业化生产带来的效率优势。

施工深化主要包括以下内容：配模设计、模板背楞螺杆紧固设计、竖向构件侧向模板斜支撑设计、细部模板构造设计、节点（滴水线、鹰嘴、企口等）设计、管线洞口预埋设计、早拆模板体系设计。

深化设计时，通过应用 BIM 技术，可最大限度发现图纸中各专业间的错、漏、碰、缺等问题，大大提高设计图纸的准确性和可操作性，避免施工过程中不必要的返工和浪费。

三、模板的安装

竖向模板和支撑部分当安装在基土上时，应加设垫板，且基土必须坚实并有排水措施。对湿陷性黄土，必须有防水措施；对冻胀土必须有防冻措施。

模板及支撑在安装过程中，必须设置防倾覆的临时固定措施。

现浇多层房屋和构筑物，应采取分层分段的支模方法。安装上层模板及支撑应符合以下规定：

（1）下层模板应具有承受上层荷载的承载能力或加设支架支撑。

（2）上层支撑的立柱应对准下层支撑的立柱，并铺设垫板。

（3）当采用悬吊模板、桁架支模方法时，其支撑结构的承载能力和刚度必须符合要求。

（4）当层间高度大于 5m 时，宜选用桁架支模或多层支架支模。当采用多层支架支模时，支架的横垫板应平整，支柱应垂直，上下层支柱应在同一竖向中心线上。

（5）固定在模板上的预埋件和预留孔洞均不得遗漏，安装必须牢固，位置准确。

（6）现浇混凝土结构模板安装的允许偏差应符合表 4-5 的规定。

现浇混凝土结构模板安装的允许偏差及检验方法　　　　表 4-5

项目		允许偏差（mm）	检验方法
轴线位置		5	尺量
底模上表面标高		±5	水准仪或拉线、尺量
截面内部尺寸	基础	±10	尺量
	柱、墙、梁	±5	尺量
	楼梯相邻踏步高差	5	尺量
柱、墙垂直度	层高≤6m	8	经纬仪或吊线、尺量
	层高>6m	10	经纬仪或吊线、尺量
相邻模板表面高差		2	尺量
表面平整度		5	2m 靠尺和塞尺量测

1. 柱模板安装

柱模板安装工艺流程为：抄平、放线、定位→安装柱模→调直纠偏→安装柱箍→柱模群体固定。

（1）准备工作。首先是放线，根据设计图纸在楼地面上弹出模板内边线和中心线，供模板安装和校正使用；其次，在模板安装前，模板底部需预先找平，主要是保证模板位置准确，避免模板底部漏浆；最后，在外柱部位设置模板承垫条并校正其平直度。

柱模板施工

（2）焊定位筋。在柱四边的主筋上，距离地面 50~80mm 处点焊水平定位筋，每边至少 2 处，固定模板，防止滑移。

（3）刷隔离剂。模板安装前刷水性隔离剂，主要是海藻酸钠。

（4）安装柱模。安装通排柱模板前，应先搭设双排脚手架，并将柱顶及柱脚固定于脚手架上，便于柱模板的校正调直。

（5）安装柱箍。待柱模板安装完成后，在模板外侧安装柱箍，防止浇筑混凝土过程中模板变形。

（6）校正、封堵清扫口。浇筑混凝土前，对柱模板进行再次校正。用清水冲洗模板后，封堵清扫口，防止模板中杂物残留于柱内。

2. 梁模板安装

梁模板安装工艺流程为：支设柱头模板→支设梁底支柱→铺设梁底模板→安装梁侧模板→安装侧向支撑或对拉螺栓。

（1）准备工作。在柱子上弹出轴线、梁位置线和水平线，固定柱头模板。

梁模板施工

（2）搭梁支架。通常搭设双排立杆支架，间距宜为 800~1200mm。梁支架立柱中间应安装大横杆与楼板支架拉通连接成整体，并且最下面一层横杆（扫地杆）应距地面至少 200mm。

（3）刷隔离剂。模板安装前刷水性隔离剂，主要是海藻酸钠。

（4）安装梁模板。安装梁模板时先安装底模，当梁跨度大于 4m 时，应按设计起拱，如无设计要求，起拱高度按梁的全跨长度 1/1000~3/1000。底模安装并校正完成后，再安装梁侧模板，用U形卡将梁侧模与梁底模通过连接角模进行连接，梁侧模板的支撑采用梁托架或三脚架、扣件、钢管等与梁支架连接成整体，形成三角斜撑，斜撑间的间距宜为700～800mm；当梁侧模板间距超过600mm时，应加对拉螺栓固定。

（5）校核尺寸。梁侧模板安装完成后，校核梁截面尺寸、梁底标高及梁底起拱尺寸，并清扫模板内杂物。

3. 剪力墙模板安装

剪力墙模板安装工艺流程为：放线、检查→安装门窗口模板→安装→侧模板→插入穿墙螺栓及塑料套管→安装另一侧墙模板→调整模板位置→斜撑固定→紧固穿墙螺栓。

（1）准备工作。清理墙筋底部，若墙底部平整度较差，则用水泥砂浆进行找平处理。找平后，弹出墙边线及模板控制线，通常两者间距为150mm。

（2）焊定位筋。依据支模方案，在墙两侧纵筋上焊定位筋，在墙对拉螺栓处加焊定位筋，起到固定模板、防止滑移的作用。

（3）刷隔离剂。模板安装前刷水性隔离剂，主要是海藻酸钠。

（4）安装墙模。按照模板设计要求，先在现场拼装墙模板，拼装时内钢楞水平安装，外钢楞竖直安装，两者共同固定墙模板；按设计图中门窗洞口位置线，安装门窗洞口模板及预埋件；再将预先拼装好的墙模板按设计图安装就位，并用斜撑和拉杆固定，安装套管和对拉螺栓；最后，安装另一侧模板，将拼装好的模板安装就位。校正后，拧紧穿墙对拉螺栓，并与脚手架连接固定。

（5）校正、封堵清扫口。模板全部安装完成后，校正扣件、螺栓连接情况及模板拼缝和下口的严密性。

4. 楼板模板的安装

楼板模板安装工艺流程为：搭设支架→安装龙骨（格栅）→调整板底标高→铺设楼板模板→校正标高与平整度。

楼板模板主要承受竖向荷载，跨度大的楼板，目前多用定型模板，它支撑在格栅上，格栅支承在梁侧模外的横档上，跨度大的楼板，格栅中间可以再加支撑作为支架系统。在主梁、次梁模板支设完毕后，才可支设托木、楞木及楼板底模，若板跨度大于等于4m时，模板应起拱，起拱高度为跨度的1/1000～3/1000。

四、模板的拆除

1. 模板的拆除

现浇结构的模板及支架拆除时的混凝土强度，应符合设计要求，当设计无要求时，侧模应在混凝土强度能保证其表面及棱角不因拆除而受损坏时拆除；底模应符合表4-6的规定。

底模拆除时的混凝土强度要求 表4-6

构件类型	构件跨度（m）	达到设计的混凝土立方体抗压强度标准值的百分比（%）
板	≤2	≥50
	>2,≤8	≥75
	>8	≥100

续表

构件类型	构件跨度(m)	达到设计的混凝土立方体抗压强度标准值的百分比(%)
梁、拱、壳	≤8	≥75
	>8	≥100
悬臂构件	—	≥100

拆模应按一定的顺序进行。一般应遵循先支的后拆、后支的先拆，先拆非承重模板、后拆承重模板及自上而下的原则。重大复杂模板的拆除，事前应编制拆除方案。

（1）柱模。单块组拼的应先拆除钢楞、柱箍和对拉螺栓等连接件、支撑件，再由上而下逐步拆除；预组拼的则应先拆除两个对角的卡件并做临时支撑后，再拆除另外两个对角的卡件，待吊钩挂好，拆除临时支撑，方能脱模起吊。

（2）墙模。单块组拼的在拆除对拉螺栓、大小钢楞和连接件后，自上而下逐步水平拆除；预组拼的应在挂好吊钩，检查所有连接件都拆除后，方能拆除临时支撑，脱模起吊。

（3）梁、楼板模板。应先拆梁侧模，再拆楼板底模，最后拆除梁底模。拆除跨度较大的梁下支柱时，应先从跨中开始分别拆向两端。多层楼板模板支柱的拆除，应按下列要求进行：上层楼板正在浇筑混凝土时，下一层楼板的模板支柱不得拆除，再下一层楼板模板的支柱，仅可拆除一部分；跨度4m及4m以下的梁下均应保留支柱，其间距不得大于3m。

2. 拆模注意事项

（1）拆模时，操作人员应站在安全处，以免发生安全事故。

（2）拆模时，尽量不要用力过猛、过急，严禁用大锤和撬棍硬砸、硬撬，以避免混凝土表面或模板受到损坏。

（3）拆下的模板及配件严禁抛扔，要有人接应传递，按指定地点堆放；并做到及时清理、维修和涂刷好隔离剂，以备待用。拆除模板过程中，如发现混凝土有影响结构安全的质量问题时，应暂停拆除，经过处理后方可继续拆除。

五、模板工程质量控制

模板及支撑应根据工程结构形式、荷载大小、地基土类别、施工设备和材料供应等条件进行设计。模板及支撑应具有足够的承载能力、刚度和稳定性，能可靠地承受浇筑混凝土的重量、侧压力以及施工荷载。施工质量验收规范中规定，模板工程质量控制的6项内容见表4-7。

模板工程质量控制项目表   表4-7

序号	控制项目	检查内容
1	模板力学性能检验	强度、刚度、稳定性、支承面积
2	防外界影响检验	防水、防冻
3	消除施工挠度	起拱
4	模板拆除时	混凝土强度、计算荷载
5	隔离剂	材料选用
6	预埋件	锚板、埋件外锚筋、锚固长度

模板设计、制作和施工等方面的要求，应符合《混凝土结构工程施工质量验收规范》GB 50204—2015 中关于模板工程的规定。对模板工程的基本要求有：

（1）应保证工程结构和构件各部分形状、尺寸和相互位置的正确；

（2）要有足够的承载能力、刚度和稳定性，并能可靠地承受新浇筑混凝土的重量和侧压力，以及在施工中所产生的其他荷载；

（3）构造要简单，装拆要方便，并便于钢筋的绑扎与安装，有利于混凝土的浇筑及养护；

（4）模板接缝应严密，不得漏浆。

任务 2 钢筋智能化加工

钢筋是结构构件中的主要受力材料，其质量的好坏关乎建筑物的安全，因此必须加强钢筋进场管理，把好材料关。大量的工程事故统计表明，采用不合格的工程材料，施工过程中偷工减料，是导致发生事故的直接原因。我们今后从事施工现场管理工作，必须具备职业道德，遵守工程伦理，严把材料进场关，确保工程安全，维护人民群众的利益。钢筋工程施工过程中不允许偷工减料，我们作为大国工匠传承人，必须德技并修。钢筋工程偷工减料不仅是缺德的行为，也是违法的行为。

一、钢筋的分类及验收堆放

1. 钢筋的分类

钢筋混凝土结构中常用的钢材，有钢筋和钢丝两类。钢筋可分为热轧钢筋和余热处理钢筋，热轧钢筋可分为热轧带肋钢筋和热轧光圆钢筋。普通热轧带肋钢筋的牌号由 HRB 和牌号的屈服点最小值构成，分为 HRB400、HRB500、HRB400E、HRB500E 等牌号；热轧光圆钢筋的牌号为 HPB300。余热处理钢筋的牌号为 RRB400。钢筋按直径大小可分为钢丝（直径为 3～5mm）、细钢筋（直径为 6～10mm）、中粗钢筋（直径为 12～20mm）和粗钢筋（直径大于 20mm）。钢丝有冷拔钢丝、碳素钢丝及刻痕钢丝。直径大于 12mm 的粗钢筋一般轧成 6～12m 一根；钢丝及直径为 6～12mm 的细钢筋一般卷成圆盘。另外，根据结构的要求还可采用其他钢筋，如冷轧带肋钢筋、冷轧扭钢筋、热处理钢筋及精轧螺纹钢筋等。

2. 钢筋的进场验收

钢筋的现场检验包括以下几个方面：

（1）检查产品合格证、出厂检验报告。钢筋出厂应具有产品合格证书、出厂试验报告单，作为质量的证明材料，所列出的品种、规格、型号、化学成分、力学性能等必须满足设计要求，符合有关现行国家标准的规定。

1）检查进场复试报告。进场复试报告是钢筋进场抽样检验的结果，以此作为判断材料能否在工程中应用的依据。

2）钢筋进场时，应按现行国家标准《钢筋混凝土用钢》GB/T 1499 系列的有关规定抽取试件，做力学性能检验，其质量符合有关标准规定的钢筋，可在工程中应用。

（2）检查数量按进场的批次和产品的抽样检验方案确定。有关标准中对进场检验数量有具体规定的，应按标准执行；如果有关标准只对产品出厂检验数量有规定的，检查数量可按下列情况确定：

1）当一次进场的数量大于该产品的出厂检验批量时，应划分为若干个出厂检验批量，然后按出厂检验的抽样方案执行。

2）当一次进场的数量小于或等于该产品的出厂检验批量时，应作为一个检验批量，按出厂检验的抽样方案执行。

3）对连续进场的同批钢筋，当有可靠依据时，可按一次进场的钢筋处理。

（3）进场的每捆（盘）钢筋均应有标牌。按炉罐号、批次及直径分批验收，分类堆放整齐，严防混料并应对其检验状态做标记，防止混用。

（4）进场钢筋的外观质量检查应符合下列规定：

1）钢筋应逐批检查其尺寸，不得有超过允许偏差的尺寸。

2）逐批检查，钢筋表面不得有裂纹、折叠、结疤及夹杂，盘条允许有压痕及局部的凸块、凹块、划痕、麻面，但其深度或高度（从实际尺寸算起）不得大于 0.20mm，带肋钢筋表面的凸块，不得超过横肋高度，钢筋表面上其他缺陷的深度和高度不得大于所在部位尺寸的允许偏差，冷拉钢筋不得有局部缩颈现象。

3）钢筋表面氧化铁皮（铁锈）质量不大于 16kg/t。

4）带肋钢筋表面标志清晰明了，标志包括强度级别、厂名（汉语拼音字头表示）和直径（mm）数字。

 知识链接

对热轧光圆钢筋的检验：

每批钢筋由同一牌号、同一炉罐号、同一规格的钢筋组成，重量不大于 60t。

对热轧光圆钢筋外观检查，从每批中抽取 5% 进行外观检查。要求钢筋表面不得有裂纹、结疤和折叠；钢筋表面凸块和其他缺陷的深度和高度不得大于所在部位尺寸的允许偏差。

对热轧光圆钢筋抽取试样做机械性能试验，从每批钢筋中，任选两根钢筋，去掉钢筋端头 500mm；一个试样做拉力试验，测定屈服点、抗拉强度和伸长率三项指标，另一个试样做冷弯试验。机械性能试验时，如有某一项试验结果不符合标准要求，应从同一批中再任取双倍数量的试样进行不合格项目的复验。如仍不合格，则评定该批钢筋为不合格品。

3. 钢筋的存放

钢筋运进施工现场后，必须严格按批分等级、牌号、直径、长度挂牌存放，并注明数量，不得混淆。钢筋应尽量堆入仓库或料棚内，并在仓库或场地周围挖排水沟，以利于泄水。条件不具备时，应选择地势较高、土质坚实和较为平坦的露天场地存放。堆放时钢筋下面要加垫木，垫木高度不宜少于 200mm，以防钢筋锈蚀和污染。钢筋成品要分工程名称、构件名称、部位、钢筋类型、尺寸、钢号、直径和根数分别堆放，不能将几项工程的钢筋成品混放在一起，同时注意避开易造成钢筋污染和锈蚀的环境。

二、钢筋的配料与代换

按图施工的意识：图纸就是工程师的语言，钢筋配料必须按照结构施工图正确进行钢筋下料计算，才能将一张张图纸转化为一栋栋建筑。

1. 钢筋配料

钢筋配料是根据构件配筋图计算构件各钢筋的直线下料长度、总根数及钢筋总质量，然后编制钢筋配料单，作为备料加工的依据，是钢筋工程施工的重要环节。

（1）钢筋弯曲调整值计算

设计图中注明的钢筋尺寸（不包括弯钩尺寸）是钢筋的外轮廓尺寸，称为钢筋的外包尺寸。外包尺寸的大小根据构件尺寸、钢筋形状及保护层厚度确定。

下料长度计算是配料计算中的关键。由于结构受力的要求，许多钢筋需在中间弯曲和两端弯成弯钩。钢筋弯曲时，其外壁伸长，内壁缩短，而中心线长度并不改变。但是，简图尺寸或设计图中注明的尺寸要根据外包尺寸计算，且不包括端头弯钩长度。显然，外包尺寸大于中心线长度，它们之间存在一个差值，称为"弯曲调整值"。即钢筋在时，下料长度应用量度尺寸减去弯曲调整值。

钢筋弯曲常用形式及调整值计算简图如图 4-16 所示。

1）钢筋弯曲直径的有关规定

① 受力钢筋的弯钩和弯弧规定：HPB300 级钢筋末端应做 180°弯钩，弯弧内直径 $D \geqslant 2.5d$（钢筋直径），弯钩的弯后平直部分长度 $\geqslant 3d$；当设计要求钢筋末端作 135°弯折时，HRB400 级钢筋的弯弧内直径 $D \geqslant 4d$，弯钩的弯后的平直部分长度应符合设计要求；钢筋作不大于 90°的弯折时，弯折处的弯弧内直径 $D \geqslant 5d$。

② 箍筋的弯钩和弯弧规定：除焊接封闭环式箍筋外，箍筋末端应作弯钩，弯钩形式应符合设计要求；当设计无要求时，箍筋弯后的弯弧内直径应不小于受力钢筋直径；箍筋

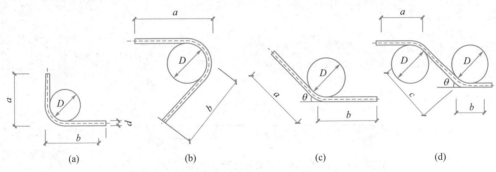

图 4-16　钢筋弯曲常用形式及调整值计算简图

（a）钢筋弯曲 90°；（b）钢筋弯曲 135°；（c）钢筋一次弯曲 30°、45°、60°；（d）钢筋弯曲 30°、45°、60°

弯钩的弯折角度，对一般结构，不应小于 90°；对有抗震要求的结构，应为 135°；箍筋弯后平直部分的长度，对一般结构，不宜小于箍筋直径的 5 倍；对有抗震要求的结构，不宜小于箍筋直径的 10 倍。

2）钢筋弯折各种角度时的弯曲调整值计算

① 钢筋弯折各种角度时的弯曲调整值：弯起钢筋弯曲调整值的计算简图如图 4-16 所示；钢筋弯折各种角度时的弯曲调整值计算式及取值见表 4-8。

钢筋弯折各种角度时的弯曲调整值　　　　　　　　　　　　表 4-8

弯折角度	钢筋级别	弯曲调整值 δ		弯弧直径
		计算式	取值	
30°	HPB300 HRB400	$\delta = 0.006D + 0.274d$	$0.3d$	$D = 5d$
45°		$\delta = 0.022D + 0.435d$	$0.55d$	
60°		$\delta = 0.054D + 0.631d$	$0.9d$	
90°		$\delta = 0.215D + 1.215d$	$2.29d$	
135°	HPB300	$\delta = 0.822D - 0.178d$	$0.38d$	$D = 2.5d$
	HRB400		$0.11d$	$D = 4d$

② 弯起钢筋弯曲 30°、45°、60° 的弯曲调整值：弯起钢筋弯曲调整值的计算简图见图 4-16（d）；弯起钢筋弯曲调整值计算式及取值见表 4-9。

弯起钢筋弯曲 30°、45°、60° 的弯曲调整值　　　　　　　　表 4-9

弯折角度	钢筋级别	弯曲调整值 δ		弯弧直径
		计算式	取值	
30°	HPB300 HRB400	$\delta = 0.012D + 0.28d$	$0.34d$	$D = 5d$
45°		$\delta = 0.043D + 0.457d$	$0.67d$	
60°		$\delta = 0.108D + 0.685d$	$1.23d$	

③ 钢筋 180° 弯钩长度增加值：根据规范规定，HPB300 级钢筋两端做 180° 弯钩，其弯曲直径 $D = 2.5d$，平直部分长度为 $3d$，度量方法为以外包尺寸度量，其每个弯钩长度增

加值为 6.25d；箍筋做 180°弯钩时，其平直部分长度为 5d，则其每个弯钩增加长度为 8.25d，如图 4-17 所示。

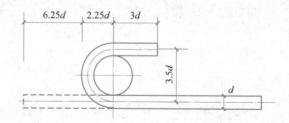

图 4-17　180°弯钩长度增加值计算简图

（2）钢筋下料长度计算

1）一般钢筋下料长度计算

① 直钢筋下料长度＝构件长度－混凝土保护层厚度＋弯钩增加长度

② 弯起钢筋下料长度＝直段长度＋斜段长度－弯曲调整值＋弯钩增加长度

③ 箍筋下料长度＝直段长度＋斜段长度－弯曲调整值

或：箍筋下料长度＝箍筋周长＋箍筋长度调整值

④ 曲线钢筋（环形钢筋、螺旋箍筋、抛物线钢筋等）下料长度＝钢筋长度计算值＋弯钩增加长度

2）钢筋弯钩增加长度计算

钢筋弯钩形式较多，下料长度计算比其他类型钢筋较为复杂，常用的箍筋形式如图 4-18 所示。箍筋的弯钩形式有三种，即半圆弯（180°）、直弯钩（90°）、斜弯钩（135°）；目前国内结构中用到的箍筋都一般需要考虑抗震，因此图 4-18（c）是一般形式箍筋，图 4-18（a）（b）的做法则在设计允许情况下使用。不同箍筋形式弯钩长度增加值计算见表 4-10。

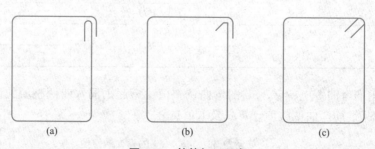

图 4-18　箍筋加工示意

（a）90°/180°弯钩；（b）90°/135°弯钩；（c）135°/135°弯钩

箍筋弯钩增加长度计算　　　　　　　　　　　　　　　　　表 4-10

弯钩形式	钢筋弯钩增加长度计算公式（I_Z）	平直段长度（I_P）	箍筋弯钩增加长度取值（I_Z）	
			HPB300	HRB400
半圆弯（180°）	$I_Z＝1.071D＋0.57D＋I_P$	5d	9.1d	—
直弯钩（90°）	$I_Z＝0.285D＋0.215D＋I_P$	5d	7.5d	7.5d
斜弯钩（135°）	$I_Z＝0.678D＋0.178D＋I_P$	10d	12d	—

（3）钢筋配料单及料牌的填写

1）配料单的作用及形式

根据《混凝土结构设计规范》GB 50010—2010（2015 年版）及《混凝土结构工程施工质量验收规范》GB 50204—2015 中对混凝土保护层、钢筋弯曲和弯钩等规定，按照结构施工图计算构件各钢筋的直线下料长度、根数及质量，然后编制钢筋配料单，作为钢筋备料加工的依据。钢筋配料单的形式如表 4-11 所示。

钢筋配料单 表 4-11

构件名称	钢筋编号	简图	直径(mm)	钢筋级别	下料长度(mm)	单件根数	合计根数	质量(kg)

2）钢筋配料单的编制方法及步骤

① 熟悉构件配筋图，弄清每一牌号钢筋的直径、规格、种类、形状和数量，以及在构件中的位置和相互关系。

② 绘制钢筋简图。

③ 计算每种规格的钢筋下料长度。

④ 填写钢筋配料单。

⑤ 填写钢筋料牌。

特别提示

在实际施工中，由于操作条件不同，理论计算值与实际操作的结果多少会有一些差距，主要是由于弯曲处圆弧的不准确性所引起的。因此，不能绝对地定出弯曲调整值是多少，而通常是要根据本施工单位的经验资料，预先确定符合自己实际需要的、实用的弯曲调整值表备用。

---

2. 钢筋的代换

钢筋施工时应尽量按照施工图要求的钢筋的级别、种类和直径使用，但确实没有施工图中所要求的钢筋种类、级别或规格时，可以进行代换。代换时，必须充分了解设计意图和代换钢材的性能，严格依据规范的各项规定；必须满足构造要求（如钢筋的直径、根数、间距、锚固长度等）；对抗裂性要求高的构件，不宜采用光圆钢筋代换螺纹钢筋；凡属重要的结构和预应力钢筋，在代换时应征得设计单位的同意；钢筋代换后，其用量不宜大于原设计用量的 5%。钢筋代换的方法有两种：

（1）等强度代换

构件配筋受强度控制时或不同种类的钢筋代换，按代换前后强度相等的原则进行代换，称为等强度代换。代换时应满足下式要求：

$$A_{s2}f_{y2} \geqslant A_{s1}f_{y1} \ \text{即} \ A_{s2} \geqslant A_{s1}f_{y1}/f_{y2} \tag{4-3}$$

式中：A_{s1}——原设计钢筋总面积；

A_{s2}——代换后钢筋总面积；

f_{y1}——原设计钢筋的设计强度；

f_{y2}——代换后钢筋的设计强度。

在设计图纸上钢筋都是以根数表示的，由于 $A_{s1}=n_1 d_1^2 \pi/4$，$A_{s2}=n_2 d_2^2 \pi/4$。所以：

$$n_2 d_2^2 \pi/4 f_{y2} \geqslant n_1 d_1^2 \pi/4 f_{y1} \text{ 或 } n_2 \geqslant n_1 d_1^2 f_{y1}/d_2^2 f_{y2} \qquad (4\text{-}4)$$

式中：n_1——原设计钢筋根数；

d_1——原设计钢筋直径；

n_2——代换后钢筋根数；

d_2——代换后钢筋直径。

（2）等面积代换

构件按最小配筋率配筋时或相同种类和级别的钢筋代换，按代换前后面积相等的原则进行代换，称为等面积代换。即：

$$A_{s2} \geqslant A_{s1} \text{ 或 } n_2 \geqslant n_1 d_1^2/d_2^2 \qquad (4\text{-}5)$$

（3）钢筋代换应注意的问题

1）钢筋代换后，应满足规范中所规定的钢筋间距、锚固长度、最小钢筋直径、根数的要求。

2）对重要受力构件如吊车梁、薄腹梁、屋架下弦等，不宜用 HPB300 级光面钢筋代换变形钢筋。

3）梁的纵向受力钢筋与弯起钢筋应分别进行代换。

4）当构件配筋受抗裂裂缝宽度或挠度控制时，钢筋代换后应进行抗裂裂缝宽度或挠度验算。

5）有抗震要求的框架，不宜以强度等级较高的钢筋代替原设计中的钢筋。如必须代换时，其代换的钢筋检验所得的实际强度，尚应符合下列要求：

① 钢筋的实际抗拉强度与实际屈服强度的比值应大于 1.25。

② 钢筋的实际屈服强度与屈服强度标准值的比值不应大于 1.3。

6）预制构件吊环，必须采用未经冷拉的 HPB300 级热轧钢筋制作，严禁以其他钢筋代换。

7）不同种类钢筋的代换，应按钢筋受拉承载力设计值相等的原则进行。

三、钢筋智能化加工

钢筋的加工包括钢筋调直、除锈、下料切断、弯曲成型等工作。在装配式构件生产车间，通常运用智能化钢筋加工设备进行钢筋加工。智能化钢筋加工设备包括：智能钢筋弯箍机、智能钢筋调直机、智能钢筋桁架机、钢筋切断机、钢筋弯曲机、钢筋对焊机等。构件厂应根据钢筋加工的工艺流程，对钢筋加工生产线进行布局。实际生产前，还需根据不同钢筋加工成品形式（如钢筋笼、钢筋网、钢筋桁架等），对设备进行选型。根据施工图纸进行钢筋翻样，并对智能钢筋加工设备进行钢筋加工参数设置。若结合 BIM 技术，对结构钢筋信息进行提取后，可省略钢筋翻样步骤，直接完成参数设置过程。

钢筋调直
施工

1. 钢筋调直

钢筋宜采用无延伸功能的机械设备进行调直，也可采用冷拉方法调直。当采用冷拉方法调直时，HPB300 级光圆钢筋的冷拉率不宜大于 4%；HRB400、HRB500、HRBF400、HRBF500 及 RRB400 级带肋钢筋的冷拉率不宜大于 1%。钢筋调直后应进行力学性能和重量偏差的检验，其强度应符合有关标准的规定。

钢筋直径小于等于 16mm 时，钢筋调直可采用数控钢筋矫直切断机（图 4-19）进行矫直加工。数控钢筋矫直切断机采用 CNC 伺服控制系统，保证了加工精度，集钢筋矫直系统、剪切系统于一体，可以直接将盘条钢筋加工成定尺直条钢筋，可以自动定尺，自动转换生产各种不同长度的产品，广泛用于建筑业、大型钢筋加工厂等领域。

图 4-19　数控钢筋矫直切断机示例

2. 钢筋除锈

钢筋的表面应洁净，油渍、浮皮铁锈等应在使用前清除干净。钢筋的除锈一般可通过两个途径：一是在钢筋冷拉或调直过程中除锈；二是用机械方法除锈。对钢筋的局部除锈可采用手工方法。在除锈过程中如发现钢筋表面的氧化铁浮皮鳞落现象严重并已损伤钢筋截面，或在除锈后钢筋表面有严重的麻坑、斑点伤蚀截面时，应降级使用或剔除不用。

3. 钢筋切断

钢筋下料时必须按下料长度切断。钢筋切断可采用钢筋切断机或手动切断器。后者一般只用于切断直径小于 12mm 的钢筋；前者可切断直径小于 40mm 的钢筋；大于 40mm 的钢筋常用氧乙炔焰或电弧切割。钢筋切断机有电动和液压两种。其切断刀片以圆弧形刀刃为宜，它能确保钢筋断面垂直于轴线，无马蹄形或翘曲，便于钢筋进行机械连接或焊接。钢筋的长度应力求准确，其允许偏差在 10mm 以内。在切断过程中，如发现钢筋有劈裂、缩头或严重的弯头等现象必须切除，如发现钢筋的硬度与该钢种有较大的出入，应及时向有关人员反映，并查明情况。

4. 钢筋弯曲成型

钢筋的弯曲成型是将已切断、配好的钢筋，按图纸规定的要求，准确地  加工成规定的形状尺寸。弯曲成型的顺序是：画线→试弯→弯曲成型。

钢筋下料后，应按弯曲设备特点、钢筋直径及弯曲角度画线，以使钢筋弯曲成设计所要求的尺寸。如弯曲钢筋两边对称，画线工作宜从钢筋中线开始向两边进行；当弯曲形状比较复杂时，可先放出实样，再进行弯曲。钢筋弯曲宜采用弯曲机和弯箍机。弯曲机可弯直径 40mm 以下的钢筋，对于小于 25mm 的钢筋，当无弯曲机时，可采用扳钩弯曲。钢筋弯曲成型后，形状、尺寸必须符合设计要求，平面上应没有翘曲不平现象；钢筋弯曲点处不得有裂缝。

（1）数控钢筋笼滚焊机

在各类建筑施工中，钢筋加工是一个重要的环节，尤其在桥梁施工中，钢筋笼的加工是基础建设的重要环节。在过去传统的施工中，钢筋笼采用手工轧制或手工焊接的方式，除了效率低下外，较主要的缺点是制作的钢筋笼质量差，设备尺寸不规范，影响到工程建设的工期与质量。钢筋加工主要包括钢筋的剪切、矫直、强化冷拉延伸、弯曲成型、滚焊成型、钢筋的连接、焊接钢筋网等。数控钢筋笼滚焊机（图 4-20）是将这些设备有机地结合在一起，使得钢筋笼的加工基本上实现机械化和自动化，减少了各个环节间的工艺时间和配合偏差，大大提高了钢筋笼成型的质量和效率，为钢筋笼的集中制作、统一配送奠定了良好的技术和物质基础。同时，新型数控钢筋笼自动滚焊机的使用将大大降低操作人员的劳动强度，为施工单位创造良好的经济效益和社会效益。钢筋笼成型机的使用，开创了钢筋笼加工的新局面，是今后钢筋笼加工的发展方向。

图 4-20　数控钢筋笼滚焊机

（2）钢筋弯曲弯箍机

钢筋弯曲弯箍机（图 4-21）由水平和垂直的可自动调节的两套矫直轮组成，结合 4 个牵引轮，由进口伺服电机驱动，确保钢筋的矫直达到良好的精度，是钢筋加工机械之一。钢筋弯曲弯箍机采用 CNC 伺服控制系统，可自动完成钢筋矫直、定尺、弯箍、切断等工序，且能够弯曲直径达 16mm 的钢筋，连续生产任何平面形状的产品。

（3）钢筋网焊接生产线

在建筑工程中，楼板和剪力墙中钢筋工程量占比较重，采用钢筋网焊接生产线（图 4-22）可大大减少钢筋绑扎工作量。同时钢筋网焊接生产线还具备以下优势：

1）提高工程质量

焊接网是实行工厂化生产的，利用优质的 LL550 冷轧带肋钢筋，根据设计提供的网片编号、直径、间距和行业标准的要求，通过全自动智能化生产线制造而成。

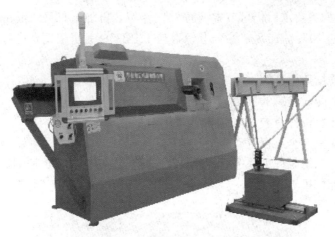

图 4-21 钢筋弯曲弯箍机

图 4-22 钢筋网焊接生产线

① 网目间距尺寸、钢筋数量准确。克服了传统人工绑扎时由人工摆放钢筋造成的间距尺寸误差大、漏扎、缺扣等现象。

② 焊接网刚度大、弹性好、焊点强度高、抗剪性能好,荷载可均匀分布于整个混凝土结构上。克服了原来绑扎 HPB300 钢筋产生的强度低、平面刚度差、施工易被人员踩踏变形、截面有效高度发生变化影响结构的承载能力和面筋保护过小等现象。

③ 焊接网片由于采用纵、横钢筋点焊成网状结构,达到共同均匀受力,起粘结锚固的目的,加上断面的横肋变形,增强了与混凝土的握裹力,有效地阻止了混凝土裂纹的产生,提高了钢筋混凝土的内在质量。

2) 提高生产效率

焊接网将原来的现场制作的全部工序及 90% 以上的绑扎成型工序全部进行了工厂化生产,除提高了钢筋制作、绑扎的质量外,还大大缩短了工程的施工周期,1015m² 的焊接网铺设仅用 60 工时,比过去的人工绑扎少用 70 工时,节约人工工时 54%,而且解决了工程现场施工场地狭小和调直钢筋时所产生的噪声污染等问题,促进了现场文明施工。

3) 较好的经济效益

焊接网钢筋的设计强度比 HPB300 钢筋高 50%(光面钢筋焊接网)～70%(带肋钢

筋网），考虑一些构造要求后仍可节省钢筋 30％左右，再加上直径 12mm 以下散支钢筋加工费均为材料费的 10％～15％。综合考虑（与 HPB300 钢筋相比）可降低钢筋工程造价 10％左右。

（4）数控钢筋桁架生产线

随着国家对装配式建筑的推动，目前建筑业市场对预制叠合板的需求量大大增加，钢筋桁架是预制叠合板构件重要的加强构造，钢筋桁架成品如图 4-23 所示。数控钢筋桁架生产线可实现钢筋桁架全过程自动化生产。数控钢筋桁架生产线是一个钢筋加工一体化的系统，集合了当前钢筋工程中几乎所有的自动化加工设备，包括数控钢筋矫直切断机、钢筋弯箍机、钢筋焊接机等。

图 4-23　数控钢筋桁架生产线加工的钢筋桁架成品

四、钢筋连接

施工中钢筋往往因长度不足或施工工艺上的要求等原因必须进行连接。钢筋的连接方式主要有绑扎连接、焊接连接和机械连接。

1. 钢筋绑扎连接

钢筋绑扎连接

钢筋绑扎连接是利用混凝土的粘结锚固作用，实现两根锚固钢筋的应力传递。为保证钢筋的应力能充分传递，必须满足施工规范规定的最小搭接长度的要求，且应将接头位置设在受力较小处。

钢筋绑扎应符合下列要求：

（1）纵向受力钢筋的连接方式应符合设计要求。

（2）钢筋接头宜设置在受力较小处，同一纵向受力钢筋宜少设接头。

（3）在结构的重要构件和关键受力部位，不宜设置连接接头。

（4）钢筋绑扎搭接接头连接区段及接头面积百分率应符合要求。

（5）纵向受力钢筋绑扎搭接接头的最小搭接长度应符合下列规定：

1）当纵向受拉钢筋的绑扎搭接接头面积百分率不大于 25% 时，其最小搭接长度应符合表 4-12 的规定。

2）当纵向受拉钢筋搭接接头面积百分率大于 25%，但不大于 50% 时，其最小搭接长度应按表 4-12 中的数值乘以系数 1.2 取用；当接头面积百分率大于 50% 时，应按表 4-12 中的数值乘以系数 1.35。

纵向受拉钢筋的最小搭接长度　　　　　　　　　　　表 4-12

钢筋类型		混凝土强度等级								
		C20	C25	C30	C35	C40	C45	C50	C55	>C60
光圆钢筋	300 级	49d	41d	37d	35d	31d	29d	29d		
带肋钢筋	400 级	55d	49d	43d	39d	37d	35d	33d	31d	31d
	500 级	37d	67d	59d	53d	47d	43d	41d	39d	39d

注：两根直径不同钢筋的搭接长度，以较细钢筋的直径计算。

3）当符合下列条件时，纵向受拉钢筋的最小搭接长度应根据上述 1）、2）条确定后，按下列规定进行修正：

① 当带肋钢筋的直径大于 25mm 时，其最小搭接长度应按相应数值乘以系数 1.1 取用。

② 对具有环氧树脂涂层的带肋钢筋，其最小搭接长度应按相应数值乘以系数 1.25 取用。

③ 当在混凝土凝固过程中受力钢筋易受扰动（如滑模施工）时，其最小搭接长度应按相应数值乘以系数 1.1 取用。

④ 对末端采用机械锚固措施的带肋钢筋，其最小搭接长度可按相应数值乘以系数 0.6 取用。

⑤ 当带肋钢筋的混凝土保护层厚度大于搭接钢筋直径的 3 倍且配有箍筋时，其最小搭接长度可按相应数值乘以系数 0.8 取用。

⑥ 对有抗震设防要求的结构构件，其受力钢筋的最小搭接长度对一、二级抗震等级，应按相应数值乘以系数 1.15 取用；对三级抗震等级，应按相应数值乘以系数 1.05 取用。在任何情况下，受拉钢筋的搭接长度不应小于 300mm。

4）纵向受压钢筋搭接时，其最小搭接长度应根据上述第 1）～3）条的规定确定相应数值后，乘以系数 0.7 取用。在任何情况下，受压钢筋的搭接长度不应小于 200mm。

(6) 为确保结构的安全度，钢筋绑扎接头应符合如下规定：

1）轴心受拉及小偏心受拉杆件（如桁架和拱的拉杆）的纵向受力钢筋不得采用绑扎搭接接头；当受拉钢筋的直径 $d > 25mm$ 及受压钢筋的直径 $d > 28mm$ 时，不宜采用绑扎搭接接头。

2）绑扎接头中的钢筋横向净距不应小于钢筋直径且不小于 25mm。

3）受力钢筋的接头宜设置在受力较小处。在同一根钢筋上宜少设接头。不宜设置两个或两个以上接头。接头末端至钢筋弯起点的距离不应小于钢筋直径的 10 倍。

4）同一构件中相邻纵向受力钢筋的绑扎搭接接头宜相互错开。钢筋绑扎搭接接头连接区段的长度为 1.3 倍搭接长度，凡搭接接头中点位于该连接区段长度内的搭接接头均属于同一连接区段。如图 4-24 所示。

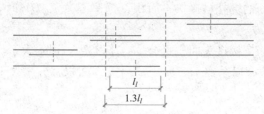

图 4-24　同一连接区段内的纵向受拉钢筋绑扎搭接接头

注：图中所示同一连接区段内的搭接接头钢筋为两根，当钢筋直径相同时，钢筋搭接接头面积百分率为 50%。

5）同一连接区段内纵向钢筋搭接接头面积百分率为该区段内有搭接接头的纵向受力钢筋截面面积与全部纵向受力钢筋截面面积的比值。位于同一连接区段内的受拉钢筋搭接接头面积百分率应符合设计要求，无设计要求时，应符合下列规定：

① 对梁类、板类及墙类构件，不宜大于 25%；

② 对柱类构件，不宜大于 50%；

③ 当工程中确有必要增大受拉钢筋搭接接头面积百分率时，对梁类构件，不应大于 50%；对板类、墙类及柱类构件，可根据实际情况放宽。

2. 焊接连接

（1）钢筋闪光对焊

闪光对焊常用于钢筋纵向连接及预应力钢筋与螺端杆的焊接。在非固定的专业预制厂

钢筋闪光
对焊连接

（场）或钢筋加工厂（场）内，对直径大于或等于 22mm 的钢筋进行连接作业时，不得使用钢筋闪光对焊工艺。热轧钢筋的焊接宜优先采用闪光对焊，其次才考虑电弧焊。钢筋闪光对焊的原理是利用对焊机使两段钢筋接触，通过低电压的强电流，待钢筋被加热到一定温度变软后，进行轴向加压顶锻，形成对焊接头。

常用的钢筋闪光对焊工艺有连续闪光焊、预热闪光焊和闪光—预热—闪光焊。对 RRB400 级钢筋，有时在焊接后还进行通电热处理。通电热处理的目的是对焊接头进行一次退火或高温回火处理，以消除热影响区产生的脆性组织，改善接头的塑性。通电热处理的方法是焊毕稍冷却后松开电极，将电极钳口调至最大距离，重新夹住钢筋，待接头冷却至暗黑色（焊后 20～30s），进行脉冲式通电处理（频率约 2 次/s，通电 5～7s）。待钢筋表面呈橘红色并有微小氧化斑点出现时即可。焊接不同直径的钢筋时，其截面比不宜超过 1.5。焊接参数按大直径钢筋进行选择，并减少大直径钢筋的调伸长度。焊接时先对大直径钢筋进行预热，以使两者加热均匀。负温下焊接，冷却虽快，但易产生淬硬现象，内应力也大。为此，负温下焊接应减小温度梯度和冷却速度。为使加热均匀，增大焊件受热区，可将调伸长度增大 10%～20%，变压器级数可降低一级或两级，应使加热缓慢而均匀，降低烧化速度，焊后见红区应比常温时长。

钢筋闪光对焊后，除对接头进行外观检查（无裂纹和烧伤；接头弯折不大于 3°；接头轴线偏移不大于钢筋直径的 0.1 倍，也不大于 2mm）外，还应按《钢筋焊接及验收规程》JGJ 18—2012 中的规定进行抗拉试验和冷弯试验。

（2）钢筋电弧焊

电弧焊利用弧焊机使焊条与焊件之间产生高温电弧，使焊条和电弧燃烧范围内的焊件

熔化，待其凝固便形成焊缝或接头。电弧焊广泛用于钢筋接头、钢筋骨架焊接、装配式结构接头的焊接、钢筋与钢板的焊接及各种钢结构焊接。

钢筋电弧焊的接头形式如图 4-25 所示。它包括搭接焊接头（单面焊缝或双面焊缝）、帮条焊接头（单面焊缝或双面焊缝）、坡口焊接头（平焊或立焊）、熔槽帮条焊接头（用于安装焊接 25mm 的钢筋）和窄间隙焊（置于 U 形铜模内）。

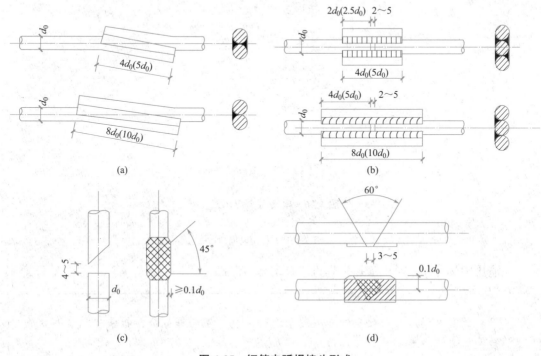

图 4-25　钢筋电弧焊接头形式
（a）搭接焊接头；（b）帮条焊接头；（c）立焊的坡口焊接头；（d）平焊的坡口焊接头

弧焊机有直流与交流之分，常用的为交流弧焊机。

焊条的种类很多，如 E4303、E5503 等，钢筋焊接根据钢材等级和焊接接头形式选择焊条。焊条表面涂有药皮，它可保证电弧稳定，使焊缝免致氧化并产生熔渣覆盖焊缝，以减缓冷却速度，对熔池脱氧并加入合金元素，以保证焊缝金属的化学成分和力学性能。

焊接电流和焊条直径，根据钢筋类别、直径、接头形式及焊接位置进行选择。

搭接接头的长度、帮条的长度、焊缝的长度和高度等都有明确规定。采用帮条焊或搭接焊时，焊缝长度不应小于帮条或搭接长度，焊缝高度 $h \geqslant 0.3d$ 并不得小于 4mm，焊缝宽度 $b \geqslant 0.7d$ 并不得小于 10mm。电弧焊一般要求焊缝表面平整，无裂纹，无较大凹陷、焊瘤，无明显咬边、气孔、夹渣等缺陷。在现场安装条件下，每一层楼以 300 个同类型接头为一批，每一批选取 3 个接头进行拉伸试验。如有一个不合格，取双倍试件复验；再有一个不合格，则该批接头不合格。如对焊接质量有怀疑或发现异常情况，还可进行非破损方式（X 射线、超声波探伤等）检验。

（3）电渣压力焊

电渣压力焊是将钢筋安放成竖向对接形式，利用电流通过渣池所产生的热量来熔化母材，待到一定程度后施加压力，完成钢筋连接，如图 4-26 所示。这种钢筋接头的焊接方法与电弧焊相比，焊接效率高 5~6 倍，且接头成本较低，质量易保证。适用于直径为 14~40mm 的竖向或斜向钢筋的连接。

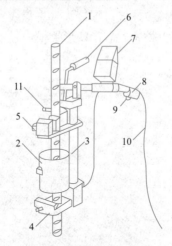

图 4-26　电渣压力焊示意
1—钢筋；2—焊剂盒；3—单导柱；4—固定夹头；5—活动夹头；6—导管；7—监控仪表；
8—操作把；9—开关；10—控制电缆；11—电缆插座

电渣压力焊可用手动电渣压力焊机或自动压力焊机。

特别提示

应对钢筋电渣压力焊接头的外观逐个进行检查，应从每批焊接接头中抽查一定数量的接头做力学性能试验。

（4）钢筋电阻点焊

钢筋焊接骨架或钢筋焊接网中交叉钢筋的焊接宜采用电阻点焊。钢筋焊接骨架和钢筋焊接网在焊接生产中，如两根钢筋直径不同，当焊接骨架较小钢筋直径不大于 10mm 时，大、小钢筋直径之比不宜大于 3 倍；当较小钢筋直径为 12~16mm 时，大、小钢筋直径之比不宜大于 2 倍。焊接网较小钢筋直径不得小于较大钢筋直径的 60%。所用的点焊机有单点点焊机（用以焊接较粗的钢筋）、多头点焊机（用以焊钢筋网）和悬挂式点焊机（可焊平面尺寸大的骨架或钢筋网）。现场还可采用手提式点焊机。

点焊时，将已除锈污的钢筋交叉点放入点焊机的两电极间，使钢筋通电发热至一定温度后，加压使焊点金属焊牢。焊点应有一定的压入深度，压入深度为较小钢筋直径的 18%~25%。

（5）钢筋气压焊

钢筋气压焊是采用一定比例的氧气和乙炔焰为热源，对需要连接的两钢筋端部接缝处进行加热，使其达到热塑状态，同时对钢筋施加 30~40MPa 的顶压力，使钢筋顶焊在一起。该焊接方法使钢筋在还原气体的保护下，发生塑性流变后相互紧密接触，促使端面金属晶体相互扩散渗透，再结晶、再排列，形成牢固的焊接接头。这种方法设备投资少、施工安全、节约钢材和电能，不仅适用

钢筋气
压焊连接

于竖向钢筋的连接，也适用于各种方向布置的钢筋连接。适用范围：直径为 14～40mm 的 HPB300 级和 HRB400 级钢筋（25MnSi 除外）；当不同直径钢筋焊接时，两钢筋直径差不得大于 7mm。

 知识链接

钢筋焊接连接代替钢筋绑扎连接，可达到节约钢材、改善结构受力性能、提高工效、降低成本的目的。

3. 机械连接

机械连接是指通过机械手段将两根钢筋端头连接在一起。这种连接方法的接头区变形能力与母材基本相同，工效高，连接可靠，能全天候作业。

机械连接主要有套筒挤压连接、锥螺纹套筒连接和直螺纹套筒连接。

（1）套筒挤压连接

钢筋套筒挤压连接是将两根待接钢筋插入钢套筒，用液压压接钳径向挤压钢套筒，使套筒塑性变形后与钢筋上的横肋纹紧密地咬合，压接成一体，从而达到连接效果的一种机械接头方式。如图 4-27 所示。由于是在常温下挤压连接，所以也称为钢筋冷挤压连接，这种连接方法具有性能可靠、操作简便、施工速度快、施工不受气候影响、省电等优点。

钢筋套筒挤压连接

套筒挤压连接适用于钢筋混凝土结构中钢筋直径为 16～40mm 的 HRB400 级带肋钢筋。

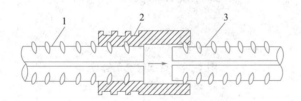

图 4-27　套筒挤压连接
1—已挤压的钢筋；2—钢套筒；3—未挤压的钢筋

> **特别提示**
>
> 钢筋套筒挤压连接质量检查与验收应从每批套筒挤压接头中抽查一定数量的接头做外观检查、单向拉伸试验。

（2）锥螺纹套筒连接

锥螺纹套筒连接是把两根待连接的钢筋端加工制成锥形螺纹（简称丝头），通过锥螺纹连接套把两根带丝头的钢筋，按规定的力矩连接成一体的钢筋接头。如图 4-28 所示。这种连接方法具有使用范围广、施工速度快、对中性好、连接质量好、不受气候影响、适应性强等优点。

钢筋套筒锥螺纹连接

锥螺纹套筒连接适用于 16～40mm 的 HPB300、HRB400 级同径或异径的钢筋连接。

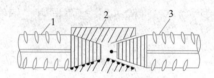

图4-28　锥螺纹套筒连接

1—已连接钢筋；2—锥螺纹套筒；3—未连接钢筋

特别提示

钢筋锥螺纹套筒连接质量检查与验收应从每批锥螺纹接头中抽查一定数量的接头做外观检查、单向拉伸试验和接头拧紧值检验。

（3）直螺纹套筒连接

直螺纹套筒连接是把两根待连接的钢筋端加工制成直螺纹，然后旋入带有直螺纹的套筒中，从而将两根钢筋连接成一体的钢筋接头。如图4-29所示。与锥螺纹套筒连接相比，其接头强度更高，安装更方便。

直螺纹套筒连接适用于16~40mm的HPB300、HRB400级同径或异径的钢筋连接。

  钢筋套筒直螺纹连接

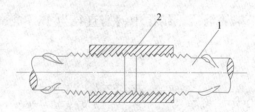

图4-29　直螺纹套筒连接

1—待接钢筋；2—套筒

 知识链接

绑扎连接由于需要较长的搭接长度，浪费钢筋，且连接不可靠，故宜限制使用；焊接连接的方法较多，成本较低，质量可靠，宜优先选用；机械连接无明火作业，设备简单，节约能源，不受气候条件影响，可全天候施工，连接可靠，技术易于掌握，适用范围广。

五、钢筋安装

1. 钢筋安装前的准备工作

钢筋网片、骨架制作成型的正确与否，直接影响着结构构件的受力性能，因此，必须重视并妥善组织这一技术工作。

（1）熟悉施工图纸。学习施工图纸时，要明确各单根钢筋的形状及各细部的尺寸，确定各类结构的绑扎程序。如发现图纸中有错误或不当之处，应及时与工程设计部门联系，协同解决。

（2）核对钢筋配料单及料牌。学习施工图纸的同时，应核对钢筋配料单和料牌，再根据配料单和料牌核对钢筋半成品的钢号、形状、直径和规格、数量是否正确，有无错配、漏配及变形，如发现问题，应及时整修增补。

（3）工具、附件的准备。绑扎钢筋用的工具和附件主要有扳手、钢丝、小撬棒、马架、画线尺等，还要准备水泥砂浆垫块或塑料卡等保证保护层厚度的附件，以及钢筋撑脚或混凝土撑脚等保证钢筋网片位置正确的附件等。

（4）画钢筋位置线。平板或墙板的钢筋，在模板上画线；柱的箍筋，在两根对角线主筋上画点；梁的箍筋，在架立筋上画点；基础的钢筋，在两方向各取一根钢筋上画点或在固定架上画线。钢筋接头的画线，应根据到料规格，结合相关规范对有关接头位置、数量的规定，使其错开并在模板上画线。

（5）研究钢筋安装顺序，确定施工方法。在熟悉施工图纸的基础上，要仔细研究钢筋安装的顺序，特别是在比较复杂的钢筋安装工程中，应先确定每根钢筋穿插就位的顺序，并结合现场实际情况和技术工人的水平确定施工方法，以降低绑扎困难。

柱钢筋安装

2. 钢筋的现场绑扎安装

（1）钢筋绑扎应熟悉施工图纸，核对成品钢筋的级别、直径、形状、尺寸和数量，核对配料表和料牌。如有出入，应予以纠正或增补。同时，准备好绑扎用钢丝、绑扎工具、绑扎架等。

（2）钢筋应绑扎牢固，防止钢筋移位。

（3）对形状复杂的结构部位，应研究好钢筋穿插就位的顺序及与模板等其他专业配合的先后次序。

（4）基础底板、楼板和墙的钢筋网绑扎，除靠近外围两行钢筋的相交点全部绑扎外，中间部分交叉点可间隔交错扎牢；双向受力的钢筋则需全部扎牢。相邻绑扎点的钢丝扣要呈八字形，以免网片歪斜变形。钢筋绑扎接头的钢筋搭接处，应在中心和两端用钢丝扎牢。

墙板钢筋安装

（5）结构采用双排钢筋网时，上、下两排钢筋网之间应设置钢筋撑脚或混凝土支柱（墩），每隔1m放置一个，墙壁钢筋网之间应绑扎 $\phi6\sim\phi10$ 钢筋制成的撑钩，间距约为 1.0m，相互错开排列；大型基础底板或设备基础，应用 $\phi16\sim\phi25$ 钢筋或型钢焊成的支架来支撑上层钢筋，支架间距为 $0.8\sim$

梁钢筋安装

1.5m；梁、板纵向受力钢筋采取双层排列时，两排钢筋之间应垫以 $\phi25$ 以上的短钢筋，以保证间距正确。

（6）梁、柱箍筋应与受力筋垂直设置，箍筋弯钩叠合处应沿受力钢筋方向张开设置，箍筋转角与受力钢筋的交叉点均应扎牢；箍筋平直部分与纵向交叉点可间隔扎牢，以防止骨架歪斜。

（7）板、次梁与主筋交叉处，板的钢筋在上，次梁的钢筋居中，主梁的钢筋在下；当有圈梁或垫梁时，主梁的钢筋应放在圈梁上。受力筋两端的搁置长度应保持均匀一致。框架梁牛腿及柱帽等钢筋，应放在柱的纵向受力钢筋内侧，同时注意梁顶面受力筋间的净距要有 30mm，以利于浇筑混凝土。

（8）预制柱、梁、屋架等构件常在底模上就地绑扎，此时应先排好箍筋，再穿入受力筋，然后绑扎牛腿和节点部位钢筋，以降低绑扎的困难性和复杂性。

3. 绑扎钢筋网与钢筋骨架安装

（1）钢筋网与钢筋骨架的分段（块），应根据结构配筋特点及起重运输能力而定。一般钢筋网的分块面积以 6~20m² 为宜，钢筋骨架的分段长度以 6~12m 为宜。

（2）为防止钢筋网与钢筋骨架在运输和安装过程中发生歪斜变形，应采取临时加固措施。

（3）钢筋网与钢筋骨架的吊点，应根据其尺寸、质量及刚度而定。宽度大于 1m 的水平钢筋网宜采用四点起吊，跨度小于 6m 的钢筋骨架宜采用两点起吊，跨度大、刚度差的钢筋骨架宜采用横吊梁（铁扁担）四点起吊。为了防止吊点处钢筋受力变形，可采取兜底吊或加短钢筋措施。

（4）焊接网和焊接骨架沿受力钢筋方向的搭接接头，宜位于构件受力较小的部位，如承受均布荷载的简支受弯构件，焊接网受力钢筋接头宜放置在跨度两端各 1/4 跨长范围内。

（5）受力钢筋直径大于等于 16mm 时，焊接网沿分布钢筋方向的接头宜辅以附加钢筋网，其每边的搭接长度为 15d（d 为分布钢筋直径），但不小于 100mm。

4. 焊接钢筋骨架和焊接网安装

（1）焊接钢筋骨架和焊接网的搭接接头，不宜位于构件的最大弯矩处，焊接网在非受力方向的搭接长度宜为 100mm；受拉焊接骨架和焊接网在受力钢筋方向的搭接长度应符合设计规定；受压焊接骨架和焊接网在受力钢筋方向的搭接长度，可取受拉焊接骨架和焊接网在受力钢筋方向的搭接长度的 0.7 倍。

（2）在梁中，焊接骨架的搭接长度内应配置箍筋或短的槽形焊接网。箍筋或网中的横向钢筋间距不得大于 5d。在轴心受压或偏心受压构件中的搭接长度内，箍筋或横向钢筋的间距不得大于 10d。

（3）在构件宽度内有若干焊接网或焊接骨架时，其接头位置应错开。在同一截面内搭接的受力钢筋的总截面面积不得超过受力钢筋总截面面积的 50%；在轴心受拉及小偏心受拉构件（板和墙除外）中，不得采用搭接接头。

（4）焊接网在非受力方向的搭接长度宜为 100mm。当受力钢筋直径大于等于 16mm 时，焊接网沿分布钢筋方向的接头宜辅以附加钢筋网，其每边的搭接长度为 15d。

特别提示

由于各方向钢筋互相重叠，交错凌乱，有的甚至碰撞在一条线上，因此安装钢筋的准备工作中还应对施工图进行详细审阅，并且要纠正设计不周之处。例如主梁钢筋放在次梁钢筋下面，次梁钢筋想要维持常规的混凝土保护层厚度，那么主梁上部混凝土保护层就必须加厚，加厚值为次梁钢筋的直径，亦即主梁箍筋高度应相应减小。

六、钢筋安装质量验收

1. 主控项目

（1）钢筋安装时，受力钢筋的牌号、规格和数量必须符合设计要求。

检查数量：全数检查。

检验方法：观察，尺量。

（2）钢筋应安装牢固。受力钢筋的安装位置、锚固方式应符合设计要求。

检查数量：全数检查。

检验方法：观察，尺量。

2. 一般项目

钢筋安装偏差及检验方法应符合表 4-13 的规定，受力钢筋保护层厚度的合格点率应达到 90% 以上，且不得有超过表中数值 1.5 倍的尺寸偏差。

检查数量：在同一检验批内，对梁、柱和独立基础，应抽查构件数量的 10%，且不应少于 3 件；对墙和板，应按有代表性的自然间抽查 10%，且不应少于 3 间；对大空间结构，墙可按相邻轴线间高度 5m 左右划分检查面，板可按纵、横轴线划分检查面，抽查 10%，且均不应少于 3 面。

钢筋安装质量验收

钢筋安装允许偏差和检验方法 表 4-13

项目		允许偏差（mm）	检验方法
绑扎钢筋网	长、宽	+10	尺量
	网眼尺寸	±20	尺量连续三档，取最大偏差值
绑扎钢筋骨架	长	+10	尺量
	宽、高	+5	尺量
纵向受力钢筋	锚固长度	-20	尺量
	间距	+10	尺量两端、中间各一点，取最大偏差值
	排距	±5	
纵向受力钢筋、箍筋的混凝土保护层厚度	基础	+10	尺量
	柱、梁	±5	尺量
	板、墙、壳	+3	尺量
绑扎箍筋、横向钢筋间距		+20	尺量连续三档，取最大偏差值
钢筋弯起点位置		20	尺量
预埋件	中心线位置	5	尺量
	水平高差	+3,0	塞尺量测

注：检查中心线位置时，沿纵、横两个方向量测，并取其中偏差的较大值。

任务3 混凝土工程智能化施工

三峡大坝位于湖北省宜昌市，地处长江干流西陵峡河段，三峡水库东端，控制流域面积约100万平方千米，始建于1994年，集防洪、发电、航运、水资源利用等为一体，是三峡水电站的主体工程、三峡大坝旅游区的核心景观、当今世界上最大的水利枢纽建筑之一。大国工程，国之重器，我国在建设领域创造了一个又一个世界之最，激发了我们的民族自豪感。

三峡大坝混凝土浇筑施工属于大体积混凝土浇筑。在大体积混凝土浇筑施工过程中，不规范的施工操作会导致混凝土出现开裂、蜂窝、麻面、露筋等质量问题，甚至会影响结构安全。作为未来的工程人员，我们必须杜绝"豆腐渣工程"，学习"质量就是生命"的精神。

混凝土工程施工包括配料、搅拌、运输、浇筑、振捣和养护等过程，如图4-30所示。其中的任一过程施工不当，都会影响混凝土的质量。混凝土施工不但要保证构件有设计要求的外形，而且要获得满足设计要求的强度、良好的密实性和整体性。为了减少城市噪声和粉尘污染，改善城市环境，提高建设工程质量，很多地区已经禁止城区现场搅拌混凝土，必须采用商品混凝土。

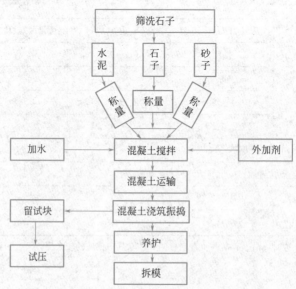

图4-30　混凝土施工过程示意

一、混凝土配料

结构工程中所用的混凝土是以胶凝材料、粗细骨料、水，按照一定配合比拌合而成的混合材料。另外，根据需要，还要向混凝土中掺加外加剂和外掺合料，以改善混凝土的某些性能。因此，混凝土的原材料除胶凝材料、粗细骨料、水外，还有外加剂、外掺合料（常用的有粉煤灰、硅粉、磨细矿渣等）。

混凝土制备

1. 混凝土配制强度的确定

在混凝土的施工配料时，除应保证结构设计对混凝土强度等级的要求外，还应保证施工对混凝土和易性的要求，并应遵循合理使用材料、节约胶凝材料的原则，必要时还应满足抗冻性、抗渗性等的要求。

为了使混凝土的强度保证率达到 95% 的要求，在进行配合比设计时，必须使混凝土的配制强度 $f_{cu,0}$ 高于设计强度标准值 $f_{cu,k}$。《普通混凝土配合比设计规程》JGJ 55—2011 要求，混凝土配制强度按下列规定确定：

当混凝土的设计强度等级小于 C60 时，配制强度按下式计算：

$$f_{cu,0} \geqslant f_{cu,k} + 1.645\sigma \tag{4-6}$$

式中：$f_{cu,0}$——混凝土配制强度，MPa；

$f_{cu,k}$——设计的混凝土立方体抗压强度标准值，MPa；

σ——施工单位的混凝土强度标准差，MPa。

当施工单位具有近期（现场搅拌统计周期不超过 3 个月）同一品种混凝土的强度统计资料时，σ 可按下式计算：

$$\sigma = \sqrt{\frac{\sum_{i=1}^{n} f_{cu,i}^2 - nm_{f_{cu}}^2}{n-1}} \tag{4-7}$$

式中：$f_{cu,i}$——统计周期内第 i 组混凝土试件强度，MPa；

$m_{f_{cu}}$——统计周期内 n 组混凝土试件强度平均值，MPa；

n——统计周期内同一品种混凝土试件的总组数，$n \geqslant 25$。

按式（4-7）计算混凝土强度标准差时：对于强度等级不大于 C30 的混凝土，当 σ 计算值不小于 3.0MPa 时，应按计算结果取值；当 σ 计算值小于 3.0MPa 时应取 3.0MPa。对于强度等级大于 C30 且小于 C60 的混凝土，当 σ 计算值不小于 4.0MPa 时，应按计算结果取值；当 σ 计算值小于 4.0MPa 时，应取 4.0MPa。

当施工单位无近期混凝土强度统计资料时，σ 可按表 4-14 取值。

σ 值选用表（JGJ 55—2011）　　　　　　　　表 4-14

混凝土强度等级	≤C20	C25~C35	≥C40
σ(MPa)	4.0	5.0	6.0

2. 混凝土施工配合比

混凝土的配合比是在实验室根据初步计算的配合比经过试配和调整而确定的，称为实验室配合比。确定实验室配合比所用的砂、石都是干燥的。而施工现场使用的砂、石都具有一定的含水率。为保证混凝土工程质量，按配合比投料，在施工现场要按砂、石实际含水率对原配合比进行修正。

根据施工现场砂、石含水率调整以后的配合比称为施工配合比。

假定实验室配合比为，水泥∶砂∶石＝$1∶x∶y$

水灰比为：W/C

现场测得砂含水率为 W_X、石子含水率为 W_Y

则施工配合比为：水泥∶砂∶石＝$1∶x(1+W_X)∶y(1+W_Y)$

水灰比 W/C 不变（但用水量要减去砂石中的含水量）。

【应用案例】

某工程混凝土实验室配合比为 $1∶2.28∶4.47$；水灰比 $W/C＝0.63$，每 $1m^3$ 混凝土水泥用量 $C＝285kg$，现场实测砂含水率 3％，石子含水率 1％，请计算施工配合比及每 $1m^3$ 混凝土各种材料用量。

【解】施工配合比 $1∶x(1+W_X)∶y(1+W_Y)＝1∶2.28(1+3％)∶4.47(1+1％)＝1∶2.35∶4.51$

按施工配合比得到 $1m^3$ 混凝土各组成材料用量为：

每 $1m^3$ 混凝土水泥用量 $C＝285kg$

每 $1m^3$ 混凝土砂用量 $S＝285×2.35＝669.75kg$

每 $1m^3$ 混凝土石用量 $G＝285×4.51＝1285.35kg$

每 $1m^3$ 混凝土水用量 $W＝(W/C－W_X－W_Y)C＝(0.63－2.28×3％－4.47×1％)×285＝147.32kg$

3. 混凝土拌制

混凝土的搅拌，就是将水、水泥、粗细骨料和外加剂等进行均匀拌合的过程。混凝土的搅拌分为人工搅拌和机械搅拌两种。

特别提示

人工搅拌，由于劳动强度大，均匀性差，水泥用量偏大，因此，只有在混凝土用量较少或没有搅拌机的情况下采用。

（1）搅拌机械

混凝土制备可分为预拌混凝土和现场搅拌混凝土两种方式。现场搅拌混凝土应采用与混凝土搅拌站相同的搅拌设备，按预拌混凝土的技术要求集中搅拌。混凝土搅拌机按其工作原理分为自落式搅拌机和强制式搅拌机两大类。自落式搅拌机适用于施工现场搅拌塑性、半干硬性混凝土。强制式搅拌机和自落式搅拌机相比，搅拌作用强烈、均匀，搅拌时间短，生产效率高，质量好而且出料干净，适用于搅拌低流动性混凝土、干硬性混凝土和轻骨料混凝土。

 知识链接

混凝土搅拌机的工艺参数

　　混凝土搅拌机每次（盘）可搅拌出的混凝土体积称为搅拌机的出料容量。每次可装入干料的体积称为进料容量。搅拌筒内部体积称为搅拌机的几何容量。为使搅拌筒内装料后仍有足够的搅拌空间，一般进料容量与几何容量的比值为 0.22～0.50，称为搅拌筒的利用系数。出料容量与进料容量的比值称为出料系数，一般为 0.60～0.7。在计算出料量时，可取出料系数 0.65。

　　（2）混凝土搅拌机的搅拌制度

　　1）施工配料

　　施工配料就是根据施工配合比和选择的搅拌机容量来计算原材料的一次投料量。

【应用案例】

　　已知条件不变，使用 400L 混凝土搅拌机，计算搅拌时的一次投料量。

　　【解】 400L 搅拌机每次可搅拌出混凝土 $400×0.65＝260L＝0.26m^3$

　　则搅拌时的一次投料量：

　　水泥 $285×0.26＝74.1kg$（取 75kg，一袋半）

　　砂 $75×2.35＝176.25kg$

　　石子 $75×4.51＝338.25kg$

　　水 $75×（0.63－2.28×3\%－4.47×1\%）＝38.77kg$

> **特别提示**
>
> 　　搅拌混凝土时，根据计算出的各组成材料的一次投料量，按重量投料。投料时允许偏差不得超过下列规定：
>
> 　　水泥、外掺混合材料：±2%；粗、细骨料：±3%；水、外加剂：±2%。各种衡器应定期检验，保持准确，骨料含水率应经常测定，雨天施工时应增加测定次数。

　　2）投料顺序

　　① 一次投料法

　　搅拌时加料普遍采用一次投料法，将砂、石、水泥和水一起加入搅拌筒内进行搅拌。搅拌混凝土前，先在料斗中装入石子，再装水泥及砂，这样可使水泥夹在石子和砂中间，有效地避免上料时所发生的水泥飞扬现象，同时也可使水泥及砂子不致粘住斗底。料斗将砂、石、水泥倾入搅拌机的同时加水搅拌。

　　② 二次投料法

　　又分为预拌水泥砂浆法、预拌水泥净浆法和水泥裹砂石法三种。

　　预拌水泥砂浆法是先将水泥、砂和水加入搅拌筒内进行充分搅拌，成为均匀的水泥砂浆后，再投入石子搅拌成均匀的混凝土。

　　预拌水泥净浆法是先将水泥和水充分搅拌成均匀的水泥净浆后，再加入砂和石搅拌成混凝土。

　　水泥裹砂石法是先将全部砂、石和 70% 的水倒入搅拌机，搅拌 10～20s，将砂和石表面湿润，再倒入水泥进行造壳搅拌 20s，最后加剩余水，进行糊化搅拌 80s。

　　水泥裹砂石法能提高强度，是因为改变投料和搅拌次序后，水泥和砂石的接触面增大，水泥的潜力得到充分发挥。为保证搅拌质量，目前有专用的裹砂石混凝土搅拌机。

知识链接

国内外试验资料表明，二次投料法搅拌的混凝土与一次投料法相比较，混凝土强度可提高约15%，在强度相同的情况下，可节约水泥15%～20%。

3）混凝土的搅拌时间

从砂、石、水泥和水等全部材料装入搅拌筒起至开始卸料止所经历的时间称为混凝土的搅拌时间。

混凝土搅拌时间是影响混凝土的质量和搅拌机生产效率的一个主要因素。混凝土搅拌的最短时间与搅拌机的类型和容量、骨料的品种、对混凝土流动性的要求等因素有关，应符合表4-15规定。

混凝土搅拌的最短时间   表4-15

混凝土坍落度(mm)	搅拌机类型	搅拌机出料量(L)		
		<250	250～500	>500
≤40	强制式	60	90	120
>40 且<100	强制式	60	60	90
≥100	强制式	60		

注：掺有外加剂时，搅拌时间应适当延长。

（3）混凝土搅拌要求

对首次使用的配合比应进行开盘鉴定，开盘鉴定内容包括：混凝土的原材料与配合比设计所采用原材料的一致性，初级混凝土工作性与配合比设计要求的一致性；混凝土强度；工程有要求时，尚应包括混凝土耐久性等。

使用搅拌机时，必须注意安全，在鼓筒正常转动之后才能装料入筒。在运转时不得将头、手或工具伸入筒内。因故（如停电）停机时，要立即将筒内的混凝土取出，以免凝结。在搅拌工作结束时，也应立即清洗鼓筒内外。叶片磨损面积如超过10%左右，就应按原样修补或更换。

二、混凝土的运输

混凝土运输

混凝土的运输是指将混凝土由拌制地点运至浇筑地点的过程，分为水平运输（地面水平运输和楼面水平运输）和垂直运输。

1. 混凝土的运输要求

（1）混凝土在运输过程中不产生分层、离析现象。如有离析现象，必须在浇筑前进行二次搅拌。

（2）混凝土运至浇筑地点开始浇筑时，应满足设计配合比所规定的坍落度要求，见表4-16。

混凝土浇筑时的坍落度　　　　　　　　　　　　　表 4-16

项次	结构类型	坍落度(mm)
1	基础或地面等垫层,无配筋的厚大结构(挡土墙、基础或厚大的块体等)或配筋稀疏的结构	10～30
2	板、梁和大型及中型截面的结构	30～50
3	配筋密列的结构(薄壁、斗仓、筒仓、细柱等)	50～70
4	配筋特密的结构	70～90

注：1. 本表系指采用机械振捣的混凝土坍落度,采用人工振捣时可适当增大混凝土坍落度;
　　2. 需要配置大坍落度混凝土时应加入混凝土外加剂;
　　3. 曲面、斜面结构的混凝土,其坍落度应根据需要另行选用。

（3）混凝土从搅拌机中卸出运至浇筑地点必须在混凝土初凝之前浇捣完毕,其允许延续时间不超过表 4-17 的规定。

（4）运输工作应保证混凝土的浇筑工作连续进行。

混凝土从搅拌机中卸出后到浇筑完毕的延续时间（min）　　　　表 4-17

混凝土强度等级	气温(℃)	
	≤25	>25
≤C30	120	90
>C30	90	60

注：对掺加外加剂或快硬水泥拌制的混凝土,其延续时间应按试验确定。

2. 混凝土运输设备

混凝土运输设备的选择应根据建筑物的结构特点、运输的距离、运输量、地形及道路条件、现有设备情况等因素综合考虑确定。

常用的水平运输设备有：手推车、机动翻斗车、自卸汽车、混凝土搅拌运输车等。

常用的垂直运输设备有：龙门架、井架、塔式起重机、混凝土泵等。

（1）手推车

双轮手推车容量为 $0.1～0.12m^3$。操作灵活、装卸方便,适用于楼地面混凝土水平运输。

（2）机动翻斗车

机动翻斗车车前装有容积为 $0.467m^3$ 的料斗。具有轻便灵活、结构简单、转弯半径小、速度快、能自动卸料等特点,适用于短距离混凝土运输。

（3）自卸汽车

自卸汽车是以载重汽车作驱动力,在其底盘上装置一套液压举升机构,使车厢举升和降落,以自卸物料。适用于远距离和混凝土需用量大的水平运输。

（4）混凝土搅拌运输车

混凝土搅拌运输车是在载重汽车或专用汽车的底盘上装置一个梨形反转出料的搅拌机,它兼有运载混凝土和搅拌混凝土的双重功能。可在运送混凝土的同时,对其缓慢地搅拌，以防止混凝土产生离析或初凝，从而保证混凝土的质量，如图 4-31 所示。亦可在开车前装入一定配合比的干混合料，在到达浇筑地点前 15～20min 加水搅拌，到达后即可使用。搅拌筒的容量为 2～10m³，适用于混凝土远距离运输使用，是预拌（商品）混凝土必备的运输机械。

图 4-31　混凝土搅拌运输车

（5）混凝土泵运输

混凝土泵运输又称泵送混凝土，是利用混凝土泵的压力将混凝土通过管道输送到浇筑地点，一次完成水平运输和垂直运输。混凝土泵运输具有输送能力大（最大水平输送距离可达 800m，最大垂直输送高度可达 300m）、效率高、连续作业、节省人力等优点，是施工现场运输混凝土的较先进的方法。

1）泵送混凝土设备包括混凝土泵、输送管和布料装置。

① 混凝土泵按作用原理分为液压活塞式、挤压式和气压式三种。

 知识链接

可将混凝土泵装在汽车底盘上，组成混凝土泵车。混凝土泵车转移方便、灵活，适用于中小型工地施工。

② 混凝土输送管有直管、弯管、锥形管和浇注软管等。直管、弯管的管径以 100mm、125mm 和 150mm 三种为主，直管标准长度以 4.0m 为主，另有 3.0m、2.0m、1.0m、0.5m 四种管长作为调整布管长度用。弯管的角度有 15°、30°、45°、60°、90°五种，以适应管道改变方向的需要。

锥形管长度一般为 1.0m，用于两种不同管径输送管的连接。直管、弯管、锥形管用合金钢制成，浇注软管用橡胶与螺旋形弹性金属制成。软管接在管道出口处，在不移动钢干管的情况下，可扩大布料范围。

③ 布料装置：混凝土泵连续输送的混凝土量很大，为使输送的混凝土直接浇筑到模板内，应设置具有输送和布料两种功能的布料装置（称为布料杆）。

知识链接

　　布料装置应根据工地的实际情况和条件来选择，图 4-32 为一种移动式布料装置，放在楼面上使用，其臂架可回转 360°，可将混凝土输送到其工作范围内的浇筑地点。此外，还可将布料杆装在塔式起重机上；也可将混凝土泵和布料杆装在汽车底盘上，组成布料杆混凝土泵车（图 4-33），用于基础工程或多层建筑混凝土浇筑。

图 4-32　移动式布料装置

图 4-33　布料杆混凝土泵车

　　2）泵送混凝土的有关要求

　　混凝土在输送管内输送时应尽量减小与管壁间的摩阻力，使混凝土流通顺畅，不产生离析现象。泵送混凝土的原料和配合比选择应满足泵送的要求。

　　① 粗骨料

　　粗骨料宜优先选用卵石，当水灰比相同时卵石混凝土比碎石混凝土流动性好，与管道的摩阻力小。为减小混凝土与输送管道内壁的摩阻力，应限制粗骨料最大粒径 d 与输送管内径 D 之比值。一般粗骨料为碎石时，$d \leqslant D/3$；粗骨料为卵石时，$d \leqslant D/2.5$。

② 细骨料

骨料颗粒级配对混凝土的流动性有很大影响。为提高混凝土的流动性和防止离析，泵送混凝土中通过 0.135mm 筛孔的砂应不小于 15%，含砂率宜控制在 40%～50%。

③ 水泥用量

水泥用量过少，混凝土易产生离析现象。1m³ 泵送混凝土最小水泥用量为 300kg。

④ 混凝土的坍落度

混凝土的流动性大小是影响混凝土与输送管内壁摩阻力大小的主要因素，泵送混凝土的坍落度宜为 80～180mm。

⑤ 为了提高混凝土的流动性，减小混凝土与输送管内壁摩阻力，防止混凝土离析，宜掺入适量的外加剂。

3）泵送混凝土施工的有关规定

泵送混凝土施工时，除事先拟定施工方案，选择泵送设备，做好施工准备工作外，在施工中还应遵守如下规定：

① 混凝土的供应必须保证混凝土泵能连续工作；

② 输送管线的布置应尽量直，转弯宜少且缓，管与管接头严密；

③ 泵送前应先用适量的与混凝土内成分相同的水泥浆或水泥砂浆润滑输送管内壁；

④ 预计泵送间歇时间超过 45min 或混凝土出现离析现象时，应立即用压力水或其他方法冲管内残留的混凝土；

⑤ 泵送混凝土时，泵的受料斗内应经常有足够的混凝土，防止吸入空气形成阻塞；

⑥ 输送混凝土时，应先输送远处混凝土，使管道随混凝土浇筑工作的逐步完成，逐步拆管。

三、混凝土的浇筑

框架结构
混凝土浇
筑施工

混凝土浇筑必须保证成型的混凝土结构的密实性、整体性和匀质性，保证结构物尺寸准确，钢筋、预埋件的位置正确，及拆模后混凝土表面平整光洁。

质量第一，违法必究：青岛某在建小区因施工方监管失误，采购了劣质混凝土，通过鉴定报告得知，主体结构混凝土强度测定值达到设计强度 85% 占比仅为 11.1%。因混凝土强度整体低下，导致 18 栋住宅楼全部炸毁重建。该起质量事故中，总承包公司资质由建筑总承包一级资质降为二级，项目经理被注销一级建造师执业资格证书，终身禁入行业。开发商董事长等人相继被免，后被查落马。

1. 混凝土浇筑前的准备工作

混凝土浇筑前，应检查模板的轴线位置、标高、截面尺寸和预留孔洞的位置是否正确；检查模板的支撑是否牢固；检查钢筋及预埋件的规格、数量，安装位置是否正确。并进行验收，做好隐蔽工程记录。对施工班组进行安全与技术交底，在混凝土浇筑过程中，随时填写施工日志。

2. 混凝土浇筑的一般要求

为确保混凝土工程质量，混凝土浇筑工作必须遵守下列规定：

（1）混凝土的自由下落高度

浇筑混凝土时为防止发生离析现象，混凝土自高处倾落的自由高度（称自由下落高度）不应超过2m。自由下落高度较大时，应使用溜槽或串筒，以防混凝土产生离析。溜槽一般用木板制作，表面包铁皮，如图4-34（a）所示，使用时其水平倾角不宜超过30°。串筒用薄钢板制成，每节筒长700mm左右，用钩环连接，筒内设有缓冲挡板，如图4-34（b）（c）所示。

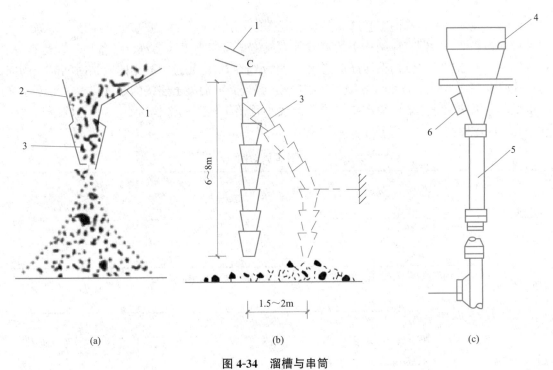

图 4-34　溜槽与串筒

（a）溜槽；（b）串筒；（c）振动串筒

1—溜槽；2—挡板；3—串筒；4—漏斗；5—节管；6—振动器

（2）混凝土分层浇筑厚度

为了使混凝土能够振捣密实，浇筑时应分层浇灌、振捣，并在下层混凝土初凝之前，将上层混凝土浇灌并振捣完毕。如果在下层混凝土已经初凝以后，再浇筑上面一层混凝土，在振捣上层混凝土时，下层混凝土由于受振动，已凝结的混凝土结构就会遭到破坏。混凝土分层浇筑时每层的厚度应符合表4-18的规定。

混凝土浇筑层的厚度　　　　　　　　　　　表 4-18

项次	项目	捣实混凝土的方法		浇筑层厚度（mm）
1	普通混凝土	机械浇筑	插入式振捣	振捣器作用部分长度的 1.25 倍
			表面振捣	300
		人工浇筑振捣	在基础、无筋混凝土或配筋稀疏的结构中	250
			在梁、墙板、柱结构中	200
			在配筋密集的结构中	150
2	轻骨料混凝土	插入式振捣		300
		表面振动（振动时需加荷）		200

3. 施工缝的留设

（1）施工缝

施工缝是一种特殊的工艺缝。混凝土浇筑时由于施工技术（安装上部钢筋、重新安装模板和脚手架、限制支撑结构上的荷载等）或施工组织（工人换班、设备损坏、待料等）的原因，不能连续将结构整体浇筑完成，且停歇时间可能超过混凝土的凝结时间时，则应预先确定在适当的部位留置施工缝。由于施工缝处新旧混凝土连接的强度比整体混凝土强度低，所以施工缝一般应留在结构受剪力较小且便于施工的部位。表 4-19 为混凝土浇筑中允许间歇时间。

混凝土浇筑中允许间歇时间（单位：min）　　　　　表 4-19

混凝土强度等级	施工气温	
	≤25℃	>25℃
≤C30	210	180
>C30	180	150

注：当混凝土中掺加有促凝或缓凝型外加剂时，其允许时间应根据试验结果确定。

特别提示

所谓的施工缝，实际并没有缝，而是新浇混凝土与原混凝土之间的结合面，混凝土浇筑后，缝已不存在，与房屋的伸缩缝、沉降缝和防震缝不同，这三种缝不论是建筑物在建造过程中或建成后，都存在实际的空隙。

（2）施工缝留设的位置

1）柱子的施工缝宜留在基础与柱子的交接处的水平面上，或梁的下面，或吊车梁牛腿的下面，或吊车梁的上面，或无梁楼盖柱帽的下面，如图 4-35 所示。框架结构中，如果梁的负筋向下弯入柱内，施工缝也可设置在这些钢筋的下端，以便于绑扎，柱的施工缝应留成水平缝。

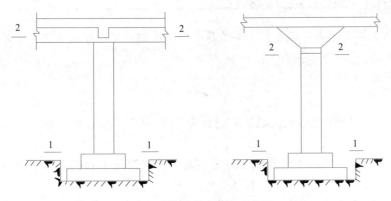

图 4-35　柱的施工缝留设位置

1—1、2—2—施工缝位置

2）与板连成整体的大断面梁（高度大于 1m 的混凝土梁）单独浇筑时，施工缝应留置在板底面以下 20～30mm 处。板有梁托时，应留在梁托下部。

3）有主次梁的楼板，宜顺着次梁方向浇筑，施工缝应留置在次梁跨度中间 1/3 的范围内，如图 4-36 所示。

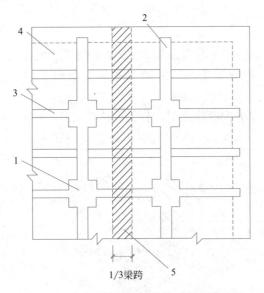

混凝土
梁、板
浇筑施工

图 4-36　有主次梁的楼板的施工缝留设位置

1—柱；2—主梁；3—次梁；4—楼板；5—按次梁方向浇筑混凝土，可留施工缝位置

4）单向板的施工缝可留置在平行于板的短边的任何位置处。

5）楼梯的施工缝也应留在跨中 1/3 范围内。

6）剪力墙留置在门洞口过梁跨中 1/3 范围内，也可留在纵横墙的交接处。

7）双向受力楼板、大体积混凝土结构、拱、薄壳、蓄水池、斗包、多层框架及其他结构复杂工程，施工缝位置应按设计要求留置。

特别提示

留设施工缝是不得已而为之，并不是每个工程都一定要留设施工缝，有的结构不允许留施工缝。

（3）施工缝的处理

1）在施工缝处继续浇筑混凝土时，先前已浇筑混凝土的抗压强度应不小于 $1.2N/mm^2$。

2）继续浇筑前，应清除已硬化混凝土表面上的水泥薄膜和松动石子以及软弱混凝土层，加以充分湿润并冲洗干净，且不得积水。

3）在浇筑混凝土前，先铺一层水泥浆或与混凝土内成分相同的水泥砂浆，然后再浇筑混凝土。

4）混凝土应细致捣实，使新旧混凝土紧密结合。

4. 后浇带的设置

（1）后浇带

后浇带是在现浇混凝土施工过程中，为克服由于温度、收缩而可能产生的有害裂缝而设置的临时施工缝。该缝需根据设计要求保留一段时间后再浇筑混凝土，将整个结构连成整体。

（2）后浇带的处理

后浇带的设置距离，应考虑在有效降低温差和收缩应力条件下，通过计算来获得。在正常的施工条件下，一般规定是，如混凝土置于室内和土中，则为 30m；如在露天则为 20m。

后浇带的保留时间应根据设计确定，若无设计要求时，一般应至少保留 28d 以上。后浇带的宽度一般为 700～1000mm，后浇带内的钢筋应完好保存。其构造如图 4-37 所示。

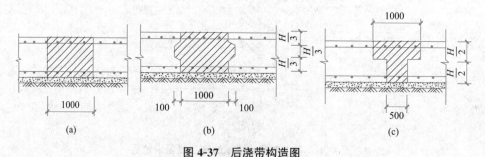

图 4-37 后浇带构造图
（a）平接式；（b）企口式；（c）台阶式

后浇带在浇筑混凝土前，必须将整个混凝土表面按照施工缝的要求进行处理。填充后浇带混凝土可采用微膨胀或无收缩水泥，也可采用普通水泥加入相应的外加剂拌制，但必须要求混凝土的强度等级比原结构提高一级，并保持至少 15d 的湿润养护。

5. 混凝土浇筑方法

（1）现浇混凝土框架结构的浇筑

框架结构的主要构件包括基础、柱、梁、板等，一般按结构层分层施

基础底板
混凝土
浇筑施工

工，如果平面面积较大，还要划分施工段，以便各工序组织流水作业。

在每一施工层中，应先浇筑柱或墙。在每一施工段中的柱或墙应连续浇筑到顶。每排柱子由外向内对称顺序地进行浇筑，以防柱子模板连续受侧推力而倾斜。柱、墙浇筑完毕后应停歇 1～1.5h，使混凝土获得初步沉实后，再浇筑梁、板混凝土。

梁和板的混凝土应同时浇筑，以便结合成整体，浇筑时从一端开始向前推进。当梁的高度大于 1m 时，可单独浇筑，施工缝可留在板底以下 20～30mm 处。

（2）大体积混凝土的浇筑

大体积混凝土结构在工业建筑中多为大型设备基础和高层建筑中的厚大桩基承台或厚大基础底板等，由于承受的荷载大、整体性要求高，一般要求连续浇筑，不留施工缝。

基础大体积混凝土浇筑施工

另外，大体积混凝土结构在浇筑后，水泥的水化热量大，水化热聚积在内部不易散发，浇筑初期混凝土内部温度显著升高，而表面散热较快。这样就形成较大的内外温差，混凝土内部产生压应力，表面产生拉应力，如温差过大就会在混凝土表面产生裂纹。在浇筑后期，当混凝土内部逐渐散热冷却产生收缩时，由于受到基底或已浇筑的混凝土的约束，接触处将产生很大的剪应力，在混凝土正截面形成拉应力。当拉应力超过混凝土当时龄期的极限抗拉强度时，便会产生裂缝，甚至会贯穿整个混凝土构件，由此会造成严重的危害。在大体积混凝土结构的浇筑中，上述两种裂缝（尤其是后一种裂缝）都应设法防止产生。

要防止大体积混凝土结构浇筑后产生裂缝，就要减小浇筑后混凝土的内外温差，降低混凝土的温度应力。为此，可采取以下技术措施：

1）优先选用低水化热的矿渣水泥拌制混凝土，并适当使用缓凝减水剂。

2）在保证混凝土设计强度等级前提下，掺加粉煤灰，适当降低水灰比，减少水泥用量。

3）降低混凝土的入模温度，控制混凝土内外的温差（当设计无要求时，控制在 25℃ 以内），如降低拌合水温度（拌合水中加冰屑或用地下水）、骨料用水冲洗降温、避免暴晒。

4）及时对混凝土覆盖保温、保湿材料。

5）预埋冷却水管，通入循环水将混凝土内部热量带出，进行人工导热。

大体积混凝土结构浇筑时，为保证结构的整体性和施工的连续性，可采用分层浇筑，保证在下层混凝土初凝前将上层混凝土浇筑完毕。一般有三种浇筑方案，即全面分层、分段分层和斜面分层，如图 4-38 所示。

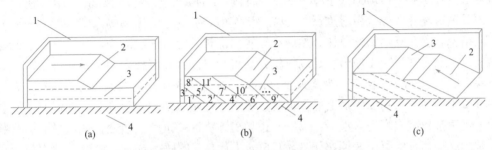

图 4-38 大体积混凝土结构浇筑方案

（a）全面分层；（b）分段分层；（c）斜面分层

1—模板；2—新浇筑的混凝土；3—已浇筑的混凝土；4—地基

1) 全面分层（图 4-38a）。适用于结构的平面尺寸不太大的情况，浇筑混凝土时从短边开始，沿长边方向进行浇筑，逐层进行浇筑。混凝土浇筑强度大。

2) 分段分层（图 4-38b）。适用于结构厚度不大而面积或长度较大的情况。浇筑混凝土时结构沿长边方向分成若干段，浇筑工作从底层开始，当第一层混凝土浇筑一段长度后，便回头浇筑第二层，当第二层浇筑一段长度后，回头浇筑第三层，如此向前呈阶梯形推进。

3) 斜面分层（图 4-38c）。适用于长度较大的结构。混凝土一次浇筑到顶，由于混凝土自然流淌而形成斜面，混凝土振捣工作从浇筑层下端开始逐渐上移。

> **特别提示**
>
> 当采用全面分层方案时，混凝土浇筑强度大，现场混凝土搅拌机、运输和振捣设备均不能满足施工要求时，采用分段分层方案。目前应用较多的是斜面分层方案。

（3）水下混凝土的浇筑

深基础、沉井、沉箱和钻孔灌注桩的封底、泥浆护壁灌注桩的混凝土浇筑以及地下连续墙施工等，常需要进行水下混凝土浇筑，目前水下浇筑混凝土多用导管法，如图 4-39 所示。

水下混凝土浇筑施工

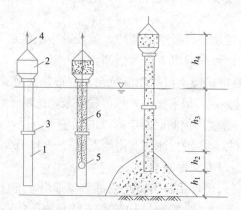

图 4-39 导管法水下浇筑混凝土
1—钢导管；2—漏斗；3—接头；4—吊索；5—隔水塞；6—铁丝

导管直径 $250\sim300$mm（不小于最大骨料粒径的 8 倍），每节长 3m，用快速接头连接，顶部装有漏斗。导管用起重设备升降。浇筑前，导管下口先用隔水塞（混凝土、木等制成）堵塞，隔水塞用铁丝吊住。然后在导管内浇筑一定量的混凝土，保证开管前漏斗及管内的混凝土量使混凝土冲出后足以封住并高出管口。将导管插入水下，在其下口距底面的距离 h_1 约 300mm 时浇筑。距离太小易堵管，太大则漏斗及管内混凝土量需较多。当导管内混凝土的体积及高度满足上述要求后，剪断吊住隔水塞的铁丝开管，使混凝土在自重作用下迅速推出隔水塞进入水中。以后一边均衡地浇混凝土，一边慢慢提起导管，导管下口必须始终保持在混凝土表面之下 $1\sim1.5$m 以上。下口埋得越深，混凝土顶面越平，质量越好，但浇筑也越困难。

在整个浇筑过程中，一般应避免在水平方向移动导管，直到混凝土顶面接近设计标高时，才可将导管提起，换插到另一浇筑点。一旦堵管，如半小时内不能排除，应立即换插备用导管。待混凝土浇筑完毕，应清除顶面与水接触的厚约200mm的松软部分。如水下结构物面积大，可用几根导管同时浇筑。

6. 混凝土的振捣

混凝土振捣

混凝土浇灌到模板中后，由于骨料间的摩阻力和水泥浆的粘结作用，不能自动充满模板，其内部是疏松的，有一定体积的空洞和气泡，不能达到要求的密实度。而混凝土的密实性直接影响其强度和耐久性，所以在浇灌到模板内的混凝土初凝前，必须进行振捣，使混凝土充满模板的各个边角，并把混凝土内部的气泡和部分游离水排挤出来，使混凝土密实，表面平整，从而使强度等各项性能符合设计要求。

混凝土振捣的方法包括人工振捣和机械振捣。人工振捣是用人力的冲击（夯或插）使混凝土密实、成型。一般只有在采用塑性混凝土，而且是在缺少机械或工程量不大的情况下，才用人工振捣。

特别提示

人工振捣时要注意插匀、插全。实践证明，增加振捣次数比加大振捣力度的效果更好。

混凝土振捣机械按其传递振动的方式分为：内部振动器、表面振动器、附着式振动器和振动台，如图4-40所示。振动台是混凝土制品厂中的固定生产设备，用于振实预制构件。在施工工地主要使用内部振动器和表面振动器。

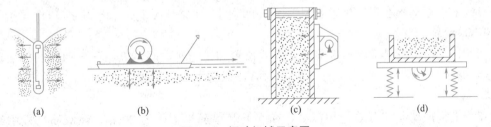

图4-40　振动机械示意图

（a）内部振动器；（b）表面振动器；（c）附着式振动器；（d）振动台

（1）内部振动器

内部振动器又称为插入式振动器（振捣棒），其工作部分是一棒状空心圆柱体，内部装有偏心振子，在电动机带动下高速转动而产生高频微幅的振动。多用于振捣现浇基础、柱、梁、墙等结构构件和厚大体积设备基础的混凝土捣实，如图4-41所示。插入式振动器操作时，应使其自然沉入混凝土内，切忌用力硬插或斜推。振捣方向有直插和斜插两种，插入尚未初凝混凝土中50～100mm，使上下层混凝土结合成一整体。

振捣棒插点分布要均匀，有行列式或交错式两种，如图4-42所示。普通混凝土的插点间距

图4-41　插入式振动器

不宜大于振捣棒作用半径的 1.5 倍，振捣棒距离模板不应大于作用半径的 1/2，并应避免碰撞钢筋、模板、芯管、预埋件等。

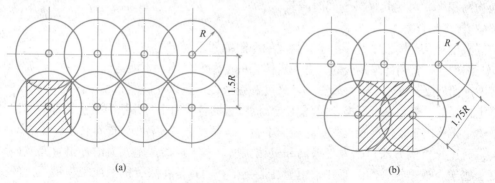

图 4-42　振捣棒插点分布

（a）行列式；（b）交错式

每一插点的振捣延续时间，一般以混凝土表面呈水平，混凝土拌合物不显著下沉，表面泛浆和不出现气泡为准。

（2）表面振动器

表面振动器又称平板振动器，是将一个带偏心块的电动振动器安装在钢板或木板上，振动力通过平板传给混凝土，表面振动器的振动作用深度小，适用于振捣表面积大而厚度小的结构，如现浇楼板、地面或板形构件和薄壳等薄壁结构。平板振动器底板大小的确定，应以使振动器能浮在混凝土表面上为准。

1）平板振动器在每一位置上连续振动的时间，正常情况下为 25～40s，以混凝土表面均匀出现泛浆为准。

2）移动时应成排依次振捣前进，前后位置和排与排之间，应保证振动器的平板覆盖已振实部分的边缘，一般重叠 3～5cm 为宜，以防漏振。移动方向应与电动机转动方向一致。

3）平板振动器的有效作用深度，在无筋和单筋平板中为 20cm，在双筋平板中约为 12cm。因此，混凝土厚度一般不超过振动器的有效作用深度。大面积的混凝土楼地面，可采用两台振动器以同一方向安装在两条木杠上；通过木杠的振动，使混凝土密实，但两台振动器的频率应保持一致。

4）振捣带斜面的混凝土时，振动器应由低处逐渐向高处移动，以保证混凝土密实。

（3）附着式振动器

附着式振动器是将一个带偏心块的电动振动器利用螺栓或钳形夹具固定在构件模板的外侧，不与混凝土接触，振动力通过模板传给混凝土。附着式振动器的振动作用深度小，适用于振捣钢筋密、厚度小及不宜使用插入式振动器的构件，如墙体、薄腹梁等。

1）附着式振动器的有效作用深度约为 25cm，如构件较厚时，可在构件对应两侧安装振动器，同时进行振捣。

2）在同一模板上同时使用多台附着式振动器时，各振动器的频率须保持一致，两面的振动器应错开位置排列。其位置和间距视结构形状、模板坚固程度、混凝土坍落度及振捣器功率大小，经试验确定，一般每隔 1～1.5m 设置一台振动器。

3）当结构构件断面较深、较狭时，可采用边浇灌、边振捣的方法。但对于其他垂直构件须在混凝土浇灌高度超过振捣器的高度时，方可开动振动器进行振捣。当混凝土成一水平，且无气泡出现时，可停止振捣。

特别提示

　　表面振动器和附着式振动器都是在混凝土的外表面施加振动，而使混凝土振捣密实。

四、混凝土的养护

　　混凝土浇筑后逐渐凝结硬化，强度也不断增长，这个过程主要由水泥的水化作用来实现。而水泥的水化作用又必须在适当的温度、湿度条件下才能完成，如果混凝土浇筑后即处在炎热、干燥、风吹、日晒的气候环境中，就会使混凝土中的水分很快蒸发，影响混凝土中水泥的正常水化作用。轻者使混凝土表面脱皮、起砂，出现干缩裂缝；严重的会因混凝土内部疏松，降低混凝土的强度，使混凝土遭到破坏。

混凝土养护

特别提示

　　混凝土养护绝不是一件可有可无的工作，而是混凝土施工过程中的一个重要环节。混凝土浇筑后，必须根据水泥品种、气候条件和工期要求，在12h内加以养护。

　　混凝土养护的方法很多，通常按其养护工艺分为自然养护和蒸汽养护两大类。而自然养护又分为洒水养护和喷涂薄膜养生液养护，施工现场则以洒水养护为主要养护方法。

1. 洒水养护

　　洒水养护是指混凝土终凝后，日平均气温高于5℃的自然气候条件下，用草帘、草袋将混凝土表面覆盖并经常洒水，以保持覆盖物充分湿润。对于楼地面混凝土工程也可采用蓄水养护的办法加以解决。洒水养护时必须注意以下事项：

　　（1）对于一般塑性混凝土，应在浇筑后12h内立即加以覆盖和洒水润湿，炎热的夏天养护时间可缩短至2~3h。而对于干硬性混凝土应在浇筑后1~2h内即加以养护，使混凝土保持湿润状态。

　　（2）在已浇筑的混凝土强度达到1.2MPa以后，方可在其上允许操作人员行走和安装模板及支架等。

　　（3）混凝土洒水养护时间视水泥品种而定，硅酸盐水泥、普通硅酸盐水泥和矿渣硅酸盐水泥拌制的混凝土，不得少于7d；掺用缓凝型外加剂或有抗渗要求的混凝土，不得少于14d；采用其他品种水泥时，混凝土的养护时间应根据水泥技术性能确定。

　　（4）养护用水应与拌制用水相同，洒水的次数应以能保持混凝土具有足够的润湿状态为准。

　　（5）在养护过程中，如发现因遮盖不好、洒水不足，致使混凝土表面泛白或出现干缩细小裂缝时，应立即仔细加以遮盖，充分洒水，加强养护，并延长浇水养护日期加以补救。

（6）平均气温低于5℃时，不得洒水养护。

2. 喷涂薄膜养生液养护

喷涂薄膜养生液养护是将一定配比的过氯乙烯树脂养生液，用喷洒工具喷洒在混凝土表面，待溶液挥发后，在混凝土表面结成一层塑料薄膜，将混凝土表面与空气隔绝，阻止混凝土中水分的蒸发以保证水化反应的正常进行，达到养护的目的。

养生液的喷洒，一般待混凝土收水后，混凝土表面以手指轻按无指印时即可进行，施工温度应在10℃以上。

喷涂薄膜养生液养护适用于不易浇水养护的高耸构筑物和大面积混凝土的养护，也可用于表面积大的混凝土施工和缺水地区。

3. 蒸汽养护

蒸汽养护是将构件放在充有饱和蒸汽或蒸汽空气混合物的养护室内，在较高的温度和相对湿度的环境中进行养护，以加快混凝土的硬化，一般12h左右即可养护完毕。

蒸汽养护制度包括：养护阶段的划分，静停时间，升、降温速度，恒温养护温度与时间，养护室相对湿度等。

常压蒸汽养护过程分为四个阶段：静停阶段、升温阶段、恒温阶段及降温阶段。

静停阶段是指构件在浇灌成型后先在常温下放一段时间。静停时间一般为2～6h，以防止构件表面产生裂缝和疏松现象。

升温阶段是指构件由常温升到养护温度的过程。升温不宜过快，以免由于构件表面和内部产生过大温差而出现裂缝。升温速度为：薄型构件不超过25℃/h，其他构件不超过20℃/h，用干硬性混凝上制作的构件，不得超过40℃/h。

恒温阶段是指温度保持不变的持续养护时间。恒温养护阶段应保持90%～100%的相对湿度，恒温养护温度不得大于95℃。恒温养护时间一般为3～8h。

降温阶段是恒温养护结束后，构件由养护最高温度降至常温的散热降温过程。降温速度不得超过10℃/h，构件出池后，其表面温度与外界温差不得大于20℃。

五、混凝土冬期施工

1. 温度对混凝土凝结、硬化的影响

混凝土正常的凝结、硬化并获得强度，需要适宜的温度和湿度，温度的高低对混凝土强度的增长影响很大。当温度降至0℃以下时，水化反应基本停止；降至-2～-4℃时，混凝土内的水开始结冰，水结冰后体积增大8%～9%，在混凝土内部产生冰胀应力，使尚处于强度很低状态的混凝土内部产生微裂缝，同时减弱了水泥、砂石与钢筋之间的粘结力，混凝土强度随之降低。受冻的混凝土解冻后，其强度虽然继续增长，但已不能达到设计的强度等级。

当混凝土具有一定强度后再遭冻结，其强度足以抵抗其内部剩余水结冰时产生的膨胀应力，混凝土的后期抗压强度损失在5%以内，即混凝土在受冻以前必须达到的最低强度，称为混凝土冬期施工的受冻临界强度。

该临界强度与水泥品种、混凝土强度等级有关，对硅酸盐水泥或普通硅酸盐水泥配制的混凝土，为设计的混凝土强度标准值的30%；对矿渣硅酸盐水泥配制的混凝土，为设计的混凝土强度标准值的40%，但对于不大于C10的混凝土，不得小于5.0MPa。

如根据当地多年气温资料，室外日平均气温会连续5d稳定低于5℃的，混凝土结构工程应采取冬期施工技术措施。因为混凝土拌合物在5℃环境下养护，其强度增长很慢；而且在日平均气温低于5℃时，最低气温会低于0～−1℃，混凝土有可能受冻。所以，应采取相应的技术措施，以确保冬期浇筑的混凝土在受冻前其抗压强度值不低于混凝土受冻临界强度。

除上述早期冻害之外，混凝土冬期施工还需注意拆模不当带来的冻害。拆模后，混凝土构件表面急剧降温，由于内外温差较大会产生较大的温度应力而导致表面产生裂纹，故在冬期施工中应力求避免这种冻害。

2. 混凝土冬期施工方法

混凝土冬期施工方法一般分为三类：混凝土养护期间不加热、混凝土养护期间加热以及二者的综合。

特别提示

选择冬期施工方法时，要综合考虑自然气温、结构类型和特点、原材料、工期限制、能源情况和经济指标，着眼于节约能源和减少施工费用。如工期不紧和无特殊要求限制的工程，应优先选用养护期间不加热方法或综合方法；当工期限制、施工条件许可时，才考虑选用养护期间加热的方法。施工方法的确定，应经过技术经济比较，原则是用最低的施工费用实现预定的工期及质量要求。

（1）不加热养护方法

1）蓄热法

蓄热法是利用预热原材料（水泥除外）或混凝土（热拌混凝土）的热量及水泥水化热，用适当的保温材料覆盖，延缓混凝土的冷却，使混凝土受冻前的强度不低于其受冻临界强度。室外最低气温不低于−15℃，地面以下的工程或表面系数不大于$5m^{-1}$的结构，宜用蓄热法。

水的比热容比砂石大，加热设备简单，故应首先考虑加热水。拌合水及骨料的加热温度不得超过表4-20的规定。

拌合水及骨料最高温度（℃）　　　　　　　　　　　　表4-20

水泥品种及强度等级	拌合水	骨料
<52.5级的普通硅酸盐水泥、矿渣硅酸盐水泥	80	60
≥52.5级的硅酸盐水泥、普通硅酸盐水泥	60	40

若加热水的蓄热量已满足要求而不用加热骨料时，水可加热到100℃，但搅拌时应先将水与砂石拌合，然后再投入水泥以防止假凝，且搅拌前必须除去骨料中的冰凌。若还需要加热骨料，可将蒸汽直接通到骨料中，或在骨料堆、贮料斗中安设蒸汽管。工程量小时，也可将砂石放在铁板上用火烘烤。

> **特别提示**
>
> 水泥不得直接加热，宜在使用前运入暖棚内存放。

采用蓄热法时应对原材料加热、搅拌、运输、浇筑和养护进行热工计算，最后验算混凝土冷却至0℃时的强度能否达到受冻临界强度。热工计算的根据是热平衡原理，计算式及相关参数见《建筑工程冬期施工规程》JGJ/T 104—2011 附录 A。

用蓄热法拌制的混凝土拌合物应选用大容量容器运输，且应有保温措施，并应尽量缩短运距，减少转运次数，运至工地后应立即浇筑入模。

蓄热法还可与其他方法结合起来使用，如结合掺加外加剂，使混凝土早强、防冻、与混凝土浇筑后短时加热相结合，增加混凝土热量和延长其冷却至0℃的时间等。

2）掺外加剂法

掺外加剂法是一种只需要在混凝土中掺入外加剂，不需采取加热措施就能使混凝土在负温条件下继续硬化的方法。在负温条件下，混凝土拌合物中的水要结冰，随着温度的降低，固相逐渐增加。一方面增加了冰晶应力，使混凝土内部产生微裂缝；另一方面由于液相减少，水化反应变得十分缓慢而处于休眠状态。

掺外加剂就是使之产生抗冻、早强、催化、减水等效用。降低混凝土的冰点，使之在负温下加速硬化以达到要求的强度。常用的抗冻、早强的外加剂有氯化钠、氯化钙、硫酸钠、亚硝酸钠、碳酸钾、三乙醇胺、硫代硫酸钠、重铬酸钾、氨水、尿素等。其中，氯化钠具有抗冻、早强作用，且价廉易得，早在20世纪50年代就开始应用。但对其掺量应有限制，否则会引起钢筋锈蚀。对氯盐，除掺量有限制外，在高湿度环境、预应力混凝土结构等情况下禁止使用。

外加剂种类的选择取决于施工要求和材料供应，而掺量应由试验确定，但混凝土的凝结速度不得超过其运输和浇筑时间，且混凝土的后期强度损失不得大于5%，其他物理力学性能不得低于普通混凝土。随着新型外加剂的不断出现，其效果越来越好。目前，掺外加剂多从单一型向复合型发展，外加剂也从无机化合物向有机化合物方向发展。

（2）加热养护方法

1）蒸汽加热法

蒸汽加热法是利用低压（0.07MPa以下）饱和蒸汽对新浇筑的混凝土构件进行加热养护。该法对于各类构件皆可应用，但其需锅炉等设备，消耗能源多，费用高，因而只有当在一定龄期内采用蓄热法达不到要求时才采用。该法宜优先采用矿渣硅酸盐水泥，因其后期强度损失比普通硅酸盐水泥少。施工现场应用该法的方式主要分为以下三类：

① 汽套法在构件模板外加密封的套板（如木板），模板与套板的间隙不宜超过150mm，在套板内通入蒸汽加热养护混凝土。该法加热均匀，但设备复杂，费用大，只在特殊条件下用于养护水平结构的梁、板等。

② 毛细管法在模板内侧做沟槽（断面可为三角形、矩形或半圆形），间距为200～250mm，在沟槽上盖0.5～2mm的铁皮而形成毛细管，通入蒸汽进行养护，如图4-43所示。该法用汽少，加热均匀，适用于垂直结构。此外，也可在大模板背面加装蒸汽管道，再用薄铁皮封闭并适当加以保温的。其适用于大模板工程的冬期施工。

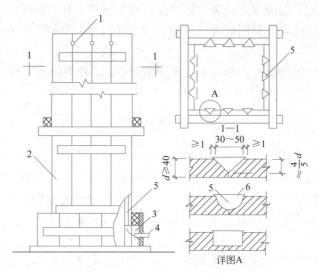

图 4-43 柱用毛细管法养护

1—出气孔；2—模板；3—分汽箱；4—进汽管；5—毛细管；6—薄铁皮

③ 构件内部通汽法指在构件内部预埋外表面涂有隔离剂的钢管或胶皮管，浇筑混凝土后隔一定时间将管子抽出，形成孔洞，再于一端孔内插入短管，即可通入蒸汽加热混凝土。加热时，混凝土温度一般控制在 30～60℃，待混凝土达到设计强度后，用砂浆或细石混凝土灌入通汽孔加以封闭。

2）电热法

电热法是利用电流通过不良导体混凝土（或通过电阻丝）所发出的热量来养护混凝土。它虽然设备简单，施工方便有效，但耗电量大，施工费用高，应慎重选用。用该法养护混凝土的方式有两类。

① 电极法在新浇筑的混凝土中，按一定间距（200～400mm）插入电极（$\phi6$～$\phi12$ 短钢筋），接通电源，利用混凝土本身的电阻，变电能为热能进行加热。使用时要防止电极与构件内的钢筋接触而引起短路。对于较薄构件，亦可将薄钢板固定在模板内侧作为电极。

② 电热器法利用电流通过电阻丝产生的热量进行加热养护。根据需要，电热器可制成多种形状，如加热现浇楼板可用板状电热器；加热装配整体式钢筋混凝土框架的接头可用针状电热器；对用大模板施工的现浇墙板，可用电热模板（大模板背面装电阻丝形成热夹层，其外用铁皮包矿渣棉封严）等进行加热。

电热法施工要用变压器将二次电压降至 50～110V，对无筋结构和含钢量不大于 $50kg/m^3$ 的结构，其电压可用 120～220V。电热养护属高温干热养护，温度过高会使混凝土过热脱水。混凝土加热的极限温度及升、降温速度与蒸汽养护同样有所限制。混凝土电阻随强度增加而增大，当加热养护至设计强度的 50% 时，电阻大增，养护效果不显著，而且电能消耗增加。为节省电能，用电热法养护混凝土只宜加热养护至设计强度的 50%。对整体式结构，亦要防止加热养护时产生过大的温度应力。

3）暖棚法

暖棚法是在所要养护的建筑结构或构件周围用保温材料搭起暖棚，棚内设置热源，以维持棚内的正温环境，使混凝土浇筑和养护如同在常温中一样。但暖棚搭设需耗费大量的材料和人工，故其能耗高，费用较大，一般只用于建筑物面积不大而混凝土施工又很集中的工程。

采用暖棚法养护混凝土时，棚内温度不得低于 5℃，并应保持混凝土表面湿润。

六、混凝土质量检验

混凝土工程的施工质量检验应分主控项目、一般项目按规定的检验方法进行。检验批合格质量应符合下列规定：主控项目的质量经抽样检验合格；一般项目的质量经抽样检验合格；当采用技术检验时，除有专门要求外，一般项目的合格点率应达到 80% 及以上，且不得有严重缺陷；具有完整的施工操作依据和质量验收记录。

1. 主控项目

混凝土的强度等级必须符合设计要求。用于检验混凝土强度的试件应在浇筑地点随机抽取。

检查数量：对同一配合比的混凝土，取样与试件留置应符合下列规定：

（1）每拌制 100 盘且不超过 100m³ 时，取样不得少于一次；

（2）每工作班拌制不足 100 盘时，取样不得少于一次；

（3）连续浇筑超过 1000m² 时，每 200m³ 取样不得少于一次；

（4）每一楼层取样不得少于一次；

（5）每次取样应至少留置一组试件。

检验方法：检查施工记录及混凝土强度试验报告。

2. 一般项目

（1）后浇带的留设位置应符合设计要求。后浇带和施工缝的留设及处理方法应符合施工方案要求。

检查数量：全数检查。

检验方法：观察。

（2）混凝土浇筑完毕后应及时进行养护，养护时间以及养护方法应符合施工方案要求。

检查数量：全数检查。

检验方法：观察，检查混凝土养护记录。为了保证混凝土的质量，必须对混凝土生产的各个环节进行检验，消除质量隐患，保证安全。混凝土质量检验包括对原材料、施工过程及养护后的质量检验。

特别提示

每项取样应至少留置一组（三块）标准试块，同条件养护试块的留置组数，可根据实际需要确定。

---

3. 混凝土试块强度值的确定

评定混凝土强度的试块，必须按《混凝土强度检验评定标准》GB/T 50107—2010 的规定取样、制作和养护、试验，其强度必须符合下列规定：

（1）用统计方法评定混凝土强度时，其强度应同时符合下列两式的规定：

$$m_{f_{cu}} - \lambda_1 s_{f_{cu}} \geqslant 0.9 f_{cu,k}$$

$$f_{cu,min} \geqslant \lambda_2 f_{cu,k}$$

（2）用非统计方法评定混凝土强度时，其强度应同时符合下列两式的规定：

$$m_{f_{cu}} \geqslant 1.15 f_{cu,k}$$

$$f_{cu,min} \geqslant 0.95 f_{cu,k}$$

式中：$m_{f_{cu}}$——同一检验批混凝土立方体抗压强度的平均值（N/mm²）；

$s_{f_{cu}}$——同一检验批混凝土强度的标准值（N/mm²），当 $s_{f_{cu}}$ 的计算值小于 $0.06 f_{cu,k}$ 时，取 $s_{f_{cu}} = 0.06 f_{cu,k}$；

$f_{cu,k}$——设计的混凝土立方体抗压强度标准值（N/mm²）；

$f_{cu,min}$——同一检验批混凝土立方体抗压强度的最小值（N/mm²）；

λ_1、λ_2——合格判定系数，按表 4-21 取用。

合格判定系数　　　　　　　　　　　　表 4-21

合格判定系数	试块组数		
	10～14	15～24	≥25
λ_1	1.70	1.65	1.6
λ_2	0.90	0.85	0.85

七、混凝土工程智能化施工

目前我国在智能混凝土浇筑设备方面有一定的探索和发展，并已形成了多项较为成熟的技术产品。其中较有代表性的是智能随动式布料机和全自动高精度地面整平机器人。

1. 智能随动式布料机

智能随动式布料机用于混凝土浇筑（布料），能根据操作人员发出的运动指令，通过算法解析自动控制电机驱动式布料机的大、小臂联合运动，实现出料口自动跟随操作人员移动。智能随动式布料机有手柄和倾角传感器两种方向操控装置，能满足不同使用习惯的用户需求。相比传统人工驱动的布料机，智能随动式布料机操作简单方便，一个人即可完成布料施工。可实现布料施工减员 67%，大大降低了劳动强度和劳动量，节省人工，降低施工安全风险。

2. 地面整平机器人

地面整平机器人用于建筑地面混凝土浇筑后的高精度整平工作，具备独特的双自由度自适应系统、高精度激光识别测量系统和实时控制系统，能够动态调整并精准控制执行机构末端使之始终保持在毫米级精度的准确高度。可依靠设备自带的导航系统，自动设定整平规划路径，实现混凝土地面的全自动整平施工。传统的高精度地面整平阶段作业需要大量人工配合反复测量-刮平，任务繁重且效率低下。高精度激光识别测量系统和实时控制系统使刮板始终保持在毫米级精度的准确高度，从而精准控制混凝土楼板的水平度，实现混凝土地面的高精度整平，其工作效率和精度都远高于人工。

特别提示

由于抽样检验存在一定的局限性，混凝土的质量评定可能出现误判。因此，当混凝土试件强度不符合上述要求时，允许从结构上钻取芯样进行试压检查，亦可用回弹仪或超声波仪直接在构件上进行非破损检验。

项目小结

本项目共要完成钢筋混凝土工程中的模板工程施工、钢筋工程施工、混凝土工程施工三个工作任务。通过完成工作任务，要求熟悉模板系统的组成，钢筋的智能化加工、连接和下料。掌握钢筋下料长度的计算方法、混凝土施工的工艺。了解混凝土工程智能化施工的应用。具备从事模板的选择、编制钢筋配料表、钢筋混凝土施工的技术和管理工作的能力，能够运用所学知识解决施工中的实际问题。

复习思考题

一、选择题

1. 模板按施工方法分类不包括（　　）。

A. 现场装拆式模板　　　　　　　　B. 固定式模板

C. 移动式模板　　　　　　　　　　D. 装配式模板

2. 由固定单元形成的固定标准系列，多用于高层建筑的墙板体系的模板是（　　）。

A. 现浇混凝土模板　　　　　　　　B. 大模板

C. 预组装模板　　　　　　　　　　D. 跃升模板

3. 代换后的钢筋用量不宜大于原设计用量的百分比和不宜低于原设计用量的百分比分别为（　　）。

A. 3%，2%　　　　B. 4%，2%　　　　C. 5%，3%　　　　D. 5%，2%

4. 混凝土浇筑前，自由倾落高度不应超过（　　）m。

A. 1.5　　　　　　B. 2.0　　　　　　C. 2.5　　　　　　D. 3.0

5. 混凝土施工缝宜留置在（　　）。

A. 结构受剪力较小且便于施工的位置　　B. 遇雨停工处

C. 结构受弯矩较小且便于施工的位置　　D. 结构受力复杂处

6. 浇筑墙体混凝土前，其底部应先浇（　　）。

A. 5～10mm厚水泥浆

B. 5～10mm厚与混凝土内砂浆成分相同的水泥砂浆

C. 5～100mm厚与混凝土内砂浆成分相同的水泥砂浆

D. 100mm厚石子增加一倍的混凝土

二、简答题

1. 梁模板主要由哪几部分组成？拆模时一般先拆什么？悬臂构件模板在什么情况下

可拆除？

2. 请简述模板拆除的一般顺序。

3. 某道梁设计主筋为 3 根 HRB400 级直径 20mm 的钢筋，现场无 HRB400 级钢筋，拟采用直径 25mm 的 HPB300 级钢筋代换，试计算需要几根直径 25mm 的 HPB300 级钢筋？

4. HPB300 级钢筋的末端需要做180°弯钩，其圆弧内弯曲直径 D，不应小于钢筋直径 d 的多少倍？平直部分的长度不宜小于钢筋直径 d 的多少倍？用于普通混凝土结构时，其弯曲直径 $D=2.5d$，平直长度为 $3d$，每一个 180°弯钩的增长值为多少？

5. HRB400 级钢筋末端弯折 135°，当弯曲直径 $D=4d$，平直长度为 $3d$ 时，每一弯折处的增长值是多少？

6. 箍筋 90°/135°弯钩当取 $D=2.5d$，平直长为 $5d$ 时，两个弯钩增长值是多少？箍筋 135°/135°弯钩当取 $D=2.5d$，平直长为 $10d$ 时，两个弯钩增长值是多少？

7. 某结构采用 C20 混凝土，实验室配合比为 1∶2.15∶4.35∶0.60，实测砂石含水率分别为 3%、1%，试计算施工配合比。若采用 400L 搅拌机搅拌，每立方米混凝土水泥用量为 270kg，试计算一次投料量。

8. 有主次梁的楼板，宜顺着次梁方向浇筑，施工缝应留置在次梁跨度中间什么范围内？

装配式工程施工

教学目标

1. 知识目标

(1) 了解装配式混凝土结构的特点。

(2) 掌握装配式混凝土建筑施工内容。

(3) 掌握混凝土预制构件生产的安全技术要点。

(4) 掌握混凝土预制构件运输与存放的安全技术要点。

(5) 掌握混凝土预制构件生产的安全技术要点。

(6) 掌握手工电弧焊、埋弧焊、CO_2 气体保护焊的焊接工艺。

(7) 熟悉焊缝的质量检验方法。

(8) 掌握普通螺栓及高强度螺栓连接的技术要点。

(9) 掌握普通螺栓及高强度螺栓连接紧固质量检验方法。

(10) 掌握钢构件的安装方法。

(11) 掌握涂装施工环境要求及涂装施工方法。

(12) 掌握涂装质量验收方法。

2. 能力目标

(1) 能进行装配式混凝土预制构件生产质量检验。

(2) 能制定装配式混凝土结构运输和存放方案。

(3) 能制定装配式混凝土结构现场安装方案。

(4) 能选择合理的焊接方法。

(5) 能进行焊接工艺指导。

(6) 能正确组织焊接质量验收。

(7) 能正确进行普通螺栓连接及高强度螺栓连接的施工。

(8) 能对普通螺栓连接及高强度螺栓连接紧固质量进行验收。

(9) 能编制钢结构安装方案。

(10) 能合理组织防腐涂装及防火涂装施工。

(11) 能对防腐及防火涂装进行质量验收。

3. 素质目标

(1) 通过对装配式建筑概念的学习，培养学生"绿色施工""节约环保"的意识，践行"绿水青山就是金山银山"的理念。

(2) 通过装配式混凝土结构和钢结构安装的学习，培养学生"爱岗敬业""精益求精""注重细节"的工作态度，传承大国工匠精神。

引例

装配式建筑已经广泛应用于工业与民用建筑，发挥着不可替代的作用。其中，钢结构是"天然的"装配式结构。目前，相对于装配式混凝土结构，我国的钢结构安装技术更为成熟。

综合应用案例5中，连廊部分采用钢框架结构，钢骨混凝土柱与下部混凝土结构采用预埋件连接，钢梁与钢骨混凝土柱采用预埋件连接，楼板为钢梁-混凝土楼承板，工程采用厚型防火涂料。

综合应用案例5

思考：该钢结构工程安装主要包括哪些内容？如何进行钢柱的安装及质量验收？如何进行钢梁的安装和质量验收？如何进行楼板的安装及质量验收？安装完成后如何进行涂装施工？

任务1　装配式混凝土工程施工

装配式建筑是将建筑的部分或全部构件在预制构件工厂生产完成，然后运输至施工现场，采用可靠的安装连接方式将构件组装而成的具备使用功能的建筑物。其建造过程具有"五化一体"的特点，即标准化设计、工厂化生产、装配化施工、一体化装修和信息化管理。与传统现浇建筑相比，装配式建筑是一种可实现绿色环保、提升建筑品质并加速工业化转型的工程建造新模式。

根据结构类型不同，装配式建筑可以分为装配式混凝土建筑、装配式钢结构建筑和装配式木结构建筑，而装配式混凝土建筑由于其优异的特性，在我国占主导地位，具有成本相对低、居住舒适度高、适用范围广等优势。

装配式混凝土工程施工的过程主要分为预制构件生产、运输和存放以及现场安装施工。

装配式建筑代表着中国建筑产业转型升级的方向之一，我们国家要实现第二个百年目标，实现中华民族伟大复兴，必须走高质量发展的道路，各行各业都必须进行转型升级，我们作为未来的工程师，责无旁贷。

一、混凝土预制构件生产

1. 生产前准备

混凝土预制构件生产前，应由建设单位组织设计、生产、施工单位进行设计文件交底和会审，且应对预制构件进行深化设计，根据批准的设计文件、拟定的生产工艺、运输方案等编制加工详图。

2. 预制构件的生产

混凝土预制构件的生产主要分为钢筋加工、模具加工和混凝土浇筑三个步骤。

钢筋加工前应根据加工详图进行放样，并形成配料单。混凝土预制构件在工厂生产，一般采用智能化加工设备对钢筋进行除锈、调直与切断、弯曲成型、成品焊接。

混凝土预制构件的模具一般采用钢材。模具的设计应符合施工的要求，并应考虑到施工的便捷性。为节约成本，模具设计应尽可能做到标准化和模块化。同时，模具组装的构造应满足多次周转的刚度要求。模具的加工过程主要有：翻样下料、拼接组装、变形调整、零配件加工以及整体组装和修整。模具组装完成后，应检查各部件之间的连接是否紧密，模具腔内尺寸是否符合图纸及规范要求，预留孔洞、埋件等位置是否符合图纸及规范要求。检查合格后，应对模具外表面进行喷漆处理，并进行型号标记。

模具使用前，应进行模具验收。验收内容包括外观目测和检尺测量。模具安装完成后应使用抛光机进行抛光处理，将模具内腔表面的杂物、浮锈等清理干净，然后涂刷隔离剂。在预制构件粗糙面处，涂刷缓凝剂，随后进行钢筋和预埋件的安装。

混凝土浇筑前，应对混凝土质量进行检验。浇捣过程中留意预埋件、预埋线盒、孔洞等有无移位，若出现移位应及时纠正。混凝土浇捣后，对混凝土表面进行抹面平整。构件浇筑成型后进行蒸汽养护，构件混凝土强度达到 100% 时方可脱模。构件出模后，应及时对构件涂刷了缓凝剂的粗糙面进行冲刷，粗糙面深度应符合设计要求。

3. 预制构件的检验

预制构件生产宜建立首件验收制度。预制构件的原材料质量、钢筋加工和连接的力学性能、混凝土强度、构件结构性能、装饰材料、保温材料及拉结件的质量等均应根据国家现行有关标准进行检查和检验，并应具有生产操作规程和质量检验记录。

预制构件生产的质量检验应按模具、钢筋、混凝土、预应力、预制构件等检验进行。预制构件的质量评定应根据钢筋、混凝土、预应力、预制构件的试验、检验资料等项目进行。当上述各检验项目的质量均合格时，方可评定为合格产品。在预制构件生产中采用新技术、新工艺、新材料、新设备时，生产单位应制定专门的生产方案；必要时进行样品试制，经检验合格后方可实施。

预制构件和部品经检查合格后，宜设置表面标识。预制构件和部品出厂时，应出具质量证明文件。预制构件成品外露钢筋应采取防弯折措施，外露预埋件和连接件等外露金属件应按不同环境类别采用防护或防腐、防锈处理措施。

预制构件预埋件加工允许偏差及检验方法应符合表 5-1 的要求。

预制构件预埋件加工允许偏差及检验方法 表 5-1

项目		允许偏差（mm）	检验方法
预埋件锚板的边长		0，—5	用钢尺量测
预埋件锚板的平整度		1	用直尺和塞尺量测
一般锚筋	长度	10，—5	用钢尺量测
	间距偏差	±10	用钢尺量测

续表

项目		允许偏差（mm）	检验方法
竖向连接钢筋	中心线位置	3	用尺量测纵横两个方向的中心线位置,取其中较大值
	外露长度	±5	用钢尺量测

预制构件中预埋门窗框时，应在模具上设置限位装置进行固定，并应逐件检验。门窗框安装允许偏差和检验方法应符合表 5-2 的规定。

门窗框安装允许偏差及检验方法 表 5-2

项目		允许偏差（mm）	检验方法
锚固脚片	中心线位置	3	用钢尺量测
	外露长度	±5	用钢尺量测
门窗框位置		2	用钢尺量测
门窗框高、宽		±2	用钢尺量测
门窗框对角线		±2	用钢尺量测
门窗框平整度		2	用靠尺检查

二、混凝土预制构件运输与存放

预制构件的运输与存放应根据预制构件的种类、规格、重量等参数制定专项方案，内容应包括运输时间、次序、堆放场地、运输线路、固定要求、堆放支垫及成品保护措施等。对于超高、超宽、形状特殊的大型构件的运输和堆放应有专门的质量安全保证措施。

1. 预制构件的运输

预制构件吊运应根据预制构件的形状、尺寸、重量和作业半径等要求选择吊具和起重设备，所采用的吊具和起重设备及其操作需同时满足国家现行有关标准及产品应用技术手册的规定。吊运前，吊点数量、位置应经计算确定，并保证吊具连接可靠。起吊时，应采取平衡架等工具和措施保证起重设备的主钩位置、吊具及构件重心在竖直方向上重合。吊索水平夹角不宜小于 60°，且不应小于 45°。吊运过程应采取慢起、稳升、缓放的操作方式，且需保持构件稳定，不得偏斜、摇摆和扭转，严禁吊装构件长时间悬停在空中。吊装大型构件（超高、超宽、超重）、薄壁构件或形状复杂的构件时，应使用分配梁或分配桁架类吊具，并应采取避免构件变形和损伤的临时加固措施。

预制构件在运输过程中应做好安全和成品防护，并应符合下列规定：应根据预制构件种类采取可靠的固定措施。对于超高、超宽、形状特殊的大型预制构件的运输和存放应制定专门的质量安全保证措施。预制构件运输宜选用低平板车，且应有可靠的稳定构件措施。预制构件的运输应在构件混凝土强度达到设计强度的100％后方可进行。

运输时宜采取如下防护措施：①设置柔性垫片避免预制构件边角部位或链索接触处的混凝土损伤。②用塑料薄膜包裹垫块避免预制构件外观污染。③墙板门窗框、装饰表面和棱角采用塑料贴膜或其他措施防护。④竖向薄壁构件设置临时防护支架。⑤装箱运输时，箱内四周采用木材或柔性垫片填实，支撑牢固。

应根据构件特点采用不同的运输方式，托架、靠放架、插放架应进行专门设计，进行强度、稳定性和刚度验算：①外墙板宜采用立式运输，外饰面层应朝外，梁、板、楼梯、阳台宜采用水平运输。②采用靠放架立式运输时，构件与地面倾斜角度宜大于80°，构件应对称靠放，每侧不大于2层，构件层间上部采用木垫块隔离。③采用插放架直立运输时，应采取防止构件倾倒措施，构件之间应设置隔离垫块。④水平运输时，预制梁、柱构件叠放不宜超过3层，板类构件叠放不宜超过6层。

2. 预制构件的存放

预制构件存放场地应平整、坚实，并应有排水措施。存放库区宜实行分区管理和信息化台账管理。应按照产品品种、规格型号、检验状态分类存放，产品标识应明确、耐久，预埋吊件应朝上，标识应向外。堆放时，应合理设置垫块支点位置，确保预制构件存放稳定，支点宜与起吊点位置一致。与清水混凝土面接触的垫块应采取防污染措施。预制构件多层叠放时，每层构件间的垫块应上下对齐。

预制楼板、叠合板、阳台板和空调板等构件宜平放，叠放层数不宜超过6层。预制楼梯叠放层数不宜超过4层，如现场具备条件，应尽量侧放。长期存放时，应采取措施控制预应力构件起拱值和叠合板翘曲变形。

预制柱、梁等细长构件宜平放且用两条垫木支撑。预制内外墙板、挂板宜采用专用支架直立存放，支架应有足够的强度和刚度，薄弱构件、构件薄弱部位和门窗洞口应采取防止变形开裂的临时加固措施。

预制构件成品保护应符合下列规定：预制构件成品外露保温板应采取防止开裂的措施，外露钢筋应采取防弯折措施，外露预埋件和连接件等外露金属件应按不同环境类别进行防护或防腐、防锈；宜采取保证吊装前预埋螺栓孔清洁的措施；钢筋连接套筒、预埋孔洞应采取防止堵塞的临时封堵措施；露骨料粗糙面冲洗完成后应对灌浆套筒的灌浆孔和出浆孔进行透光检查，并清理灌浆套筒内的杂物；冬期生产和存放的预制构件的非贯穿孔洞应采取措施防止雨雪水进入发生冻胀损坏。

一般来说，不建议预制构件在现场过多堆放，宜根据现场实际进度情况进行预制构件的直接起吊安装。现场存放时，预制构件应按规格、型号、使用部位、吊装顺序分别设置存放场地。存放场地应设置在起重机有效工作范围内。

三、混凝土预制构件安装

装配式混凝土建筑应结合设计、生产、装配一体化的原则整体策划，协同建筑、结构、机电、装饰装修等专业要求，制定施工组织设计。施工单位应根据装配式混凝土建筑工程特点配置组织的机构和人员。施工作业人员应具备岗位需要的基础知识和技能，施工单位应对管理人员、施工作业人员进行质量安全技术交底。

装配式混凝土建筑施工宜采用工具化、标准化的工装系统，并运用建筑信息模型技术对施工全过程及关键工艺进行信息化模拟。施工前，宜选择有代表性的单元进行预制构件试安装，并应根据试安装结果及时调整施工工艺，完善施工方案。

装配式混凝土建筑施工中采用的新技术、新工艺、新材料、新设备，应按有关规定进行评审、备案。施工前，应对新的或首次采用的施工工艺进行评价，并应制定专门的施工方案。施工方案经监理单位审核批准后实施。

装配式混凝土建筑施工过程中应采取安全措施，并应符合国家现行有关标准的规定。施工前需制定专项方案，内容应包括：工程概况、编制依据、进度计划、施工场地布置、预制构件运输与存放、安装与连接施工、绿色施工、安全管理、质量管理、信息化管理、应急预案等。

1. 装配式混凝土竖向构件的安装

装配式
剪力墙
全过程

装配式混凝土墙柱等竖向构件一般通过钢筋灌浆套筒连接、钢筋冷挤压套筒连接、环筋扣合锚接等方式进行连接。其中，钢筋灌浆套筒连接在底部有坐浆层，而钢筋冷挤压套筒连接、环筋扣合锚接在预制构件在底部设有后浇混凝土拼缝。

（1）安装前准备

钢筋定位应制作专门的定位设备，在混凝土浇筑前对钢筋进行定位固定，防止混凝土浇筑时因振捣造成钢筋偏位。构件吊装前，钢筋位置、长度、间距，基层清理等应严格验收，确保构件安装准确。对于连接钢筋，应对其锚固长度进行测量，确保钢筋锚固的深度符合设计要求，且不小于插入钢筋公称直径的 8 倍。

现场安装部位的外露连接钢筋的位置、尺寸偏差应符合相应的规范要求。安装部位连接处混凝土需进行凿毛，凿毛应在混凝土终凝后进行。在凿毛后的混凝土面上抄平放置垫块进行水平标高调节。放线完成后在墙线旁边标注墙板编号，防止吊装时出现差错。

由于楼面混凝土浇筑前竖向钢筋未限位和固定，混凝土浇筑、振捣使得竖向钢筋偏移，造成预留锚固钢筋、线管偏位等，导致竖向构件无法安装。可采取以下预防措施：根据构件编号用钢筋定位框进行限位，适当采用撑筋撑住钢筋框，以保证钢筋位置准确；混凝土浇筑完毕后，根据插筋平面布置图及现场构件边线或控制线，对预留钢筋进行现场预留墙柱构件插筋的中心位置复核，对中心位置偏差超过 10mm 的插筋应根据图纸进行适当的校正。

对于钢筋灌浆套筒连接的竖向构件，现浇板面清理干净后安放好垫块，垫块距墙体两端 300～500mm，且对称布置使预制竖向构件标高在有效控制范围内。垫块放置间距不大于 1.5m，每个竖向构件不能少于两块。可选用多规格厚度钢垫块或硬塑垫块进行组合（如 1mm、3mm、5mm、10mm、20mm）。垫块尺寸不宜过大，否则会影响灌浆密实度。可以采用 20mm 宽的扁钢制作专用填塞工具，先用坐浆料进行分仓，分仓长度不大于 1.5m，分仓带宽度约 30～50mm。夹心保温外墙安装前，根部一般需采用聚乙烯棒填塞。

（2）构件吊装

1）竖向构件起吊时（在风速不超过 5 级但影响施工时需用施工缆风绳加以固定控制），一般采用专业吊具起吊，不宜直接采用钢丝绳起吊。严禁为起吊方便，直接把墙体顶部钢筋掰弯。

2）按照吊装前所弹控制线缓缓下落墙柱构件，吊装经过的区域下方应设置警戒区，施工人员应远离警戒区，由信号工指挥就位，待构件下降至作业面 1m 左右高度时施工人员方靠近操作，以保证操作人员的安全。

3）起重机起吊、下放时应平稳，预制构件底部边放置镜子，确认下方连接钢筋均准确插入构件的灌浆套筒内，同时检查预制构件与基层预埋螺栓是否压实无缝隙，如不满足应继续调整至满足为止。

4）预制墙板的侧向支撑方案应进行专项计算后确定，固定点的连接应可靠。竖向预制构件质设置不少于2道（4根）的临时斜支撑。预制柱、墙板构件的上部斜支撑，其支撑点距离板底的距离不宜小于构件高度的2/3，且不应小于构件高度的1/2。

带水平后浇混凝土拼缝的预制竖向构件，应在构件底部设置可靠的辅助定位装置。预制柱辅助定位装置可采用预埋钢管的形式，可预埋在下层预制柱上端，如图5-1（a）所示，也可通过后浇节点核心区混凝土浇筑时固定，如图5-1（b）所示。预制剪力墙辅助定位装置可参考图5-2设置。辅助定位装置的轴向受压承载力应不小于预制构件自重的2倍。

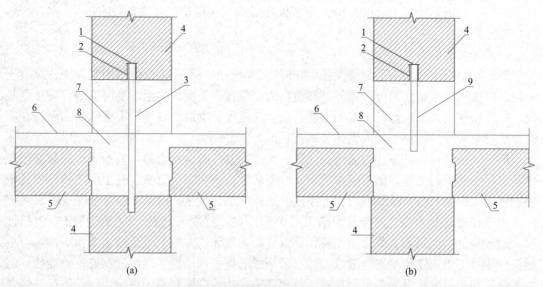

(a)   (b)

图 5-1　预制柱辅助定位装置示意

1—预制柱底部预埋封底钢板；2—预制柱底部预埋辅助定位装置；3—预制柱顶部预埋辅助定位装置；4—预制柱；
5—预制叠合梁；6—楼板面；7—柱底后浇段；8—后浇节点核心区；9—后浇节点核心区预埋辅助定位装置

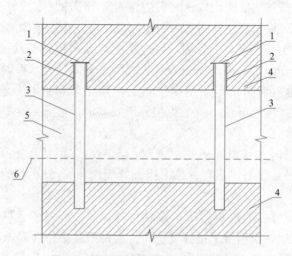

图 5-2　预制剪力墙辅助定位装置示意

1—预制剪力墙底部预埋封底钢板；2—预制剪力墙底部预埋辅助定位装置；3—预制剪力墙顶部预埋辅助定位装置；
4—预制剪力墙；5—墙底后浇段；6—楼板面

预制竖向构件安装常见问题主要有：①预制墙体安装后偏位严重，影响工程质量；②预制墙体根部接缝偏小或偏大，灌浆密实度无法保证；③墙体灌浆套筒无法插入预留钢筋，严重影响结构安全。

（3）后浇钢筋绑扎

目前较为成熟的装配式混凝土剪力墙结构，在边缘构件（暗柱）及预制墙体间竖向拼缝处一般采用后浇混凝土。此外，钢筋冷挤压套筒连接、环筋扣合锚接在预制构件底部的水平拼缝也采用后浇混凝土。因此，墙体吊装完成后，需进行现场钢筋绑扎。

竖向拼缝的施工步骤如下：

1）绑扎暗柱插筋的箍筋。暗柱插筋的箍筋绑扎一般是由下而上，依次将每个筋平面内的甩出筋、箍筋与主筋绑扎固定就位。

2）将暗柱插筋以上范围内的筋套入相应的位置，并固定于预制墙板的甩出钢筋上。

3）安放暗柱竖向钢筋并将其与插筋绑扎固定。

4）将已经套接的暗柱筋安放调整到位，然后将每根筋平面内的甩出筋、箍筋与主筋绑扎固定。

5）一字形中间现浇段墙体钢筋绑扎时，箍筋可优化为双 U 形，以方便绑扎。

6）在绑扎节点钢筋前，为防止浇筑节点混凝时出现漏浆，应用发泡胶将相邻外墙板间的竖缝进行封闭。

钢筋冷挤压套筒连接、环筋扣合锚接的水平拼缝的钢筋绑扎应符合相关技术标准和设计图纸的要求。

现场绑扎钢筋较常出现以下问题：①为了现场吊装方便，墙体预留钢筋现浇节点处被严重弯折。②深化设计不合理导致现场安装困难。③现浇段墙体纵筋未绑扎在墙体预留筋内。④一字形墙体中间现浇段距离偏小，导致预制墙体无法正常安装。⑤现浇段纵筋未伸入预留墙体筋内进行绑扎。

（4）后浇段模板支设

利用墙板上预留的对拉螺栓孔加固模板，以保证墙板边缘混凝土模板与后支模板连接紧固，防止胀模。支设模板时应注意以下几点：

1）节点处模板应在混凝土浇筑时不产生明显变形漏浆，为防止漏浆污染预制墙板，模板接缝处粘贴海绵条。

2）采取可靠措施防止胀模，如在直角部位、水平部位采用加密钢管进行加固。

3）预制墙板中间的现浇段模板与顶板模板，及梁模板交界处需做加强处理，以防止漏浆。

（5）套筒灌浆连接

套筒灌浆连接是预制混凝土结构竖向构件施工的关键技术，设计方、构件制作方、施工安装方等必须予以高度重视。由于灌浆完成后没有有效的内部质量检测手段，所以灌浆工艺和过程控制尤为重要。工厂套筒预埋及现场灌浆更是质量控制的重点，其中难点在现场灌浆。

套筒灌浆

1）底部封仓、塞缝

装配式混凝土竖向构件的底部封仓和塞缝有以下两种工艺做法：

①用扁钢隔断进行填塞，填塞厚度 10mm，保证套筒插筋的厚度满足规范要求，然后

用坐浆料进行封仓施工，达到强度后方可进行灌浆施工。

② 为填抹密实并防止封堵过深堵住套筒里孔，需要在里侧加略小于接缝高度的 PVC 管或 PE 棒或钢筋内衬，四周用坐浆料封堵完毕后，及时将内衬抽出，抽出内衬时尽量不扰动已抹好的坐浆料，待坐浆料达到强度后方可进行灌浆施工。

采用连通腔灌浆方式时，应对每个连通灌浆区域进行封堵，确保不漏。封堵材料应符合设计及现行相关标准的要求。封堵材料不应减小结合面的设计面积，即封堵材料覆盖的总面积不应大于设计的允许面积。设计核算结合面受力时应扣除相应的封堵材料面积，并将设计扣除的面积在设计文件中注明。如设计文件中没有相关规定，施工单位应与设计单位协调沟通。

塞缝封堵较常出现以下问题：

① 塞缝封堵未使用扁钢等专用工具，现场直接用干硬性砂浆填塞无法保证塞缝质量。

② 预留接缝过大，或底部平整度不满足要求，影响塞缝质量。

③ 塞缝封堵砂浆过深，影响墙体有效灌浆截面。

④ 塞缝封堵不连续，无法保证灌浆密实度。

⑤ 两侧楼板标高不一致导致塞缝难以控制。

⑥ 预制构件根部垃圾未清理到位，导致塞缝不密实。

⑦ 伸缩缝处预制构件塞缝较为困难，塞缝质量难以保证。

2）灌浆工艺

根据《钢筋套筒灌浆连接应用技术规程》JGJ 355—2015 的要求，竖向构件宜采用连通腔灌浆，并应合理分仓；连通灌浆区域内的任意两个灌浆套筒间距离不宜超过 1.5m。竖向构件不采用连通腔灌浆时，构件底部应提前坐浆。灌浆料应提前与灌浆套筒进行匹配度试验，匹配后方可使用。预制构件安装就位后，应随层灌浆。

套筒灌浆的操作事项：

① 须使用经过接头型式检验，并在构件厂检验套筒强度时配套的接头专用灌浆材料。

② 提前准备好拌灌浆料的容器、搅拌工具、称量器具、灌浆料和清洁水。

③ 严格按照规定配合比及拌合工艺搅拌灌浆材料。搅拌均匀后静置 2min 排气，检测灌浆料的流动度，初始流动度不小于 300mm。

④ 注浆前留置 3 组抗压强度检测试块。

⑤ 钢筋连接套筒灌浆操作时，应使用专用灌浆设备，逐个或者分批向套筒灌浆，从套筒灌浆孔采用压力灌浆法进行灌浆。通过控制注浆压力来控制注浆料流速，控制依据为灌浆过程中本灌浆腔内已经封堵的灌浆孔或出浆孔的橡胶塞以能耐住低压注浆压力不脱落为宜，如果出现脱落则立即塞堵并调节压力。若出现漏浆现象则停止灌浆并处理漏浆部位，漏浆严重则应提起墙板重新进行封仓、灌浆。有圆柱状浆料从出浆孔连续流出（且无气泡）时可视为该套筒注浆注满，操作者应经过专业培训，操作过程应有专人旁站监督。重点控制灌浆料在 30min 内必须用完。

⑥ 灌浆时，所有进/出浆孔均不进行封堵，当进/出浆孔开始往外溢流浆料，且溢流面充满进/出浆孔截面时，立即塞入橡胶塞进行封堵。

⑦ 若出现漏浆现象则停止灌浆并处理漏浆部位，漏浆严重的，应提起墙板重新封仓。

⑧ 待所有出浆孔均塞堵完毕后，拔除注浆管。应注意封堵必须及时，避免灌浆腔内

经过保压的浆体溢出灌浆腔，造成注浆不实。拔除注浆管到封堵橡胶塞时间间隔不得超过 1s。

⑨ 全数检查进/出浆孔，确保灌浆密实饱满。

⑩ 及时清理溢流浆料，防止灌浆料凝固，污染楼面或墙面。

⑪ 灌浆完成 24h 后（强度达到 35MPa）方可进行后续施工（即可能引起其扰动的作业）。临时固定措施的拆除应在灌浆料抗压强度能够确保结构达到后续施工承载力要求后进行。

套筒灌浆较常出现以下问题：

① 墙体底部封仓塞缝不到位，灌浆料局部未灌满导致钢筋裸露，严重影响结构安全。

② 墙体端部灌浆孔/出浆孔灌浆不饱满。

③ 灌浆孔/出浆孔灌浆后采用砂浆封堵。

④ 墙体底部塞缝不严密，导致灌浆料从塞缝处流出。

⑤ 墙体塞缝未一次到位，造成后期灌浆时出现漏浆现象。

⑥ 浆料未达到圆柱状流出就提前封堵出浆孔。

⑦ 由于监管不到位，造成外墙处未封堵或封堵不密实导致漏浆，严重影响结构安全。

3）灌浆饱满度检查

由于套筒灌浆属于隐蔽工程，且内部结构复杂，目前行业内主要有以下几种检测方法：放射性检查法、预钢丝拉拔法、预埋传感器法、冲击弹性波法及内窥镜法等。应结合实际现场情况选择合适的检测方法，并依照相应的检测标准检测灌浆饱满度。

（6）拼缝处理

墙体底部水平缝采取设置构造反坎、密封胶及防水胶条等防水措施。竖直缝应充分利用现浇墙柱进行构造防水，并辅以密封胶或防水胶条，利用空腔构造排水措施。外墙接缝处以及主体结构的连接处应设置防止形成热桥的构造措施。

拼缝施工的注意要点如下：

1）外墙接缝宽度不应小于 15mm，且不宜大于 35mm，若缝隙过大塞缝施工困难，易造成渗漏水。

2）对于一字形预制墙体，吊装时需考虑墙体两侧钢筋预留，防止墙体距离过近存在钢筋碰撞造成钢筋弯折。

3）密封胶内侧宜设置背衬材料填充，背衬材料可采用直径为缝宽 1.3～1.5 倍的聚乙烯棒或密度不大于 37kg/m³ 的氯丁橡胶棒。背衬材料与接缝两侧基层之间不得留有空隙，背衬材料进入接缝的深度应和密封胶的厚度一致。

4）密封胶使用前，与其相接触的有机材料应取得合格的相容性实验报告。

5）嵌填密封胶后，应在密封胶表面干硬前用专用工具对胶体表面进行修整，溢出的密封胶应在固化前进行清理。

6）密封材料应饱满密实、均匀顺直、表面光滑连续，厚度满足要求。预制外墙板连接缝施工完成后应在外墙面做淋水、喷水试验，并在外墙内侧观察墙体接缝处有无渗漏。

2. 装配式混凝土水平构件的安装

装配式混凝土梁板等水平构件一般采用叠合后浇的装配整体式。叠合楼盖的安装工序主要包括搭设支撑体系、预制构件吊装、叠合层管线预埋、叠合层钢筋绑扎和混凝土浇筑。

（1）搭设支撑体系

装配式叠合梁板支撑体系宜采用可调式独立钢支撑体系。采用装配式结构独立钢支撑系统的支撑高度不宜大于4m。当支撑高度大于4m时，宜采用满堂钢管支撑脚手架体系。但由于户型千变万化，构件拆分差异性较大，大多数一部分为现浇，一部分为叠合楼盖，造成独立钢支撑在现场施工中优势并不明显，大部分现场还是采用传统的满堂钢管支撑体系。

搭设临时支撑时，在叠合板两端部位设置临时可调节支撑杆，预制楼板支撑架体应具有足够的承载能力、刚度和稳定性，应能可靠地承受混凝土构件的自重在施工过程中所产生的荷载及风荷载。支撑系统的间距及距离墙、柱、梁边的净距应符合系统验算要求，上下层支撑应在同一直线上。桁架叠合板支撑间距大于1.2m且板面施工荷载较大时，跨中需在叠合板中间加设支撑。在可调节顶撑上架设木方，调节木方顶面至板底设计标高，并开始吊装预制叠合楼板。

叠合板后浇区域模板临时支撑十分重要，一般有底部支撑模板和吊模两种方式加固。若支撑或加固不到位，会导致现浇混凝土漏浆，不得不进行后期打磨，造成成本浪费。

（2）预制构件吊装

现场预制构件吊装应注意按顺序编号依次吊装。深化设计后的图中应将每个部位的构件进行编号标注，按编号生产后的预制构件表面应同时标注与深化设计图相同的编号。预制构件进场需按规范要求进行检查，检查不合格的进行退场，常见的问题有：厚度不足、裂缝过大、挠度过大等。

预制构件吊装需使用专用吊具，一般按其大小分别设置4、6、8个起吊点，切勿直接采用吊钩起吊。

预制构件吊装较常出现以下问题：

1）吊装未按交底要求进行，钢筋及叠合板集中堆放在楼板面，存在严重安全隐患。

叠合板
吊装

2）后浇区域在深化设计时未考虑吊装时碰撞，板侧伸出"飞筋"导致现场安装时全部弯起。

3）根据现行相关规范要求，叠合板后浇区域宽度不宜小于200mm，实际现场常出现后浇区域宽度过小的情况，导致现场钢筋无法有效绑扎。

4）吊装应按顺序连续进行，将预制叠合板坐落在木方顶面，及时检查板底与预制叠合梁的接缝是否到位，叠合板钢筋入墙长度是否符合要求，叠合板伸入墙体的长度是否满足要求。叠合板四周应设置海绵条，避免现浇时漏浆。常见叠合板安装时，未精准矫正就直接落位，导致梁截面偏小。

5）后浇区域叠合板伸出钢筋在现浇时未进行矫正，导致钢筋锚固长度不足。

6）由于传统作业时，工人先绑扎梁钢筋再进行吊装，导致四周出筋叠合板进场后被人为砸弯，吊装后再恢复，但大部分现场无法恢复正常，应禁止采用该施工做法。

（3）叠合层管线预埋

顶板预埋的水电管走向点位、放线孔位的确定，需提前二次深化设计。常见住宅的叠合板设计一般为60mm厚，现浇混凝土层70mm厚，水电管线按照传统的敷设方式会导致板面板厚增加，从而导致板面保护层不能满足要求。所以在叠合板生产设计时需进行水电管线敷设的二次深化设计。在图上合理布置管线走向，避免出现板面过高现象，水电管线交叉多的位置将板底标高降低 20mm 或线管较多时将楼板改为现浇结构，这样增加了楼板厚度，现场钢筋施工中再加强对绑扎质量的控制，就能有效避免该类问题的发生。

叠合层管线预埋较常出现以下问题：

1）叠合板标高过高或梁顶部钢筋标高不足，造成管线敷设在梁顶，导致梁顶钢筋保护层增大。

2）叠合板深化设计时遗漏预埋电盒或点位洞口，导致后期不得不现场开凿。

3）叠合板制作时，架筋位置设置不合理，导致架上弦筋距离叠合面过小，管线敷设困难，现场不得不切断架筋或将其作砸弯处理。

4）管线布置不宜叠加三层，管线密集区应精细化策划及施工，反之则易导致现浇混凝土标高控制不到位而出现漏筋现象。

5）叠合层管线预留预埋出现遗漏或偏位，导致后期不得不进行剔凿楼板混凝土，影响结构质量安全。

6）施工时应穿插好各个工序，穿梁套管需提前预埋。反之，会为了安装预埋套管而不得不将叠合板破坏。

7）放线孔、泵管孔、传料口等预留洞口需在图纸深化阶段进行各专业协同，若深化设计中考虑不到位，将影响后续施工。

8）深化设计时需考虑悬挑工字钢楼层的预埋钢筋锚环，但现状是设计师常会忽略施工措施，或因设计图纸时总包单位还未定标等原因造成前期无法正确预留，导致后期叠合板不得不进行开洞预埋，影响施工质量。在设计验收满足受力要求的前提下，可直接在现浇层上预埋预留悬挑工字钢锚筋。

9）公共区域或带水房间不宜拆分叠合板，若深化设计时未考虑预埋止水节，则后期处理不到位将存在漏水隐患。

（4）叠合层钢筋绑扎

不出筋叠合板需按相关规范要求在支座处设置附加钢筋。叠合板后浇区域钢筋绑扎需注意按规范要求设置底筋，现场检查中常发现部分漏设或绑扎不符合要求。

叠合层钢筋绑扎

待机电管线铺设完毕、清理干净后，根据叠合板上方钢筋间距控制线进行钢筋绑扎，保证钢筋搭接和间距符合设计要求。负弯矩筋和放射筋的设置要保证混凝土保护层符合设计要求。同时可利用叠合板架钢筋作为上部钢筋的马凳，确保上部钢筋的保护层厚度符合设计要求。

（5）混凝土浇筑

混凝土浇筑时必须保证混凝土面的标高和平整度符合要求，有预制构件处的混凝土标高和平整度在允许误差范围以内，避免混凝土面超差影响预制构件的安装，特别是要严格对墙柱等纵向结构的混凝土标高和平整度的质量控制。布料机位置需严格按审批方案进行布置，严禁直接放在叠合板上。

混凝土浇筑过程中，施工单位的施工、质检人员必须在场全程监督并不定时检查混凝土标高、平整度及预埋钢筋位置，避免在混凝土浇筑过程中因混凝土振捣、钢筋、模板加固不牢等造成钢筋位置偏移，影响后续预制构件的吊装施工。同时，对于发生位移的定位钢筋需在终凝前，及时进行调整矫正。

叠合楼盖混凝土强度符合相关规定时，方可拆除板下梁墙临时顶撑、专用斜撑等工具，以防止混凝土过早承受拉应力而现浇节点出现裂缝。叠合楼盖施工常出现楼面漏筋的现象，往往是由于部分叠合板后浇区域模板、支撑加固不到位等原因导致漏浆造成的，需后期剔凿，严重影响了施工质量，而且大大提高了施工成本。

叠合板密拼形成的缝隙或后浇区域混凝土浇筑后成活较好时，可在后期打磨完成后直接刮腻子作业，无须进行砂浆抹灰。

3. 预制楼梯安装

（1）安装前准备

按相关规范要求，预制楼梯与支承构件之间宜采用简支连接。预制楼梯宜一端设置固定铰，另一端设置滑动铰；预制楼梯设置滑动铰的端部应采取防止滑落的构造措施。安装时需注意以下几点：

1）预制楼梯固定螺栓应在现浇阶段提前预留预埋，严禁后植筋或不设置锚栓。

2）预制楼梯安装前应采用1：3水泥砂浆或坐浆料对安装作业面进行找平处理。

3）如果楼梯后期需要贴砖处理，楼梯表面应采用粗糙面或花纹钢板处理，以减少贴砖空鼓率。

（2）预制楼梯吊装

预制楼梯板应采用专业吊具水平吊装。吊装时，应使踏步呈水平状态，以便于就位。吊装吊环用螺栓将通用吊耳与楼梯板预埋内螺纹连接。起吊前检查卸扣卡环，确认牢固后方可继续缓慢起吊。预制楼梯板就位时应从上向下垂直安装，在作业面上空300mm处略作停顿，施工人员手扶楼梯板调整方向，将楼梯板的边线与梯梁上的安放位置线对准，放下时要稳停慢放。预制楼梯板与现浇部位连接灌浆楼梯板安装完成、检查合格后，在预制楼梯板与休息平台连接部位采用灌浆料进行灌浆。

剪刀楼梯由于重量较大，单个重量一般都在5t左右，通常在构件深化设计时拆分为两段，有横向和纵向两种拆分方法，横向拆分时中间设置梯梁，两种方式各有优劣。

预制楼梯吊装前应将保护护角准备到位，楼梯安装后，应及时将踏步面作成品保护。预制楼梯板进场后堆放不得超过四层，堆放时垫木必须垫放在楼梯吊装点下方。在吊装前预制楼梯采用多层板成整体踏步台阶形状，以保护踏步面不被损坏且将楼梯两侧用多层板固定保护。在吊装预制楼梯之前应将楼梯预留灌浆圆孔处的砂浆、灰等杂质清除干净，以确保预制楼梯的灌浆质量。

（3）预制楼梯安装常见问题

预制楼梯安装中主要存在以下问题，应需特别注意：

1）未按设计要求在梯梁处设置合理缝隙，现场存在偏大或偏小。

2）楼梯安装后，梯梁位置、楼梯中部存在裂缝。

3）楼梯采用销键预留洞与梯梁连接做法时，应参照国标图集《预制钢筋混凝土板式楼梯》15G367-1中固定铰端节点的做法实施。现场漏设楼梯端部预埋螺栓，或预埋螺栓较长，或预埋螺栓偏位严重。

4）楼梯深化设计时未考虑建筑面层的做法，导致结构标高错误。

5）在楼梯段上下口梯梁处未按图纸要求设置砂浆找平或砂浆找平层过厚，部分采用术方填塞等。

6）楼梯缝隙处现场施工未按图纸要求设置构造做法，直接用砂浆或发泡胶填塞。

7）深化设计时未考虑楼梯重量，导致现场只能二次切割后再吊装。

8）根据施工图纸，弹出楼梯安装控制线，对控制线及标高进行复核，应在楼梯侧面距结构墙体预留10mm孔隙，以便为后续塞防火岩棉预留空间。但现场施工中常存在未预留缝隙、缝隙过大、用PE棒填塞等问题。

任务 2 钢结构工程施工

钢结构建筑作为一种典型的装配式建筑，因钢材出色的材料性能、施工速度快、绿色环保等特点，在建筑工程领域越发具有举足轻重的作用。钢结构构件之间的连接常采用焊接连接及螺栓连接。

一、钢结构连接施工

焊接连接是钢结构最主要的一种连接方法。建筑钢结构采用的焊接方法主要有手工电弧焊、埋弧焊、二氧化碳（CO_2）气体保护焊等焊接方法。电焊工是特殊工种，必须持证上岗。持证焊工必须在其焊工合格证书规定的认可范围内施焊，严禁无证焊工施焊。焊工应按所从事钢结构的钢材种类、焊接节点形式、焊接方法、焊接位置等要求进行技术资格考试，并取得相应的资格证书，其施焊范围不得超越资格证书的规定。

1. 焊接连接施工

（1）手工电弧焊

手工电弧焊是最常用的一种焊接方法，其施焊原理如图5-3所示。通电后，在涂有药皮的电焊条和焊件间产生电弧。电弧提供热源，使焊条中的焊芯熔化，滴落在焊件上被电弧所吹成的小凹槽熔池中。由电焊条药皮形成的熔渣和气体覆盖着熔池，防止空气中的氧、氮等气体与熔化的液体金属接触，避免形成脆性易裂的化合物。焊缝金属冷却后把被连接件连成一体。

手工电弧焊的焊接工艺参数通常包括：焊条直径、焊接电流、焊接电压、焊接速度、电源种类和极性、焊接层数等。其基本操作技术有引弧、运条、焊缝的连接和收尾等。

手工电弧焊施焊灵活，适于各种结构形状、不同位置的焊接，如平焊、横焊、立焊和仰焊。其焊接设备简单，操作和维修方便，可在生产厂内及施工现场等不同作业环境下进行施焊。

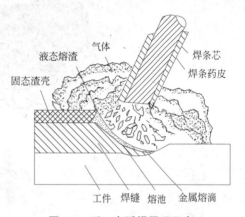

图5-3 手工电弧焊原理示意

但因焊条长度限制，在长焊缝中形成较多的起弧和落弧坑，且焊缝质量随焊工的技术水平而变化，生产效率低，劳动强度大，主要适用于短焊缝的焊接。

（2）埋弧焊

埋弧焊是电弧在焊剂层下燃烧的一种电弧焊方法（图5-4）。焊丝送进和焊接方向的移动有专门机构控制的称埋弧自动电弧焊；焊丝送进有专门机构控制，而焊接方向的移动靠工人操作的称为埋弧半自动电弧焊。电弧在焊剂层下燃烧，将焊丝、母材熔化而形成熔池。焊剂熔融成为熔渣，覆盖在液态金属的表面，避免氮、氢、氧有害气体的侵入。随着电弧的移动，熔池金属冷却凝固形成焊缝，熔渣冷却后形成渣壳。

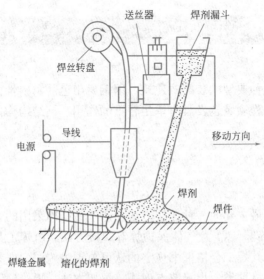

图 5-4　埋弧焊原理示意

埋弧焊机分为自动焊机和半自动焊机两大类。半自动埋弧焊机是由焊接小车、埋弧焊机组成，焊接小车可以前后行走，速度可调，如图5-5所示。半自动埋弧焊机的主要功能是：将焊丝通过导丝管连续不断地送入电弧区；传输焊接电流；控制焊接启动和停止；向焊接区铺施焊剂。

图 5-5　半自动埋弧焊机

自动埋弧焊机由埋弧焊机、辅助设备组成，可以实现自动焊接。常见的自动埋弧焊机为门型埋弧焊机，如图 5-6 所示。自动埋弧焊机的主要功能是：连续不断地向焊接区送进焊丝；传输焊接电流；使电弧沿接缝移动；控制电弧的主要参数；控制焊接的启动与停止；向焊接区铺施焊剂；焊接前调节焊丝端位置。

图 5-6　门型埋弧焊机

埋弧焊的工艺参数对焊缝成形和焊缝内在质量有着很大影响。其中焊接电流、电弧电压和焊接速度以及三者间的配合，是直接影响焊接质量和焊接生产效率的主要因素。此外还应合理选择焊丝直径与伸出长度、坡口及间隙的形状及尺寸等。

埋弧焊由于采用了自动化操作，熔深大，具有很高的生产率。焊接时的工艺条件稳定，焊剂供给充足，电弧区保护严密，且焊接参数可自动调节，因此形成的焊缝质量好，其外观美观光滑、焊件变形小。又由于焊接时没有刺眼的电弧光，也不需焊工手工操作，极大地减轻了劳动强度，并且改善了作业环境。凡是焊缝可以保持在水平位置或倾斜度不大的焊件，均可采用埋弧焊焊接。埋弧焊可焊接的焊件厚度范围很大，对于厚度 5mm 以下的焊件容易烧穿，不宜采用埋弧焊，较厚的焊件都适于用埋弧焊焊接。但是，埋弧焊由于采用机械自动化操作，其机动灵活性差，只适用于焊接较长的或圆周焊缝，无法焊接不规则的焊缝。

（3）CO_2 气体保护焊

CO_2 气体保护焊是利用 CO_2 气体作为保护介质的一种电弧熔焊方法（图 5-7）。它直接依靠 CO_2 气体在电弧周围形成局部的保护层，以防止有害气体的侵入并保证了焊接过程的稳定性。CO_2 气体保护焊的焊缝熔化区没有熔渣，焊工能够清楚地看到焊缝成型的过程。但操作时须在室内避风处，制作车间内焊接作业区有穿堂风或鼓风机时，应按规定设置挡风装置。若在工地上施焊，焊接作业区风速超过 2m/s 时，应设防风棚或采取其他防风措施。

CO_2 气体保护焊按操作方式分为半自动 CO_2 气体保护焊和自动 CO_2 气体保护焊。主要区别在于：半自动 CO_2 气体保护焊用手工操作焊枪完成电弧热源移动，而送丝、送气等与自动 CO_2 气体保护焊相同，由相应的机械装置来完成。自动 CO_2 气体保护焊焊枪移

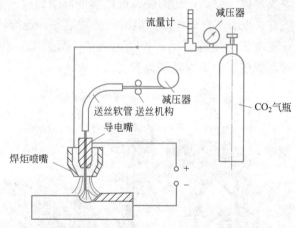

流量计　减压器

减压器

送丝软管　送丝机构

导电嘴

焊炬喷嘴

CO_2气瓶

+

−

图 5-7　CO_2 气体保护焊原理示意

动、送丝、送气等均由机械控制。

CO_2 气体保护焊的焊接工艺参数主要有：焊接电流、焊接电压、焊丝直径、焊丝伸出长度、气体流量、电源极性、焊枪倾角等。

CO_2 气体保护焊焊接成本低，生产效率高。由于采用机械连续送丝方式，因此不仅适用于构件长焊缝的自动焊，又因不用焊剂而设备较简单，也适用于半自动焊接短焊缝，且适宜各种位置焊接。薄板可焊到 1mm 左右，焊接厚板时，厚度几乎不受限制。

2. 焊接质量检验

钢结构焊接质量检验贯穿于焊接施工过程中，包括焊前检验、焊接的中间检验和焊后成品检验。

焊前检验是指焊接开始前应进行的检验工作，是焊接检验的第一阶段。它要求对焊接材料的质量按设计、规范要求进行检验，对特殊要求的焊接材料及重要的焊接受力部位，还要求做焊接工艺评定试验，保证其满足设计要求；检验焊件表面处理情况，检验焊件的坡口制作、组焊的装配等。焊前检验的目的是预先防止和减少焊接时产生缺陷的可能性。

焊接的中间检验即焊接过程中的检验，它是焊接检验的第二阶段。主要检验焊接规范、参数、设备的运行状况，对焊接工艺进行确认，检验工艺执行情况，对焊缝尺寸、结构变形、焊接材料的保管和使用等情况进行实测检验，同时做好相应的实时检验记录，形成焊接检验的文件。焊接的中间检验是焊接过程中最重要的环节，其目的是防止由于操作原因或其他特殊因素的影响而产生的焊接缺陷，便于及时发现问题并加以解决。它直接对钢结构质量产生重要影响。

焊后成品检验是焊接最终的检验环节。主要检查内容包括：焊缝的外观质量与几何尺寸检查；焊缝的无损检测；焊接工艺规程记录及检验报告审查。

（1）焊缝外观质量检验

焊缝的外部缺陷主要有：焊缝外观形状和尺寸不符合要求、咬边、焊瘤、弧坑、烧穿、表面气孔、表面裂纹等。

《钢结构焊接规范》GB 50661—2011 明确规定，所有焊缝应冷却到环境温度后方可进行外观检测。外观检测内容包括焊缝的尺寸偏差及外观质量检测。

外观检测采用目测方式，裂纹的检查应辅以 5 倍放大镜并在合适的光照条件下进行，必要时可采用磁粉探伤或渗透探伤检测，尺寸的测量使用焊缝量规（图 5-8）和钢尺。

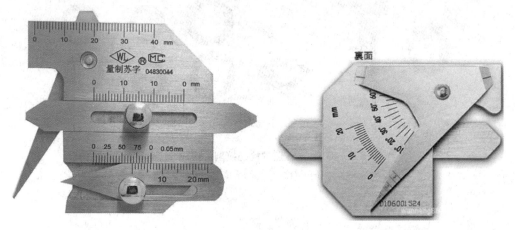

图 5-8　焊缝量规

（2）焊缝内部质量检验

焊缝内部缺陷主要有：气孔、夹渣、未焊透、未熔合、裂纹等。

焊缝的内部质量验收采用无损检测，缩写是 NDT，也叫无损探伤。检查焊缝质量时不损坏结构本身，采用射线、超声、红外、电磁等原理技术并结合仪器对焊缝进行缺陷、化学、物理参数的检测。常用的无损检测方法有：超声波探伤（UT）、射线探伤（RT）、磁粉探伤（MT）、渗透探伤（PT）等。

内部缺陷的检测一般可用超声波探伤和射线探伤。射线探伤具有直观性、一致性好的优点，但是射线探伤成本高、操作程序复杂、检测周期长，尤其是钢结构中大多为 T 形接头和角接头，射线检测的效果差，且射线探伤对裂纹、未熔合等危害性缺陷的检出率低。超声波探伤则正好相反，操作程序简单、快速，对各种接头形式的适应性好，对裂纹、未熔合的检测灵敏度高，因此，对钢结构内部质量的控制采用超声波探伤，一般已不采用射线探伤。除非不能采用超声波探伤或对超声波检测结果有疑义时，可采用射线检测进行补充或验证。

3. 普通螺栓连接施工

螺栓连接分为普通螺栓连接和高强度螺栓连接两种。

（1）普通螺栓的类型及规格

普通螺栓按加工精度分为 A、B、C 三级。A、B 级为精制螺栓，C 级为粗制螺栓。粗制螺栓孔径比螺栓杆直径大 1.0～1.5mm，制作简单，安装方便，但受剪切时性能较差，宜用于沿杆轴方向受拉的连接和承受静力荷载或间接承受动力荷载结构中的次要连接（如次梁和主梁、檩条与屋架的连接），或者临时固定构件的安装连接（螺栓仅定位或夹紧），以及不承受动力荷载的可拆卸结构的连接。精制螺栓加工精度高，其螺栓杆杆径比孔径小 0.3～0.5mm，受剪性能优于粗制螺栓，但由于制作和安装都比较复杂，目前已很少采用，除特殊注明外，一般采用普通粗制 C 级螺栓。

普通螺栓的规格有 M8、M10、M12、M16、M20、M24、M30、M36 等，一套完整

的普通螺栓连接副由螺栓、螺母、垫圈构成（图5-9）。

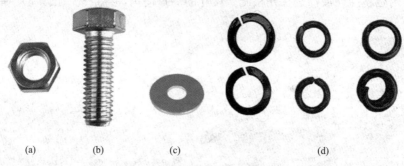

图 5-9 普通螺栓连接副的组成

（a）螺母；（b）螺栓；（c）圆平垫圈；（d）弹簧垫圈

（2）普通螺栓连接的施工

1）准备工作

施工单位材料采购人员在熟悉图纸的基础上，计算各个连接处螺栓杆的长度，分规格统计每种螺栓所需的数量，按照设计要求进行材料的采购。

进入施工现场的普通螺栓，应全数进行检查。检查产品的质量合格证明文件、中文产品标志及检验报告，其品种、规格、性能等应符合现行国家产品标准的规定和设计要求。

普通螺栓作为永久性连接螺栓时，当设计有要求或对其质量有疑义时应进行螺栓实物最小拉力载荷复验，测其抗拉强度是否满足要求。当试验超过最小拉力荷载直至拉断，断裂应发生在螺纹部分，而不应发生在螺头与杆部的交接处或螺杆处。复验时每一规格的螺栓抽查8个，检查螺栓实物复验报告。

螺栓头和螺母侧应分别放置平垫圈，螺栓头侧放置的垫圈不应多于2个，螺母侧放置的垫圈不应多于1个；承受动力荷载或重要部位的螺栓连接，设计有防松动要求时，应采取有防松动装置的螺母或弹簧垫圈，弹簧垫圈应放置在螺母侧；对工字钢、槽钢等有斜面的螺栓连接，宜采用相同倾斜面的斜垫圈，使螺母和螺栓头部的支承面垂直于螺杆；同一个连接接头螺栓数量不应少于2个。

普通螺栓的施工工具常用的有双头呆扳手、活动扳手、单头梅花扳手和电动扳手（图5-10）。单头梅花扳手的圆环状套筒内有12个棱角，能将螺母或螺栓的六角部分全部围住，工作时不易滑脱，安全可靠。电动扳手省时省力，但价格较高。

2）普通螺栓连接施工

普通螺栓连接施工时，应对连接板面进行清理。要求板面质量平整，无飞边、毛刺、油污等。可用钢丝刷、扁铲、砂轮磨光机进行清理。螺栓应能自由穿入螺栓孔，不得用小锤敲击螺栓强行穿入孔内，以免造成螺纹损伤和孔壁翻边。螺栓孔不合格应当用铰刀扩孔或焊补后施钻，不允许气割扩孔。要求螺栓穿入方向一致，以方便施工为原则。

普通螺栓连接对螺栓紧固轴力没有要求，因此螺栓的紧固施工以操作者的手感及连接接头的外形控制为准，通俗地讲就是一个操作工使用普通扳手靠自己的力量拧紧螺母即可，保证被连接件接触面、螺栓头和螺母与构件表面密贴。这种紧固施工方式虽然有很大的差异性，但能满足连接要求。为了使连接接头中螺栓受力均匀，螺栓的紧固次序应从中

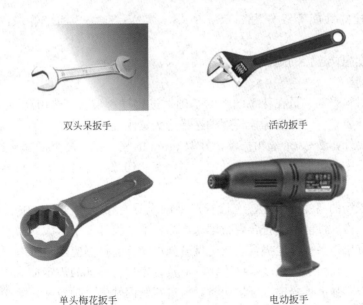

双头呆扳手　　　　　　　　　　　　　活动扳手

单头梅花扳手　　　　　　　　　　　　电动扳手

图 5-10　普通螺栓连接施工工具

间开始，对称向两边进行；对大型接头应采用复拧，保证接头内各个螺栓能均匀受力。

3）普通螺栓紧固质量验收

普通螺栓连接应牢固、可靠，无松动、无漏拧现象，外露丝扣不应少于 2 扣，且每个螺栓每侧不得用 2 个及以上的垫圈。拧紧程度可用锤击法检查，按连接节点数抽查 10%，且不少于 3 个节点。检查时用 0.3kg 小锤，一手扶螺栓（或螺母）头，另一手用锤敲，要求螺栓头（螺母）不偏移、不颤动、不松动，锤声比较干脆，否则说明螺栓紧固质量不好，需重新紧固施工。

4. 高强度螺栓连接施工

（1）高强度螺栓的类型及规格

高强度螺栓按照外形分为大六角头高强度螺栓和扭剪型高强度螺栓。大六角头高强度螺栓连接副由一个螺栓、一个螺母、两个垫圈组成，如图 5-11 所示。扭剪型高强度螺栓连接副由一个螺栓、一个螺母、一个垫圈组成，如图 5-12 所示。

图 5-11　大六角头高强度螺栓

图 5-12　扭剪型高强度螺栓

高强度螺栓的性能等级分为 8.8S、9.8S、10.9S、12.9S 四个等级，规格有 M16、M20、M22、M24、M30、M36、M42 等。

（2）高强度螺栓连接的施工

1）进场检验

施工单位材料采购人员在熟悉图纸的基础上进行材料采购。选用高强度螺栓的形式、规格应符合设计要求。高强度螺栓长度的选择应为紧固连接板的厚度加上螺母高度和垫圈厚度，紧固后要外露 2～3 个丝扣长度，并取 5mm 的整数倍。高强度螺栓连接副在存储、运输及施工过程中不得混放，要防止锈蚀、沾污和碰伤螺纹等可能导致扭矩系数变化的情况发生。

进入施工现场的高强度螺栓，应检查产品的质量合格证明文件、中文标志及检验报告，其品种、规格、性能等应符合现行国家产品标准和设计要求。大六角头高强度螺栓连接副应随箱带有扭矩系数检验报告，扭剪型高强度螺栓连接副应随箱带有紧固轴力（预拉力）检验报告。大六角头高强度螺栓连接副应按国家现行标准的规定抽取试件进行扭矩系数复验；扭剪型高强度螺栓连接副进场时，应进行紧固轴力（预拉力）复验，其检验结果应符合国家现行标准的规定。

2）高强度螺栓摩擦面处理

高强度螺栓连接处的钢板接触面应平整，摩擦面对因板厚公差、制造偏差或安装偏差等产生的接触面间隙，应按表 5-3 的规定进行处理。

接触面间隙处理   表 5-3

项目	示意图	处理方法
1		$\Delta < 1.0$mm 时不予处理
2	磨斜面	$\Delta = (1.0 \sim 3.0)$mm 时将厚板一侧磨成 1∶10 缓坡，使间隙小于 1.0mm
3		$\Delta > 3.0$mm 时加垫板，垫板厚度不小于 3mm，最多不超过三层，垫板材质和摩擦面处理方法应与构件相同

高强度螺栓连接其摩擦面的状态对连接接头的抗滑移承载力有很大影响。为了获得较大的抗滑移系数，提高节点的承载力，必须对高强度螺栓连接摩擦面进行处理。高强度螺栓连接摩擦面一般在工厂处理好。常见的处理方法有：喷砂（丸）、喷砂（丸）后生赤锈、喷砂（丸）后涂无机富锌漆、砂轮打磨、手工钢丝刷清理。当需在工地处理构件摩擦面或经工地复查不符合要求需重新处理时，其摩擦面抗滑移系数必须符合设计要求。

高强度螺栓连接摩擦面应保持干燥、整洁，不应有飞边、毛刺、焊接飞溅物、焊疤、氧化铁皮、污垢等，除设计要求外摩擦面不应涂漆。连接件紧固后结构涂装时油漆不能渗入连接板摩擦面，严格防止摩擦面误涂油漆；高强度螺栓和连接部位刷漆前，在螺栓、螺母、垫圈周边应涂抹腻子或快干红丹漆封闭，严禁用较稀油漆直接涂刷，这样会使油漆浸入螺栓、垫圈和连接板摩擦面，使摩擦系数降低，螺栓预紧力松弛，从而严重破坏连接强度。如有油漆渗入，必须拆下重新喷砂或更换处理。严禁在高强度螺栓连接处摩擦面上做任何标志。处理后的高强度螺栓连接处摩擦面的抗滑移系数应符合设计要求。施工单位在安装之前应进行高强度螺栓连接摩擦面的抗滑移系数复验。

3）施工工具

高强度螺栓施工采用特制的扭力扳手。它在拧转螺母时，能显示出所施加的扭矩，或者当施加的扭矩到达规定值后，会发光或发出声响信号。扭力扳手适用于对扭矩大小有明确规定的装配工作。目前可供采用的有指针式手动扭力扳手（图 5-13）、数显式手动扭力扳手（图 5-14）、音响式手动扭矩扳手、电动定扭矩扳手（图 5-15）及电动扭剪扳手（图 5-16）。大六角头高强度螺栓施工所用的扭矩扳手，班前必须校正，其扭矩相对误差应为±5％，合格后方准使用。校正用的扭矩扳手，其扭矩相对误差应为±3％。

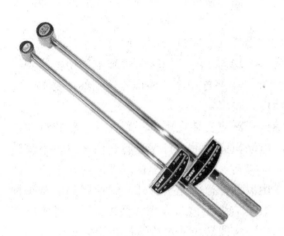

图 5-13 指针式手动扭力扳手

图 5-14 数显式手动扭力扳手

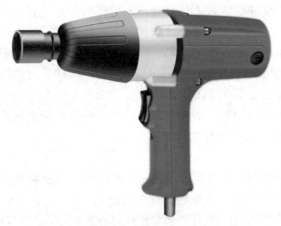

图 5-15 电动定扭矩扳手

图 5-16 电动扭剪扳手

4）高强度螺栓连接的施工

高强度螺栓的拧紧分为初拧和终拧两步，对于大型节点应分为初拧、复拧和终拧。初拧的目的是为了消除板叠间的间隙，复拧扭矩值等于初拧扭矩。螺栓的紧固应按一定的顺序进行，一般应从接头刚度大处向不受约束的自由端进行，或由螺栓群中央顺序向外逐个拧紧。大六角头高强度螺栓可采用扭矩法、转角法进行施工。扭剪型高强度螺栓采用拧掉螺栓尾部梅花卡头的方法施工。

扭矩法：高强度螺栓连接由于连接处钢板不平整，致使先拧和后拧的高强度螺栓预拉力有很大的差别。为克服这一现象，提高拧紧预拉力的精度，使各螺栓受力均匀，高强度螺栓的拧紧分为初拧和终拧两个步骤。当单排（列）螺栓个数超过 15 时，可认为是属于大型接头，应在初拧和终拧间增加复拧。初拧扭矩可取施工终拧扭矩的 50% 左右。终拧扭矩值事先计算得出。复拧扭矩值等于初拧扭矩值。初拧、复拧后应用不同颜色的油漆在螺母上做上标记，防止漏拧。再按终拧扭矩值进行终拧。终拧后的高强度螺栓连接副与板叠之间应无间隙且无歪斜现象，否则必须拆除后更换高强螺栓重新处理。终拧后的高强度螺栓应用另一种颜色在螺母上做标记。

转角法：采用转角法施工时，也按照初拧、终拧的顺序进行，大型节点增加复拧。初拧和复拧用扭矩法施工，使节点内各螺栓受力基本均匀。终拧用转角法施工。初拧达到终拧扭矩值的 30%～50% 后，再用扳手使螺母旋转一个终拧角度，使螺栓达到终拧要求。终拧角度与螺栓长度、板叠厚度等有关，施工前由试验确定。

拧掉螺栓尾部梅花卡头：扭剪型高强度螺栓垫圈应安装在螺母一侧，并注意螺母和垫圈的安装方向，不得装反。施工时采用专用的电动扭剪扳手。将大套筒套住螺母，小套筒套住梅花卡头。启动扳手，两个套筒朝相反方向运转，直至拧掉螺栓尾部的梅花卡头，即达到所需的扭矩值。除因构造原因无法使用专用扳手拧掉梅花头者外，螺栓尾部梅花头拧断为终拧结束。未在终拧中拧掉梅花头的螺栓数不应大于该节点螺栓数的 5%。对所有梅花头未拧掉的扭剪型高强度螺栓连接副应采用扭矩法或转角法进行终拧并做标记。

5）高强度螺栓连接紧固质量检验

大六角头高强度螺栓按扭矩法施工时，应在终拧完成 1h 以后、48h 内进行终拧扭矩检查。首先用小锤（约 0.3kg）敲击螺母对高强度螺栓进行普查，不得有漏拧。终拧扭矩检查时，先在螺杆端面和螺母上画一直线，然后将螺母拧松约 60°，再用扭矩扳手重新拧紧，使两线重合，测得此时的扭矩应在 $(0.9～1.1)\,T_c$ 范围内（T_c 为终拧扭矩，按《钢结构高强度螺栓连接技术规程》JGJ 82—2011 第 6.4.13 条计算）。终拧扭矩应按节点数抽查 10%，且不应少于 10 个节点；对每个被抽查节点应按螺栓数抽查 10%，且不应少于 2 个螺栓。如发现有不符合规定的，应再扩大 1 倍检查，如仍有不合格者，则整个节点的高强度螺栓应重新施拧。高强度螺栓连接副终拧后，螺栓丝扣外露应为 2～3 扣，其中允许有 10% 的螺栓丝扣外露 1 扣或 4 扣。

采用转角法紧固的高强度螺栓连接，普查初拧后在螺母与相对位置所画的终拧起始线和终止线所夹的角度应达到规定值。终拧转角检查宜在螺栓终拧 1h 以后、48h 之前完成。检查终拧转角时，在螺杆端面和螺母相对位置画线，然后全部卸松螺母，再按规定的初拧扭矩和终拧角度重新拧紧螺栓，测量终止线与原终止线画线间的角度，误差在 ±30° 内为合格。终拧转角应按节点数抽查 10%，且不应少于 10 个节点；对每个被抽查节点按螺栓数抽查 10％，且不应少于 2 个螺栓。如发现有不符合规定的，应再扩大 1 倍检查，如仍有不合格者，则整个节点的高强度螺栓应重新施拧。

扭剪型高强度螺栓终拧检查，以目测尾部梅花头拧断为合格。对于不能用专用扳手拧紧的扭剪型高强度螺栓，应按大六角头高强度螺栓紧固质量检查方法进行终拧紧固质量检查。

二、钢结构安装工程

1. 施工准备

施工准备是一项技术、计划、经济、质量、安全、现场管理等综合性强的工作，是同设计单位、钢结构加工厂、混凝土基础施工单位、混凝土结构施工单位以及钢结构安装单位内部资源组合的重要工作。施工准备包括技术准备、材料准备、机具准备和劳动力准备等内容。

（1）技术准备

技术准备主要包括设计交底和图纸会审、钢结构安装施工组织设计、钢结构及构件验收标准及技术要求、计量管理和测量管理、特殊工艺管理等。

（2）材料准备

根据施工图，测算各主耗材料（如焊条、焊丝等）的数量，作好订货安排，确定进场时间。各施工工序所需临时支撑、钢结构拼装平台、脚手架支撑、安全防护、环境保护器材数量确认后，安排进场搭设、制作。根据现场施工安排，编制钢构件进场计划，安排制作、运输计划。对于特殊放射性、腐蚀性构件的运输，要做好相应的措施，并到当地的公安、消防部门登记。对超重、超长、超宽的构件，还应规定好吊耳的设置，并标出重心位置。

（3）机具准备

在钢结构安装施工中，由于建筑较高、大，吊装机械多以塔式起重机、履带式起重机、汽车式起重机为主。

（4）劳动力准备

在工程施工前，必须保证项目经理、项目技术负责人、施工员、质量员、安全员等管理人员及时到位。所有生产工人都要进行上岗前培训，取得相应资质的上岗证书，做到持证上岗。尤其是焊工、起重工、塔式起重机操作工、塔式起重机指挥工等特殊工种。

2. 安装施工

（1）钢柱安装

1）首节钢柱安装

① 吊点设置

吊点的设置位置与吊点数量，需根据等具体情况确定。一般钢柱弹性和刚性都很好，吊点采用一点正吊。吊点设置在柱顶处，柱身竖直，吊点通过柱重心位置，易于起吊、对线、校正。

钢柱安装

② 钢柱起吊

多层与高层钢结构工程中，钢柱一般采用单机起吊。第一节钢柱是安装在柱基上的，钢柱安装前应将登高爬梯和挂篮等挂设在钢柱预定位置并绑扎牢固。

起吊时钢柱必须垂直，尽量做到回转扶直，不得使柱的底端在地面上有拖拉现象，以防止柱身损伤。起吊回转过程中应注意避免同其他已吊好的构件相碰撞，吊索应有一定的有效高度。

③ 钢柱就位

钢柱起吊后，当柱脚距地脚螺栓约 30～40cm 时人工扶正，停机稳定，使柱脚的安装孔对准螺栓，对准螺栓孔和十字线后，钢柱缓慢下落。下落中应避免磕碰地脚锚栓，检查钢柱四边中心线与基础十字轴线的对准情况（四边均要兼顾），如有不符及时进行调整。经调整，柱脚底座中心线对定位轴线的偏移在 5mm 以内时，下落钢柱就位。

④ 钢柱临时固定

钢柱就位落实之后，收紧四个方向缆风绳，拧紧地脚螺栓的紧固螺母，临时固定即可脱钩。如受周围环境条件限制，不能拉设缆风绳时，可采用在相应方向上架设支撑方式进行临时固定。

⑤ 钢柱校正

首节钢柱安装后应及时进行垂直度、标高和轴线位置校正。先柱基标高调整，再柱基轴线调整，最后柱身垂直度校正。

a. 柱基标高调整

柱基标高调整可采用调节螺母调整或在基础顶面放置钢垫板调整标高。

调节螺母调整标高：放上钢柱后，可以利用柱脚底板下的调节螺母控制钢柱的标高。根据实测标高偏差值，调整柱脚底板下的调节螺母，使调节螺母上表面的标高与柱脚底板标高齐平，精度可达 ±1mm 以内。柱底板下预留的空隙，可以用高强度、微膨胀、无收缩砂浆以捻浆法填实。

钢垫板调整标高：如果首节钢柱过重，螺栓和螺母无法承受其重量，可在柱底板下、基础钢筋混凝土顶面上放置标高调整块，即钢垫板来调整标高。当采用钢垫板作支承时，钢垫板面积的大小应根据基础混凝土的抗压强度、柱底板的荷载（二次灌筑前）和地脚螺栓的紧固拉力计算确定，取其中较大者。

b. 柱基轴线调整

首先，钢柱制作时，在柱底板的四个侧面，用钢冲标出钢柱的中心线。在钢柱起吊之后，在起重机不松钩的情况下，将柱底板上的中心线与柱基础的控制轴线对齐，缓慢降落至设计标高位置。钢柱就位之后，调整柱脚的位移以使柱基础顶面中心线与柱身中线对齐。如发现柱基础顶面中心线与柱身中线有偏差，可用千斤顶往偏差反方向调整。钢柱基础中预埋的地脚螺栓螺杆与柱底板螺孔若存在偏差，应适当将钢柱底板螺孔放大，或在加工厂将底板预留孔位置调整，保证钢柱顺利安装。

c. 柱身垂直度校正

柱身垂直度校正一般采用缆风绳或千斤顶进行。用两台呈 90° 的经纬仪找垂直。在校正过程中，不断微调柱底板下螺母，直至校正完毕。将柱脚底板上面的两个螺母拧紧，缆风绳松开不受力，柱身呈自由状态。再用经纬仪复核，如有微小偏差，再重复上述过程，直至无误，将上螺母拧紧。地脚螺栓上螺母一般用双螺母，一个紧固螺母，一个止退螺母，可在螺母拧紧后，将螺母与螺杆焊实。

⑥ 钢柱固定

钢柱标高、轴线位置、垂直度校正完毕后，钢柱底板与混凝土基础面间的间隙应进行二次灌浆。否则独立悬臂柱易产生偏差，所以要求可靠固定。

二次灌浆前应清除柱底板与基础面间杂物。灌浆前应在钢柱底板四周立模板，用水清洗基础表面，排除多余积水后灌浆。灌浆料可以用高强度、微膨胀、无收缩砂浆，砂浆基本上保持自由流动，灌浆从一边进行，连续灌注，灌浆后用湿草包或麻袋等遮盖养护。

2）上部钢柱吊装

上部钢柱的安装与首段钢柱的安装不同点在于柱脚的连接固定方式。钢柱吊点设置在钢柱的上部，利用四个临时连接耳板作为吊点。吊装前，下节钢柱顶面和本节钢柱底面的渣土和浮锈要清除干净，保证上下节钢柱对接面接触顶紧。

① 钢柱接长方式

为减少现场钢柱接长作业，高层钢结构钢柱的长度宜取 2～3 个楼层高度，分节位置宜在梁顶标高以上 1.0～1.3m 处。抗震设计时，钢柱的接长应采用坡口全熔透焊缝。非抗震设计时，柱接长也可采用部分熔透焊缝。上节钢柱安装时，在柱的接头处设置安装耳板。耳板厚度根据风荷载和其他施工荷载确定，并不得小于 10mm。

② 上部钢柱吊装

a. 吊装前准备

吊装前首先对钢柱进行清理，清理掉钢柱表面的杂物。在钢柱柱身先绑扎好钢爬梯，单机起吊。起吊前，钢柱应横放在枕木上，施工作业人员把两根钢丝绳钩挂在吊机大钩上，钢丝绳两端分别用卡环卡在钢柱柱端部连接耳板上。

安装前，预先对上下节柱对接端口弹出定位线，作为安装基准线，并使用安装螺栓将连接板临时固定在上节柱上。

b. 钢柱起吊

钢柱起吊时必须边起钩、边转臂使钢柱垂直离地。待钢柱吊装到安装点位上方 1200mm 位置处时，钢柱稳定后，安装人员用手扶着钢柱，吊车缓慢下钩，待下钩到距离柱端部 200mm 时，停机稳定，安装人员进行初步对位。

c. 钢柱就位

钢柱吊装到位后，钢柱的中心线应与下面一段钢柱的中心线吻合，并四面兼顾，活动双夹板平稳插入下节柱对应的安装耳板上，穿好连接螺栓，连接好临时连接夹板，并及时拉设缆风绳对钢柱进一步进行稳固。

d. 临时固定

安装螺栓安装完成后，在钢柱四周拉设 4 道缆风绳，然后吊车松钩解出钢柱顶钢丝绳，完成钢柱安装。

3）上部钢柱校正

① 柱顶标高校正

钢柱吊装就位后，用安装螺栓固定连接上下钢柱的连接耳板。通过起重机起吊，撬棍可微调柱间间隙。量取上下柱顶预先标定的标高值，根据标高偏差值打入钢楔、点焊限制钢柱下落。

② 轴线调整

上一节钢柱的校正均以下节钢柱顶部的实际中心线为准，安装钢柱的底部对准下节钢柱的中心线即可。上下柱中心线如有偏差，在柱与柱的连接耳板的不同侧面加入垫板，垫板厚度一般为 0.5～1.0mm，拧紧大六角头螺栓。钢柱中心线偏差每次调整 3mm 以内，如偏差过大分 2～3 次进行调整。

注意在多高层钢结构安装时，每一节钢柱的定位轴线决不允许使用下一节钢柱的定位轴线，应从地面控制线引至高空，以保证每节钢柱安装正确无误，避免产生过大的积累误差。校正位移时，要注意钢柱的扭转，钢柱扭转对框架梁的安装很不利。上下两节柱产生位移扭转时，可在下节柱的耳板连接处加减垫片并利用千斤顶来调整。

③ 垂直度校正

钢柱垂直度检测采用经纬仪，校正时还要注意风力和温度的影响。

校正可采用无缆绳校正法。此法施工简单，易于吊装就位和确保安装精度，可使焊前垂直度与要求标高、错边达到误差为零。具体校正过程如下：

a. 上下节钢柱安装时，安装螺栓暂不拧紧，在上、下两根型钢柱的连接板的间隙中打入楔铁，通过击打楔铁的深度来校正型钢柱的垂直度；

b. 用两台经纬仪分别在型钢柱相互垂直的两个方向，对型钢柱进行初步校正，在校正到误差 10mm 左右时松下吊钩；

c. 在柱接口上下各焊一块临时支撑铁块作为受力支点，用两台千斤顶在两个方向继续进行微调校正，最后校正到垂直度与标高、错边达到误差为零；

d. 校正完成后，将安装螺栓紧固好，并用电焊将连接铁块焊实，即可进行钢柱接长焊接施工。

（2）钢梁安装

1）钢梁吊点设置

为方便现场安装，确保吊装安全，钢梁在工厂加工制作时，应在钢梁上翼缘部分设置吊装孔或焊接吊耳。钢梁吊点的设置位置可参考表 5-4 选取。

钢梁吊点位置   表 5-4

钢梁的长度 L(m)	吊点至梁中心的距离(m)
$L>15$	2.5
$10<L\leqslant15$	2
$5<L\leqslant10$	1.5
$L\leqslant5$	1

2）钢梁安装及固定

① 钢梁安装

钢梁安装

钢梁吊装前，应清理钢梁表面污物，对产生浮锈的连接板和摩擦面在吊装前进行除锈。待吊装的钢梁应装配好附带的连接板，用工具包装好螺栓，并且将焊接定位板焊接在钢梁端部。钢梁吊装前要注意钢梁的正反方向及水平方向，明确标注，确保安装正确。

当钢梁吊装到位后，按施工图进行就位，并要注意钢梁的靠向。钢梁就位时，及时夹好连接板，节点穿入临时螺栓和冲钉进行临时固定，具体所需数量由安装时可能承担的荷载计算确定，并应满足如下要求：临时螺栓和冲钉的数量不得少于该节点螺栓总数的 1/3，且不得少于 2 个临时螺栓，冲钉穿入数量不宜多于临时螺栓数量的 30%。

钢梁定位调节主要控制钢梁顶面标高和水平度。钢梁的轴线控制：吊装前每根钢梁标出钢梁中线，钢梁就位时确保钢梁中心线对齐钢柱牛腿上的轴线。主次梁、牛腿与主梁的高低差用精密水平仪测量，偏差使用校梁器进行校正。

调整好钢梁的轴线及标高后，用高强度螺栓换掉用来进行临时固定的安装螺栓。一个接头上的高强螺栓应从螺栓群中部开始安装，逐个拧紧。初拧、复拧、终拧都应从螺栓群中部向四周扩展逐个拧紧，每拧一遍均用不同颜色的油漆做上标记，防止漏拧。终拧 1h 后，48h 内进行终拧扭矩检查。

② 钢梁安装质量控制

钢梁安装的允许偏差如表 5-5 所示。

钢梁安装的允许偏差　　　　　　　　　　　　　　　　　表 5-5

项目	允许偏差(mm)	图例	检验方法
同一根梁两端顶面的高差 Δ	l/1000，且不应大于 10.0		用水准仪检查
主梁与次梁上表面的高差 Δ	±2.0		用直尺和钢尺检查

（3）钢结构楼板安装

1）钢结构楼板类型

高层钢结构建筑的楼板结构形式多样。楼板部分起着将竖向荷载传给建筑结构并将各构件联系在一起协同工作的作用。楼板形式不同则竖向荷载传力途径也将不同，施工工序以及协同工作能力也将有较大差异。

① 压型钢板混凝土组合楼板

压型钢板混凝土组合楼板是将压型钢板铺设在钢梁上，在压型钢板和钢梁翼缘板之间用圆柱头焊钉进行穿透焊接，铺设楼板钢筋，在其上浇筑混凝土，由钢筋混凝土楼面层、压型钢板和钢梁三部分组成组合楼板。压型钢板既可作为浇筑混凝土时的永久性模板，也可作为混凝土板下部受拉钢筋与混凝土一起共同工作。采用此种组合楼板整体性能好，施工速度快、周期短，可适应装配式钢结构快速施工的要求。板底形成的钢板凹槽增大了钢板与混凝土的接触面积，同时增大了楼板系统的承载力。

② 钢筋桁架混凝土组合楼板

钢筋桁架混凝土组合楼板是将楼板中的受力钢筋在工厂内焊接成钢筋桁架，将三根钢筋按三角形进行布置，上面的一根钢筋作为上弦钢筋，下面的两根钢筋作为下弦钢筋，上下弦钢筋通过腹杆钢筋进行固定，在桁架的端部将支座水平方向和竖向的钢筋焊接在一起，形成端部支座。再将镀锌钢板压制成带肋的镀锌压型钢板，使用点焊工艺把钢板和桁架焊接在一起，形成模板和受力钢筋一体化的建筑制品。

钢筋桁架楼承板在施工阶段能够承受混凝土及施工荷载，在使用阶段钢筋桁架成为混凝土配筋，其施工质量稳定，结合了传统现浇混凝土楼板的大刚度、高整体性、防火性能好及压型钢板组合楼板的无需支模、施工快捷的优点。在施工过程中去除了传统施工工艺的繁琐，同时，也可以利用变化桁架高度及钢筋直径来实现更大跨度、造型更多样化的建筑单体。它比常规的现浇混凝土楼板现场钢筋绑扎工作量减少60%～70%，可进一步缩短工期，加快施工进度。比普通压型钢板混凝土组合楼板的厚度减少约 20～50mm，混凝土用量减少，室内净高增加。因此，钢筋桁架混凝土组合楼板已成为建筑市场一种成熟的新型技术，在国内外建筑市场得到了认可及广泛应用，在多层及高层建筑中有广泛的前景。

③ 预制预应力混凝土叠合楼板

预制预应力混凝土叠合楼板是将预制钢筋混凝土板支撑在工厂制作的焊有栓钉剪力连接件的钢梁上，在铺设完现浇层中的钢筋之后浇灌混凝土，当现浇混凝土达到一定的强度时，栓钉连接件使槽口混凝土、现浇层及预制板与钢梁连成整体共同工作，形成钢-混凝土叠合板组合梁，预制板和现浇层相结合形成叠合板。预制预应力薄板中采用了预应力钢筋，与上部的现浇混凝土层结合成一个整体。薄板的预应力主筋也是楼板的主筋，预应力板也可被用作现浇混凝土层的底模，故不再需要搭设模板。

2）钢筋桁架混凝土组合楼板施工技术

① 钢筋桁架楼承板铺装施工顺序

钢筋桁架楼承板铺设前，应割除影响安装的钢梁吊耳，清扫支承面杂物、锈皮及油污。在柱梁节点处的支托构件安装、焊接完成后，再安装钢筋桁架楼承板。钢筋桁架楼承板与混凝土墙（柱）应采用预埋件的方式进行连接，不得采用膨胀螺栓固定；当遗漏预埋件时，应采用化学锚栓或植筋的方法进行处理。

钢筋桁架混凝土组合楼板的平面施工顺序：每层钢筋桁架楼承板的铺设宜根据图纸起始位置由一侧按顺序铺设，最后处理边角部分。

立面施工顺序：钢筋桁架混凝土组合楼板的施工应在楼层柱、梁安装质量验收合格后进行。随主体结构安装施工顺序铺设相应各层的钢筋桁架楼承板。

② 钢筋桁架楼承板铺装施工方法

a. 工程放线方法

根据钢结构钢梁的中心线结合钢筋桁架模板排版图的控制线弹出钢筋桁架模板控制线，结合栓钉的位置图弹出栓钉在具体钢梁上的位置点。

b. 钢筋桁架模板铺设方法

每层钢筋桁架模板宜从起始位置向一个方向铺设，边角部分最后处理。楼板铺设前，应按图纸所示的起始位置放设铺板时的基准线。对准基准线，安装第一块板，并依次安装其他板。钢筋桁架板侧向可采用扣接方式，板侧边应设连接拉钩，拉钩连接应紧密，保证浇筑混凝土时不漏浆。

在平面形状变化处，如钢柱角部，可将钢筋桁架模板切割，补焊端部竖向钢筋后方可进行安装。跨间收尾处若板宽不足有效板宽，可将钢筋桁架模板沿钢筋桁架长度方向切割，切割后板上应有一榀或两榀钢筋桁架，不得将钢筋桁架切断。钢筋桁架楼承板在切割时禁止使用乙炔火焰切割，以防止形成镀锌层被破坏而锈蚀、切口不整齐等导致结构质量缺陷。

c. 钢筋桁架施工方法

钢筋桁架楼承板与钢梁平行方向端部处，镀锌钢板在钢梁上的搭接不小于 25mm，沿长度方向将镀锌钢板与钢梁点焊，焊点间距为 300mm。

钢筋桁架板的同一方向的两块压型钢板或钢筋桁架板连接处，应设置上下弦连接钢筋；上部钢筋按计算确定，下部钢筋按构造配置。

钢筋桁架楼承板与钢梁垂直方向端部处，钢筋桁架板的下弦钢筋伸入梁内的锚固长度不应小于钢筋直径的 5 倍，且不应小于 50mm，并应保证镀锌钢板能搭接到钢梁之上。楼承板端部的竖向钢筋及镀锌钢板应与钢梁点焊固定。

待铺设一定面积之后，必须按设计要求设置楼板支座连接筋、加强筋及负筋等。连接筋等应与钢筋桁架绑扎连接，并及时绑扎分布钢筋，以防止钢筋桁架侧向失稳。如若设计成双向板时，在垂直于桁架的方向配置受力及构造钢筋，受力筋布置在下弦钢筋上部，构造筋布置于上弦钢筋的上部，形成一个有机的整体。

若设计在楼板上要开洞口，施工应预留。应按设计要求设洞口边加强筋，四周设边模板，待楼板混凝土达到设计强度后，方可切断钢筋桁架模板的钢筋及底模。切割时为防止底模边缘与浇筑的混凝土脱离，要从下往上采用机械进行切割，切割完的边要方正顺直，如稍微有变形应及时根据情况采取合理的措施进行修复。

③ 边模施工

边模板是阻止混凝土渗漏的关键部位，应选准边模板型号、确定边模板搭接长度。边模板安装时将边模板紧贴钢梁面，边模板底部与钢梁表面每隔 300mm 间距点焊长 25mm、高 2mm 焊缝。边模板安装之后应拉线校直，调节适当后利用钢筋一端与栓钉点焊，一端与边模板点焊，将边模固定。

④ 栓钉焊接

抗剪连接栓钉部分直接焊在钢梁顶面上为非穿透焊，部分钢梁与栓钉中间夹有压型钢板，为穿透焊。栓钉中心至钢梁上翼缘侧边或预埋件的距离不应小于 35mm，至设有预埋件的混凝土梁上翼缘侧边的距离不应小于 60mm。栓钉顶面混凝土保护层厚度不应小于 15mm。

钢筋桁架楼承板底板与母材的间隙控制在 1.00mm 以内，保证良好的栓钉焊接质量。钢筋桁架楼承板厚度大时板形易不规则、不平整，造成间隙过大。同时还应注意控制钢梁的顶部标高及钢梁的挠度，以尽可能地减小其间隙，保证施工质量。如遇钢筋桁架楼承板有翘起导致与母材的间隙过大，可用手持杠杆式卡具对钢筋桁架楼承板临近施焊处局部加压，使之与母材贴合。

⑤ 管线敷设

钢筋桁架楼承板安装固定好后，按照图纸设计要求敷设楼层内的管线。施工顺序为：管线的敷设→设置连接钢筋→设置附加钢筋→设置洞边附加筋→设置分布钢筋。在施工时需注意：

a. 由于钢筋桁架间距有限，应尽量避免多根管线集束预埋，分散穿孔预埋。

b. 电气接线盒的预留预埋，可事先将其在镀锌板上固定，混凝土浇筑完成后允许钻直径不超过 30mm 的小孔，钻孔应小心，避免钢筋桁架楼承板的变形，影响底膜外观。

⑥ 附加钢筋工程

待楼承板安装就位、固定牢固并验收合格后，管线铺设完成后进行钢筋绑扎。将设计要求的支座连接筋、负筋及分布钢筋与钢筋桁架采用绑扎连接。绑扎时遇到楼板开孔处必须要设置洞口加强筋。绑扎时不能破坏已经固定好的洞口边模，不能将楼承板中钢筋桁架的钢筋依据洞口尺寸切断，必须等楼层混凝土浇筑完且达到对应的拆模强度后，再将洞口处楼承板的桁架钢筋依据洞口尺寸进行切断。

在附加钢筋及管线敷设过程中，应注意做好对已铺设好的钢筋桁架楼承板的保护工作，不宜在镀锌板面上行走或踩踏。禁止随意扳动、切断钢筋桁架；若不得已裁断钢筋桁架，应采用同型号的钢筋将钢筋桁架重新连接进行修复。

⑦ 混凝土浇筑与养护

混凝土浇筑应满足《混凝土结构工程施工质量验收规范》GB 50204—2015 与《混凝土结构工程施工规范》GB 50666—2011 的相关规定。混凝土浇筑前，应检查管线的铺设位置、线盒的位置与数量是否正确、预留洞的尺寸和位置是否正确，检查楼承板与钢梁或模板接触处是否严密，是否有漏浆，并及时办理隐蔽验收手续。钢筋桁架板楼板浇筑混凝土不需设置临时支撑。混凝土浇筑时，布料应均匀，不能集中在一个部位下料。为防止倾倒混凝土时对钢筋桁架楼承板造成较大冲击导致其超载而坍塌，禁止在钢筋桁架板跨中倾倒混凝土，应在钢梁上部或钢梁附近倾倒混凝土。振捣时采用平板振动器及时进行分摊振捣，确保振捣密实。

当气温低于 0℃时，不宜进行混凝土施工。因负温下浇筑混凝土，钢筋桁架板散热快，在板下采取保温措施困难，施工质量难以保证。

混凝土浇筑完后 12h 内要及时覆膜保湿养护，避免板面收缩裂缝的产生，确保混凝土强度的增长，从而保证楼板混凝土的实体强度。

三、钢结构涂装施工

1. 防腐涂装

随着建筑行业的快速发展，钢结构以其轻质高强、施工速度快、可施工高层超高层、大跨度、造型多变、综合造价低等优点，在国民经济建设中得到了大量的应用。但是，钢结构的易腐蚀问题是钢结构的主要缺点之一，腐蚀现象一旦发生，钢结构的力学性能将受到影响。局部小范围的腐蚀坑会导致钢结构处于应力集中状态，且腐蚀面积会迅速增加，最终导致钢结构腐蚀形成一个恶性循环，构件承载能力下降。钢结构脆性断裂、建筑物倒塌等严重事故的发生，给国家和人民带来不可估量的损失。因此钢结构建筑在使用前必须进行防腐处理。目前使用较为广泛的防腐措施为防腐涂料涂装。

（1）防腐涂料的选用

1）涂层系统

防腐涂装涂层系统应选用合理配套的复合涂层方案，根据结构的使用年限要求，选用相应的底涂层、中涂层、面涂层的构造层次。底涂层应与基层表面有较好的附着力和长效防锈性能，中涂层应具有优异屏蔽功能，面涂层应具有良好的耐候、耐介质性能，从而使整个涂层系统具有综合的优良防腐性能。

2）涂料种类

钢结构防腐底漆有着附着力强的功能，对钢结构表面起到防止生锈的作用，底漆还具有屏蔽性，阻止水氧离子渗透。目前钢结构防腐底漆常用的品种有：环氧富锌底漆、聚氨酯底漆、醇酸底漆、环氧酯底漆、氯磺化底漆等。

中间漆是钢结构介于底漆和面漆之间的防腐漆，具有良好的填充性能，对底漆有着修复和改善的作用，能提高整体喷涂效果。采用高固体厚膜涂料，增加中间涂层厚度，可以提高涂层系统的屏蔽和缓蚀能力。常用的中间漆有双组分环氧中间漆、环氧云铁中间漆、聚氨酯中间漆。

钢结构防腐面漆有着美化环境、耐化学品腐蚀等特点，作为钢结构防腐漆面漆的常用品种有：丙烯酸磁面漆、丙烯酸聚氨酯面漆、氟碳面漆。

3）涂料的选用

防腐涂料的质量、性能和检验要求等应符合现行行业标准的规定。同一涂层体系中各层涂料的材料性能应能匹配互补，并相互兼容结合良好。防腐涂料品种的选用、层数、厚度等应符合涂层配套设计规定。防腐涂料和稀释剂在运输、贮存、施工及养护过程中，严禁明火，并应防尘、防暴晒，不得与酸、碱等化学介质接触。钢结构防腐涂料必须具有产品质量证明文件，经验收、检验合格方可使用。涂料的型号、名称、颜色及有效期应与其质量证明文件相符。开启后，不应存在结皮、结块、凝胶等现象。

防腐底涂料的选择应符合下列规定：

① 锌、铝和含锌、铝金属层的钢材，其底涂料应采用锌黄类，不得采用红丹类。

② 在有机富锌或无机富锌底涂料上，宜选用环氧云铁或环氧铁红的涂料，不得采用醇酸涂料。

钢材基层上防腐面涂料的选择应符合下列规定：

① 用于酸性介质环境时，宜选用聚氨酯、环氧树脂、丙烯酸聚氨酯、氯化橡胶、聚氯乙烯萤丹、高氯化聚乙烯类涂料；用于弱酸性介质环境时，可选用醇酸涂料。

② 用于碱性介质环境时，宜选用环氧树脂涂料，也可选用上述第①款所列的其他涂料，但不得选用醇酸涂料。

③ 用于室外环境时，可选用氟碳、聚硅氧烷、脂肪族聚氨酯、丙烯酸聚氨酯、丙烯酸环氧、氯化橡胶、聚氯乙烯萤丹、高氯化聚乙烯和醇酸等涂料，不应选用环氧、环氧沥青、聚氨酯沥青和芳香族聚氨酯等涂料及过氯乙烯涂料、氯乙烯醋酸乙烯共聚涂料、聚苯乙烯涂料与沥青涂料。

（2）防腐涂装施工

1）钢构件表面处理

钢材涂装前的表面处理，主要是"除锈"。除锈不仅包括除去钢材表面的各种污垢、油脂、铁锈、氧化皮、焊渣和已失效的旧漆膜，即保证清洁度。还包括除锈后钢材表面所形成的合适的"粗糙度"。钢结构表面的除锈是否彻底对钢结构的防腐性能起着非常重要的作用，除锈质量的好坏是确保漆膜防腐蚀效果和保护寿命的关键因素，因此，保证防腐涂装的重要环节就是控制好钢构件表面除锈的质量。

钢材表面处理方法根据要求不同可采用手工除锈、机械除锈、酸洗除锈和火焰除锈四种。

① 手工除锈

手工除锈包括纯手工除锈和手持动力工具除锈两种方法。

a. 纯手工除锈，即用砂纸、手工铲刀、钢丝刷或废砂轮将物体表面的氧化层除去，然后再用有机溶剂如汽油、丙酮、苯等，将浮锈和油污洗净，即可涂覆。

b. 手持动力工具除锈。用手工动力工具，例如用电动钢丝刷、电动打磨机械等进行表面预处理。手工和动力工具清理前，任何厚的锈层都应予以铲除，可见的油脂和污垢也应予以清除。手工和动力工具清理后，表面应清除浮灰和碎屑。

手工除锈适用于一些较小的物件表面及没有条件用机械方法进行表面处理的设备表面。用手工除锈可以除去工件表面的锈迹和氧化皮，但手工处理劳动强度大，生产效率低，质量差，清理不彻底，人工成本也高。

② 机械除锈

采用机械除锈可以进行大面积钢构件表面的处理。它有干喷砂法、湿喷砂法、抛丸法、喷丸法、滚磨法和高压水流法等。

a. 干喷砂法是目前广泛采用的方法。用于清除物件表面的锈蚀、氧化皮及各种污物，使金属表面呈现一层较均匀而粗糙的表面，以增加漆膜的附着力。干喷砂法的主要优点是：效率高、质量好、设备简单。但操作时灰尘弥漫，劳动条件差，严重影响工人的健康，且影响到喷砂区附近机械设备的生产和保养。

b. 湿喷砂法分为水砂混合压出式和水砂分路混合压出式。湿喷砂法的主要特点是：灰尘很少，但效率及质量均比干喷砂法差，且湿砂回收困难。无尘喷砂法是一种新的喷砂除锈方法，其特点是使加砂、喷砂、集砂（回收）等操作过程连续化，使砂流在一密闭系统里循环不断流动，从而避免了粉尘的飞扬。无尘喷砂法特点是：设备复杂，投资高，但由于操作条件好，劳动强度低，仍是一种有发展前途的机械喷砂法。

c. 抛丸法是利用离心力将弹丸加速抛射至工件进行除锈清理的方法。利用高速旋转（2000r/min 以上）的抛丸器的叶轮抛出的铁丸（粒径为 0.3～3mm 的铁砂），以一定角度冲撞被处理的物件表面。特点是：质量高，但只适用于较厚的、不怕碰撞的工件。抛丸灵活性差，受场地限制，清理工件时在工件内表面易产生清理不到的死角。设备结构复杂，易损件多，特别是叶片等零件磨损快，维修工时多，费用高，一次性投入大。

d. 喷丸法利用压缩空气吹动钢丸，用喷丸进行表面处理，打击力大，清理效果明显。但喷丸对薄板工件的处理，容易使工件变形，且钢丸打击到工件表面（无论抛丸或喷丸）使金属基材产生变形，由于 Fe_3O_4 和 Fe_2O_3 没有塑性，破碎后剥离，而油膜与基材一同变形，所以对带有油污的工件，抛丸、喷丸无法彻底清除油污。

e. 滚磨法适用于成批小零件的除锈。

f. 高压水流法是采用压力为 10～15MPa 的高压水流，在水流喷出过程中掺入少量石英砂（粒径最大为 2mm 左右），水与砂的比例为 1：1，形成含砂高速射流，冲击物件表面进行除锈。此法是一种新的大面积高效除锈方法。

③ 酸洗除锈

酸洗除锈是将钢构件在酸液中进行侵蚀加工，利用酸性或碱性溶液与工件表面的氧化物及油污发生化学反应，使其溶解在酸性或碱性的溶液中，以达到去除工件表面锈迹氧化皮及油污的目的。主要适用于对表面处理要求不高、形状复杂的零部件以及在无喷砂设备条件的除锈场合。酸洗除锈用于对薄板件表面处理，但若时间控制不当，即使加缓蚀剂，也能使钢材产生过蚀现象。对于较复杂的结构件和有孔的零件，经酸性溶液酸洗后，浸入缝隙或孔穴中的余酸难以彻底清除，若处理不当，将成为工件以后腐蚀的隐患，且化学物易挥发，成本高，处理后的化学排放工作难度大，若处理不当，将对环境造成严重的污染。随着人们环保意识的提高，此种处理方法正被机械处理法取代。

④ 火焰除锈

火焰除锈代号为 Ft，其主要工艺是先将基体表面锈层铲掉，再用火焰烘烤或加热，并配合使用动力钢丝刷清理加热表面。其原理是利用金属与氧化皮的热膨胀系数的不同，经过加热处理，氧化皮会破裂脱落而铁锈则由于加热时的脱水作用，使锈层破裂而松散从而达到除锈的目的。火焰除锈适用于去除旧的防腐层（漆膜）或带有油浸过的金属表面工程，不适用于薄壁的金属设备、管道，也不能使用在退火钢和可淬硬钢除锈工程。

2）钢构件涂装施工

① 涂装环境要求

涂料施工时，周围环境对涂装质量起着很大的影响，特别是气候环境。钢结构涂装时的环境温度和相对湿度，除应符合涂料产品说明书的要求外，还应符合下列规定：

a. 当产品说明书对涂装环境温度和相对湿度未作规定时，环境温度宜为 5～38℃，相对湿度不应大于 85%，钢材表面温度应高于露点温度 3℃，且钢材表面温度不应超过 40℃。

b. 被施工物体表面不得有凝露。

c. 遇雨、雾、雪、强风天气时应停止露天涂装，应避免在强烈阳光照射下施工。

d. 涂装后 4h 内应采取保护措施，避免淋雨和沙尘侵袭。

e. 风力超过 5 级时，室外不宜喷涂作业。

② 涂料调制

防腐涂料使用前，应对油漆做二次检查，核对油漆的种类、名称以及稀释剂是否符合涂料说明书的技术要求，各项指标合格后方可调制涂装。涂料调制应搅拌均匀，应随拌随用，不得随意添加稀释剂。

涂料的配制应严格按照说明书的技术要求及配比进行调配，并充分搅拌，使桶底沉淀物混合均匀，放置 15～30min，使其充分熟化后方可使用。工程用量允许的施工时间，应根据说明书的规定控制，在现场调配时，据当天工程量配多少用多少。

使用涂料时，应边刷涂边搅拌，如有结皮或其他杂物，必须清除掉方可使用。涂料开桶后，必须密封保存。使用稀释剂时，其种类和用量应符合涂料生产的标准规定。

当设计要求或施工单位首次采用某涂料和涂装工艺时，应按《钢结构工程施工质量验收标准》GB 50205—2020 附录 D 的规定进行涂装工艺评定，评定结果应满足设计要求并符合国家现行标准的要求。

③ 涂装施工

常用的钢结构防腐涂料施工方法有刷涂法、手工滚涂法、空气喷涂法、高压无气喷涂法四种，应结合实际工程情况选择适宜的涂装方法。

a. 刷涂法

刷涂法是最简单的手工涂装方式。其具有工具简单、施工方便、适应性

刷涂法、滚涂法

强、易于掌握、节省漆料和溶剂、可用于限定的区域等优点。但生产效率低、施工质量受操作工技能和涂料类型所限，常用于局部油漆修补和预涂，如边缘、角落、不规则表面等处。

刷涂料时，首先对边角、棱角处、夹缝处进行预涂，必要时采用长杆毛笔进行点涂，以保证漆膜厚薄均匀无漏涂。涂刷时，将刷子的 2/3 沾上涂料，沾上涂料的刷子在桶边刮一下以减少刷子一边的涂料，拿出时，有涂料的一边向上进行涂刷，死角位置刷涂时，用刷尖沾上涂料作来回弹拍涂装。用过的涂刷要及时用稀料洗干净，以免刷毛变硬，刷柄要保持清洁。涂层的第一道漆膜干后，方可进行下道涂层的施工。涂刷时，尽量减少涂层的往复次数，以免将底层漆膜拉起，按纵横交错方式涂漆以保证漆膜的涂刷质量。

b. 手工滚涂法

浸涂法、空气喷涂法、无气喷涂法

手工滚涂法采用滚子进行涂装，适用于大面积涂刷以及较高部位涂刷，效率较刷涂法高 1～2 倍。适用于平面钢结构的涂装，不适合于结构复杂或者凹凸不平的表面。因滚涂法难以控制涂膜的厚度，并有碾薄的趋势，一般不推荐用滚涂法刷底漆或较厚的涂层。另外，滚涂法可能渗气引起涂膜中微小的针孔。手工滚涂法适用涂料为干性较慢、塑性小的油性漆、酚醛漆、醇酸漆等。

c. 空气喷涂法

空气喷涂法使用机具有喷枪、空压机及油水分离器。它是利用压缩空气气流将涂料虹吸至喷枪口，继而进行雾化，喷射到被涂工件表面，达到对表面进行涂装的目的。空气喷涂法施工方法较复杂，生产效率较高，漆膜均匀、平整光滑，对于结构复杂的钢结构施工方便。但消耗溶剂量大、涂料浪费大、一次涂膜厚度有限，需经多次喷涂才能达到较厚的漆膜，且对环境污染较严重。空气喷涂法适用涂料为挥发快和干燥适宜、黏度小的各种硝基漆、橡胶漆、建筑乙烯漆、聚氨酯漆等。

d. 高压无气喷涂法

高压无气喷涂使用高压无气喷涂机，利用液压泵将涂料增压，从喷枪嘴喷出，速度极高，涂料雾化吸附于工件，涂装过程中不用压缩空气，因此称为无气喷涂。工效较高压空气喷涂高 3 倍多，涂料利用率高，环境污染较小。一次可获得厚涂层，不必添加额外稀释剂。与空气喷涂法相比也存在以下缺点：喷雾幅度和喷出量难以控制，涂膜质量不好，不适合于薄涂层和装饰性涂料。高压无气喷涂法适用涂料为具有高沸点溶剂、高不挥发分、有触发性的厚浆型涂料和高不挥发分涂料。

3）防腐涂装质量验收

① 涂装前质量验收

钢结构防腐蚀涂装施工的质量检验，应在原材料进场、配料前、除锈后与涂装后几个时段分别进行。涂装前其检验内容应包括下列各项：

a. 原材料进场时，对其质量保证书、合格证、说明书、使用指南等进行检查验证，有疑义时应进行抽样复验；

b. 钢材进场时，其表面初始锈蚀状态的检验；

c. 除锈后钢材表面除锈等级的检验与粗糙度检验；

d. 涂装前钢材表面清洁度和焊缝、钢板边缘、表面缺陷处理的检验。

② 涂装后质量验收

钢结构防腐蚀涂装施工完成后的成品验收包括涂层外观质量、厚度与附着力检验。

a. 外观质量验收

钢结构涂装完成后，要求涂层表面平整、颜色均匀一致，无明显皱皮、流坠、针眼和气泡等。涂装完成后应对外观质量进行全数检查。涂覆在钢基材表面的涂层针孔检查可采用涂层针孔检测仪。皱皮、流坠、针眼和气泡等现象与施工工艺、气候条件、表面污染等原因有关，这些缺陷直接影响防腐涂装工程质量，在防腐涂装施工过程中应严格执行防腐涂装工艺方案。

涂装完成后，构件的标志、标记和编号应清晰完整，有利于安装现场对构件的管理和识别，方便按顺序安装。对于大型构件标记重心位置、定位标记等辅助安装措施。

b. 涂层厚度验收

防腐涂装涂层厚度应均匀一致，涂层的层数和厚度应符合设计要求。当设计对涂层厚度无要求时，涂层干漆膜总厚度：室外不应小于 $150\mu m$，室内不应小于 $125\mu m$。检查时按照构件数抽查 10% 的构件进行检查，且同类构件不应少于 3 件。采用干漆膜测厚仪检查涂层厚度。每个构件检测 5 处，每处的数值为 3 个相距 50mm 测点涂层干漆膜厚度的平均值。漆膜厚度的允许偏差应为 $-25\mu m$。

c. 附着力测试

当钢结构处于有腐蚀介质环境、外露或设计有要求时，应进行涂层附着力测试。在检测范围内，当涂层完整程度达到 70% 以上时，涂层附着力可认定为质量合格。检查数量：按构件数抽查 1%，且不应少于 3 件，每件测 3 处。按《色漆和清漆 划格试验》GB/T 9286—2021 要求，涂层划格法附着力用漆膜划格器（百格刀）检查，其附着力不宜大于 1 级。

4）防腐涂装安全和环境保护

钢结构防腐蚀涂装施工作业的安全和环境保护，应符合现行国家标准规定。施工前应制定严格的安全劳保操作规程和环境卫生措施，确保安全、文明施工。

参加涂装作业的操作和管理人员，应持证上岗，施工前必须进行安全技术培训，施工人员必须穿戴防护用品，并按规定佩戴防毒用品。

涂料、稀释剂和清洁剂等易燃、易爆和有毒材料应进行严格的管理，应存放在通风良好的专用库房内，不得堆放在施工现场。同时，施工现场和库房必须设置消防器材，并保证消防水源的充足供应，消防道路应畅通。

施工现场应有通风排气设备。现场有害气体、粉尘不得超过《钢结构防腐蚀涂装技术规程》CECS 343：2013 规定的最高允许浓度。

防腐蚀涂料和稀释剂在运输、储存、施工及养护过程中，不得与酸、碱等化学介质接触，并应防尘、防暴晒。

在易燃易爆区严禁有电焊或明火操作，并严禁携带火种和易产生火花与静电的物品。

所有电气设备应绝缘良好，密闭空间涂装作业应使用防爆灯和磨具，安装防爆报警装置，涂装作业现场严禁电焊等明火作业。

高处作业时，使用的脚手架、吊架、靠梯和安全带等必须经检查合格后，方可使用。

2. 防火涂装

（1）防火涂料的选用

1）防火涂料的类型

钢结构防火涂料的品种较多，根据高温下涂层变化情况分非膨胀型和膨胀型两大类（表 5-6）。根据涂层使用厚度将防火涂料分为超薄型、薄型和厚型钢结构防火涂料。超薄型钢结构防火涂料的涂层厚度小于或等于 3mm；薄型钢结构防火涂料的涂层厚度大于 3mm 且小于或等于 7mm；厚型钢结构防火涂料的涂层厚度大于 7mm。根据防火涂料使用场所将防火涂料分为室内钢结构防火涂料和室外钢结构防火涂料。室内钢结构防火涂料用于建筑物室内或隐蔽工程的钢结构表面；室外钢结构防火涂料用于建筑物室外或露天工程的钢结构表面。

防火涂料的分类 表 5-6

类型	代号	涂层特性	主要成分	说明
膨胀型	B	遇火膨胀，形成多孔碳化层，涂层厚度一般小于 7mm	有机树脂为基料，还有发泡剂、阻燃剂、成炭剂等	又称超薄型、薄型防火涂料
非膨胀型	H	遇火不膨胀，自身有良好的隔热性，涂层厚 7～50mm	无机绝热材料（如膨胀蛭石、飘珠、矿物纤维）为主，还有无机胶粘剂等	又称厚型防火涂料

2）防火涂料的选用

① 钢结构采用喷涂防火涂料保护时，对于室内隐蔽构件，宜选用非膨胀型防火涂料。

非膨胀型防火涂料以膨胀蛭石、膨胀珍珠岩、矿物纤维等无机绝热材料为主，配以无机胶粘剂制成隔热性能、粘结性能良好且物理化学性能稳定、使用寿命长，具有较好的耐久性，应优先选用。但非膨胀型防火涂料的涂层强度较低、表面外观较差，更适宜用于隐蔽构件。

② 设计耐火极限大于 1.50h 的构件，不宜选用膨胀型防火涂料。

膨胀型防火涂料以有机高分子材料为主。随着时间的延长，这些有机材料可能发生分解、降解、溶出等不可逆反应，使涂料"老化"失效，出现粉化脱落或膨胀性能下降。目前尚无量化指标直接评价其老化速度及寿命标准，只能从涂料的综合性能来判断其使用寿命的长短。但能确定的是非膨胀型防火涂料寿命比膨胀型防火涂料寿命长；涂料所处的环境条件越好，其使用寿命越长。

③ 室外、半室外钢结构的环境条件比室内钢结构更为严酷、不利，对膨胀型防火涂料的耐水性、耐冷热性、耐光照性、耐老化性要求更高。室外、半室外钢结构采用膨胀型防火涂料时，产品的选用应符合环境对涂料性能的要求。

④ 非膨胀型防火涂料涂层的厚度不应小于 10mm。

非膨胀型防火涂料中膨胀蛭石、膨胀珍珠岩的粒径一般为 1～4mm，如涂层厚度太小，施工难度大，难以保证施工质量，为此《建筑钢结构防火技术规范》GB 51249—2017 规定了非膨胀型防火涂层的最小厚度为 10mm。

⑤ 防火涂料与防腐涂料应相容、匹配。

防火涂装施工时应特别注意防火涂料与防腐涂料的相容性问题，尤其是膨胀型防火涂料，因为它与防腐油漆同为有机材料，可能发生化学反应。在不能出具第三方证明材料证明"防火涂料、防腐涂料相容"的情况下，应委托第三方进行试验验证。膨胀型防火涂料、防腐涂料的施工顺序为：防腐底漆、防腐中间漆、膨胀型防火涂料、防腐面漆，在施工时应控制防腐底漆、中间漆的厚度，避免由于防腐底漆、中间漆的高温变性导致防火涂层的脱落，避免因面漆过厚、过硬而影响膨胀型防火涂料的发泡膨胀。

3）防火涂料施工要求

钢结构防火涂料施工应由具备相应施工资质、经过专门培训并取得合格的专业队伍施工。施工中的安全技术和劳动保护等要求，应按国家现行有关规定执行。用于保护钢结构的防火涂料必须有国家检测机构的理化性能检测报告和耐火极限检测报告，必须有防火监督部门核发的产品合格证和生产许可证。钢结构防火涂料出厂时，产品质量应符合相关标准的规定，并应附有涂料名称、制造批号、贮存期限、技术性能和使用说明。

施工前根据国家规范规定，每使用 100t 或不足 100t 超薄型钢结构防火涂料应抽检一次粘结强度，每使用 500t 或不足 500t 厚型钢结构防火涂料应抽检一次粘结强度和抗压强度，并把复检报告存档备案。

（2）防火涂料的施工

1）防火涂料施工条件要求

钢结构防火涂料涂装前应具备下列条件：

① 相应的工程设计技术文件、资料齐全；施工现场及施工中使用的水、电、气满足施工要求，并能保证连续施工；施工现场的防火措施、管理措施及灭火器材配备符合消防安全需求。

② 钢结构防火涂料涂装工程应在钢结构安装分项工程检验批和钢结构防腐涂装检验批的施工质量验收合格后进行。施工现场钢结构返锈或防锈漆损坏时，应除去表面锈蚀，除锈等级应达到现行国家标准《钢结构工程施工质量验收标准》GB 50205—2020 的规定。钢结构构件表面除锈达到要求后，应在 6h 内涂刷防锈漆，且防锈漆厚度应达到设计规定的厚度。

③ 防火涂料涂装时的环境温度和相对湿度应符合涂料产品说明书的要求。当产品说明书无要求时，环境温度宜为 5～38℃，相对湿度不应大于 85%。涂装时，构件表面不应有结露，涂装后 4h 内应保护其免受雨淋、水冲等，并应防止机械撞击。

④ 防火涂料施工前应对基材表面尘土、油污等杂质进行清除，可采用高压气体或用高压水枪进行表面除尘清理。待基材表面无水后且除尘、油污等检查合格后方可进行下道工序施工。抹涂（喷涂）前将操作场地清理干净，并对地面进行防护避免污染；靠近门窗、隔断墙等部位，用塑料布加以保护防止交叉污染。

2）防火涂料施工方法

防火涂料涂装施工可采用刷涂、滚涂、抹涂及喷涂等方法，具体宜根据产品特性、构件大小、施工的复杂程度采取一种或多种方法进行施工。各种施工作业前均应先进行试涂，试涂合格后方可全面展开施工。

3）厚涂型钢结构防火涂料涂装工艺及要求

① 施工方法及机具

a. 一般采用喷涂方法涂装，机具为压送式喷涂机，配备能够自动调压的空压机，喷枪口径为 6～12mm，空气压力为 0.4～0.6MPa。

b. 局部修补和小面积构件采用手工抹涂方法施工，工具是抹灰刀等。

② 涂料配备

a. 单组分湿涂料，现场采用便携式搅拌器搅拌均匀；单组分干粉涂料，现场加水或其他稀释剂调配，应按产品说明书的规定配比混合搅拌；双组分涂料，按照产品说明书的配比混合搅拌。

b. 防火涂料配置搅拌，应边配边用，当天配置的涂料必须在说明书规定时间内使用完。

c. 搅拌和调配涂料，使之均匀一致，且稠度适当，既能在输送管道中流动畅通，而且喷涂后又不会产生流淌和下坠现象。

③ 涂装施工工艺及要求

a. 喷涂应分若干层完成，第一层喷涂以基本盖住钢材表面即可，以后每层喷涂厚度为 5～10mm，一般以 7mm 左右为宜。

b. 在每层涂层基本干燥或固化后，方可继续喷涂下一层涂料，通常每天喷涂一层。

c. 喷涂保护方式、喷涂层数和涂层厚度应根据防火设计要求确定。

d. 喷涂时，喷枪要垂直于被喷涂钢构件表面，喷距为 6～10mm，喷涂气压保持在 0.4～0.6MPa。喷枪运行速度要保持稳定，不能在同一位置久留，避免造成涂料堆积流淌。喷涂过程中，配料及往喷涂机内加料均要连续进行，不得停留。

e. 施工过程中，操作者应采用测厚针检测涂层厚度，直到符合设计规定的厚度，方可停止喷涂。

f. 喷涂后，对于明显凹凸不平处，采用抹灰刀等工具进行剔除和补涂处理，以确保涂层表面均匀。

g. 遇到以下任一种情况，宜在涂层内设置与构件相连的钢丝网或其他相应的措施：对承受冲击、振动荷载的钢梁采用厚涂型防火涂料；涂层厚度大于或等于 40mm 的钢梁和桁架；涂料粘结强度小于或等于 0.05MPa 的构件；钢板墙和腹板高度超过 1.5m 的钢梁。

④ 质量要求

a. 涂层应在规定时间内干燥固化，各层间粘结牢固，不出现粉化、空鼓、脱落和明显裂纹。

b. 钢结构接头、转角处的涂层应均匀一致，无漏涂出现。

c. 涂层厚度应达到设计要求，否则，应进行补涂处理，使之符合规定的厚度。

4) 薄涂型钢结构防火涂料涂装工艺及要求

① 施工方法及机具

a. 一般采用喷涂方法涂装，面层装饰涂料可以采用刷涂、喷涂或滚涂等方法，局部修补或小面积构件涂装，不具备喷涂条件时，可采用抹灰刀等工具进行手工抹涂方法。

b. 机具为重力式喷枪，配备能够自动调压的空压机，喷涂底层及主涂层时，喷枪口径为 4～6mm，空气压力为 0.4～0.6MPa，喷涂面层时，喷枪口径为 1～2mm，空气压力为 0.4MPa 左右。

② 涂料配备

a. 单组分涂料，现场采用便携式搅拌器搅拌均匀；双组分涂料，按照产品说明书规定的配比混合搅拌。

b. 防火涂料配置搅拌，应边配边用，当天配置的涂料必须在说明书规定的时间内使用完。

c. 搅拌和调配涂料，使之均匀一致，且稠度适宜，既能在输送管道中流动畅通，而且喷涂后又不会产生流淌和下坠现象。

③ 底层涂装施工工艺及要求

a. 底涂层一般应喷涂 2～3 遍，待前一遍涂层基本干燥后再喷涂后一遍。第一遍喷涂以盖住钢材基面 70% 即可，二、三遍喷涂每层厚度不超过 2.5mm。

b. 喷涂保护方式、喷涂层数和涂层厚度应根据防火设计要求确定。

c. 喷涂时，操作工手握喷枪要稳，运行速度保持稳定。喷枪要垂直于被喷涂钢构件表面，喷距为 6～10mm。

d. 施工过程中，操作者应随时采用测厚针检测涂层厚度，确保各部位涂层达到设计规定的厚度要求。

e. 喷涂后，喷涂形成的涂层是粒状表面，当设计要求涂层表面平整光滑时，待喷涂完最后一遍应采用抹灰刀等工具进行抹平处理，以确保涂层表面均匀平整。

④ 面层涂装工艺及要求

a. 当底涂层厚度符合设计要求，并基本干燥后，方可进行面层涂料涂装。

b. 面层涂料一般涂刷 1～2 遍。如第一遍是从左至右涂刷，第二遍则应从右至左涂刷，以确保全部覆盖住底涂层。

c. 面层涂装施工应保证各部分颜色均匀一致，接槎平整。

（3）防火涂料的质量验收

1）外观质量验收

防火涂料不应有误涂、漏涂，涂层应闭合，不应有脱层、空鼓、明显凹陷、粉化松散和浮浆等外观缺陷，乳突应剔除。喷涂的非膨胀型防火涂料外观宜为毛面，当设计对涂层外观有平整度要求时，可在涂层表面采取相应的找平措施，用 1m 靠尺检查，其间隙满足设计要求。

2）涂层厚度验收

防火涂料涂层厚度检查时，按照构件数抽查 10%，且同类构件不应少于 3 件。膨胀型（超薄型、薄涂型）防火涂料采用涂层厚度测量仪，涂层厚度必须全部等于或大于防火设计规定的厚度。

厚涂型防火涂料的平均厚度必须大于等于防火设计规定的厚度，当个别部位的厚度低于原定标准时，必须大于原定标准的 85%，且 80% 以上的面积厚度符合耐火极限的防火设计要求，厚度不足部位的连续面积的长度不得大于 1m，并在 5m 范围内不再出现类似情况。

厚涂型防火涂料的涂层厚度检测采用如图 5-17 所示的方法，检测时将厚度测量仪测厚探针垂直插入防火涂层直至钢基材表面上，记录标尺读数。

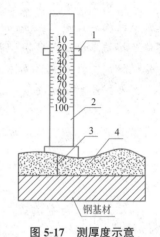

图 5-17　测厚度示意
1—标尺；2—刻度；3—测针；4—防火层

楼板和防火墙的防火涂层厚度测点的选择，可选两相邻纵、横轴线相交中的面积为一个单元，在其对角线上，按每米长度选一点进行测试，至少测出 5 个点，计算测量结果的平均值，精确到 0.5mm。

全钢框架结构的梁和柱的防火涂层厚度测定测点的选择，在构件长度内每隔 3m 取一截面，按图 5-18 所示位置测试，分别测出 6 个和 8 个点，计算测量结果的平均值，精确到 0.5mm。

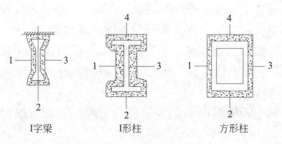

I字梁　　　　I形柱　　　　方形柱

图 5-18　测点示意

桁架结构防火涂层厚度测定测点的选择，上弦和下弦按全钢框架结构的梁和柱测定要求每隔 3m 取一截面检测，其他腹杆每根取一截面检测。

3）裂纹控制

薄型防火涂料涂层表面不应出现裂纹，如有个别裂纹时，涂层表面裂纹宽度不应大于 0.5mm；厚涂型防火涂料涂层表面裂纹宽度不应大于 1.0mm。

项目小结

本项目主要介绍了装配式混凝土工程的施工和钢结构工程施工。

装配式混凝土工程主要分为构件生产、运输与存放以及构件安装三部分，其中装配式混凝土水平构件、竖向构件以及楼梯的安装方法有较大区别，对三种构件的安装工艺流程分别做了详细的介绍。

钢结构工程施工主要包括钢结构连接施工、钢结构安装、钢结构涂装施工等内容。钢结构连接施工主要包括螺栓连接施工和焊接连接施工。螺栓连接施工包括普通螺栓连接施工和高强度螺栓连接施工。焊接连接施工包括手工电弧焊、埋弧焊和 CO_2 气体保护焊三种常见的焊接方法及焊接质量检验。钢结构安装主要包括钢柱安装、钢梁安装及钢结构楼板安装。钢结构涂装施工包括钢结构防腐涂装及钢结构防火涂装。

本项目着重介绍装配式混凝土竖向构件、水平构件以及楼梯的安装；钢结构施工中常用的施工机械、施工方法及质量检验等内容。

复习思考题

一、单选题

1. 通常情况下，柱、梁等细长构件宜水平堆放，且不小于（　　）条垫木支撑。

A. 2　　　　　　　　B. 3　　　　　　　　C. 4　　　　　　　　D. 5

2. 灌浆过程中，每次拌制的灌浆料，宜在（　　　）内使用完。

A. 2.5h　　　　　　B. 2h　　　　　　　C. 1h　　　　　　　D. 0.5h

3. 预制构件平放时，应使吊环（　　　），标识（　　　），便于查找与吊运。

A. 向上，向里　　　　　　　　　　B. 向下，向外

C. 向上，向外　　　　　　　　　　D. 向下，向里

4. 在装配整式剪力墙结构中，预制构件的吊装顺序正确的是（　　　）。

A. 预制墙吊装—预制板吊装—预制梁吊装—现浇结构工程及机电配管施工—混凝土施工

B. 预制墙吊装—预制梁吊装—预制板吊装—现浇结构工程及机电配管施工—混凝土施工

C. 预制墙吊装—预制梁吊装—预制板吊装—混凝土施工—现浇结构工程及机电配管施工

D. 预制墙吊装—预制板吊装—预制梁吊装—混凝土施工—现浇结构工程及机电配管施工

5. 预制柱垂直度调节，采用（　　　）进行调整。

A. 可调斜支撑　　B. 撬棍　　　　　　C. 垫片　　　　　　D. 吊钩

6. 下列选项，关于叠合板现场钢筋施工的说法正确的是（　　　）。

A. 叠合层上部受力钢筋带弯钩时，弯钩向上摆放，应保证钢筋搭接和间距符合设计要求

B. 安装预制墙板用的斜支撑预埋件应及时埋设预埋件定位应准确，并采取可靠的防污染措施

C. 钢筋绑扎过程中，局部钢筋堆载可以过大

D. 叠合板的桁架钢筋不可以作为上铁钢筋的马凳

7. 手工电弧焊时，焊条既作为电极，在焊条熔化后又作为（　　　）直接过渡到熔池，与液态的母材熔合后形成焊缝金属。

A. 热影响区　　　B. 接头金属　　　　C. 焊缝金属　　　　D. 填充金属

8. 埋弧焊主要是利用（　　　）作为热源。

A. 电弧　　　　　　　　　　　　　B. 气体燃烧火焰

C. 化学反应热　　　　　　　　　　D. 电阻

9. 以下焊接缺陷中最为严重的一种是（　　　）。

A. 焊瘤　　　　　　B. 弧坑　　　　　　C. 裂缝　　　　　　D. 气孔

10. 焊条电弧焊，产生的对人体的有害因素不包括（　　　）。

A. 烟尘　　　　　　B. 弧光辐射　　　　C. 噪声　　　　　　D. 飞溅烫伤

11. 高强度螺栓连接副（　　　）后，螺栓丝扣外露应为 2～3 扣，其中允许有 10% 的螺栓丝扣外露 1 扣或 4 扣。

A. 初拧　　　　　　B. 复拧　　　　　　C. 中拧　　　　　　D. 终拧

12. 永久性普通螺栓紧固应牢固可靠，外露丝扣不应少于（　　　）扣。

A. 3　　　　　　　　B. 2　　　　　　　　C. 1　　　　　　　　D. 2.5

13. 高强度螺栓施工的说法正确的是（　　）。

A. 高强度螺栓不得强行穿入　　　　　B. 高强度螺栓可兼做安装螺栓

C. 高强度螺栓应该一次性拧紧到位　　D. 高强度螺栓梅花头可用火焰切割

14. 大六角头高强度螺栓连接副由（　　）。

A. 一个大六角头螺栓、一个螺母和一个垫圈组成

B. 一个大六角头螺栓、两个螺母和两个垫圈组成

C. 一个大六角头螺栓、一个螺母和两个垫圈组成

D. 一个大六角头螺栓、两个螺母和一个垫圈组成

15. 钢梁就位临时固定时，节点临时螺栓不少于（　　）个。

A. 2　　　　　　　　B. 3　　　　　　　　C. 4　　　　　　　　D. 5

16. 防腐涂料施工时，当涂料产品说明书对空气湿度未作规定时，相对湿度不应大于
（　　）。

A. 70%　　　　　　B. 75%　　　　　　C. 80%　　　　　　D. 85%

二、多选题

1. 装配式建筑根据建筑材料可划分为（　　）。

A. 装配式竹木结构建筑　　　　　　　C. 装配式钢混建筑

B. 装配式木结构建筑　　　　　　　　D. 装配式混凝土建筑

E. 装配式钢结构建筑

2. 下列选项，关于预制构件的堆放方式说法正确是（　　）。

A. 通常情况下，梁、柱等细长构件宜竖向堆放

B. 叠合板预制底板水平叠放层数不应大于 6 层

C. 预制阳台水平叠放层数不应大于 4 层

D. 通常情况下，墙板宜水平叠放

E. 预制楼梯水平叠放层数不应大于 6 层

3. 下列选项，属于构件堆场布置原则的是（　　）。

A. 标识清晰，分类合理　　　　　　　B. 场地平整，硬化防水

C. 方便吊运，节省资金　　　　　　　D. 横堆竖放，节省空间

E. 保护表面，支垫合理

4. 以下不属于手工电弧焊所用焊接材料的是（　　）。

A. 电焊条　　　　B. 焊丝　　　　　C. 焊剂　　　　　D. CO_2 气体

E. 药皮

5. 焊工应按所从事钢结构的（　　）等要求进行技术资格考试，并取得相应的资格
证书，其施焊范围不得超越资格证书的规定。

A. 钢材种类　　　B. 焊接节点形式　　C. 焊接方法　　　D. 焊接位置

E. 焊接设备

6. 下列属于焊缝外观质量检测方法的是（　　）。

A. 目测　　　　　　　　　　　　　　B. 5 倍放大镜检查

C. 超声波探伤　　　　　　　　　　　D. 焊缝量规检查

E. 用焊接检验尺测量

7. 常用的无损检测方法有（　　　）。

A. 超声波探伤　　　B. 射线探伤　　　　C. 磁粉探伤　　　　D. 渗透探伤

E. 涡流检测

8. 在高强螺栓施工中摩擦面的处理方法有（　　　）。

A. 喷丸法　　　　　B. 砂轮打磨法　　　C. 酸洗法　　　　　D. 碱洗法

E. 钢丝刷人工除锈

9. 柱身垂直度校正可采用（　　　）。

A. 缆风绳　　　　　B. 千斤顶　　　　　C. 调节螺母　　　　D. 捯链

E. 楔块调整

10. 钢材表面处理方法根据要求不同可采用（　　　）。

A. 手工除锈　　　　B. 机械除锈　　　　C. 酸洗除锈　　　　D. 火焰除锈

E. 水洗除锈

三、简答题

1. 简述预制构件的现场存放方式及存放标准。

2. 叠合板的安装工序及注意事项有哪些？

3. 预制混凝土竖向构件的施工流程和施工工艺是什么？

4. 预制混凝土叠合楼盖的施工流程和施工工艺是什么？

5. 预制混凝土楼梯的施工流程和施工工艺是什么？

6. 简述灌浆套筒施工方法。

7. 常见的焊缝外观缺陷有哪些？怎样对焊缝外观进行质量检验？

8. 简述高强度螺栓摩擦面的处理方法。

9. 首节钢柱安装后如何进行垂直度、标高和轴线位置校正？

10. 简述常用的钢结构防腐涂料施工方法。

项目六

预应力混凝土工程

Chapter 06

教学目标

1. 知识目标

（1）了解预应力混凝土的概念、特点和分类。

（2）熟悉预应力钢筋的种类。

（3）了解预应力筋张拉的台座、锚（夹）具、张拉机械的构造及使用方法，正确计算预应力筋的下料长度。

（4）掌握先张法和后张法施工工艺，了解建立张拉程序的依据及放张要求。

（5）掌握无粘结预应力混凝土楼板施工。

（6）熟悉预应力混凝土施工质量检查与安全措施。

（7）了解预制预应力混凝土构件。

（8）熟悉预应力装配式混凝土结构构件安装顺序。

2. 能力目标

（1）能够根据不同的工程类型，选择合适的张拉设备。

（2）能够计算张拉伸长值及张拉应力，并根据张拉设备选择工作锚具等。

（3）能够进行无粘结预应力混凝土楼板施工。

3. 素质目标

（1）通过预应力混凝土施工工艺的学习，培养学生"爱岗敬业""精益求精""注重细节"的工作态度，传承大国工匠精神。

（2）通过学习预应力混凝土工程施工质量检查与安全措施，培养学生树立规范生产意识和质量安全意识。

引例

预应力混凝土技术应用于我国超高层、超大跨、超大体积、超重荷载等工程中，创造出许多具有国际先进水平的工程记录，展现了我国预应力工程施工技术的显著成就，未来预应力工程施工技术与绿色施工、建筑装配式、数字化、智能化及信息化发展深度融合，将会取得更加辉煌的成就。预应力施工工艺作为传统施工工艺的升级，代表了建筑业高质量发展的方向，同学们应从中体会到精益求精，开拓创新，不断进取的大国工匠精神。

某装配式停车楼结构采用了大型双 T 板-框架剪力墙的结构体系，预制率达 90% 以上，宽度为 103.975m，长度为 132.40m，地上 7 层，局部地下 1 层，建筑高度为 24.00m。结构采用了预应力双 T 板作为主要水平承重构件，双 T 板上有 80mm 厚现浇混凝土面层，现要进行预应力装配式混凝土工程施工。

思考：预应力混凝土工程施工主要包括哪些内容？如何选择施工机械？如何制作预应力钢筋？如何进行预应力混凝土工程施工质量检查？如何实施预应力混凝土工程安全措施？

任务 1　认识预应力混凝土

预应力混凝土的概念在 19 世纪末提出，但早期的试验并不成功，低值的预应力很快在混凝土收缩与徐变后而丧失。直到 1928 年，法国工程师弗莱西奈（E. Freyssinet）在对混凝土和钢材性能进行大量研究和总结后，指出了预应力混凝土必须采用高强钢材和高强混凝土，从而使预应力混凝土在理论上有了关键性突破，其后这些技术在全世界范围内得到广泛推广。我国从 20 世纪 50 年代推广应用预应力混凝土结构，预应力混凝土技术在公路桥梁上得到普遍应用，尤其在大跨度和重荷载结构以及不允许开裂的结构中被广泛地应用。近年来，预应力混凝土技术在公路桥梁以外的土建结构中也得到了迅速发展。

一、预应力混凝土

在荷载作用下，普通钢筋混凝土构件的抗拉极限应变只有 0.0001～0.00015（即每米只能拉长 0.1～0.15mm，超过后就会出现裂缝）。构件混凝土受拉不开裂时，构件中受拉钢筋的应力只能达到 20～30MPa；即使允许出现裂缝的构件，因受裂缝宽度限制，受拉钢筋的应力也仅达到 150～200MPa，钢筋的抗拉强度未能充分发挥。预应力混凝土是解决这一问题的有效方法，可避免普通钢筋混凝土过早出现裂缝，充分利用高强度钢筋及高强度混凝土。即在构件承受外荷载前，在构件的受拉区域，通过对钢筋进行张拉后将钢筋的回弹力施加给混凝土，使混凝土受到一个预压应力。构件在使用阶段由外荷载作用下产生的拉应力，首先要抵消预压应力，然后随着外力的增加，混凝土才逐渐被拉伸，这就推迟了混凝土裂缝的出现并限制了裂缝的发展，从而达到提高构件抗裂度和刚度的目的。这种利用钢筋对受拉区混凝土施加预压应力的钢筋混凝土，叫作预应力混凝土。

与普通钢筋混凝土相比，预应力混凝土具有以下特点：

（1）可有效地利用高强钢材，提高使用荷载下结构的抗裂性和刚度；

（2）构件截面尺寸减小，能减轻自重，节约材料（可节约钢材40%～50%，混凝土20%～40%）；

（3）提高构件的耐久性；

（4）在大开间、大跨度与重荷载的结构中，具有良好的综合经济效益；

（5）工序较多，制作工艺较复杂，且需要张拉机具和锚固装置，操作要求较高。

预应力混凝土的应用范围越来越广。不仅广泛应用在屋架、空心楼板、吊车梁、大型屋面板等单个构件上，而且还应用在多层厂房、电视塔、核电站安全壳、大型桥梁、大跨度薄壳结构等领域。在现代结构中，预应力混凝土具有广阔的发展前景和推广价值。

预应力混凝土按预应力的大小分为全预应力混凝土和部分预应力混凝土。按预应力筋与混凝土粘结方式不同分为有粘结预应力混凝土和无粘结预应力混凝土。按施工方式分为预制预应力混凝土、现浇预应力混凝土和叠合预应力混凝土等。按钢筋的张拉方法分为机械张拉（液压或电动螺杆）、电热张拉。按施加预应力的顺序不同分为先张法和后张法。

二、预应力筋

预应力筋常用的品种有钢绞线、预应力钢丝和热处理钢筋。

1. 钢绞线

钢绞线一般是由几根碳素钢丝在绞丝机上围绕一根中心钢丝顺一个方向进行螺旋状绞合，再经低温回火处理而成。图6-1为预应力钢绞线截面图。中心钢丝直径较外围钢丝直径大5%～7%，捻距一般为（12～16）d（d为钢绞线直径）。

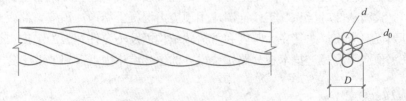

图6-1　预应力钢绞线截面图

D—钢绞线直径；d_0—中心钢丝直径；d—外层钢丝直径

钢绞线的直径较大，一般为5～28.6mm，比较柔软，施工方便，适用于先张法和后张法施工，将钢绞线外层涂防腐油脂并用塑料薄膜进行包裹，可用作无粘结预应力筋。因此，具有广阔的发展前景。

2. 预应力钢丝

预应力钢丝根据深加工要求不同，可分为冷拉钢丝和消除应力钢丝两类。消除应力钢丝按应力松弛性能不同，又可分为普通松弛钢丝和低松弛钢丝。

预应力钢丝按表面形状不同，可分为光圆钢丝、刻痕钢丝和螺旋肋钢丝，其中预应力光圆钢丝的主要技术性能应符合标准表6-1的规定。

光圆钢丝主要技术性能 表 6-1

公称直径 d（mm）	直径允许偏差（mm）	公称横截面积 S（mm^2）	每米参考重量（g/m）
3.00	±0.04	7.07	55.5
4.00		12.57	98.6
5.00	±0.05	19.63	154
6.00		28.27	222
6.25		30.68	241
7.00		38.48	302
8.00	±0.06	50.26	394
9.00		63.62	499
10.00		78.54	616
12.00		113.1	888

3. 热处理钢筋

热处理钢筋是由普通热轧中碳合金钢筋经淬火和回火调质热处理制成。具有高强度、高韧性和高粘结力等优点。热处理钢筋的螺纹外形，有带纵肋和无纵肋两种，如图 6-2 所示。热处理钢筋强度设计值见表 6-2。

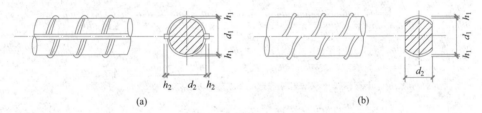

（a）　　　　　　　　　　　　　　　（b）

图 6-2　热处理钢筋外形
（a）带纵肋；（b）无纵肋

热处理钢筋强度设计值（N/mm^2） 表 6-2

钢丝种类	钢筋直径（mm）	符号	f_{ptk}	f_{py}	f'_{py}
$40Si_2Mn$	6	Φ^{HT}	1470	1040	400
$48Si_2Mn$	8.2				
$45Si_2Cr$	10				

 ### 知识链接

1. 高强度钢筋

一般指强度为 400MPa 级及以上的钢筋。

2. 高强混凝土

一般指强度等级为 C60 及以上的混凝土。

任务 2　先张法预应力混凝土施工

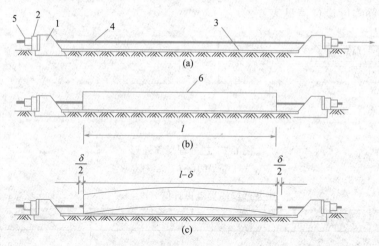

先张法
预应力
混凝土

先张法是在浇筑混凝土构件前先张拉预应力筋，将张拉的预应力筋临时锚固在台座或钢模上，然后进行非预应力筋的绑扎，支设模板，浇筑混凝土构件，待混凝土养护达到一定强度（一般不低于混凝土设计强度值的75%），保证预应力筋与混凝土有足够的粘结时，放松预应力筋，预应力筋弹性回缩，借助于混凝土与预应力筋的粘结，对混凝土施加预应力。先张法施工适用于在预制构件厂生产中小型构件，如楼板、屋面板、中小型吊车梁等。先张法的优点是生产效率高，施工工艺简单，锚具可多次重复使用等。

先张法适用于生产小型预应力混凝土构件。其生产方式有台座法和机组流水法。台座法是构件在专门设计的台座上生产，即预应力筋的张拉与固定、混凝土的浇筑与养护及预应力筋的放张等工序均在台座上进行，如图6-3所示；机组流水法是利用特制的钢模板、构件连同钢模板通过固定的机组，按流水方式完成其生产过程。

图 6-3　先张法生产示意（台座法）

（a）先进行预应力张拉；（b）浇筑构件混凝土；（c）混凝土达到一定强度后释放预应力

1—台座；2—横梁；3—台面；4—预应力筋；5—夹具；6—混凝土构件

工艺升级，精益求精，开拓创新，工匠精神：预应力混凝土技术应用于我国超高层、超大跨、超大体积、超重荷载等工程中，创造出许多具有国际先进水平的工程纪录，展现了我国预应力工程施工技术的显著成就，未来预应力工程施工技术与绿色施工、建筑装配式、数字化、智能化及信息化发展深度融合，将会取得更加辉煌的成就。

一、先张法预应力混凝土台座

台座在先张法构件生产中是主要的承力构件，它在生产预应力混凝土构件时，预应力筋锚固在台座横梁上，台座承受全部预应力的拉力。因此，台座应有足够的承载能力、刚度和稳定性，以避免台座变形、倾覆和滑移而引起的预应力损失，以确保先张法生产构件的质量。

先张法台座

先张法生产构件可采用长线台座法，一般台座长度在 50～150m 之间。台座的承载力应根据构件张拉力的大小，可按台座每米宽的承载力为 200～500kN 设计。

台座由台面、横梁和承力结构等组成。根据构造形式的不同，台座可分为墩式台座、槽式台座、钢模台座等。选用时应根据构件种类、张拉力大小和施工条件确定。

1. 墩式台座

以混凝土墩作承力结构的台座称墩式台座，一般用以生产中小型构件，如屋架、空心板、平板等。墩式台座由承力台墩、台面和横梁三部分组成，如图 6-4 所示。

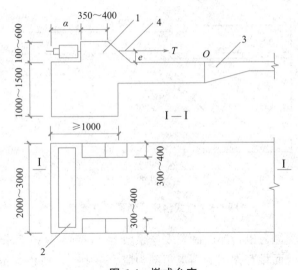

图 6-4　墩式台座

1—承力台墩；2—横梁；3—台面；4—预应力筋

台座尺寸由场地大小、构件类型和产量等因素确定。台座长度较长，张拉一次可生产多根构件，减少了张拉和临时固定的工作，同时也减少因钢筋滑动引起的预应力损失。台座一般长度宜为 100～150m，宽度为 2～4m，主要取决于构件的布筋宽度及张拉和浇筑是否方便。

在台座的端部应留出张拉操作用地和通道，两侧要有构件运输和堆放的场地。

当生产空心板、平板等平面布筋的小型构件时，由于张拉力不大，可利用简易墩式台座，它将卧梁和台座浇筑成整体，充分利用台面受力。锚固钢丝的角钢用螺栓锚固在卧梁上。

承力台墩一般埋置在地下，由现浇钢筋混凝土做成。台座应具有足够的承载力、刚度和稳定性。

承力台墩是墩式台座的主要受力结构，它依靠其自重和土压力平衡张拉力产生倾覆力矩，依靠土的反力和摩阻力平衡张力产生水平位移。因此，承力台墩结构造型大，埋设深度深，投资较大。为了改善承力台墩的受力状况，可采用与台面共同工作的做法以减小台墩自重和埋深。

台面是预应力混凝土构件成型的胎模。它是由素土夯实后铺碎石垫层，再浇筑 60～100mm 厚的 C15～C20 混凝土面层组成的。台面要求平整、光滑，沿其纵向留设 3％的排水坡度，每隔 10～20m 设置宽 30～50mm 的温度缝，也可采用预应力混凝土滑动台面，不留施工缝。

横梁是锚固夹具临时固定预应力筋的支点，也是张拉机械张拉预应力筋的支座，一般用型钢或钢筋混凝土制作而成。对于横梁的挠度应控制在 2mm 以内，并不得产生翘曲。

特别提示

设计墩式台座时，应进行强度和抗倾覆稳定性验算。

墩式台座抗倾覆验算受力分析图如图 6-5 所示。

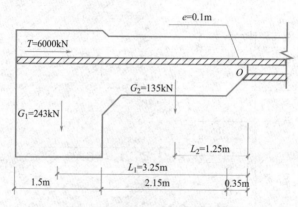

图 6-5 墩式台座抗倾覆验算简图

墩式台座的抗倾覆能力以台座的倾覆安全系数 K_1 表示，规范要求 $K_1 \geqslant 1.5$ 考虑到混凝土抗力墩和混凝土台面相互作用的顶点角部为应力集中点，所以，抗倾覆验算的倾覆点应设在此台面以下 40～50mm 处。又因为大部分梁板保护层厚度 $d < 50$mm，所以倾覆力臂 e 不大于 100mm。

如果不考虑土压力，则抗倾覆力矩按下式计算：

$$K_1 = \frac{M'}{M} = \frac{G_1 l_1 + G_2 l_2}{Te} \tag{6-1}$$

式中：K_1——台座的抗倾覆安全系数，规范要求 $K_1 \geqslant 1.5$；

　　M——由张拉力产生的倾覆力矩（kN·m）；

　　M'——抗倾覆力矩，如忽略土压力，则 $M' = G_1 l_1 + G_2 l_2$（kN·m）；

　　G_1——承力台墩的自重（kN）；

　　l_1——承力台墩重心至倾覆转动点 O 的力臂（m）；

　　G_2——承力台墩外伸台面局部加厚部分的自重（kN）；

　　l_2——由张拉力产生的倾覆力矩（kN·m）；

T——预应力筋张拉力（kN）；

e——张拉力合力的作用点到倾覆点的力臂（m）。

如图 6-5 所示，经计算：$M'=243\times3.25+135\times1.25=958.5$ kN/m

$K_1=M'/M=958.5/600=1.60\geq1.5$，该张拉台座抗倾覆能力满足要求。

2. 槽式台座

槽式台座是由钢筋混凝土压杆、上、下横梁及台面组成，如图 6-6 所示。它既可承受张拉力，又可作蒸汽养护槽，适用于生产吊车梁、屋架、箱梁等预应力混凝土构件。

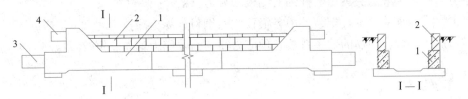

图 6-6 槽式台座

1—钢筋混凝土压杆；2—砖墙；3—上横梁；4—下横梁

台座的长度一般不大于 76m，宽度随构件外形及制作方式而定，一般不小于 1m。由于它具有通长的钢筋混凝土压杆，可承受较大的张拉力和倾覆力矩，其上加砌砖墙，加盖后还可进行蒸汽养护，为方便混凝土运输和蒸汽养护，槽式台座多低于地面。为便于拆迁，台座的压杆亦可分段浇制。

设计槽式台座时，应进行强度和抗倾覆稳定性验算。

3. 钢模台座

钢模台座是将制作构件的模板作为预应力钢筋的锚固支座的一种台座。将钢模板做成具有相当刚度的结构，将钢筋直接放置在模板上进行张拉。这种模板主要在流水线生产中应用。图 6-7 是钢模台座的示意图。

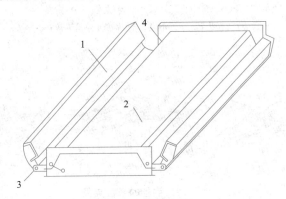

图 6-7 钢模台座

1—侧模；2—底模；3—活动铰；4—预应力筋锚固孔

二、先张法预应力筋夹具

夹具是预应力筋张拉和临时固定的锚固装置。要求夹具工作可靠、加工方便、成本低并能多次重复使用。

1. 夹具的要求

（1）夹具的各部件质量必须合格，预应力夹具组装件的铀固性能必须满足结构要求。

（2）夹具的静载铀固性能，应由预应力夹具组装件静荷载试验测定的夹具效率系数确定。夹具效率系数 η_s 按下式计算：

$$\eta_s = \frac{F_{spu}}{\eta_p F_{spu}^0} \tag{6-2}$$

式中：F_{spu}——预应力夹具组装件的实测极限拉力（kN）；

$\quad F_{spu}^0$——预应力夹具组装件中各根预应力钢材计算极限拉力之和（kN）；

$\quad \eta_p$——预应力筋的效率系数，预应力筋为消除应力钢丝、钢绞线或热处理钢筋时，η_p 取 0.97。

2. 钢丝夹具

钢丝夹具种类繁多，一般分为两类：一类是将预应力筋锚固在台座或钢模上的锚固夹具（图 6-8）；另一类是张拉时夹持预应力筋用的张拉夹具（图 6-9）。

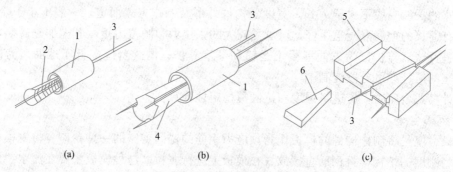

图 6-8　钢丝的锚固夹具

（a）圆锥齿板式；（b）圆锥槽式；（c）楔形

1—套筒；2—齿板；3—钢丝；4—锥塞；5—锚板；6—楔块

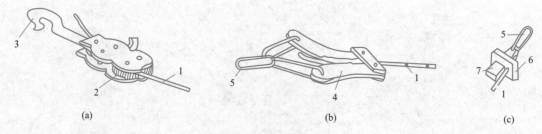

图 6-9　钢丝的张拉夹具

（a）钳式；（b）偏心式；（c）楔形

1—钢丝；2—钳齿；3—拉钩；4—偏心齿条；5—拉环；6—锚板；7—楔块

当张拉单根钢丝时，常采用压销式夹具，如图 6-10 所示。

夹具本身应具备自锁和自锚能力。自锁即锥销、齿板或楔块打入后不会反弹而脱出的能力；自锚即预应力筋张拉中能可靠地锚固而不被从夹具中拉出的能力。

3. 钢筋夹具

钢筋锚固多用螺母锚具、镦头锚和销片夹具等。张拉时可用连接器与螺母锚具连接，或用销片夹具等。

销片夹具由圆套筒和圆锥形销片组成，套筒内壁呈圆锥形，与销片锥度吻合，销片分两片式（图 6-11）和三片式，钢筋夹紧在销片的凹槽内。

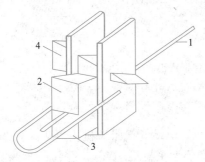

图 6-10　压销式夹具
1—钢筋；2—销片（楔形）；3—销片；4—楔形压销

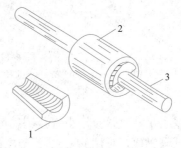

图 6-11　两片式销片夹具
1—销片；2—套筒；3—预应力筋

夹具的静载锚固性能，应由预应力筋夹具组装件静载锚固试验测定的夹具效率系数 η 确定。夹具的静载锚固性能应满足：$\eta \geqslant 0.92$。

夹具除满足上述要求外，尚应具有下列性能：

（1）当预应力夹具装件达到实际极限拉力时，全部零件不得出现裂缝和破坏；

（2）有良好的自锚性能；

（3）有良好的松锚性能；

（4）能多次重复使用。

三、先张法预应力张拉机械

张拉机械分为电动张拉和液压张拉两类，前者多用于先张法，后者可用于先张法，也可用于后张法。张拉机械要求工作可靠，控制应力准确，能以稳定的速率加大拉力。

1. 电动张拉

在先张法台座上生产构件进行单根钢筋张拉，一般采用电动螺杆张拉机或电动卷扬机等。

电动螺杆张拉机主要适用于预制厂在长线台座上张拉冷拔低碳钢丝。电动螺杆张拉机以弹簧、杠杆等设备测力。用弹簧测力时宜设置行程开关，以便张拉到规定的拉力时能自行停车。它既可张拉预应力钢筋，也可张拉预应力钢丝。电动螺杆张拉机构造如图 6-12 所示。其工作原理为：电动机正向旋转时，通过减速箱带动螺母旋转，螺母即推动螺杆沿轴向后运动，张拉钢筋。弹簧测力计上装有计量标尺和微动开关，当张拉力达到要求数值时，电动机能够自动停止转动。锚固好钢丝后，使电动机反向旋转，螺杆即向前运动，放松钢丝，完成张拉操作。

由于在长线台座上预应力筋的张拉伸长值较大，一般电动螺杆张拉机或液压千斤顶的

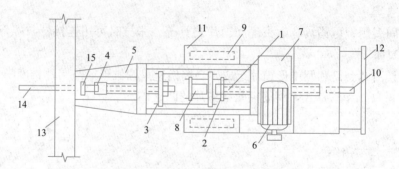

图 6-12　电动螺杆张拉机构造

1—张拉螺杆；2、3—拉力架；4—张拉夹具；5—顶杆；6—电动机；7—齿轮减速机；8—测力计；
9、10—车轮；11—底盘；12—手把；13—横梁；14—钢筋；15—锚固夹具

行程难以满足，故张拉较小直径钢筋可用卷扬机。电动卷扬张拉机主要用在长线台座上张拉冷拔低碳钢丝，常用的 LYZ-1 型电动卷扬机最大张拉力 10kN，张拉行程为 5m，张拉速度为 2.5m/min，电动机卷扬功率为 0.75kW。该机型号分为 LYZ-1A 型（支撑式）和 LYZ-1B 型（夹轨式）两种，B 型适用于固定式大型预制场地，左右移动轻便、灵活、动作快，生产效率高；A 型适用于多处预制场地，移动变换场地方便，其构造如图 6-13 所示。

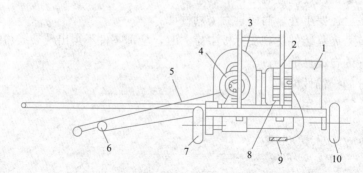

图 6-13　LYZ-1A 型电动卷扬张拉机

1—电气箱；2—电动机；3—减速箱；4—卷筒；5—撑杆；6—夹钳；7—前轮；
8—测力计；9—开关；10—后轮

2. 液压张拉

1）普通液压千斤顶

先张法施工中常常会进行多根钢筋的同步张拉，当用钢台模以机具流水法或传送带法生产构件进行多根张拉时，可用普通液压千斤顶。张拉时要求钢丝的长度基本相等，以保证张拉后各钢筋的预应力相同，为此，事先应调整钢筋的初应力。

2）拉杆式千斤顶

拉杆式千斤顶是利用单活塞张拉预应力筋的单作用千斤顶，主要用于张拉力较大的钢筋张拉。

3）穿心式千斤顶

穿心式千斤顶具有一个穿心孔，是利用双液压缸张拉预应力筋和顶压锚具的双作用千

斤顶。这种千斤顶适应性强，既适用于张拉带 JM 型锚具的钢筋束或钢绞线束；配上撑脚与拉杆后，也可作为拉杆式穿心千斤顶。系列产品有：YC20（图 6-14）、YC60 与 YC120 型。

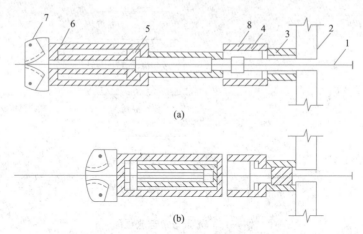

图 6-14　YC20 型穿心式千斤顶张拉过程示意

（a）张拉；（b）暂时锚固，回油

1—钢筋；2—台座；3—穿心式夹具；4—弹性顶压头；5、6—油嘴；7—偏心式夹具；8—弹簧

4）锥锚式千斤顶

锥锚式千斤顶是具有张拉、顶锚和退楔功能的千斤顶，主要用于张拉带锥形锚具的钢丝束。

5）高压油泵

高压油泵是向液压千斤顶各个油缸供油，使其活塞杆按照一定速度伸出或回缩的主要设备。油泵的额定压力应等于或大于千斤顶的额定压力。

采用千斤顶张拉预应力筋时，张拉力的大小主要由油泵上的油压表反映。油压表的读数表示千斤顶内活塞上单位面积的油压力。在理论上，油压表读数乘以活塞面积，即可求出张拉时油表读数。但是由于活塞与油缸之间存在摩阻力，故实际张拉力往往比理论计算值要小。为保证预应力筋张拉力的准确性，应定期校验千斤顶，确定张拉力与油表读数的关系曲线，供施工时使用。千斤顶校验时，千斤顶与油压表必须配套校验。校验期限不宜超过半年。

四、先张法预应力混凝土的施工要点

先张法预应力混凝土构件在台座上生产时，其生产工艺流程如图 6-15 所示。

1. 预应力筋的铺设

为了便于脱模，在铺放预应力筋前，在长线台座台面（或胎模）上应先刷隔离剂。隔离剂不应污损钢丝，以免影响钢丝与混凝土的粘结。如果预应力筋遭受污染，应使用适当的溶剂加以清洗干净。在生产过程中，应防止雨水冲刷掉台面上的隔离剂。

预应力钢丝宜用牵引车铺设。如遇钢丝需要接长，可借助于钢丝连接器，用 20～22 号镀锌钢丝密排绑扎。绑扎长度，对冷拔低碳钢丝不得小于 $40d$（d 为钢丝直径），对高

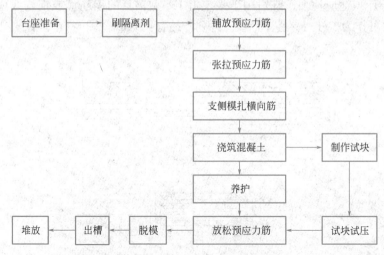

图 6-15　先张法工艺流程图

强刻痕钢丝不得小于 $80d$。钢丝搭接长度应比绑扎长度长 $10d$。

预应力钢筋铺设时，钢筋之间的连接或钢筋与螺杆之间的连接，可采用连接器。

2. 预应力筋的张拉

先张法
预应力
筋张拉

预应力筋张拉应根据设计要求，采用合适的张拉方法、张拉顺序和张拉程序进行，并应有可靠的保证质量措施和安全技术措施。

1）张拉控制应力

预应力筋的张拉控制应力应按照《混凝土结构设计规范》GB 50010—2010（2015 年版）的规定，按照表 6-3 取值，且不应小于 $0.4f_{puk}$。预应力筋的张拉可采用单根张拉或多根同时张拉，当预应力筋数量不多，张拉设备拉力有限时常采用单根张拉。当预应力筋数量较多且密集布筋，且张拉设备拉力较大时，则可采用多根同时张拉。

张拉控制应力和最大张拉控制应力　　　　表 6-3

钢筋种类	先张法张拉控制应力	后张法张拉控制应力	超张拉最大张拉控制应力
消除应力钢丝、钢绞线	$0.75f_{puk}$	$0.75f_{puk}$	$0.80f_{puk}$
冷轧带肋钢筋	$0.70f_{puk}$	—	$0.75f_{puk}$
精轧带肋钢筋	—	$0.85f_{puk}$	$0.95f_{puk}$

注：f_{puk} 为预应力筋极限抗拉强度标准值。

2）张拉程序

在确定预应力筋张拉顺序时，应考虑尽可能减少台座的倾覆力矩和偏心力，先张拉靠近台座截面重心处的预应力筋。此外，在施工中为了提高构件的抗裂性能或为了部分抵消由于应力松弛、摩擦、钢筋分批张拉以及预应力筋与张拉台座之间温度因素产生的预应力损失，张拉应力可按设计值提高 5%，称为超张拉法。但预应力筋的最大超张拉值对消除应力钢丝、钢绞线不得大于 $0.80f_{puk}$，对热处理钢筋不得大于 $0.75f_{puk}$。预应力紧张拉后与设计位置的偏差不得大于 5mm，且不得大于构件截面短边连长的 4%。

预应力钢筋的张拉一般有下列两种张拉程序（σ_{con} 为张拉控制应力）：

超张拉法：$0 \rightarrow 1.05\sigma_{con} \xrightarrow{\text{持荷 2min}} \sigma_{con}$

一次张拉法：$0 \rightarrow 1.03\sigma_{con}$

预应力筋进行超张拉（$1.03\sigma_{con} \sim 1.05\sigma_{con}$）主要是为了减小预应力筋的松弛应力损失值。所谓应力松弛是指钢材在常温、高应力的作用下，由于塑性变形而使应力随时间延续而降低的现象。松弛的数值与张拉控制应力和延续时间有关，控制应力高，松弛也大，所以钢丝、钢绞线的松弛损失比冷拉热轧钢筋大，松弛损失还随时间的延续而增加，但在第一分钟内可完成损失总值的 50%，24h 内则可完成 80%。所以采用超张拉工艺，先超张拉 5% 并持荷 2min，再回到控制应力，松弛可以完成 50% 以上。超张拉 3‰σ_{con} 是为了弥补设计中预见不到的预应力损失。

对重要结构如吊车梁、屋架等的预应力筋用应力控制方法张拉时，应校核预应力筋的伸长值。如实际伸长值大于计算伸长值 10% 或小于计算伸长值 5% 时，应暂停张拉。在查明原因并采取措施调整后，方可继续张拉。通过伸长值的检验，可以综合反映张拉力是否足够以及预应力筋是否有异常现象，因此，对于伸长值的检验必须重视。

预应力筋的张拉力根据设计的张拉控制应力与钢筋截面面积及超张拉系数之积而定。

$$N = m\sigma_{con}A_y \tag{6-3}$$

式中：N——预应力筋张拉力（N）；

　m——超张拉系数（$1.03 \sim 1.05$）；

　σ_{con}——预应力筋张拉控制应力（N/mm²）。

　A_y——预应力筋的截面面积（mm²）。

预应力筋张拉锚固后实际应力值与工程设计规定检验值的相对允许偏差为 ±5%。预应力钢丝的应力可利用 2CN-1 型钢丝测力计（图 6-16）测量，或利用半导体频率测力计测量。

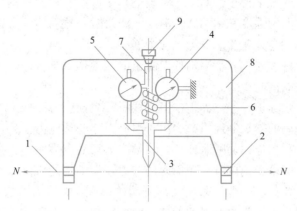

图 6-16　2CN-1 型钢丝测力计

1—钢丝；2—挂钩；3—测头；4—测挠度百分表；5—测力百分表；6—弹簧；7—推架；
8—表架；9—螺钉

2CN-1 型钢丝测力计工作时，先用挂钩 2 勾住钢丝，旋转螺钉 9 使测头与钢丝接触，此时测挠度百分表 4 和测力百分表 5 读数均为零，继续旋转螺钉 9，当测挠度百分表 4 的读数达到 2mm 时，从测力百分表 5 的读数便可知钢丝的拉力值 N。一根钢筋要反复测定 4 次，取后 3 次的平均值为钢丝的拉力值。2CN-1 型钢丝测力计精度为 2%。半导体频率测力计是根据钢丝应力 σ 与钢丝振动频率 ω 的关系制成的，σ 与 ω 的关系式如下：

$$\omega = \frac{1}{2l}\sqrt{\frac{\sigma}{\rho}} \tag{6-4}$$

式中：l——钢丝的自由振动长度（mm）；

ρ——钢丝的密度（g/cm^3）。

采用应力控制方法张拉时，应校核预应力筋的伸长值，如实际伸长值比计算伸长值大 10% 或小 5%，应暂停张拉，在查明原因、采取措施予以调整后，方可继续张拉。

预应力筋的计算伸长值 ΔL（mm）可按下式计算：

$$\Delta L = \frac{F_p l}{A_p E_s} \tag{6-5}$$

式中：F_p——预应力筋的平均张拉力（kN），直线筋取张拉端的拉力；两端张拉的曲线筋，取张拉端的拉力与跨中扣除孔道摩阻损失后拉力的平均值；

A_p——预应力筋的截面面积（mm^2）；

l——预应力筋的长度（mm）；

E_s——预应力筋的弹性模量（kN/mm^2）。

预应力筋的实际伸长值，宜在初应力为张拉控制应力 10% 左右时开始量测，但必须加上初应力以下的推算伸长值；对后张法，还应扣除混凝土构件在张拉过程中的弹性压缩值。

3. 混凝土的浇筑与养护

预应力混凝土的配合比必须严格控制，以减少混凝土的收缩和徐变而引起的预应力损失。收缩和徐变都与水泥品种和用量、水灰比、骨料孔隙率、振动成型等有关。

预应力筋张拉完成后，应进行混凝土浇筑。混凝土的浇筑应一次完成，不允许留设施工缝。混凝土的强度等级不得小于 C30。混凝土必须振捣密实，特别是构件端部，以保证预应力筋和混凝土之间的强度和粘结力。混凝土浇筑时，振动器不得碰撞预应力筋。混凝土未达到强度前，也不允许碰撞或踩动预应力筋。

采用重叠法生产构件时，其下层构件混凝土的强度达到 5.0MPa 后，方可浇筑上层构件混凝土，并采取隔离措施。

混凝土可采用自然养护或湿热养护。但应注意，当预应力混凝土构件在台座上进行湿热养护时，应采取正确的养护制度以减少由于温差引起的预应力损失。预应力筋张拉后锚固在台座上，温度升高预应力筋膨胀伸长，使预应力筋的应力减小。在这种情况下混凝土逐渐硬结，而预应力筋由于温度升高而引起的应力损失则不能恢复。因此，先张法在台座上生产预应力混凝土构件，一般可采用两次升温的措施：初次升温应在混凝土尚未结硬、未与预应力筋粘结时进行，初次升温的温差一般可控制在 20℃ 以内；第二次升温则在混凝土构件具备一定强度（7.5～10MPa），即混凝土与预应力筋的粘结力足以抵抗温差变形后，再将温度升到养护温度进行养护，此时，预应力筋将和混凝土一起变形，预应力筋不再引起应力损失。

采用机组流水法或传送带法用钢模制作、湿热养护预应力构件时，钢模与预应力筋同步伸缩，故不引起温差预应力损失。

4. 预应力筋的放张

混凝土强度达到设计规定的数值（一般不小于混凝土标准强度的 75%）后，才可放松预应力筋；放松过早会由于预应力筋回缩而引起较大的预应力损失或使预应力钢丝产生滑动。预应力筋放松应根据配筋情况和数量，选用正确的方法和顺序，否则会引起构件翘曲、开裂和断筋等现象。

预应力钢丝理论回缩值，可按下式计算：

$$a = \frac{\sigma_{y1} l_a}{2E_s} \tag{6-6}$$

式中：a——预应力钢丝的理论回缩值（mm）；

σ_{y1}——第一批损失后，预应力钢丝建立起的有效预应力值（N/mm²）；

E_s——预应力筋的弹性模量（N/mm²）；

l_a——预应力钢丝的传递长度（mm）。

预应力的放张顺序应符合设计要求，当设计无具体要求时，应符合下列规定：

（1）对承受轴心预压力的构件（如压杆、桩等），所有预应力筋同时放张。

（2）对承受偏心预压力的构件，应先同时放张预压力较小区域的预应力筋，再同时放张预压力较大区域的预应力筋。

（3）当不能按上述规定放张时，应分阶段、对称、相互交错地放张，以防止在放张过程中产生构件弯曲、裂纹及预应力筋断裂等现象。

放张前，应拆除侧模，使放张时构件能自由压缩，否则将损坏模板或使构件开裂。预应力筋的放张工作应缓慢进行，防止冲击。

对预应力筋为钢丝或细钢筋的板类构件，放张时可直接用钢丝钳或氧炔焰切割，并宜从生产线中间处切断，以减少回弹量且有利于脱模；对每一块板，应从外向内对称放张，以免构件扭转两端开裂；对预应力筋为数量较少的粗钢筋的构件，可采用氧炔焰在烘烤区轮换加热每根粗钢筋，使其同步升温，此时钢筋内力徐徐下降，外形慢慢伸长，待钢筋出现缩颈现象时即可切断。此法应采取隔热措施，防止烧伤构件端部混凝土。

对预应力筋配置较多的构件，不允许采用剪断或割断等方式突然放张，以避免最后放张的几根预应力筋产生过大的冲击而断裂，致使构件开裂。为此，应采用千斤顶或在台座与横梁之间设置砂箱和楔块，或在准备切割的一端预先浇筑一块混凝土块作为切割时冲击力的缓冲体，使构件不受或少受冲击影响而进行缓慢放张。

用千斤顶逐根放张，应拟订合理的放张顺序并控制每一循环的放张力，以免构件在放张过程中受力不均。防止先放张的预应力筋引起后放张的预应力筋内力增大，而造成最后几根预应力筋拉不动或拉断。在四横梁长线台座上，也可用台座式千斤顶推动拉力架逐步放大螺杆上的螺母，达到整体放张预应力筋的目的。

采用砂箱放张方法，在预应力筋张拉时，箱内砂被压实，承受横梁的反力，预应力筋放张时，将出砂口打开，砂慢慢流出，从而使整批预应力筋徐徐放张。此放张方法能控制放张速度，工作可靠、施工方便，可用于张拉力大于 1000kN 的情况。

采用楔块放张时，旋转螺母使螺杆向上运动，带动楔块向上移动，钢块间距变小，横梁向台座方向移动，从而同时放张预应力筋。楔块放张一般用于张拉力不大于 30kN 的情况。

为了检查构件放张时钢丝与混凝土的粘结是否可靠，切断钢丝时应测定钢丝往混凝土内的回缩情况。钢丝回缩值的简易测试方法是在板端贴玻璃片和在靠近板端的钢丝上贴胶带纸后用游标卡尺读数，其精度可达 0.1mm。钢丝回缩值：对冷拔低碳钢丝不应大于 0.6mm，对碳素钢不应大于 1.2mm。如果最多只有 20% 的测试数据超过上述规定值的 20%，则检查结果是令人满意的；否则，应加强构件端部区域钢筋分布或提高放张时混凝土强度等。当预应力筋采用钢丝时，配筋不多的中小型钢筋混凝土构件，钢丝可用砂轮锯或切断机切断等方法放松。配筋多的钢筋混凝土构件，钢丝应同时放松，如逐根放松，则最后几根钢丝将由于承受过大的拉力而突然断裂，易使构件端部开裂。放松后预应力筋的切断顺序，一般由放松端开始，逐次切向另一端。

预应力筋为钢筋时，对热处理钢筋及冷拉 400MPa 级钢筋，不得用电弧切割，宜用砂轮锯或切断机切断。数量较多时，应同时放松。多根钢丝或钢筋的同时放松，可用油压千斤顶、砂箱、楔块等。

采用湿热养护的预应力混凝土构件，宜热态放松预应力筋，而不宜降温后再放松。

任务 3　后张法预应力混凝土施工

后张法施工分为有粘结后张法施工与无粘结预应力施工。

后张法
预应力
混凝土

有粘结后张法是在制作构件（或块体）时，在放置预应力筋的部位预留孔道，待构件混凝土达到规定强度（一般不低于混凝土设计强度的 75%）后，孔道内穿入预应力筋，并用张拉机具夹持预应力筋将其张拉至设计规定的控制应力，然后借助锚具将预应力筋锚固在构件端部，最后进行孔道灌浆（也有不灌浆的），它是借助构件两端的锚具将钢筋的张拉力传给混凝土，使混凝土产生预应力。如图 6-17 所示为有粘结后张法生产示意。

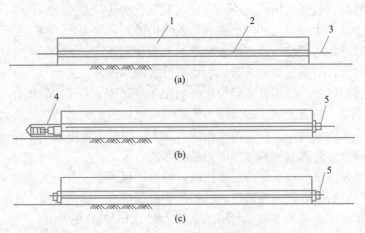

图 6-17　有粘结后张法生产示意

（a）制作混凝土构件；（b）张拉预应力筋；（c）锚固和孔道灌浆

1—混凝土构件；2—预留孔道；3—预应力筋；4—张拉千斤顶；5—锚具

有粘结后张法施工由于直接在混凝土构件上进行张拉，故不需要固定的台座设备，不受地点限制，适用于在施工现场生产大型预应力混凝土构件，特别是大跨度构件（如屋架等），同时对特种结构和构筑物，可作为一种预应力预制构件的拼装手段，大型构件可以预制成小型块体，运至施工现场后，通过预加应力的手段拼装整体预应力结构。但其施工工序较多、工艺较复杂，锚具作为预应力筋的组成部分，将永远留置在构件上不能重复使用而消耗量大、成本较高。

无粘结预应力在国外发展较早，近年来在我国无粘结预应力技术也得到了较大的推广。无粘结预应力结构是将预应力筋表面刷涂料并包塑料布（管）后准确定位，如同普通钢筋一样绑扎形成钢筋骨架，然后浇筑混凝土，待混凝土达到预期强度后（一般不低于混凝土设计强度的 75%）进行张拉。张拉完成后，在张拉端用锚具将预应力筋锚住，形成粘结预应力结构。如图 6-18 所示为无粘结预应力生产示意。

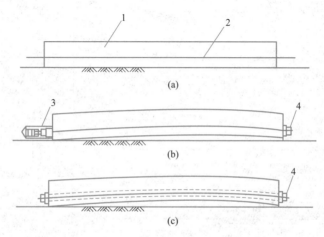

图 6-18　无粘结预应力生产示意

（a）制作混凝土构件；（b）张拉预应力筋；（c）锚固

1—混凝土构件；2—无粘结预应力筋；3—张拉千斤顶；4—锚具

无粘结预应力施工工艺的特点是施工过程较为简单，它避免了预留孔道、穿预应力筋以及压力灌浆等施工工序，预应力筋易弯成曲线形状，适用于曲线配筋的结构。在双向连续平板和密肋板中应用比较经济合理，在多跨连续梁中也有发展前途。但无粘结预应力的传递完全依靠构件两端的锚具，因此对锚具的要求要高得多。

　　创新工艺，质量先行：现代桥梁建造技术中后张法预应力施工得到越来越广泛的应用。预应力施工中的管道安装、张拉、压浆等工艺对控制桥梁的质量起着至关重要的作用。后张法施工的预应力混凝土有其特有的一些质量通病。这些通病多发生于混凝土浇筑、预应力钢材的穿束、张拉以及预留孔道灌浆、锚具封锚时。唯有在每一环节严把质量关，才能真正发挥后张法预应力的优势。

一、后张法预应力筋的锚具

锚具是后张法结构或构件中为保持预应力筋拉力并将其传递到混凝土上用的永久性锚固装置，通常由若干个机械部件组成，应根据预应力筋的不同而采用不同的锚具。

1. 单根预应力钢筋锚具

单根预应力钢筋根据构件长度和张拉工艺要求，可以在一端张拉或两端张拉。

（1）螺丝端杆锚具

由螺丝端杆、螺母和垫板组成（图 6-19），是单根预应力粗钢筋张拉端常用的锚具。此锚具也可作先张法夹具使用，电热张拉时也可采用。型号有 LM18～LM36，适用于直径 18～36mm 的预应力钢筋。

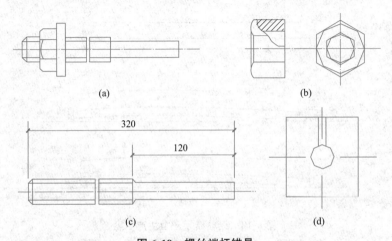

图 6-19　螺丝端杆锚具

（a）螺丝端杆锚具；（b）螺母；（c）螺丝端杆；（d）垫板

螺丝端杆锚具的特点是将螺丝端杆与预应力筋对焊成一个整体，用张拉设备张拉螺丝杆，用螺母锚固预应力筋。螺丝端杆锚具的强度不得低于预应力钢筋的抗拉强度实测值。

端杆的长度一般为 320mm，当构件长度较长时，螺丝端杆的长度也应增加 30～50mm；其净截面积应大于或等于所对焊的预应力钢筋截面面积。螺丝端杆可采用与预应力钢筋同级冷拉钢筋制作，也可采用冷拉 45 号钢或热处理 45 号钢制作，螺母、垫板可用 3 号钢制作。对焊应在预应力钢筋冷拉前进行，以检验焊接质量。冷拉时螺母的位置应在螺丝端杆的顶部，经冷拉后由螺母传递至螺丝端杆和预应力筋上。

（2）帮条锚具

由三根帮条和衬板焊接而成（图 6-20），是单根预应力粗钢筋固定端用锚具。帮条采

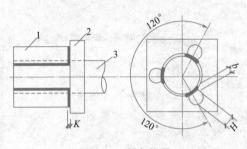

图 6-20　帮条锚具

1—帮条；2—衬板；3—预应力筋

用与预应力钢筋同级别的钢筋，衬板采用普通低碳钢钢板。

帮条安装时，三根帮条应呈 120°均匀布置，三根帮条应垂直于衬板，以免受力时产生扭曲。帮条的焊接应在预应力钢筋冷拉前进行，施焊方向应由里向外，引弧及熄弧均应在帮条上，并应防止烧伤预应力钢筋，并严禁将地线搭在预应力钢筋上。

（3）精轧螺纹钢筋锚具

由螺母和垫板组成，是一种利用与该钢筋螺纹匹配的特制螺母锚固的支承式锚具。端头锚具直接采用螺母，无需另焊接螺丝端杆。适用于锚固直径 25～32mm 的表面热轧成不带纵肋的螺旋外形的高强精轧螺纹钢筋。

2. 预应力钢筋束锚具

（1）KT-Z 型锚具（又称锻铸铁锥形锚具）

由锚环与锚塞组成（图 6-21）。适用于锚固 3～6 根直径 12mm 的冷拉螺纹钢筋和钢绞线束。锚环和锚塞均用 KT37-12 或 KT35-10 可锻铸铁铸造成型。该锚具为半埋式，使用时先将锚环小头嵌入承压钢板中，并用断续焊缝焊牢，然后共同预埋在构件端部。

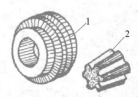

图 6-21　KT-Z 型锚具
1—锚环；2—锚塞

（2）JM 型锚具

由锚环与夹片组成（图 6-22）。JM 型锚具为单孔夹片式锚具，可以锚固多根预应力筋。锚固时，用穿心式千斤顶张拉钢筋后随即顶进夹片。JM 型锚具主要用于锚固 3～6 根

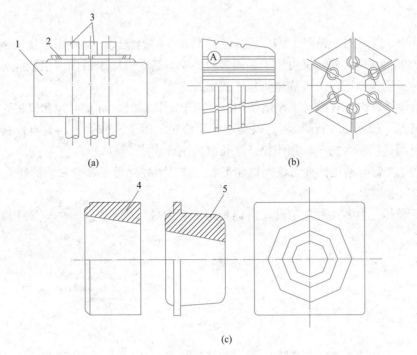

(a)　　　　　　　　　(b)

(c)

图 6-22　JM 型锚具
（a）JM 型锚具；（b）夹片；（c）锚环
1—锚环；2—夹片；3—钢筋束或钢绞线；4—圆钳环；5—方锚环

直径为 12mm 的钢筋束与 4～6 根直径为 12～15mm 的钢绞线束，也可兼作重复使用的工具锚具，但以使用专用工具锚为好。

JM 型锚具具有良好的锚固性能，预应力筋滑移量较小，构造简单，施工方便，多使用于小吨位高强钢丝束的锚固，但成本较高。

（3）XM 型锚具

XM 型锚具为多孔夹片锚具，是一种新型锚具，由锚板和三片夹片组成（图 6-23）。锚板尺寸由锚孔数确定，锚孔沿锚板圆周排列，夹片采用三片式，按 120°均分斜开缝。开缝沿轴向的偏转角与钢绞线的扭角相反，以确保夹片能夹紧钢绞线或钢丝束的每一根外围钢丝，形成可靠的锚固。

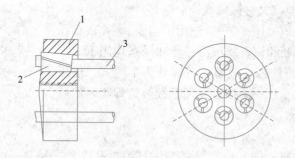

图 6-23　XM 型锚具

（a）装配图；（b）锚板

1—锚板；2—夹片；3—钢绞线

XM 型锚具既适用于锚固 1～12 根直径为 15mm 的钢绞线，又可用于锚固钢丝束；既适用于锚固单根预应力筋，又可用于锚固多根预应力筋。当用于锚固多根预应力筋时，既可单根张拉、逐根锚固，又可成组张拉、成组锚固。

XM 型锚具可作工具锚与工作锚使用。当用于工具锚时，可在夹片和锚板之间涂抹一层固体润滑剂（如石墨、石蜡等），以利于夹片松脱。用于工作锚时，具有连续反复张拉的功能，可用行程不大的千斤顶张拉任意长度的钢绞线。

XM 型锚具具有通用性强，锚固性能可靠，施工方便，便于高空作业的特点。

（4）QM 型锚具

QM 型锚具也为多孔夹片锚具，由锚板与夹片组成（图 6-24）。它与 XM 型锚具不同

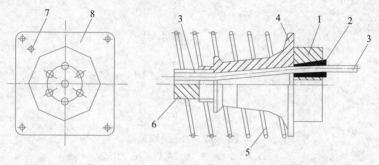

图 6-24　QM 型锚具及配件

1—锚板；2—夹片；3—钢绞线；4—喇叭形铸铁垫板；5—螺旋筋；6—预留孔道用的螺旋管；7—灌浆孔；8—锚垫板

之点是：锚孔是直的，锚板顶面的是平的，夹片垂直开缝，备有配套喇叭形铸铁垫板与弹簧圈等。由于灌浆孔设在垫板上，锚板尺寸可稍小。

QM 型锚具适用于锚固 4～31 根直径为 12mm 和 3～19 根直径为 15mm 的钢绞线束。QM 型锚具备有配套自动工具锚，张拉和退出十分方便，并可减少安装工具锚所花费的时间。张拉时要使用 QM 型锚具的配套限位器。

（5）固定端用镦头锚具

由锚固板和带镦头的预应力筋组成（图 6-25）。镦头锚具加工简单、操作方便，成本较低，适用性较广，但对下料长度要求很精确。

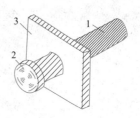

图 6-25　固定端用镦头锚具
1—钢筋；2—镦头；3—热板

3. 预应力钢丝束锚具

（1）锥形螺杆锚具

由锥形螺杆、套筒、螺母和垫板组成（图 6-26）。锥形螺杆和套筒均采用 45 号钢制成，螺母和垫板采用 Q235 钢制成。它适用于锚固 14～28 根直径 5mm 的钢丝束。使用时，先将钢丝束均匀整齐地紧贴在螺杆锥体部分，然后套上套筒，用拉杆式千斤顶使端杆锥通过钢丝挤压套筒，从而锚紧钢丝。预应力钢丝束中能预先组装一端的锚具，而另一端则在钢丝束穿过孔道后，在现场组装。

锥形螺杆锚具与 YL-60、YL-90 拉杆式千斤顶配套使用，YC-60、YC-90 穿心式千斤顶亦可应用。

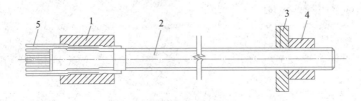

图 6-26　锥形螺杆锚具
1—套筒；2—锥形螺杆；3—垫板；4—螺母；5—钢丝束

（2）钢丝束镦头锚具

适用于锚固任意根数 5mm 的钢丝束。镦头锚具的形式与规格，可根据需要自行设计。常用的镦头锚具分为 A 型和 B 型（图 6-27）。A 型由锚环和螺母组成，用于张拉端；B 型由锚板组成，用于固定端，利用钢丝两端的镦头进行锚固，它相对 A 型镦头锚具成本低廉。

锚环与锚板采用 45 号钢制作，螺母采用 30 号钢或 45 号钢制作。锚环与锚板上的孔数由钢丝根数而定，孔洞间距应力求准确，尤其要保证锚环内螺纹一面的孔距准确。钢丝束一端可在制束时将头镦好，另一端则待穿束后镦头，故构件孔道端部要设置扩孔。

预应力钢丝束张拉时，在锚环内口拧上工具式拉杆，通过拉杆式千斤顶进行张拉，然后拧紧螺母将锚环锚固。钢丝束镦头锚具构造简单、加工容易、锚夹可靠、施工方便，但对下料长度要求较严，尤其当锚固的钢丝较多时，长度的准确性和一致性更须重视，这将直接影响预应力筋的受力状况。

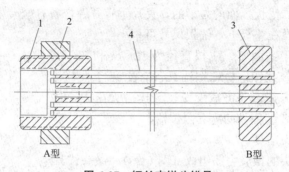

图 6-27　钢丝束镦头锚具

1—锚环；2—螺母；3—锚板；4—钢丝束

镦头锚具用 YC-60 千斤顶或拉杆式千斤顶张拉。

（3）钢质锥形锚具（又称弗氏锚具）

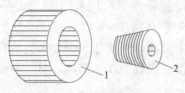

图 6-28　钢质锥形锚具

1—锚环；2—锚塞

由锚环和锚塞组成（图 6-28）。适用于锚固 6～30 根直径 5mm 或 12～24 根直径 7mm 的钢丝束。锥形锚具的尺寸较小，便于分散布置。

锚环采用 45 号钢制作，锚塞采用 45 号钢或 Y7、T8 碳素工具钢制作。锚环与锚塞的锥度应严格保证一致。锚塞表面刻有细齿槽，以防止被夹紧的预应力钢丝滑动。

钢质锥型锚具一般用锥锚式千斤顶进行张拉。

二、后张法预应力张拉机械

常用的张拉机械有拉杆式千斤顶（YL）、穿心式千斤顶（YC）和锥锚式千斤顶（YZ）三种。

1. 拉杆式千斤顶

拉杆式千斤顶由主油缸、主缸活塞、回油缸、回油活塞、连接器、传力架、拉杆等组成，构造示意见图 6-29。它适用于张拉以螺丝端杆锚具为张拉锚具的单根钢筋，张拉以锥形螺杆锚具为张拉锚具的钢丝束。拉杆式千斤顶构造简单、操作方便，应用范围较广。

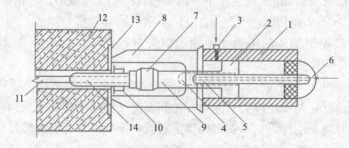

图 6-29　拉杆式千斤顶构造示意

1—主油缸；2—主缸活塞；3—进油孔；4—回油缸；5—回油活塞；6—回油孔；7—连接器；
8—传力架；9—拉杆；10—螺母；11—预应力筋；12—混凝土构件；13—预埋铁板；14—螺丝端杆

拉杆式千斤顶张拉预应力筋时，首先使连接器与预应力筋的螺丝端杆相互连接，由传力架支承在构件端部的预埋钢板上。高压油进入主油缸时，推动主缸活塞向左移动，并带动拉杆和连接器以及螺丝端杆同时向左移动，预应力筋被张拉。当达到张拉规定值时，拧紧预应力筋的螺母，将预应力筋锚固在构件的端部。高压油再进入副缸，推动副缸使主缸活塞和拉杆向右移动，恢复初始位置。此时主缸的高压油流回高压油泵中去，完成一次张拉过程。

2. 穿心式千斤顶

穿心式千斤顶是目前我国预应力混凝土构件施工中应用最为广泛的张拉机械，适用于张拉各种形式的预应力筋。穿心式千斤顶加装撑脚、张拉杆和连接器后，又可作为拉杆式千斤顶使用。它是利用双液压缸张拉预应力筋和顶压锚具的双作用千斤顶。

3. 锥锚式千斤顶

锥锚式千斤顶由主缸、主缸活塞、主缸拉力弹簧、副缸、副缸活塞、副缸压力弹簧及锥型卡环等组成。它适用于张拉以 KT-Z 型锚具为张拉锚具的钢筋束和钢绞线束，张拉以钢质锥形锚具为张拉锚具的钢丝束。

三、后张法预应力筋的制作

预应力筋的制作，主要根据所用的钢筋直径、钢材品种、锚具形式及生产工艺等确定。

1. 单根预应力粗钢筋的制作

根据构件的长度和张拉工艺的要求，单根预应力钢筋可在一端张拉或两端张拉。一般张拉端均采用螺丝端杆锚具；而固定端除了采用螺丝端杆锚具外，还可采用帮条锚具或镦头锚具。

单根预应力筋制作

单根预应力粗钢筋的制作，一般包括配料、对焊、冷拉等工序。预应力筋的下料长度应计算确定，计算时应考虑构件长度、锚具种类、对焊接头或镦头的压缩量、冷拉伸长率、弹性回缩率、张拉伸长值等因素。冷拉弹性回缩率一般为 0.4%～0.6%。对焊接头的压缩量，包括钢筋与钢筋、钢筋与螺丝端杆的对焊压缩，接头的压缩量取决于对焊时的闪光留量和顶锻留量，每个接头的压缩量一般为 20～30mm。

螺丝端杆外露在构件孔道外的长度，根据垫板厚度、螺母高度和拉伸机与螺丝端杆连接所需长度确定，一般选用 120～150mm。固定端用帮条锚具或镦头锚具时，其长度视锚具尺寸而定。

预应力钢筋下料长度的计算有以下两种情况：

（1）当预应力钢筋两端采用螺丝端杆锚具（图 6-30）时，其成品全长（包括螺丝端杆在内冷拉后的全长）：

$$L_1 = l + l_2 + l_3$$

式中：l——构件孔道长度或台座长度（包括横梁在内）；

l_2、l_3——螺丝端杆伸出构件外的长度，按下式计算：

张拉端：$l_2 = 2H + h + a_1$

锚固端：$l_3 = H + h + a_2$

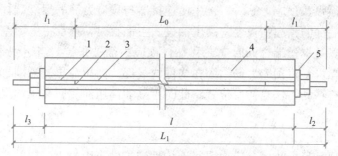

图 6-30　两端用螺丝端杆锚具

1—螺丝端杆；2—对焊接头；3—预应力钢筋；4—混凝土构件；5—垫板

其中 H 为螺母高度；h 为垫板厚度；a_1、a_2 为螺丝端杆伸出螺母外的长度，分别取为 5mm、10mm。

预应力筋钢筋部分的成品长度 L_0：

$$L_0 = L_1 - 2l_1$$

式中：l_1——螺丝端杆长度。

预应力筋钢筋的下料长度：

$$L = \frac{L_0}{1 + \gamma - \delta} + nl_0$$

式中：γ——钢筋冷拉拉长率（由试验确定）；

　　　δ——钢筋冷拉弹性回缩率（由试验确定）；

　　　l_0——每个对焊接头的压缩量（可取钢筋直径）；

　　　n——对焊接头的数量（包括钢筋与螺丝端杆的对焊接头）。

（2）当预应力筋一端用螺丝端杆，另一端用帮条（或镦头）锚具（图 6-31）时：

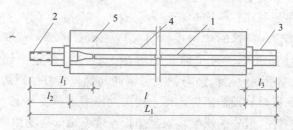

图 6-31　一端用螺丝端杆锚具

1—预应力钢筋；2—螺丝端杆锚具；3—帮条锚具；4—孔道；5—混凝土构件

$$L_1 = l + l_2 + l_3$$

$$L_0 = L_1 - l_1$$

$$L = \frac{L_0}{1 + \gamma - \delta} + nl_0$$

式中：l_3——镦头或帮条锚具长度（包括垫板厚度 h）。

为保证质量，冷拉宜采用控制应力的方法。若在一批钢筋中冷拉率分散性较大时，应尽可能把冷拉率相近的钢筋对焊在一起，以保证钢筋冷拉应力的均匀性。

2. 预应力钢丝束的制作

钢丝束的制作，主要与张拉设备和锚具形式的不同有关，一般包括开盘、调直、下料、编束和安装锚具等工序。钢筋束所用的钢筋一般是成盘状供应的，长度较长，不需对焊接长。

钢绞线、热处理钢筋及冷拉 400MPa 级钢筋，宜采用砂轮锯或切割机切断，不得采用电弧切割。用砂轮切割机下料具有操作方便，效率高，切口规则无毛头等优点，尤其适合现场使用。钢绞线下料前应在切割口两侧各 50mm 处用铁丝绑扎牢固，以免切割后松散。

编束主要是为了保证穿入构件孔道时预应力筋束不发生扭结，在穿束时采用穿束网穿束。穿束前必须逐根理顺，用铁丝每隔 1m 左右绑扎成束，不得紊乱。

（1）采用钢质锥形锚具，以锥锚式千斤顶张拉（图 6-32）时，钢丝的下料长度 L 为：

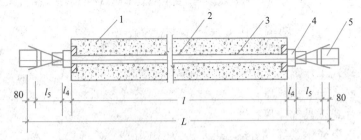

图 6-32　采用钢质锥形锚具时钢丝下料长度计算简图

1—混凝土构件；2—孔道；3—钢丝束；4—钢质锥形锚具；5—锥锚式千斤顶

$$两端张拉\ L = l + 2\ (l_4 + l_5 + a_3)$$
$$一端张拉\ L = l + 2\ (l_4 + a_3) + l_5$$

式中：l_4——锚环厚度；

　　　l_5——千斤顶分丝至卡盘外端距离，对 YZ850 型千斤顶为 470mm；

　　　a_3——钢丝束端头预留量，取为 80mm。

（2）用锥形螺杆锚固的钢丝束，经过矫直的钢丝可以在非应力状态下料。采用锥形螺杆锚具，以拉杆式千斤顶在构件上张拉（图 6-33）时，钢丝的下料长度 L 为：

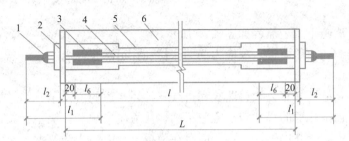

图 6-33　采用锥形螺杆锚具时钢丝下料长度计算简图

1—螺母；2—垫板；3—锥形螺杆锚具；4—钢丝束；5—孔道；6—混凝土构件

$$L = l + 2l_2 - 2l_1 + 2(l_6 + a_4)$$

式中：l_6——锥形螺杆锚具的套筒长度；

　　　a_4——钢丝伸出套筒的长度，取 $a_4 = 20mm$。

3. 钢筋束或钢绞线束的制作

当采用夹片式锚具，以穿心式千斤顶在构件上张拉（图 6-34）时，钢筋束或钢绞线束的下料长度 L 为：

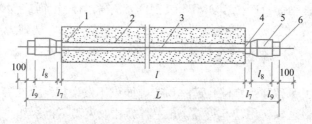

图 6-34　钢筋束或钢绞线束下料长度计算简图
1—混凝土构件；2—孔道；3—钢绞线；4—夹片式工作锚；5—穿心式千斤顶；6—夹片式工具锚

$$两端张拉 L = l + 2(l_7 + l_8 + l_9 + a_5)$$
$$一端张拉 L = l + 2(l_7 + a_5) + l_8 + l_9$$

式中：l_7——夹片式工作锚厚度；

　　　l_8——穿心式千斤顶长度；

　　　l_9——夹片式工具锚厚度；

　　　a_5——钢筋束或钢绞线的外露长度，取为 100mm。

4. 下料

钢筋束、热处理钢筋和钢绞线是成盘状供应的，长度较长，不需对焊接长。其制作工序是：开盘→下料→编束。

矫直回火钢丝放开后是直的，可直接下料。采用镦头锚具时，同一束中各根钢丝下料长度的相对差值，应不大于钢丝束长度的 1/5000，且不得大于 5mm。为了达到这一要求，钢丝下料可用钢管限位法或牵引索在拉紧状态下进行。

钢绞线在出厂前经过低温回火处理，因此在进场后无须预拉。

四、后张法预应力混凝土施工要点

有粘结后张法施工工艺流程如图 6-35 所示。

下面主要介绍孔道的留设、预应力筋的张拉和孔道灌浆等内容。

（1）孔道的留设

预应力筋的孔道形状有直线、曲线和折线三种，孔道的留设是有粘结后张法构件制作中的关键工作。预留孔道的尺寸与位置应正确、孔道应平顺，接头不漏浆；端部的预埋垫板应垂直于孔道中心线并用螺栓或钉子固定在模板上，以防止浇筑混凝土时发生走动。孔道的直径一般应比预应力筋的外径（包括钢筋对焊接头的外径或需穿入孔道锚具的外径）大 10~15mm，以利于预应力筋穿入。预应力筋孔道之间的净距不应小于 50mm，孔道至构件边缘的净距不应小于 40mm，凡需起拱的构件，预留孔道宜随构件同时起拱。孔道留设的方法有钢管抽芯法、胶管抽芯法和预埋波纹管法等。

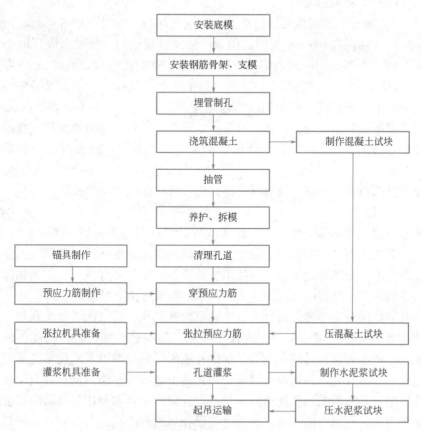

图 6-35 有粘结后张法施工工艺流程图

1) 钢管抽芯法

钢管抽芯法是预先将钢管埋设在模板中孔道位置处,在混凝土浇筑过程中和浇筑之后,每间隔一定时间慢慢转动钢管使之不与混凝土粘结,待混凝土初凝后、终凝前抽出钢管,形成预留孔道。该法适用于直线孔道。

选用的钢管要平直,表面要光滑,预埋前应除锈、刷油,安放位置要准确。一般用间距不大于 1m 的钢筋井字架固定钢管位置。每根钢管的长度一般不超过 15m,以便于旋转和抽管。钢管两端应各伸出构件外 0.5m 左右,较长构件则用两根钢管,中间用套管连接(图 6-36)。钢管的旋转方向两端要相反。

恰当掌握抽管时间很重要,过早会坍孔,太晚则抽管困难。一般在初凝后、终凝前,以手指按压混凝土不粘浆又无明显印痕时即可抽管。常温下抽管时间约在混凝土浇筑后 3～6h。为保证顺利抽管,混凝土的浇筑顺序要密切配合。抽管顺序宜先上后下,抽管可采用人工或用卷扬机,抽管时速度要均匀,边抽边转,与孔道保持在同一直线上。抽管后要及时检查孔道情况,做好孔道清理工作。

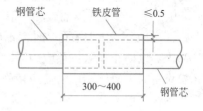

图 6-36 钢管连接方式

胶管抽芯法孔道留设施工

2）胶管抽芯法

胶管有五层或七层夹布胶管和钢丝网胶管两种。前者质软，用间距不大于 0.5m 的钢筋井字架固定位置，浇筑混凝土前，往夹布胶管内充入压力为 0.6～0.8N/mm² 的压缩空气或压力水，此时胶管直径增大 3mm 左右，然后浇筑混凝土。待混凝土初凝后，放出压缩空气或压力水，管径缩小而与混凝土脱离，然后抽出夹布胶管。钢丝网胶管质地坚硬、具有一定弹性，留孔方法与钢管一样，只是浇筑混凝土后不需转动，由于其有一定弹性，抽管时在拉力作用下断面缩小易于抽出。胶管抽芯法预留孔道，混凝土浇筑后不需要旋转胶管，抽管时应先上后下，先曲后直。

采用胶管抽芯留孔，不仅可留直线孔道，而且可留曲线或折线孔道。

3）预埋波纹管法

波纹管是由镀锌薄钢带经波纹卷管机压波后卷成，具有质量轻、刚度好、弯折方便、连接简单、与混凝土有良好的粘结力等优点，可以做成任意曲线形状的预应力筋孔道。波纹管预埋在构件中，浇筑混凝土后不再抽出。波纹管应密封良好并有一定的轴向刚度，接头应严密，不得漏浆。预埋时用间距不大于 0.8m 的钢筋井字架固定。

在留设孔道的同时，还要在设计规定位置留设灌浆孔、排气孔、排水孔与泌水管。一般在构件两端和中间每隔 12m 留一个直径 20mm 的灌浆孔，并在构件两端各设一个排气孔。灌浆孔用于进水泥浆。排气孔是为了保证孔道内气流通畅以及水泥浆充满孔道，不形成死角。灌浆孔或排气孔在跨内高点处应设在孔道上侧方，在跨内低点处应设在孔道下侧方。排水孔一般设在每跨曲线孔孔道的最低点，开口向下，主要用于排除灌浆前孔道内冲洗用水或养护时进入孔道内的水分。泌水管应设在每跨曲线孔道的最高点，开口向上，露出梁面的高度一般不小于 500mm。泌水管用于排除孔道灌浆后水泥浆的泌水，并可二次补充水泥浆。泌水管一般与灌浆孔统一设置。

（2）预应力筋的张拉

叠层构件预应力筋张拉

预应力筋的张拉是制作预应力构件的关键，必须按规范有关规定进行施工。预应力筋张拉时，构件混凝土的强度应符合设计要求，如设计无具体要求时，则不宜低于混凝土标准强度的 75%，以确保在张拉过程中，混凝土不至于受压而破坏。对于块体拼装的预应力构件，立缝处混凝土或砂浆的强度如设计无要求时，不应低于块体混凝土设计强度标准值的 40% 也不得低于 15MPa，以防止在张拉预应力筋时压裂混凝土块体或使混凝土产生过大的弹性压缩。安装张拉设备时，直线预应力筋应使张拉力的作用线与孔道中心线重合；曲线预应力筋应使张拉力的作用线与孔道中心线末端的切线重合。预应力筋张拉、锚固完毕，留在锚具外的预应力筋长度不得小于 30mm。锚具应用封端混凝土保护，长期外露的锚具应采取防锈措施。

预应力张拉控制应力应符合设计要求，最大张拉控制应力不能超过表 6-3 规定的数值。

1）张拉方法

由于预应力混凝土结构特点、预应力筋形状与长度以及施工方法不同，预应力筋的张拉方法也不相同。一般有一端张拉和两端张拉。一端张拉是将张拉设备放置在预应力筋一端进行张拉。两端张拉是将张拉设备放置在预应力筋两端的张拉方法，当张拉设备不足或由于张拉顺序安排关系，也可先在一端张拉，再在另一端补足张拉力。为了减少预应力筋与孔道摩擦引起的损失，预应力筋张拉端的设置应符合设计要求。当设计无要求时，应符合下列规定：

① 对抽芯成形孔道，曲线预应力筋和长度大于24m的直线预应力筋，应在两端张拉；长度不大于24m的直线预应力筋，可在一端张拉。

② 对预埋波纹管孔道，曲线预应力筋和长度大于30m的直线预应力筋，宜在两端张拉；长度不大于30m的直线预应力筋，可在一端张拉。

③ 竖向预应力筋结构宜采用两端分别张拉，且以下端张拉为主。用双作用千斤顶两端同时张拉钢筋束、钢绞线束或钢丝束时，可先顶压一端的锚塞，而另一端在补足张拉力后再行顶压。

④ 同一截面中有多根一端张拉的预应力筋时，张拉端宜分别设置在结构的两端。当两端同时张拉同一根预应力筋时，为了减少预应力损失，宜先在一端锚固，再在另一端补足张拉力后进行锚固。

2）张拉顺序

预应力筋的张拉顺序应符合设计要求，当设计无具体要求时，可采用分批、分阶段对称张拉，以使混凝土不产生超应力、构件不扭转与侧弯、结构不变位等。因此，对称张拉是一项重要原则。同时，还要考虑尽量减少张拉机械的移动次数。

张拉控制应力和张拉端的设置

对配有多根预应力筋的预应力混凝土构件，应分批、对称地进行张拉。分批张拉时，要考虑到后批预应力筋张拉时对混凝土产生的弹性压缩而造成前批张拉并锚固好的预应力筋的预应力损失，或采用同一张拉值逐根复位补足。

对于平卧叠浇的预应力混凝土构件，上层构件重量产生的水平摩阻力会阻止下层构件在预应力筋张拉时产生的混凝土弹性压缩的自由变形，待上层构件起吊后，由于摩阻力影响消失，则混凝土弹性压缩的自由变形恢复而引起预应力损失。所以，对于平卧重叠浇筑的构件，宜先上后下逐层进行张拉。为了减少上下层之间因摩阻力引起的预应力损失，可逐层加大张拉力。但底层张拉力，当采用钢丝、钢绞线、热处理钢筋时，不宜比顶层张拉力大5%；采用冷拉带肋钢筋时，不宜比顶层张拉力大9%。当隔层效果较好时可采用同一张拉值。

当预应力筋是逐根或逐束张拉时，应保证各阶段不出现对结构不利的应力状态；同时宜考虑后批张拉预应力紧缩产生的结构构件的弹性压缩对先批张拉预应力筋的影响，确定张拉力。

（3）孔道灌浆

预应力筋张拉完后，应尽早进行孔道灌浆，尤其是钢丝束，孔道内水泥浆应饱满、密实。进行灌浆的目的是防止钢筋锈蚀，增加结构的整体性和耐久性，提高结构抗裂性和承载能力。

孔道灌浆施工

灌浆宜采用不低于42.5级普通硅酸盐水泥或矿渣硅酸盐水泥调制的水泥浆，水灰比一般为0.40～0.45。对空隙大的孔道，水泥浆中可掺适量的细砂，但水泥浆和水泥砂浆的强度等级不低于$30N/mm^2$，且应有较大的流动性和较小的干缩性、泌水性（搅拌后3h的泌水率宜控制在 2%，最大不超过 3%）。泌水应能在 24h 内全部重新被水泥浆吸收。由于纯水泥浆的干缩性和泌水性较大，凝结后往往形成月牙空隙，为增加孔道灌浆的密实性和灰浆的流动性，可在灰浆中适当掺入细砂和其他塑化剂，或掺入 0.05‰～0.1‰ 的铝粉或 0.25% 的木质素磺酸钙。

灌浆前，孔道应用压力水冲洗和润湿孔道。灌浆过程中，可用电动或手动灰浆泵进行灌浆，灌浆用的水泥浆要过筛，在灌浆过程中应不断搅拌，以免沉淀析水。灌浆工作应均匀缓慢地注入，不得中断，并应防止空气压入孔道而影响灌浆质量。灌满孔道并封闭气孔后，宜再继续加注至 0.5～0.6MPa，并稳定一段时间，以确保孔道灌浆的密实性。对不掺外加剂的水泥浆，可采用两次灌浆法来提高灌浆的密实性。

灌浆顺序应先下后上，以免上层孔道漏浆把下层孔道堵塞。直线孔道灌浆时，应从构件一端灌到另一端。曲线孔道灌浆宜由最低点注入水泥浆，至最高点排气孔排尽空气并溢出浓浆为止。用连接器连接的多跨连续预应力筋的孔道灌浆，应张拉完一跨随即灌注一跨，不得在各跨全部张拉完毕后，一次连续灌浆。如果孔道排气不畅，应检查原因，待故障排除后重灌。当灰浆强度达到 15MPa 时，方可移动构件。灰浆强度达到 100% 设计强度时，才允许吊装。

任务 4　无粘结预应力混凝土施工

一、无粘结预应力筋的锚具

无粘结预应力构件中，锚具是把预应力束的张拉力传递给混凝土的工具，外荷载引起预应力束内力的变化全部由锚具承担。因此，无粘结预应力束的锚具不仅受力比有粘结预应力筋的锚具大，而且承受的是重复荷载。因而无粘结预应力束的锚具应有更高的要求，必须采用 1 类锚具。一般要求无粘结预应力束的锚具至少应能承受预应力束最小规定极限强度的 95% 而不超过预期的滑动值。钢丝束作为无粘结预应力筋时，可使用墩头锚具；钢绞线作为无粘结预应力筋时，可使用 XM 型、JM 型。

二、无粘结预应力筋的制作

无粘结预应力筋（束）由预应力钢丝、防腐涂料和外包层以及锚具组成。

1. 原材料的准备

无粘结预应力筋是一种在施加预应力后沿全长与周围混凝土不粘结的预应力筋，它由预应力钢材、涂料层和包裹层组成（图 6-37）。无粘结预应力筋的高强度钢材和有粘结的要求完全一样，常用的钢材为 7 根直径为 5mm 的碳素钢丝束及由 7 根直径为 5mm 或 4mm 的钢丝绞合而成的钢绞线。无粘结预应力筋的制作，通常采用挤压涂塑工艺，外包聚乙烯或聚丙乙烯套管，套管内涂防腐建筑油膏，经挤压成型，塑料包裹层裹覆在钢绞线

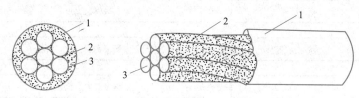

图 6-37 无粘结预应力筋
1—塑料外包层；2—防腐润滑脂；3—钢绞线（或碳素钢丝束）

或钢丝束上。

无粘结预应力筋涂料层应采用专用防腐油脂，其性能应符合下列要求。

1）在－20～＋70℃温度范围内，不流淌，不裂缝，不变脆，并有一定韧性。

2）使用期内，化学稳定性好。

3）对周围材料（如混凝土、钢材和外包材料）无侵蚀作用。

4）不进水，不吸湿，防水性好。

5）防腐性能好。

6）润滑性能好，摩擦阻力小。

无粘结预应力筋外包层材料，应采用高密度聚乙烯，严禁使用聚氯乙烯。

2. 无粘结预应力束的制作

无粘结预应力束一般有缠纸工艺、挤压涂层工艺两种制作方法。

无粘结预应力束制作的缠纸工艺是在缠纸机上连续作业，完成编束、涂油、镦头，缠塑料布和切断等工序。挤压涂层工艺主要是钢丝遇过装置涂油，涂油钢丝束通过塑料挤压机涂刷塑料薄膜，再经冷却筒槽成型塑料套管，如图 6-38 所示。这种无粘结束挤压涂层工艺与电线、电缆包裹塑料套管的工艺相似，并具有效率高、质量好设备性能稳定的特点。

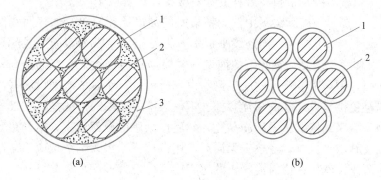

(a)   (b)

图 6-38 环氧涂层钢绞线
（a）带塑料套的无粘结预应力钢绞线；（b）无粘结钢绞线（无塑料套、带油脂层）
1—钢绞线；2—油脂；3—塑料护套

三、无粘结预应力混凝土施工要点

无粘结预应力施工工艺流程如图 6-39 所示。

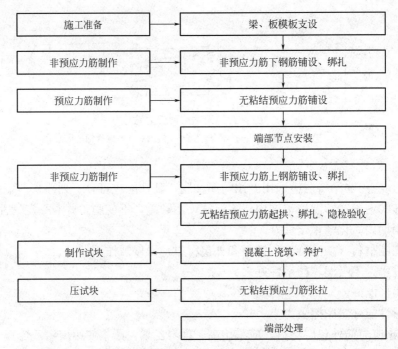

图 6-39　无粘结预应力施工工艺流程图

无粘结预应力施工工艺主要分为五个阶段：

无粘结预应力筋的制作→预应力筋的铺设→混凝土构件制作→预应力筋的张拉→锚头端部处理。

1. 预应力筋的铺设

无粘结筋在铺设前应逐根进行检查外包的完好程度。对有轻微破损者，可用塑料胶粘带重叠绕补好；对破损严重者应予以报废。

在单向连续梁板中，无粘结筋的铺设比较简单，如普通钢筋一样铺设在设计位置上。在双向连续平板中，无粘结筋常常为双向曲线配置，因此其铺设顺序很重要。钢丝束的铺设一般根据双向钢丝束交点的标高差，绘制钢丝束的铺设顺序图，钢丝束波峰低的底层钢丝束先行铺设，然后依次铺设波峰高的上层钢丝束，这样可以避免钢丝束之间的相互穿插。钢丝束铺设波峰的形成是用钢筋制成的马凳来架设。一般施工顺序是依次放置钢筋马凳，然后按顺序铺设钢丝束，钢丝束就位后，进行调整波峰高度及其水平位置，经检查无误后，用镀锌钢丝将无粘结预应力束与非预应力钢筋绑扎牢固，防止钢丝束在浇筑混凝土的过程中产生位移。

2. 混凝土构件制作

混凝土浇筑时，严禁踏压碰撞无粘结预应力筋、支承钢筋及端部预埋件，张拉端与固定端混凝土必须振捣密实。

3. 预应力筋的张拉

由于无粘结预应力筋多为曲线配筋，故宜采用两端同时张拉。无粘结预应力筋的张拉顺序，应根据其铺设顺序，先铺设的先张拉，后铺设的后张拉。无粘结预应力筋的张拉与普通后张法带有螺母锚具的有粘结预应力钢丝束张拉方法相似，张拉程序一般采用 $0 \rightarrow 1.03\sigma_{con}$ 进行锚固。

4. 锚头端部处理

无粘结预应力筋由于一般采用镦头锚具，锚头部位的外径比较大，因此，钢丝束两端应在构件上预留有一定长度的孔道，其直径略大于锚具的外径。钢丝束张拉锚固以后，其端部便留下孔道，并且该部分钢丝没有涂层，为此对无粘结筋端部锚头的防腐处理应特别重视。

无粘结预应力筋锚头端部处理，目前常采用两种方法：第一种方法用油枪通过锚杯的注油孔向套筒内注入防腐油脂并加以封闭，如图 6-40 所示。第二种方法在两端留设的孔道内注入环氧树脂水泥砂浆，其抗压强度不低于 35MPa。灌浆时同时将锚头封闭，防止钢丝锈蚀，同时也起一定的锚固作用，如图 6-41 所示。

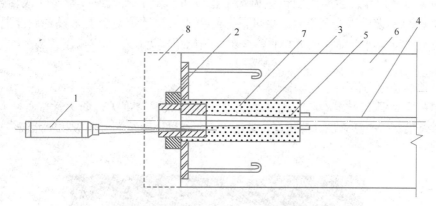

图 6-40　锚头端部处理方法——油脂封闭

1—油枪；2—锚具；3—端部孔道；4—有涂层的无粘结预应力筋；
5—无涂层的端部钢丝；6—构件；7—注入孔道的油脂；8—混凝土封闭

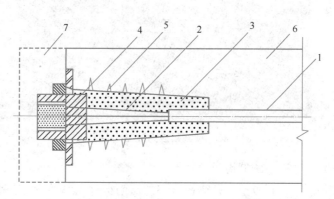

图 6-41　锚头端部处理方法——环氧树脂水泥砂浆封闭

1—无粘结预应力束；2—无涂层的端部钢丝；3—环氧树脂水泥砂浆；
4—锚具；5—端部加固螺旋钢筋；6—构件；7—混凝土封闭

预留孔道中注入油脂或环氧树脂水泥砂浆后，用 C30 级的细石混凝土封闭锚头部位。

预应力装配式混凝土结构施工

一、预制预应力混凝土构件

预制预应力混凝土构件是指通过工厂生产并采用先张预应力技术的各类水平和竖向构件，其主要包括：预制预应力混凝土空心板、预制预应力混凝土双 T 板、预制预应力梁以及预制预应力墙板等。各类预制预应力水平构件可形成装配式或装配整体式楼盖，空心板、双 T 板可不设后浇混凝土层，也可根据使用要求与结构受力要求设置后浇混凝土层。预制预应力梁可为叠合梁，也可为非叠合梁。预制预应力墙板可应用于各类公共建筑与工业建筑中。

（1）预制预应力混凝土空心板

预制预应力混凝土空心板具有承载力高、刚度大、跨度大、防火性能好、尺寸误差小、隔声效果好、产品质量好等优点，常用于工业与民用建筑的楼面板和屋面板，如图 6-42 所示。

图 6-42　预制预应力混凝土空心板

（2）预制预应力混凝土双 T 板

预制预应力混凝土双 T 板是一种梁板合一的屋面构件，其特点是：承载力大，构件通用性强，安装速度快，有利于实现标准化设计与机械化施工。预制预应力混凝土双 T 板由翼板及两条纵向肋梁组成，跨度可达 15m，如图 6-43 所示。

（3）预制预应力混凝土梁

预制预应力混凝土梁主要有预制预应力 T 形梁和箱形梁（图 6-44）两种，具有跨度大、结构整体性、抗弯与抗扭刚度大等性能优势，在工业建筑和路桥工程中广泛应用。预制梁跨度根据工程实际确定，在工业建筑中多为 6m、7.5m、9m 跨度。

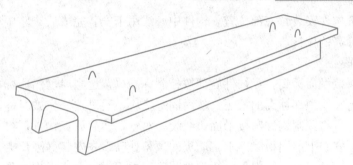

图 6-43　预制预应力混凝土双 T 板

图 6-44　预制预应力混凝土箱形梁

二、预应力装配式混凝土结构连接

以预应力装配式混凝土干式连接结构为例，预应力装配式建筑混凝土结构构件安装顺序如图 6-45 所示。

所有构件的安装流程可分为准备、定位、安装校准 3 个阶段。准备阶段需要根据具体构件在接触面或构件上弹设中线、边线、标高控制线等；定位阶段需要选择合适的垫块对构件的标高进行控制，竖向构件还需加以临时稳固措施；安装校准阶段需要准确调整构件标高和垂直度，并将连接件进行连接或焊接，对于安装完成后出现偏差的构件还需采取必要的矫正措施。

图 6-45　预应力装配式建筑混凝土结构构件安装顺序

1）柱、墙安装技术

① 准备阶段

需在安装接触面处弹设轴线控制线、构件边线、构件 2 个方向中心线，并在预制构件上至少 3 面弹设中线、标高控制线。其中，轴线控制线用于安装完成后复核轴线偏差，构件边线用于校准构件安装时底部位置，构件中心线用于安装完成后查验中心偏移，标高控制线用于构件标高的校核。

② 定位阶段

先测量安装接触面标高，在构件底部按控制标高放置适当厚度的非标准硬垫块，并按照设计要求进行垫块顶部标高的校正，然后固定垫块，通过这一方式对标高进行控制。安装底层墙、柱时，将预制构件与接触面边线缓缓对正，然后放置构件，再通过钢丝缆风绳进行临时稳固；安装上层墙板时，下层墙板的顶角处已事先安装好限位夹具，吊装上层墙板时要通过限位夹具进行水平限位，待构件落稳后再用钢丝缆风绳进行临时稳固。限位夹具对上层墙板的安装可以起到很好的定位效果，利用限位夹具可以使得墙板底边在面外方向自动对齐，同时也可以防止进行垂直度调整时墙板底边发生错动，因而很大程度上降低了安装难度，提高了安装精度。

③ 安装校准阶段

先用钢丝缆风绳进行构件垂直度调整，过程中通过 2 台经纬仪对构件的 2 个互相垂直的侧面进行全方位、远距离的垂直度控制，垂直度调整完后用 1 台水准仪校核构件标高，如果标高有偏差，则需重复矫正垂直度和标高，直到符合要求后，安装斜撑杆进行稳固，之后再进行套筒灌浆。

2）倒 T 梁、楼面梁安装技术

① 准备阶段

因为构件设计时，倒 T 梁、楼面梁与竖向构件的构造边缘本身是对齐的，因而只需在梁支座和竖向构件的牛腿支座弹设中线，以此复核构件中心偏移。

② 定位阶段

直接在竖向构件的牛腿支座上放置标准垫块。由于本工程墙、柱、倒 T 梁、楼面梁等构件的尺寸精度很高，且垫块为标准垫块，故不需进行标高控制。当然，如果工程中构件尺寸制作不够精准，则应先进行标高校准，然后确认垫块厚度。固定垫块后，将梁支座的中线及边缘与竖向构件的牛腿支座对齐，然后放置构件。

③ 安装校准阶段

调整梁上部，使得梁顶部边缘与竖向构件边缘对齐，调整完成之后进行固定与安装。

3）双 T 板、单 T 板的安装技术

① 准备阶段

在墙、柱、楼面梁、倒 T 梁上的牛腿支座处弹设双 T 板、单 T 板肋梁的边线，仅通过该边线进行位置控制。

② 定位阶段

先测量支座牛腿面的标高，以此来确定需要放置的垫块高度，然后放置并固定垫块。将构件缓缓下落，使肋梁边缘与牛腿支座处弹设的边线对齐，然后放置构件。

③ 安装校准阶段

由于需后浇混凝土，板的上表面进行了粗糙化处理，其标高及位置不易控制，因此仅校准板的下表面位置。构件落稳后，检查板端部的下表面与相邻板面是否有明显高差，如果存在，则需要调整，调整后，完成双 T 板、单 T 板在端部的连接件安装。接着检查板的跨中下表面与相邻板面是否有明显高差，如果存在，则矫正后再进行板的中部连接件安装。由于双 T 板上还要后浇 80mm 厚现浇层，为了防止出现漏浆现象，可在双 T 板的细小缝隙处采用发泡 PE 棒封堵，如果缝隙较大，则可在板底设置木模板将缝隙挡住。

任务 6 预应力混凝土工程施工质量检查与安全措施

一、预应力混凝土工程施工质量检查

（1）专项施工质量保证体系人员职责

① 项目经理：全面负责预应力分项工程的质量、进度和安全。

② 项目总工程师：审核所有技术方案。

③ 项目工程师：负责编制施工方案，指导对施工人员的技术交底，负责各种施工措施的落实，负责施工技术资料的管理。

④ 质检员：负责工程质量的检查，按图纸、规范及合同的要求对工程的进度和质量落实进行检查、把关，对施工人员进行质量意识教育，按规范操作，确保质量。

⑤ 现场工长：负责施工现场全面管理，组织施工，协调各单位的关系，确保工程质量、工程进度及工程安全的落实、实施。

⑥ 材料员：负责工程物资的供应，做到材料及时，材证齐全，不合格材料不准进场，负责质量设备的标定管理，检验检查。

（2）专项施工质量计划

由项目经理主持编制施工质量计划。根据承包合同、设计文件、有关专项施工质量验收规范及相关法规等编制出体现预应力专项施工全过程控制的质量计划。

作为对外质量保证和对内质量控制的依据文件，质量计划应包括质量目标、管理职责、资源提供、材料采购控制、机械设备控制、施工工艺过程控制、不合格品控制等多方面的内容。

（3）专项施工质量控制

① 预应力分项工程应严格按照设计图纸和施工方案进行施工。因特殊情况需要变更，应经监理单位批准后方可实施。

② 预应力分项工程施工前应由项目技术负责人向有关施工人员技术交底，并在施工过程中检查执行情况。

③ 预应力分项工程项目负责人、施工人员和技术工人，应持证上岗。

④ 预应力分项工程施工应遵循有关规范的规定，并具有健全的质量管理体系、施工质量控制和质量检验制度。

⑤ 预应力分项工程施工质量应由施工班组自检、施工单位质量检查员抽查及监理工程师监控等三级把关；对后张预应力筋的张拉质量，应做见证记录。

二、预应力混凝土工程施工安全措施

（1）专项施工安全保证体系

预应力施工安全由项目经理牵头，各级领导参加，同时由安全部全面负责协调各职能组，组成安全保证体系。

（2）专项施工安全保证计划及实施

认真贯彻"安全第一，预防为主，综合治理"的安全生产方针，落实"管生产必须管安全""安全生产、人人有责"的原则，明确各级领导、工程技术人员、相关管理人员的安全职责，增强各级管理人员的安全责任心，真正把安全生产工作落实到实处。

（3）专项施工安全控制措施

① 认真贯彻、落实国家"重点防范、预防为主"的方针，严格执行国家、地方及企业安全技术规范、规章、制度。

② 建立落实安全生产责任制，与各施工组签订安全生产责任书。

③ 认真做好进场安全教育及进场后经常性的安全教育及安全生产宣传工作。

④ 建立落实安全技术交底制度，各级交底必须履行签字手续。

⑤ 预应力作业人员必持证上岗，且所持证件必须是有效证件。

⑥ 认真做好安全检查，做到有制度有记录。根据国家规范、施工方案要求内容，对现场发现的安全隐患进行整改。

⑦ 施工用电严格执行现行行业标准《施工现场临时用电安全技术规范》JGJ 46，且应有专项临电施工组织设计，强调突出线缆架设及线路保护，严格采用三级配电二级保护的三相五线制，每台设备和电动工具都应安装漏电保护装置，漏电保护装置必须灵敏可靠。

⑧ 现场防火制定专门的消防措施。按规定配备有效的消防器材，指定专人负责，实行动火审批制度。对全体施工人员进行防火安全教育，努力提高其防火意识。

⑨ 组织事故应急救援抢险。

项目小结

本项目包括先张法、后张法、无粘结预应力混凝土施工工艺、预应力装配式混凝土结构、预应力混凝土施工质量检查与安全措施等内容。

先张法施工中，应了解台座类型及其作用、墩式台座的验算方法、夹具及张拉设备的正确选用。掌握先张法的工艺及特点、预应力值的建立和传递原理、预应力筋张拉后对张拉力进行检验的方法。

后张法施工中，锚具是预应力筋张拉后建立预应力值和确保结构安全的关键，应了解常用锚具的类型、性能、受力特点，正确分析锚具的可靠性和使用要求，注意要使锚具本身满足自锚和自锁的条件。

后张法用的预应力筋、锚具和张拉千斤顶是配套的。预应力筋的种类不同，采用的锚具类型不同，所用的张拉千斤顶也不同。

预应力筋张拉是预应力混凝土施工中的关键工作。张拉控制应力应严格按设计规定取值，同时，为减少预应力筋的应力松弛损失，一般多采用超张拉。

无粘结预应力混凝土可用于多、高层房屋建筑的楼盖结构、基础底板、地下室墙板等，以抵抗大跨度或超长度混凝土结构在荷载、温度或收缩等效应下产生的裂缝，提高结构、构件的性能，降低造价。

预制预应力混凝土构件包括预制预应力混凝土空心板、双 T 板和箱形梁等。

预应力装配式混凝土结构构件安装顺序依次为墙、柱单元、梁单元和板单元。

复习思考题

一、单选题

1. 若设计无要求，预制构件在运输时其混凝土强度至少应达到设计强度的（　　）。

A. 30％ 　　　　 B. 45％ 　　　　 C. 60％ 　　　　 D. 75％

2. 墩式台座的主要承力结构为（　　）。

A. 台面 　　　　 B. 台墩 　　　　 C. 钢横梁 　　　　 D. 预制构件

3. 在先张法预应力筋放张时，构件混凝土强度不得低于强度标准值的（　　）。

A. 25％ 　　　　 B. 50％ 　　　　 C. 75％ 　　　　 D. 100％

4. （　　）锚具用于固定端由锚固板和带锻头的预应力筋组成。

A. JM 型 　　　　 B. 墩头 　　　　 C. 锥形螺杆 　　　　 D. 钢丝束墩头

5. （　　）是预应力筋张拉和永久固定在预应力混凝土构件上的传递预应力的工具。

A. 偏心式夹具 　　 B. 压销式夹具 　　 C. 钢质锥形夹具 　　 D. 锚具

二、简答题

1. 在先张法施工中，常采取哪些措施来减少预应力损失？

2. 先张法施工时，预应力筋什么时候才可放张？怎样进行放张？

3. 分批张拉预应力筋时，如何弥补混凝土弹性压缩引起的应力损失？

 综合应用案例

预应力混凝土工程施工实例

1. 工程概况

某预应力混凝土屋架长度为 24m，后张法施工，下弦截面如图 6-46 所示，预留孔道长度为23800mm，预应力筋为 4 根冷拉 HRB400 级钢筋，直径为 25mm，冷拉采用应力控制法，实测冷拉率为 4.2％，弹性回缩率为 0.4％，两端张拉，螺丝端杆锚具，混凝土强度等级为 C40。

若采用电热张拉工艺施工，张拉控制应力 σ_{con}取 $0.85f_{pk}$，预应力筋弹性模量 $E_s = 1.8 \times 10^5$ MPa，

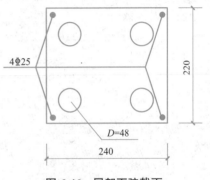

图 6-46 屋架下弦截面

预应力筋每米质量为 3.85kg，环境温度为 20℃，试计算电热张拉伸长值、预应力筋电热温度、变压器功率。

2. 施工计算

后张法施工计算：

① 预应力筋长度计算

预应力筋需对焊接长，每个接头压缩量取 25mm，螺丝端杆长度为 320mm，外露长度为 120mm，螺母高度为 45mm 垫板厚度为 16mm。即

$$L=(23800+4\times45+2\times16-2\times320)/(1+4.2\%-0.4\%)+5\times25=22642mm$$

② 钢筋冷拉计算

钢筋冷拉采用应力控制方法，冷拉控制应力为 550N/mm²，钢筋截面积为 495mm，钢筋冷拉力 N 为

$$N=500\times491N=245.5kN$$

冷拉时钢筋应拉到下列长度（不包括螺丝端杆）：

$$L=(22.64-0.125)\times(1+0.042)=23.46m$$

③ 预应力筋张拉计算

采用 YL-60 型千斤顶，对角对称分两批张拉，张拉程序为 $0\rightarrow1.03\sigma_{con}$。考虑第二批张拉受第一批预应力筋的影响，则第一批预应力筋张拉应力应增加 $\Delta\sigma$，即

$$\Delta\sigma=E_s/E_c[(\sigma_{con}-\sigma_1)\cdot A_p]/A_n$$

式中：钢筋弹性模量为 18000N/mm²，混凝土弹性模量为 32500N/mm²，控制应力 $\sigma_{con}=0.85f_{pyk}=425N/mm²$，第一批预应力 $\sigma_1=30.3N/mm²$（计算略去），预应力筋截面积 $A_p=491\times2mm=982mm²$，混凝土折算面积 A_n 计算如下：

$$A_n=240\times220-4\times(\pi\times48^2)/2+4\times113\times200000/32500=48346mm²$$

将上述结果代入 $\Delta\sigma$ 计算公式得

$$\Delta\sigma=180000/32500\times(425-30.3)\times982/48346=44.4MPa$$

则第一批预应力筋张拉应力为

$$(425+44.4)\times1.03=483MPa>0.9f_{pyk}=450MPa$$

上述计算表明，分批张拉的影响若按计算补加到先批预应力筋张拉应力中，将使张拉应力过大，超过规范规定，故采取重复张拉补足的方法。

预应力筋张拉力为

$$N=1.03\times425\times491=214.9kN$$

油压表读数应为

$$P=214.900/16200=13.3N/mm² （活塞面积为 16200mm²）$$

张拉时伸长值应为

$$\Delta L=214900\times24000/(419\times1.8\times10^5)mm=58.4mm$$

项目七

防水工程施工

Chapter 07

教学目标

1. 知识目标

(1) 了解卷材防水屋面各种原材料的特性，掌握各种卷材防水屋面的施工工艺。

(2) 了解涂膜防水屋面各种原材料的特性，掌握涂膜防水屋面的施工工艺。

(3) 了解刚性防水屋面各种原材料的特性，掌握刚性防水屋面的施工工艺。

(4) 了解防水混凝土施工、沥青防水卷材施工、聚氨酯涂料防水施工的施工工艺。

(5) 了解厨房、卫生间地面防水构造与施工要求，掌握厨房、卫生间地面防水的施工方法。

2. 能力目标

(1) 能够组织屋面防水、地下防水及卫生间防水施工。

(2) 能够编制防水工程施工方案。

3. 素质目标

(1) 通过对建筑物不同部位防水做法的学习，培养学生认真严谨的工作态度。

(2) 通过对防水施工工艺的学习，培养学生树立规范意识和质量意识。

引例

建筑工程的渗漏问题严重影响建筑物的使用功能和寿命，根据建筑物的结构形式和防水要求合理选择防水材料和防水施工做法是提高建筑防水工程质量的重要保障，那么常用的建筑防水施工做法有哪些呢？下面我们通过一个工程案例来做初步了解。

综合应用案例 7 为地下室防水工程，地下室总建筑面积：61967.34m²。地下室耐火级别为一级，地下室防水等级为一级，种植顶板防水等级为一级。地下室负一、负二、负三层层高均为 4.0m，负三层底板抗渗等级为 P8，室外顶板（覆土区域）抗渗等级为 P6，负一层室外车道底板抗渗等级为 P6，负三、负二层侧壁抗渗等级为 P8，负一层侧壁墙抗渗等级为 P6，水池侧壁及底板为 P6。底板抗渗等级 P8，有覆土的顶板、消防水池为 P6，侧壁负一层为 P6，负二、负三层为 P8。

思考：该工程主要在哪些部位需要采取防水措施？地下室防水工程有哪些构造措施和施工工艺？有哪些施工要点？

任务 1　屋面防水工程施工

屋面防水工程是房屋建筑的一项重要工程，其施工质量的好坏，不仅关系到建筑物的使用寿命，而且直接影响人民生产活动和生活的正常进行。目前，常用的屋面防水做法有卷材防水屋面、刚性防水屋面和涂膜防水屋面。屋面防水可多道设防，将卷材、涂膜、细石防水混凝土复合使用，也可将卷材叠层施工。《屋面工程技术规范》GB 50345—2012 中根据建筑物的性质、重要程度、使用功能要求以及防水层合理使用年限等，将屋面防水分为两个等级，不同的防水等级有不同的设防要求，详见表 7-1。

屋面防水等级和设防要求　　表 7-1

防水等级	建筑类别	设防要求
Ⅰ级	重要建筑和高层建筑	两道防水设防
Ⅱ级	一般建筑	一道防水设防

中国传统建筑智慧，欣赏传承守正创新：中国建筑艺术源远流长，屋面四角飞檐翘起，或扑朔欲飞，或静中有动。这样的美，全世界都为之惊艳！中国建筑防水历史同样源远流长，我们的祖先在实践中积累了丰富的建筑防水经验，比如

"以排为主，以防为辅，多道设防，刚柔并济"等建筑防水设计理念，直到今天仍被世界各国的建筑师们所采用，这不仅是中华民族奉献给人类的宝贵建筑经验，也是我们今天要认真汲取和发扬光大的中华优秀传统文化。

一、卷材防水屋面施工

卷材防水屋面适用于防水等级为Ⅰ、Ⅱ级的屋面防水。卷材防水屋面是用胶结材料粘贴卷材铺设在结构基层上而形成防水层，进行防水的屋面构造，一般由结构层、隔汽层、保温层、找平层、防水层和保护层组成，如图7-1所示。其中，隔汽层和保温层在一定的气温条件和使用条件下可不设。

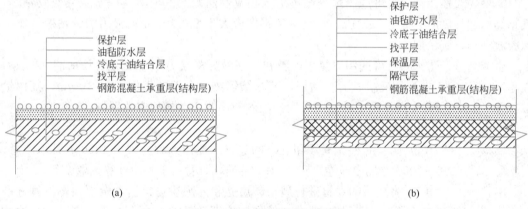

图 7-1　卷材防水屋面构造层次
(a) 不保温的卷材屋面；(b) 保温的卷材屋面

卷材防水屋面具有质量轻、防水性能好等优点。其防水层（卷材）的柔韧性好，能适应一定程度的结构振动和胀缩变形。所用卷材主要有高聚物改性沥青卷材和合成高分子卷材两大类若干品种。

1. 防水材料选择

（1）高聚物改性沥青卷材。高聚物改性沥青卷材是以合成高分子聚合物改性沥青为涂盖层，纤维织物或纤维毡为胎体，粉状、粒状、片状或薄膜材料为覆盖材料制成的可卷曲的片状材料。

（2）合成高分子卷材。合成高分子卷材是以合成橡胶、合成树脂或两者的混合体为基料，加入适量的化学助剂和填充料等，经不同工序加工而成的可卷曲的片状防水材料；或把上述材料与合成纤维等复合，形成两层或两层以上的可卷曲的片状防水材料。

（3）基层处理剂。基层处理剂的选择应与所用卷材的材性相容。常用的基层处理剂有用于沥青卷材防水屋面的冷底子油，它的作用是使沥青胶与水泥砂浆找平层更好地粘结，其配合比（质量比）一般为40%石油沥青加60%柴油或轻柴油（俗称慢挥发性冷底子油），涂刷后12～48h即可干燥；也可用快挥发性的冷底子油，配合比一般为30%石油沥青加70%汽油，涂刷后5～10h就可干燥。

涂刷冷底子油的施工要求为：在找平层完全干燥后方可施工，待冷底子油干燥后，立即做油毡防水层；否则冷底子油粘灰尘后，应返工重刷。

用于高聚物改性沥青卷材屋面的基层处理剂是聚氨酯煤焦油系的二甲苯溶液、氯丁胶乳溶液、氯丁胶沥青乳液等。

用于合成高分子卷材屋面的基层处理剂，一般采用聚氨酯涂膜防水材料的甲料、乙料、二甲苯按1：1.5：3的比例配合搅拌，或者采用氯丁胶乳。

（4）胶粘剂。沥青卷材可选用玛琋脂或纯沥青（不得用于保护层）作为胶粘剂。沥青常采用10号和30号建筑沥青及60号道路石油沥青，一般不使用普通沥青。这是因为普通沥青含蜡量较多，降低了石油沥青的粘结力和耐热度。通常在熬化的沥青中掺入适当的滑石粉（一般为20%～30%）或石棉粉（一般为5%～15%）等填充材料拌合均匀，形成沥青胶（俗称玛琋脂）。填入的填料可改善沥青胶的耐热度和柔韧性等性能。

高聚物改性沥青卷材可选用橡胶或再生橡胶改性沥青的汽油溶液或水乳液作胶粘剂，其粘结剪切强度应大于0.05MPa，粘结剥离强度应大于8N/10mm。常用的胶粘剂为氯丁橡胶改性沥青胶粘剂。

合成高分子防水卷材可选用以氯丁橡胶和丁基酚醛树脂为主要成分的胶粘剂（如404胶等），或以氯丁橡胶乳液制成的胶粘剂，其粘结剥离强度不应小于15N/10mm，其用量以0.4～0.5kg/m² 为宜。施工前也应查明产品的使用要求，与相应的卷材配套使用。

2. 进场卷材的抽样复验

（1）同一品种、型号和规格的卷材，抽样数量：大于1000卷抽取5卷；500～1000卷抽取4卷；100～499卷抽取3卷；小于100卷抽取2卷。

（2）将受检的卷材进行规格、尺寸和外观质量检验，全部指标达到标准规定时即为合格。其中若有一项指标达不到要求，允许在受检产品中另取相同数量卷材进行复检，全部达到标准规定为合格。复检时仍有一项指标不合格，则判定该产品外观质量为不合格。

（3）在外观质量检验合格的卷材中，任取一卷做物理性能检验，若物理性能有一项指标不符合标准规定，应在受检产品中加倍取样进行该项复检，如复检结果仍不合格，则判定该产品为不合格。

3. 卷材防水层施工

（1）清理基层。基层要保证平整，无空鼓、起砂，阴阳角应呈圆弧形，坡度符合设计要求，尘土、杂物要清理干净，保持干燥。

（2）找平层施工。找平层为基层（或保温层）与防水层之间的过渡层，一般采用1：3的水泥砂浆或沥青砂浆。找平层的厚度取决于结构基层的种类，水泥砂浆一般厚度为5～30mm，沥青砂浆一般厚度为15～25mm。找平层质量的好坏直接影响到防水层的铺贴质量。要求找平层表面平整，无松动、起壳和开裂现象，与基层粘结牢固，坡度应符合设计要求，一般檐沟纵向坡度不应小于 1%，在水落口周围直径 500mm 范围内坡度不应小于5%。两个面相接处均应做成半径不小于 100mm 的圆弧或斜面长度为 100～150mm 的钝角。找平层宜设置分格缝，缝宽为 20mm，分格缝宜留设在预制板支承边的拼缝处，缝间距为：采用水泥砂浆或细石混凝土时，不宜大于 6m；采用沥青砂浆时，不宜大于 4m。分格缝应嵌填密封材料，同时分格缝应附加 200～300mm 宽的卷材，如图 7-2 所示。

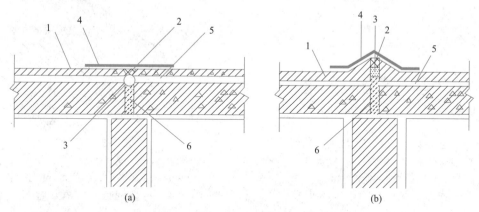

图 7-2 分格缝构造

1—刚性防水层；2—密封材料；3—背衬材料；4—防水材料；5—隔离层；6—细石混凝土

（3）喷涂基层处理剂。基层处理剂是利用汽油等溶液稀释胶粘剂制成，应搅拌均匀，基层处理剂可采用喷涂或涂刷的施工方法，喷涂应均匀一致，无露底。待基层处理剂干燥后，应及时铺贴卷材。喷涂时，应先用油漆刷对屋面节点、拐角、周边转角等细部进行涂刷，然后大面积部位涂刷。

屋面特殊部位防水施工

（4）细部处理。主要包括以下几点：

1）天沟、檐沟部位。天沟、檐沟部位铺贴卷材时，应从沟底开始，纵向铺贴，如沟底过宽，纵向搭接缝宜留设在屋面或沟的两侧。卷材应由沟底翻上至沟外檐顶部，卷材收头应用水泥钉固定，并用密封材料封严，如图 7-3 所示。沟内卷材附加层在天沟、檐口与屋面交接处宜空铺，空铺的宽度不应小于 200mm。

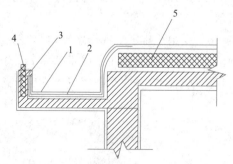

图 7-3 檐沟

1—防水层；2—附加层；3—水泥钉；
4—密封材料；5—保温层

2）女儿墙泛水部位。当泛水墙体为砖墙时，卷材收头可直接铺压在女儿墙压顶下，压顶应做防水处理。也可在砖墙上预留凹槽，卷材收头端部应截齐压入凹槽内，用压条或垫片钉牢固定。最大钉距不应大于 900mm，然后用密封材料将凹槽嵌填封严，凹槽上部的墙体也应抹水泥砂浆层做防水处理。当泛水墙体为混凝土时，卷材的收头可采用金属压条钉牢，并用密封材料封固，如图 7-4 所示。需要注意的是，铺贴泛水的卷材应采取满粘法，泛水高度不应小于 250mm。

3）变形缝部位。变形缝的泛水高度不应小于 250mm，其卷材应铺贴到变形缝两侧砌体上面，并且缝内应填泡沫塑料，上部应填放衬垫材料，并用卷材封盖。变形缝顶部应加扣混凝土盖板或金属盖板，盖板的接缝处要用油膏嵌封严密，如图 7-5 所示。

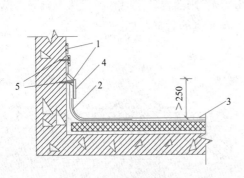

图 7-4　女儿墙泛水收头

1—密封材料；2—附加层；3—防水层；

4—水泥钉；5—防水处理

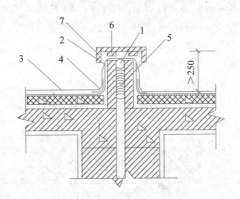

图 7-5　变形缝

1—密封材料；2—金属或高分子盖板；3—防水层；

4—金属压条钉子固定；5—水泥钉；

6—卷材封盖；7—泡沫塑料

4）水落口部位。水落口杯上口的标高应设置在沟底的最低处，铺贴时，卷材贴入水落口杯内不应小于 50mm，涂刷防水涂料 1～2 遍，使水落口周围直径为 500mm 的范围内坡度不小于 5％。并应在基层与水落口接触处留 20mm 宽、20mm 深的凹槽，用密封材料嵌填密实。

5）伸出屋面的管道。管子根部周围做成圆锥台，管道与找平层相接处留 20mm×20mm 的凹槽，嵌填密封材料，并在卷材收头处用金属箍箍紧，密封材料封严，如图 7-6 所示。

6）无组织排水。在排水檐口直径为 800mm 范围内卷材应采取满粘法，卷材收头压入预留的凹槽内，采用压条或带垫片钉子固定，最大钉距不应大于 900mm，凹槽内用密封材料嵌填封严，并注意在檐口下端应抹出鹰嘴和滴水槽，如图 7-7 所示。

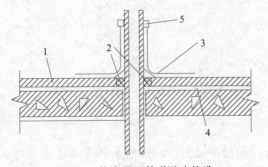

图 7-6　伸出屋面管道防水构造

1—刚性防水层；2—密封材料；3—防水卷材或涂膜；

4—隔离层；5—金属箍

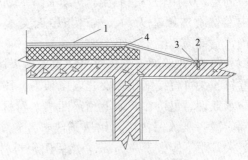

图 7-7　无组织排水檐口

1—防水层；2—密封材料；3—水泥钉；4—保温层

（5）卷材铺贴。主要包括以下几点：

1）铺贴方向。卷材的铺设方向应根据屋面坡度和屋面是否有振动来确定，当屋面坡度小于 3% 时，卷材宜平行于屋脊铺贴；当屋面的坡度为 3%～15% 时，卷材可平行或垂直于屋脊铺贴；当屋面的坡度大于 15% 或屋面受振动时，应垂直于屋脊铺贴。

屋面卷材防水层铺贴施工

2）搭接方法及要求。铺贴卷材采用搭接法，上、下层及相邻两幅卷材的搭接缝应错开。平行于屋脊的搭接应顺流水方向；垂直于屋脊的搭接应顺主导风向。叠层铺设的各层卷材，在天沟与屋面的连接处，应采用叉接法搭接，搭接缝应错开，接缝宜留在屋面或天沟侧面，不宜留在沟底，各种卷材搭接宽度应符合要求，如表 7-2 和图 7-8 所示。

卷材搭接宽度　　　　　　　　　　　　　　　　　　　表 7-2

卷材类别		搭接宽度（mm）
合成高分子防水卷材	胶粘剂	80
	胶粘带	50
	单缝焊	60，有效焊接宽度不小于 25
	双缝焊	80，有效焊接宽度 10×2＋空腔宽
高聚物改性沥青防水卷材	胶粘剂	100
	自粘	80

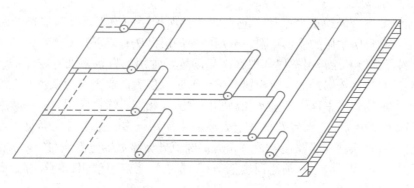

图 7-8　卷材水平铺贴搭接示意

3）高聚物改性沥青防水卷材防水，其施工方法主要有冷粘法、热熔法和自粘法三种。

高聚物改性沥青卷材防水层热熔法铺贴施工

① 冷粘法。将卷材放在弹出的基准线位置上，一般在基层上和卷材背面均涂刷胶粘剂，根据胶粘剂的性能，控制胶粘剂涂刷与卷材铺贴的间隔时间，边涂边将卷材滚动铺贴。胶粘剂应涂刮均匀，不露底、不堆积。用压辊均匀用力滚压，排除空气，使卷材与基层紧密粘贴牢固。卷材搭接处用胶粘剂满涂封口，滚压粘贴牢固。接缝应用密封材料封严，宽度不应小于 10mm。采用冷粘法施工时，应控制胶粘剂与卷材铺贴的间隔时间，以免影响粘贴力和粘结的牢固性。

② 热熔法。将卷材放在弹出的基准线位置上，并用火焰加热烘烤卷材底面，加热器的喷嘴距卷材面的距离应适中，幅宽内加热应均匀，以卷材表面熔融至光亮黑色为准，不

得过分加热卷材。滚动时应排除卷材与基层之间的空气，压实使之平展并粘贴牢固。卷材的搭接部位以均匀的溢出改性沥青为准。搭接部位必须把下层的卷材搭接边 PE 膜、铝膜或矿物粒清除干净。采用热熔法施工时，注意火焰加热器的喷嘴与卷材面的距离应保持适中，幅宽内加热应均匀，防止过分加热卷材。厚度小于 3mm 的卷材，严禁采用热熔法施工。并应在施工现场备有灭火器材，严禁烟火，易燃材料应有专人保存管理。热熔法工艺不得用于地下密闭空间、通风不畅空间、易燃材料附近的防水工程。

③ 自粘法。将卷材背面的隔离纸剥开撕掉，直接粘贴在弹出基准线的位置上，排除卷材下面的空气，滚压平整，粘贴牢固。低温施工时，立面、大坡面及搭接部位宜采用热风机加热，加热后随即粘贴牢固。接缝口用密封材料封严，宽度不应小于 10mm。

4）合成高分子防水卷材的铺贴有冷粘法、自粘法和热风焊法三种施工方法，冷粘法、自粘法施工要求与高聚物改性沥青防水卷材基本相同。但冷粘法施工时搭接部位应采用与卷材配套的接缝专用胶粘剂，在搭接缝粘合面上涂刷均匀，并控制涂刷与粘合的间隔时间，排除空气，辊压粘结牢固。

合成高分子
卷材防水层
热风法铺贴
施工

热风焊法是利用热空气焊枪进行防水卷材搭接粘合的方法。焊接前卷材应铺设平整、顺直，搭接尺寸应准确，不得扭曲、皱折；卷材焊接缝的结合面应干净、干燥，不得有水滴、油污及附着物；焊接时应先焊长边搭接缝，后焊短边搭接缝；焊缝质量与焊接速度与热风温度、操作人员的熟练程度关系极大，焊接施工时必须严格控制加热温度和时间，焊接缝不得有漏焊、跳焊、焊焦或焊接不牢现象；焊接时不得损害非焊接部位的卷材。

（6）保护层施工

卷材铺设完毕，经检查合格后，应立即进行保护层的施工，及时保护防水层免受损伤，从而延长卷材防水层的使用年限。常用的保护层做法有以下几种：

1）涂料保护层。涂料保护层一般在现场配置，常用的有铝基沥青悬浮液、丙烯酸浅色涂料或在涂料中掺入铝粉的反射涂料。施工前防水层表面应干净无杂物。涂刷方法与用量按各种涂料使用说明书操作，基本和涂膜防水施工相同。涂刷应均匀、不漏涂。

2）绿豆砂保护层。在沥青卷材非上人屋面中使用较多。施工时在卷材表面涂刷最后一道沥青胶，趁热撒铺一层粒径为 3～5mm 的绿豆砂，绿豆砂应撒铺均匀，全部嵌入沥青胶中。为了嵌入牢固，绿豆砂须经预热至 100℃ 左右，干燥后使用。边撒绿豆砂边扫铺均匀，并用软根轻轻压实。

3）细砂、云母或蛭石保护层。主要用于非上人屋面的涂膜防水层的保护层，使用前应先筛去粉料，砂可采用天然砂。当涂刷最后一道涂料时，应边涂刷边撒布细砂（或云母、蛭石），同时用软胶辐反复轻轻滚压，使保护层牢固地粘结在涂层上。

4）混凝土预制板保护层。混凝土预制板保护层的结合层可采用砂或水泥砂浆。混凝土板的铺砌必须平整，并满足排水要求。在砂结合层上铺砌块体时，砂层应洒水压实并刮平；板块对接铺砌，缝隙应一致，约为 10mm，砌完洒水轻拍压实。板缝先填砂一半高度，再用 1:2 的水泥砂浆勾成凹缝。为防止砂流失，在保护层四周直径为 500mm 范围内，应改用低强度等级水泥砂浆做结合层。上人屋面的预制块体保护层，块体材料应按照楼地面工程质量要求选用，结合层应选用 1:2 的水泥砂浆。

5）水泥砂浆保护层。水泥砂浆保护层与防水层之间应设置隔离层。保护层用的水泥砂浆配合比一般为 1:3～1:2.5（体积比）。保护层施工前，应根据结构情况每隔 4～6m

用木模设置纵、横分格缝。铺设水泥砂浆时应随铺随拍实，并用刮尺刮平。排水坡度应符合设计要求。立面水泥砂浆保护层施工时，为使砂浆与防水层粘结牢固，可事先在防水层表面粘上砂粒或小豆石，然后再做保护层。

6）细石混凝土保护层。施工前应在防水层上铺设隔离层，并按设计要求支设好分格缝木模，设计无要求时，每格面积不应大于 $36m^2$，分格缝宽度宜为 20mm，一个分格内的混凝土应连续浇筑，不留设施工缝。振捣宜采用铁辊滚压或人工拍实，以防破坏防水层。拍实后随即用刮尺按排水坡度刮平，初凝前用木抹子提浆抹平，初凝后及时取出分格缝木模，终凝前用钢抹子压光。细石混凝土保护层浇筑后应及时进行养护，养护时间不应少于 7d。

二、涂膜防水屋面

涂膜防水屋面是在屋面基层上涂刷防水涂料，经固化后形成一层有一定厚度和弹性的整体涂膜，从而达到防水目的的一种防水屋面形式。防水涂料的特点：防水性能好，固化后无接缝；施工操作简便，可适应各种复杂的防水基面；与基面粘结强度高；温度适应性强；施工速度快，易于修补等。涂膜防水屋面构造如图 7-9 所示。

涂膜防水屋面施工

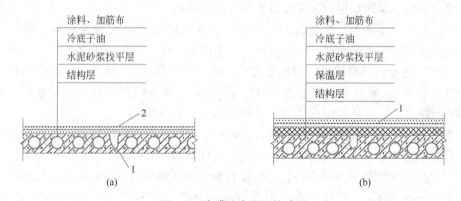

图 7-9 涂膜防水屋面构造图

（a）无保温层涂膜屋面；（b）有保温层涂膜屋面

1—细石混凝土；2—油膏嵌缝

1. 材料要求

（1）进场防水涂料和胎体增强材料的抽样复验。

1）同一规格、品种的防水涂料，每 10t 为一批，不足 10t 者按一批进行抽样。胎体增强材料，每 $3000m^2$ 为一批，不足 $3000m^2$ 者按一批进行抽样。

2）防水涂料和胎体增强材料的物理性能检验，全部指标达到标准规定时，即为合格。若有一项指标达不到要求，允许在受检产品中加倍取样进行该项复检；如复检结果仍不合格，则判定该产品为不合格产品。

（2）防水涂料和胎体增强材料的储运、保管。

1）防水涂料包装容器必须密封，容器表面应标明涂料名称、生产厂名、执行标准号、生产日期和产品有效期，并分类存放。

2）反应型和水乳型涂料储运和保管的环境温度不宜低于5℃。

3）溶剂型涂料储运和保管的环境温度不宜低于0℃，并不得日晒、碰撞和渗漏；保管环境应干燥、通风，并远离火源；仓库内应有消防设施。

4）胎体增强材料储运、保管的环境应干燥、通风，并远离火源。

2. 涂膜防水屋面施工

（1）基层清理。要求基层上应清理干净，无杂物和尘土，并保证基层必须干燥，这样方可施工。

（2）喷涂基层处理剂。先将聚氨酯甲组分、乙组分和二甲苯以1∶1.5∶2的质量比配合，并搅拌均匀，作为涂膜的基层处理剂。涂刷应先立面、阴阳角、增强涂抹部位，然后大面积涂刷。涂刷应均匀、不露底，一般在常温下4h后手触摸不粘时即可进行下一道工序施工。

（3）涂膜附加层。在天沟、檐沟、泛水等部位，应先用聚氨酯涂料甲、乙组分按1∶1.5的比例混合均匀，涂刷一次，再铺贴胎体增强材料宽300～500mm，搭接缝100mm，施工时边铺贴平整、边涂刷聚氨酯涂料。

水落口周围与屋面交接处应先作密封处理，再加铺贴两层有胎体增强材料的附加层。分格缝位置应沿找平层分格缝增设空铺附加层，其宽度宜为200～300mm。天沟、檐沟与屋面的交接处宜空铺附加层，其宽度宜为200～300mm。

（4）涂膜防水层施工。涂膜防水应根据防水涂料的品种分层分遍涂布，不得一次涂成，应待先涂的涂层干燥成膜后，方可涂后一遍涂料；需铺贴胎体增强材料时，屋面坡度小于15%时，可平行屋脊铺贴，屋面坡度大于15%时，应垂直屋脊铺贴；胎体长边搭接宽度不应小于50mm，短边搭接宽度不应小于70mm；采用两层胎体增强材料时，上、下层不得相互垂直铺贴，搭接缝应错开，其间距不应小于幅宽的1/3。

施工要点：防水涂膜应分层分遍涂布，第一层一般不需要刷冷底子油，待先涂的涂层干燥成膜后，方可涂布下一遍涂料。在板端、板缝、檐口与屋面板交接处，先干铺一层宽度为150～300mm的塑料薄膜缓冲层。铺贴玻璃丝布或毡片应采用搭接法，长边搭接宽度不应小于70mm，短边搭接宽度不应小于100mm，上、下两层及相邻两幅的搭接缝应错开1/3幅宽，但上、下两层不得互相垂直铺贴。

铺加衬布前，应先浇胶料并刮刷均匀，然后立即铺加衬布，再在胶料上面刮刷均匀，纤维不露白，用辊子滚压，排尽布下空气。

必须待上道涂层干燥后，方可进行后道涂料施工，干燥时间视当地温度和湿度而定，一般为24h。

（5）涂膜保护层。

1）浅色涂料保护层。浅色涂料应在涂膜固化后进行，涂料层与防水层粘结牢固，厚薄涂刷均匀，不得漏涂。

2）整体保护层。宜采用水泥砂浆或细石混凝土作为保护层，铺设时，应注意设置分格缝，分格面积为：水泥砂浆宜为1m²，细石混凝土不宜大于36m²。

3）块料保护层。块料保护层设置时，应在块料保护层与防水层之间设置隔离层。

4）细砂、蛭石、云母保护层。应在最后一遍涂料涂刷后随即撒上细砂（或云母、蛭石），并用扫帚清扫均匀、轻拍粘牢。

> **特别提示**
>
> 涂膜防水层屋面应做保护层，保护层材料的选择应根据设计要求及所用防水涂料的特性而定，一般薄质涂料可以用浅色涂料或粒状材料（细砂）做保护层，厚质涂料可用粉料或粒状材料做保护层，水泥砂浆、细石混凝土或板块保护层对这两类涂料均适用。

三、刚性防水屋面

刚性防水屋面是指使用刚性防水材料做防水层的屋面，主要有普通细石混凝土防水屋面、补偿收缩混凝土防水屋面、块料刚性防水屋面、预应力混凝土防水屋面等。与卷材或涂膜防水屋面相比，刚性防水屋面所用的材料购置方便、价格便宜、耐久性好、维修方便，但刚性防水层材料的表观密度大、抗拉强度低、极限拉应力小、易因混凝土或砂浆的干湿变形以及温度变形和结构变位而产生裂缝。主要适用于防水等级为Ⅱ级的屋面防水，也可用作Ⅰ级屋面多道防水设防中的一道防水层，不适用于设有松散材料保温层的屋面，以及受较大振动或冲击和坡度大于 15％的建筑屋面。其构造如图 7-10 所示。

细石混凝土
防水屋面
施工

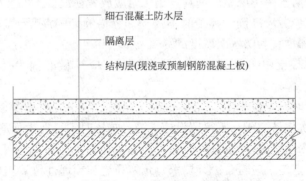

图 7-10　刚性防水屋面构造图

1. 材料要求

（1）防水层的细石混凝土宜用普通硅酸盐水泥或硅酸盐水泥，不得使用火山灰质硅酸盐水泥；当采用矿渣硅酸盐水泥时，应采取减少泌水性的措施。

（2）防水层内配置的钢筋宜采用冷拔低碳钢丝。

（3）防水层的细石混凝土中，粗骨料的最大粒径不宜大于 15mm，含泥量不应大于 1％；细骨料应采用中砂或粗砂，含泥量不应大于 2％。

（4）防水层细石混凝土使用的外加剂，应根据不同品种的适用范围、技术要求选择。

（5）水泥储存时应防止受潮，存放期不得超过三个月。当超过存放期限时，应重新检验确定水泥强度等级。受潮结块的水泥不得使用。

（6）外加剂应分类保管，不得混杂，并应存放于阴凉、通风、干燥处。运输时应避免日晒、雨淋和受潮。

2. 刚性防水屋面施工

（1）基层要求

刚性防水屋面的结构层宜为整体现浇的钢筋混凝土。当屋面结构层采用装配式钢筋混凝土板时，应用强度等级不小于 C20 的细石混凝土灌缝，灌缝的细石混凝土宜掺加膨胀剂。当屋面板板缝宽度大于 40mm 或上窄下宽时，板缝内必须设置构造钢筋，灌缝高度与板面平齐，板端缝应用密封材料进行嵌缝密封处理。

（2）隔离层施工

为了消除结构变形对防水层的不利影响，可将防水层和结构层完全脱离，在结构层和防水层之间增加一层厚度为 10～20mm 的黏土砂浆，或者铺贴卷材隔离层。

隔离层施工

1）黏土砂浆隔离层施工。将石灰膏：砂：黏土＝1：2.4：3.6 的材料均匀拌合，铺抹 10～20mm 厚，压平抹光，待砂浆基本干燥后进行防水层施工。

2）卷材隔离层施工。用 1：3 的水泥砂浆找平结构层，在干燥的找平层上铺一层干细砂后，再在其上铺一层卷材隔离层，搭接缝用热沥青玛琋脂。

（3）细石混凝土防水层施工

1）混凝土水胶比不应大于 0.55，每立方米混凝土的水泥和掺合料用量不应小于 330kg，砂率宜为 35%～40%，灰砂比宜为 1：2.5～1：2。

2）细石混凝土防水层中的钢筋网片，施工时应放置在混凝土的上部。

3）分格条安装位置应准确，起条时不得损坏分格缝处的混凝土，当采用切割法施工时，分格缝的切割深度宜为防水层厚度的 3/4。

4）普通细石混凝土中掺入减水剂、防水剂时，应计量准确、投料顺序得当、搅拌均匀。

5）混凝土搅拌时间不应少于 2min，混凝土运输过程中应防止漏浆和离析；每个分格板块的混凝土应一次浇筑完成，不得留设施工缝；抹压时不得在表面洒水、加水泥浆或撒干水泥，混凝土收水后应进行二次压光。

6）防水层的节点施工应符合设计要求；预留孔洞和预埋件位置应准确；安装管件后，其周围应按设计要求嵌填密实。

混凝土浇筑后应及时养护，养护时间不宜少于 14d；养护初期屋面不得上人。

— 特别提示 —

细石混凝土刚性防水屋面施工过程中要注意：混凝土机械搅拌时间不少于 2min；混凝土运输过程中应防止漏浆和离析；每个分格板块的混凝土应一次浇筑完成，不得留施工缝；抹压时不得在表面洒水，加水泥浆或撒干水泥；混凝土收水后应进行二次压光；混凝土浇筑 12～24h 后应进行养护，养护时间不超过 14d，养护初期屋面不得上人。

任务 2 地下防水工程

地下工程是指全埋或半埋于地下的构筑物，其特点是受地下水的影响。如果地下工程没有防水措施或防水措施不得当，那么地下水就会渗入结构内部，使混凝土腐蚀、钢筋生锈、地基下沉，甚至淹没构筑物，直接危及建筑物的安全。

地下工程的防水设计应定级准确、措施可靠、选材适当、经济合理。城市的地下工程，宜根据总体规划及排水体系，进行合理布局和确定工程标高。地下工程在防水设计中，应考虑地表水、潜水、上层滞水、毛细管水的作用，以及由人为因素引起的附近水及地质改变的影响，合理确定防水标高。对于变形缝、施工缝、穿墙管（盒）、埋设件、预留孔洞等特殊部位，应采取加强措施。对地下管沟、地漏、出入口、窖井等应有防灌措施，对寒冷地区的排水沟应有防冻措施。

地下防水工程与屋面防水工程相比有其不同的特点，地下工程长期受地下水位变化影响，处于水的包围当中。《地下工程防水技术规范》GB 50108—2008 将地下工程防水等级分为四级，见表 7-3。

地下防水工程等级及适用范围 表 7-3

防水等级	标准	适用范围
Ⅰ	不允许漏水，结构表面可有少量湿渍	人员常停留的场所；极其重要的战备工程；危及物品质量或设备运转的场所
Ⅱ	不允许漏水，结构表面可有少量湿渍。 工业与民用建筑：总湿渍面积不应大于总防水面积的 1/1000；任意 100m² 防水面积上湿渍不超过 2 处，单个湿渍的最大面积不大于 0.1m²。 其他地下工程：总湿渍面积不应大于总防水面积的 2/1000；任意 100m² 防水面积上湿渍不超过 3 处，单个湿渍的最大面积不大于 0.2m²	人员经常活动的场所；重要的战备工程；不会很明显影响设备正常运作和物品质量的场所
Ⅲ	有少量漏水点，不得有线流和漏泥砂。 任意 100m² 防水面积上湿渍不超过 7 处，单个漏水点的最大漏水量不大于 2.5L/d，单个湿渍的最大面积不大于 0.3m²	人员临时活动的场所；一般战备工程
Ⅳ	有漏水点，不得有线流和漏泥砂。 整个工程平均漏水量不大于 2L/(m²×d)，任意 100m² 防水面积上的平均漏水量不大于 4L/(m²×d)	对渗漏无严格要求的工程

常用的防水方法有结构自防水、设置防水层和渗排水防水三种。渗排水防水是利用盲沟、渗排水层等措施来排除附近的水源以达到防水的目的。其适用于形状复杂、受高温影响大、地下水为上层滞水且防水要求较高的地下建筑。

攻坚克难、自主创新、融合发展：港珠澳大桥于 2018 年 10 月开通，港珠澳大桥的建设者勇于挑战，攻坚克难，自主研发，创新实践，取得了一系列技术突破，获得 1000 多项专利，建成这座被外媒誉为"现代世界七大奇迹"之一。该桥是中国建设史上里程最长、投资最多，施工难度最大，集"桥、岛、隧"为一体的全球最长跨海大桥，充分体现出我国在改革开放 40 年历程中"逢山开路、遇水搭桥"的奋斗精神，展现了我国综合国力和自主创新能力的提高，也反映出我国几十年来从追赶世界到追求领先世界、超越世界，从"中国制造"勇于实现"中国创造"的民族志气。港珠澳大桥施工场地为填海造地而成的人工岛、地下水位较高，且可能带有腐蚀性，因此地下防水工程非常重要。

一、结构自防水施工

地下室防水混凝土施工

结构自防水又称躯体防水，是依靠建（构）筑物结构（底板、墙体、楼顶板等）材料自身的密实性以及采取坡度、伸缩缝等构造措施和辅以嵌缝膏，埋设止水带或止水环等细部构造，起到结构构件自身防水的作用。结构本身既是承重围护结构，又是防水层。因此，它具有施工方便、工期较短、改善劳动条件和节省工程造价等优点，一般地下工程都是通过利用防水混凝土材料和细部构造施工来达到整体防水的目的。

1. 结构自防水施工

（1）防水混凝土的一般要求

防水混凝土是通过混凝土本身的憎水性和密实性，来达到防水目的的一种混凝土，它既是防水材料，同时又是承重材料和围护结构的材料。

防水混凝土使用的水泥，应按以下原则选用：

1）水泥强度等级不低于 32.5 级，且不得使用过期或受潮结块的水泥，不同品种或强度等级的水泥不能混用；

2）在不受侵蚀介质和冻融作用时，宜采用普硅水泥、硅酸盐水泥、火山灰质硅酸盐水泥、粉煤灰硅酸盐水泥，如采用硅酸盐水泥必须掺用外加剂（高效碱水剂）；

3）在受冻融作用时应优先选用普硅水泥，不宜采用火山灰硅酸盐水泥和粉煤灰硅酸盐水泥。

此外，应根据工程需要掺入引气剂、减水剂、密实剂、膨胀剂、防水剂、复合型外加剂等外加剂，具体掺量和品种应通过实验室试验确定。

防水混凝土除了满足设计要求的强度等级外，还要满足一定的抗渗等级。防水混凝土的抗渗等级应符合表 7-4 中的规定。

防水混凝土设计抗渗等级   表 7-4

工程埋置深度（m）	设计抗渗等级
＜10	P6
10～20	P8
20～30	P10
30～40	P12

注：1. 本表适用于Ⅳ、Ⅴ级围岩（土层及软弱围岩）；
　　2. 山岭隧道防水混凝土的抗渗等级可按铁道部门的有关规范执行。

防水混凝土的结构应满足下列规定：

1）结构厚度不小于 250mm；

2）裂缝宽度不得大于 0.2mm，且不能贯通；

3）钢筋保护层厚度迎水面不应小于 50mm。

（2）防水混凝土的施工

防水混凝土施工主要经过拌合、浇筑、振捣、养护等步骤。

防水混凝土的拌合必须采用机械搅拌，搅拌时间要超过 2min，保证拌合均匀。掺有外加剂的防水混凝土的搅拌时间应按相应的外加剂技术要求或实验室混凝土试验确定的最佳搅拌时间来确定。

防水混凝土尽量连续浇筑，少留施工缝。留设施工缝时，应注意如下两点：

1）顶板、底板不宜留施工缝，顶拱、底拱不宜留纵向施工缝，墙体水平施工缝不应留在剪力与弯矩最大处或底板与侧墙的交接处，应留在高出底板表面不小于 30mm 的墙体上，墙体有孔洞时，施工缝距孔洞边缘不宜小于 300mm。拱墙结合的水平施工缝，宜留在起拱线以下 150～300mm 处；先拱后墙的施工缝可留在起拱线处，但必须加强防水措施，施工缝的形式根据图 7-11 选用。

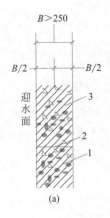 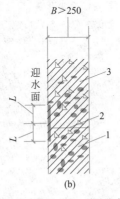 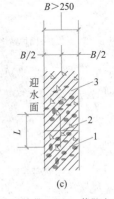

(a)　　　　　　　　　　(b)　　　　　　　　　　(c)

外贴止水带 L＞150；外贴防水涂料　钢板止水带 L＞100；橡胶止水带
L＝200；外贴防水砂浆 L＝200　L＞125；钢板橡胶止水带 L＞120

图 7-11　施工缝的防水基本构造
1—先浇混凝土；2—遇水膨胀混凝土；3—后浇混凝土

2）垂直施工缝应避开地下水和裂隙水较多的地段，并宜与变形缝相结合。

防水混凝土的振捣必须采用机械振捣，振捣时间宜为 10～30s，以混凝土开始泛浆和不冒泡为最佳，避免漏振、欠振和过振，保证混凝土的密实。掺有引气剂或引气型碱水剂时，应采用高频插入式振捣器振捣。

防水混凝土进入终凝时要立即进行养护，防水混凝土水泥用量较多，收缩性较大，如果早期脱水或养护中缺乏必要的温、湿条件，会对其抗渗性影响很大。一般浇筑 $4\sim6h$ 后，防水混凝土进入终凝阶段，立即覆盖并浇水养护。浇筑 3d 内每天应浇水 $3\sim6$ 次，3d 后每天 $2\sim3$ 次，养护天数不少于 14d。

2. 细部构造施工

地下工程中常见的细部构造主要有：变形缝、施工缝、穿墙管、埋设件、预留孔洞、孔口等。细部构造防水处理的得当与否，直接影响地下工程的结构自防水效果。

（1）变形缝

用于伸缩的变形缝宜不设或少设，可根据不同的工程结构类别及工程地质情况采用诱导缝、加强带、施工缝等来代替。用于沉降的变形缝宽度宜为 $20\sim30mm$，最大允许沉降差值小于 30mm，大于 30mm 时应在设计时采取措施。

对于水压小于 0.03MPa，变形量小于 10mm 的变形缝可用弹性密封材料嵌填密实或粘贴橡胶片，如图 7-12 所示。

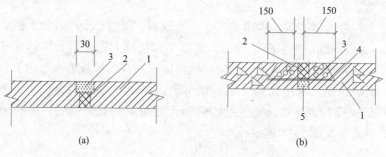

(a)　　　　　　　　　　(b)

图 7-12　变形缝

（a）嵌缝变形缝；（b）粘贴式变形缝

1—围护结构；2—填缝材料；3—细石混凝土；4—橡胶片；5—嵌缝材料

对于水压小于 0.03MPa，变形量为 $20\sim30mm$ 的变形缝，宜用附贴式止水带，如图 7-13 所示。

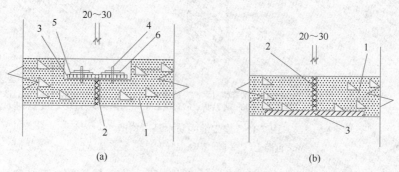

(a)　　　　　　　　　　(b)

图 7-13　附贴式止水带变形缝

1—围护结构；2—填缝材料；3—止水带；4—螺栓；5—螺母；6—压铁

对于水压大于 0.03MPa，变形量为 20～30mm 的变形缝，应采用埋入式橡胶或塑料止水带，如图 7-14 所示。

施工缝外贴式止水带施工

（2）施工缝

施工缝应设在受力和变形较小的部位，一般间距为 30～60mm，宽度为 700～1000mm。施工缝可做成平直缝，结构主筋不宜在缝中断开，如必须断开，则主筋搭接长度应大于 45 倍主筋直径，并应按设计要求加设附加钢筋。施工缝应在两侧混凝土龄期达到 42d（高层建筑应在结构顶板浇筑混凝土 14d）后，采用补偿收缩混凝土浇筑，强度应不低于两侧混凝土，并在施工缝结构断面中部附近安设遇水膨胀橡胶止水条。施工缝具体结构，如图 7-15～图 7-17 所示。

施工缝遇水膨胀止水条施工

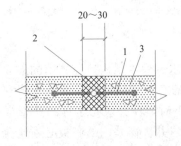

图 7-14　埋入式橡胶止水带变形缝

1—围护结构；2—填缝材料；3—止水带

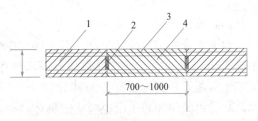

图 7-15　后浇带防水构造（一）

1—先浇混凝土；2—遇水膨胀止水条；
3—结构主筋；4—后浇补偿收缩混凝土

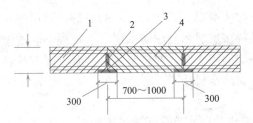

图 7-16　后浇带防水构造（二）

1—先浇混凝土；2—结构主筋；3—外贴式止水带；
4—后浇补偿收缩混凝土

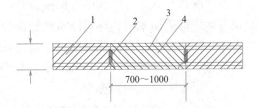

图 7-17　后浇带防水构造（三）

1—先浇混凝土；2—遇水膨胀止水条；3—结构主筋；
4—后浇补偿收缩混凝土

（3）穿墙管

当结构变形或管道伸缩量较小时，穿墙管可采用直接埋入混凝土内的固定式防水法，主管应满焊止水环；当结构变形或管道伸缩量较大或有更换要求时，应采用套管式防水法，套管与止水环应满焊；当穿墙管线较多且密时，宜相对集中，采用穿墙盒法。盒的封口钢板应与墙上的预埋角钢焊严，并从钢板上的浇筑孔注入密封材料。

固定式穿墙管和穿墙盒的构造示意图如图 7-18、图 7-19 所示。

（4）埋设件

埋设件端部或预留孔底部的混凝土厚度不得小于 250mm，当厚度小于 250mm 时，必须局部加厚或采取其他防水措施。预留孔内的防水层，应与孔外的结构附加防水层保持连续。

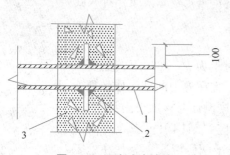

图 7-18 固定式穿墙管
1—主管；2—止水环；3—围护结构

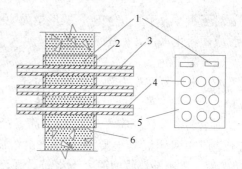

图 7-19 穿墙盒构造示意
1—浇筑孔；2—柔性材料；3—穿墙管；4—穿墙管
预留孔；5—封口钢板；6—固定角钢

（5）预留孔洞、孔口

地下室通向的地面的各种孔洞、孔口应采取防止地面水倒灌，出入口应高出的地面不小于 500mm。窗井的底部在最高地下水位以上时，窗井的底板和墙应做防水处理，宜与主体结构断开；窗井或窗井的部分处于最高地下水位以下时，窗井应与主体结构形成整体，其采用的附加防水层也应连成整体，并在窗井内设集水井。窗井内的底板必须比窗下缘低 300mm。窗井墙高出地面不得小于 500mm。

二、卷材防水层施工

设置防水层就是在结构的外侧按设计要求设置防水层，以达到防水的目的。常用的防水层有水泥砂浆防水层、卷材防水层、沥青胶结料防水层和金属防水层，可根据不同的工程对象、防水要求、设计要求及施工条件选用不同的防水层。卷材防水层具有较好的韧性和延伸性，防水效果较好。其基本要求与屋面卷材防水层相同。

1. 材料要求

宜采用耐腐蚀油毡，油毡选用要求与防水屋面工程施工相同。

沥青胶粘材料和冷底子油的选用、配制方法与石油沥青油毡防水屋面工程施工基本相同。沥青的软化点应高出基层及防水层周围介质可能达到最高温度的 20～25℃，且不低于 40℃。

卷材防水
外贴法
施工

2. 卷材防水层铺贴

将卷材防水层铺贴在地下结构的外侧（迎水面）称为外防水，外防水卷材防水层的铺贴方法，按其与地下结构施工的先后顺序分为外防外贴法（简称外贴法）和外防内贴法（简称内贴法）两种（图 7-20）。

外贴法。外贴法是在垫层上铺好底层防水层后，先进行底板和墙体结构的施工，再把底面防水卷材延伸铺贴在墙体结构的外侧表面上，最后砌筑保护墙。其施工顺序如下：首先在垫层四周砌筑永久性保护墙，高度为 300～500mm，其下部为永久性的 [高度≥B+（200～500）mm，B 为底板厚]，上部为临时性的 [高度为 $150(n+1)$ mm，n 为卷材层数]，并在保护墙下部干铺油毡条一层。然后铺设混凝土底板垫层上的卷材防水层，并留出墙身的接头。在墙上抹石灰砂浆找平层并将接头贴于墙上，然后进行底板和墙身施工，

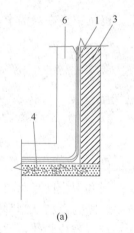
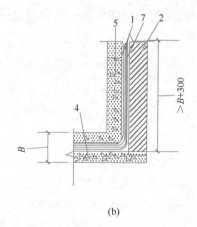

(a)　　　　　　　　　　(b)

图 7-20　卷材防水层铺贴法

（a）内贴法；（b）外贴法

1—卷材防水层；2—临时保护墙；3—永久性保护墙；4—垫层；5—先浇构筑物；6—后浇构筑物；7—木条

在做墙身防水层前，拆临时保护墙，在墙面上抹找平层、刷基层处理剂，将接头清理干净后逐层铺贴墙面防水层，最后砌永久性保护墙。

外贴法的优点是在构筑物与保护墙之间有不均匀沉降时，对防水层影响较小；防水层做好后即可进行漏水试验，修补也方便。其缺点是工期较长，占地面积大；底板与墙身接头处卷材易受损。在施工现场条件允许时，多采用此法施工。

内贴法。内贴法是在墙体未做好之前，在垫层边缘先砌筑保护墙，然后将卷材防水层铺贴在保护墙上，再进行底板和墙体施工。施工顺序如下：首先在垫层四周砌永久性保护墙，然后在垫层和保护墙上抹找平层，干燥后涂刷基层处理剂，再铺贴卷材防水层。铺贴原则：先贴立面，后贴水平面，先贴转角，后贴大面，铺贴完毕后做好保护层（砂或散麻丝加 10～20mm 厚1：3 水泥砂浆），最后进行构筑物底板和墙体施工。

内贴法的优点是防水层的施工比较方便，不必留接头，且施工占地面积小。其缺点是构筑物与保护墙发生不均匀沉降时，对防水层影响较大；保护墙稳定性差；竣工后如发现漏水较难修补。这种方法只有当施工场地受限制，无法采用外贴法时才会采用。

三、水泥砂浆防水施工

水泥砂浆防水施工属刚性防水附加层的施工。如地下室工程虽然以混凝土结构自防水为主，可并不意味着其他防水做法不重要。因为大面积的防水混凝土难免会存在一些缺陷。另外，防水混凝土虽然不渗水，但透湿量还是相当大的，故对防水、防湿要求较高的地下室，还必须在混凝土的迎水面或背水面抹防水砂浆附加层。

水泥砂浆防水层所用的材料及配合比应符合规范规定。水泥砂浆防水层是由水泥砂浆层和水泥浆层交替铺抹而成，一般需做 4～5 层，其总厚度为 15～20mm。施工时分层铺抹或喷射，水泥砂浆每层厚度宜为 5～10mm，铺抹后应压实，表面提浆压光；水泥浆每层厚度宜为 2mm。防水层各层间应紧密结合，并宜连续施工。如必须留设施工缝时，平面留槎采用阶梯坡形槎，接槎位置一般宜留设在地面上，也可留设在墙面上，但须离开阴阳角处 200mm。

厨房、卫生间防水

住宅和公共建筑中穿过楼地面或墙体的上下水管道，供热、燃气管道一般都集中明敷在厨房间或卫生间，使本来就面积较小、空间狭窄的厨房间和卫生间形状更加复杂。在这种条件下，如仍用卷材做防水层，则很难取得良好的效果。因为卷材在细部构造处需要剪口，形成大量搭接缝，很难封闭严密和粘结牢固，防水层难以连成整体，比较容易发生渗漏事故。因此，根据卫生间和厨房的特点，应用柔性涂膜防水层和刚性防水砂浆防水层，或两者复合的防水层，方能取得理想的防水效果。

坚守匠心、恪尽职守、专注细节、精益求精：房屋渗水漏水是常见房屋质量问题，渗水漏水原因多源于施工质量问题，各类安装不当、裂缝、堵塞等原因，渗水漏水问题虽然不会带来人员生命伤亡，但是对人民群众的生活质量带来极其不利的影响，因此我们在防水工程施工过程中，必须具备精益求精的工匠精神，建造出人民满意的建筑物。

一、厨房、卫生间地面防水构造与施工要求

厨房、卫生间地面防水构造的一般做法如图 7-21 所示。卫生间的防水构造如图 7-22 所示。

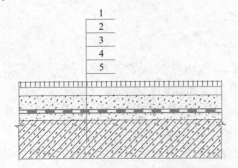

图 7-21 厨房、卫生间地面防水构造的一般做法
1—地面面层；2—防水层；3—水泥砂浆找平层；
4—找坡层；5—结构层

1. 结构层

卫生间地面结构层宜采用整体现浇钢筋混凝土板或预制整块开间钢筋混凝土板。如设计采用预制空心板时，则板缝应用防水砂浆堵严，表面 20mm 深处宜嵌填放沥青基密封材料，也可在板缝嵌填放水砂浆并抹平表面后附加涂膜防水层，即铺贴 100mm 宽玻璃纤维布一层，涂刷两道沥青基涂膜防水层，其厚度不小于 2mm。

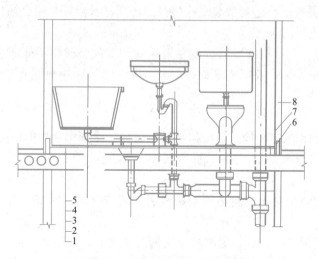

图 7-22　卫生间防水构造剖面图

1—结构层；2—垫层；3—找平层；4—防水层；5—面层；6—混凝土防水台高出地面 100mm；

7—防水层（与混凝土防水台同高）；8—轻质隔墙板

2. 找坡层

地面坡度应严格按照设计要求施工，做到坡度准确、排水通畅。当找坡层厚度小于 30mm 时，可用水泥混合砂浆（水泥∶石灰∶砂＝1∶1.5∶8）；当找坡层厚度大于 30mm 时，宜用 1∶6 水泥炉渣材料，此时炉渣粒径宜为 5～20mm，要求严格过筛。

3. 找平层

要求采用 1∶2.5～1∶3 水泥砂浆，找平前清理基层并浇水湿润，但不得有积水，找平时边扫水泥浆边抹水泥砂浆，做到压实、找平、抹光，水泥砂浆宜掺防水剂，以形成一道防水层。

4. 防水层

由于厨房、卫生间管道多，工作面小，基层结构复杂，故一般采用涂膜防水材料较为适宜。常用的涂膜防水材料有聚氨酯防水涂料、氯丁胶乳沥青防水涂料、SBS 橡胶改性沥青防水涂料等，应根据工程性质和使用标准选用。

5. 面层

地面装饰层按设计要求施工，一般采用 1∶2 水泥砂浆、陶瓷锦砖和防滑地砖等。墙面防水层一般需做到 1.8m 高，然后甩砂抹水泥砂浆或贴面砖（或贴面砖到顶）装饰层。

二、厨房、卫生间地面防水层施工

1. 施工准备

（1）准备

1）进场材料复验。供货时必须有生产厂家提供的材料质量检验合格证。材料进场后，使用单位应对进场材料的外观进行检查，并作好记录。材料进场一批，应抽样复验一批。复验项目包括：拉伸强度、断裂伸长率、不透水性、低温柔性、耐热度。各地也可根据本地区主管部门的有关规定，适当增减复验项目。各项材料指标复验合格后，该材料方可用于工程施工。

2）防水材料储存。材料进场后，设专人保管和发放。材料不能露天放置，必须分类存放在干燥、通风的室内，并远离火源，严禁烟火。水溶性涂料在 0℃ 以上储存，受冻后的材料不能用于工程。

（2）机具准备

一般应备有配料用的电动搅拌器、拌料桶、磅秤，涂刷涂料用的短把棕刷、油漆毛刷、滚动刷，油漆小桶、油漆嵌刀、塑料或橡皮刮板，铺贴胎体增强材料用的剪刀、压碾辊等。

（3）基层要求

1）对卫生间现浇混凝土楼面必须振捣密实，随抹压光，形成一道自身防水层，这是十分重要的。

2）穿楼板的管道孔洞、套管周围缝隙用掺膨胀剂的绿豆砂细石混凝土浇灌严实抹平，孔洞较大的，应吊底模浇灌。禁用碎砖、石块堵填。一般单面临墙的管道，距离墙体应不小于 50mm；双面临墙的管道，一边距离墙体不小于 50mm，另一边距离墙体不小于 80mm。

3）为保证管道穿楼板孔洞位置准确和灌缝质量，可采用手持金刚石薄壁钻机钻孔。经应用测算，这种方法的成孔和灌缝工效比芯模留孔方法的工效高 1.5 倍。

卫生间楼地面聚氨酯防水施工

4）在结构层上做厚 20mm 的 1：3 水泥砂浆找平层，作为防水层基层。

5）基层必须平整、坚实，表面平整度用 2m 长直尺检查，基层与直尺间最大间隙不应大于 3mm。基层有裂缝或凹坑，用 1：3 水泥砂浆或水泥胶腻子修补平滑。

6）基层所有转角做成半径为 10mm 均匀一致的平滑小圆角。

7）所有管件、地漏或排水口等部位，必须就位正确，安装牢固。

8）基层含水率应符合各种防水材料对含水率的要求。

（4）劳动组织

为保证质量，应由专业防水施工队伍施工，一般民用住宅厕浴间的防水施工以 2～3 人为一组较合适。操作工人要穿工作服、戴手套、穿软底鞋操作。

2. 聚氨酯防水涂料施工

（1）施工程序

清理基层→涂刷基层处理剂→涂刷附加增强层防水涂料→涂刮第一遍涂料→涂刮第二遍涂料→涂刮第三遍涂料→第一次蓄水试验→稀撒砂粒→质量验收→饰面层施工→第二次蓄水试验。

（2）操作要点

1）清理基层。将基层清扫干净；基层应做到找坡正确，排水顺畅，表面平整、坚实，无起灰、起砂、起壳及开裂等现象。涂刷基层处理剂前，基层表面应达到干燥状态。

2）涂刷基层处理剂。将聚氨酯与二甲苯按规定的比例配合搅拌均匀即可使用。先在阴阳角、管道根部用滚动刷或油漆刷均匀涂刷一遍，然后大面积涂刷，材料用量为 0.15～0.2kg/m²。涂刷后干燥 4h 以上，才能进行下一道工序施工。

3）涂刷附加增强层防水涂料。在地漏、管道根、阴阳角和出入口等容易漏水的薄弱部位，应先用聚氨酯防水涂料按规定的比例配合，均匀涂刮一次做附加增强层处理。按设计要求，细部构造也可按带胎体增强材料的附加增强层处理。胎体增强材料宽度为 300～50mm，搭接缝为 100mm，施工时需边铺贴平整，边涂刮聚氨酯防水涂料。

4）涂刮第一遍涂料。将聚氨酯防水涂料按规定的比例混合，开动电动搅拌器，搅拌 3～5min，用胶皮刮板均匀涂刮一遍。操作时要厚薄一致，用料量为 0.8～1.0kg/m²，立面涂刮高度不应小于 100mm。

5）涂刮第二遍涂料。待第一遍涂料固化干燥后，要按相同方法涂刮第二遍涂料。涂刮方向应与第一遍相垂直，用料量与第一遍相同。

6）涂刮第三遍涂料。待第二遍涂料涂膜固化后，再按上述方法涂刮第三遍涂料，用料量为 0.4～0.5kg/m²。涂刮聚氨酯涂料三遍后，用料量总计为 2.5kg/m²，防水层厚度不小于 1.5mm。

7）第一次蓄水试验。待涂膜防水层完全固化干燥后即可进行蓄水试验。蓄水试验 24h 后观察，无渗漏为合格。

8）饰面层施工。涂膜防水层蓄水试验不渗漏，质量检查合格后，即可进行抹水泥砂浆或粘贴陶瓷锦砖、防滑地砖等饰面层。施工时应注意成品保护，不得破坏防水层。

9）第二次蓄水试验。卫生间装饰工程全部完成后，工程竣工前还要进行第二次蓄水试验，以检验防水层完工后是否被水电或其他装饰工程损坏。蓄水试验合格后，厕浴间的防水施工才算圆满完成。

3. 氯丁胶乳沥青防水涂料施工

根据工程需要，氯丁胶乳沥青防水涂料可采用一布四涂、二布六涂或只涂三遍防水涂料三种做法。其用量参考见表 7-5。

氯丁胶乳沥青防水涂料用料参考　　　　　　表 7-5

材料	三遍涂料	一布四涂	二布六涂
氯丁胶乳沥青防水涂料（kg/m²）	1.2～1.5	1.5～2.2	2.2～2.8
玻璃纤维布（m²/m²）	—	1.13	2.25

（1）施工程序

以一布四涂为例，其施工程序如下：

清理基层→满刮一遍氯丁胶乳沥青水泥腻子→涂刷第一遍涂料→做细部构造增强层→铺贴玻璃纤维布同时涂刷第二遍涂料→涂刷第三遍涂料→涂刷第四遍涂料→蓄水试验→饰面层施工→质量验收→第二次蓄水试验。

（2）操作要点

1）清理基层。将基层上的浮灰、杂物清理干净。

2）满刮一遍氯丁胶乳沥青水泥腻子。在清理干净的基层上，满刮一遍氯丁胶乳沥青水泥腻子。管道根部和转角处要厚刮，并抹平整。腻子的配制方法是，将氯丁胶乳沥青防水涂料倒入水泥中，边倒边搅拌至稠浆状，即可刮涂于基层表面，腻子厚度为 2～3mm。

3）涂刷第一遍涂料。待上述腻子干燥后，再在基层上满刷一遍氯丁胶乳沥青防水涂料（在大桶中搅拌均匀后再倒入小桶中使用）。操作时涂刷不得过厚，但也不能漏刷，以表面均匀、不流淌、不堆积为宜。立面需刷至设计高度。

4）做附加增强层。在阴阳角、管道根、地漏、大便器等细部构造处分别做一布二涂附加增强层，即将玻璃纤维布（或无纺布）剪成相应部位的形状，铺贴于上述部位；同时，刷氯丁胶乳沥青防水涂料，要贴实、刷平，不得有褶皱、翘边现象。

5）铺贴玻璃纤维布同时涂刷第二遍涂料。待附加增强层干燥后，首先将玻璃纤维布剪成相应尺寸，铺贴于第一道涂膜上，然后，在上面涂刷防水涂料，使涂料浸透布纹网眼并牢固地粘贴于第一道涂膜上。玻璃纤维布搭接宽度不宜小于100mm，并顺流水接槎，从里面往门口铺贴，先做平面后做立面，立面应贴至设计高度，平面与立面的搭接缝留设在平面上，距离立面边宜大于200mm，收口处要压实贴牢。

6）涂刷第三遍涂料。待上一遍涂料实干后（一般宜在24h以上），再满刷第三遍防水涂料，涂刷要均匀。

7）涂刷第四遍涂料。上一遍涂料干燥后，可满刷第四遍防水涂料，一布四涂防水层施工即告完成。

8）蓄水试验。防水层实干后，可进行第一次蓄水试验。蓄水24h无渗漏水为合格。

9）饰面层施工。蓄水试验合格后，可按设计要求及时粉刷水泥砂浆或铺贴面砖等饰面层。

10）第二次蓄水试验。方法与目的同聚氨酯防水涂料。

水泥砂浆
防水层
施工

4. 地面刚性防水层施工

厨房、卫生间用刚性材料做防水层的理想材料是具有微膨胀性能的补偿收缩混凝土和补偿收缩水泥砂浆。

补偿收缩水泥砂浆用于厨房、卫生间的地面防水。对于同一种微膨胀剂，应根据不同的防水部位，选择不同的加入量，可基本上起到不裂、不渗的防水效果。

下面以U型混凝土膨胀剂（UEA）为例，介绍其砂浆配制和施工方法。

（1）材料及其要求

1）水泥：42.5级普通硅酸盐水泥、32.5级或42.5级矿渣硅酸盐水泥。

2）UEA：符合《混凝土膨胀剂》GB/T 23439—2017的规定。

3）砂子：中砂，含泥量小于2%。

4）水：饮用自来水或洁净非污染水。

（2）UEA砂浆的配制

在楼板表面铺抹UEA防水砂浆，应按不同的部位，配制含量不同的UEA防水砂浆。不同防水部位UEA防水砂浆的配合比参见表7-6。

不同防水部位UEA防水砂浆的配合比   表7-6

防水部位	厚度 (mm)	C+UEA (kg)	$\dfrac{UEA}{C+UEA}$ (%)	配合比			水胶比	稠度 (cm)
				C	UEA	砂		
垫层	20～30	550	10	0.90	0.10	3.0	0.45～0.50	5～6
防水层(保护层)	15～20	700	10	0.90	0.10	2.0	0.40～0.45	5～6
管件接缝	—	700	15	0.85	0.15	2.0	0.30～0.35	2～3

注：C指水泥。

（3）防水层施工

1）基层处理。施工前，应对楼面板基层进行清理，除净浮灰杂物，对凹凸不平处用10％～12％UEA（灰砂比为1∶3）砂浆补平，并应在基层表面浇水，使基层保持湿润，但不能积水。

2）铺抹垫层。按1∶3水泥砂浆垫层配合比，配制灰砂比为1∶3的UEA垫层砂浆，将其铺抹在干净、湿润的楼板基层上。铺抹前，按照坐便器的位置，准确地将地脚螺栓预埋在相应的位置上。垫层的厚度为20～30mm，必须分2～3层铺抹，每层应揉浆、拍打密实，垫层厚度应根据标高而定。在抹压的同时应完成找坡工作，地面向地漏口找坡为2％，地漏口周围50mm范围内向地漏中心找坡为5％，穿楼板管道根部位向地面找坡为5％，转角墙部位的穿楼板管道向地面找坡为5％。分层抹压结束后，在垫层表面用钢丝刷拉毛。

3）铺抹防水层。待垫层强度达到上人标准时，把地面和墙面清扫干净，并浇水充分湿润，然后铺抹四层防水层，第一层、第三层为10％UEA水泥素浆，第二层、第四层为10％～12％UEA（水泥∶砂＝1∶2）水泥砂浆层。铺抹方法如下：

① 第一层，先将UEA和水泥按1∶9的配合比准确称量后，充分干拌均匀，再按水胶比加水拌合成稠浆状，然后可用滚刷或毛刷涂抹，厚度为2～3mm。

② 第二层，灰砂比为1∶2，UEA掺量为水泥重量的10％～12％，一般可取10％。待第一层素灰初凝后即可铺抹，厚度为5～6mm，凝固20～24h后适当浇水湿润。

③ 第三层，掺10％UEA的水泥素浆层，其拌制要求、涂抹厚度与第一层相同，待其初凝后，即可铺抹第四层。

④ 第四层，UEA水泥砂浆的配合比、拌制方法、铺抹厚度均与第二层相同。铺抹时应分次用铁抹子压5～6遍，使防水层坚固、密实，最后再用力抹压光滑，经硬化12～24h，即可浇水养护3d。

以上四层防水层的施工，应按照垫层的坡度要求找坡，铺抹的操作方法与地下工程防水砂浆施工方法相同。

4）管道接缝防水处理。待防水层达到强度要求后，拆除捆绑在穿楼板部位的模板条，清理干净缝壁的浮渣、碎物，并按节点防水做法的要求涂布素灰浆和填充管件接缝防水砂浆，最后灌水养护7d。蓄水期间，如不发生渗漏现象，可视为合格；如发生渗漏，找出渗漏部位，及时修复。

5）铺抹UEA砂浆保护层。保护层UEA的掺量为10％～12％，灰砂比为1∶（2～2.5），水胶比为0.4。铺抹前，对要求用膨胀橡胶止水条做防水处理的管道、预埋螺栓的根部及需用密封材料嵌填的部位要及时做防水处理。然后，就可分层铺抹厚度为15～25mm的UEA水泥砂浆保护层，并按坡度要求找坡，待硬化12～24h后，浇水养护3d。最后，根据设计要求铺设装饰面层。

5. 施工注意事项

（1）厨房、卫生间施工一定要严格按规范操作，因为一旦发生漏水，维修会很困难。

（2）在厨房、卫生间施工不得抽烟，并要注意通风。

（3）到养护期后一定要做厕浴间闭水试验，如发现渗漏应及时修补。

（4）操作人员应穿软底鞋，严禁踩踏尚未固化的防水层。铺抹水泥砂浆保护层时，脚下应铺设无纺布走道。

（5）防水层施工完毕，应设专人看管保护，并不准在尚未完全固化的涂膜防水层上进行其他工序的施工。

（6）防水层施工完毕，应及时进行验收和保护层的施工，以减少不必要的损坏返修。

（7）在对穿楼板管道和地漏管道进行施工时，应用棉纱或纸团暂时封口，防止杂物落入，堵塞管道，留下排水不畅或泛水的后患。

（8）进行刚性保护层施工时，严禁在涂膜表面拖动施工机具、灰槽，施工人员应穿软底鞋在铺有无纺布的隔离层上行走。铲运砂浆时应精心操作，防止铁锹铲伤涂膜；抹压砂浆时，铁抹子不得下意识地在涂膜防水层上磕碰。

（9）厨房、卫生间大面积防水层也可采用 JS 复合防水涂料、确保时、防水宝、堵漏灵、防水剂等刚性防水材料做防水层，其施工方法必须严格按照生产厂家的说明书及施工指南进行施工。

特别提示

施工过程中要注意，每次刷的涂料不能过厚，不得漏刷，以表面均匀不流淌、不堆积为宜。在做细部构造部位，如阴阳角、管道根部、地漏、大便器蹲坑等位置分别附加一布二涂附加层。

三、厨房、卫生间渗漏及堵漏措施

厨房、卫生间用水频繁，只要防水处理不当就会发生渗漏。渗漏主要表现在楼板管道滴漏水、地面积水、墙壁潮湿渗水，甚至下层顶板和墙壁也出现滴水等现象。治理卫生间的渗漏，必须先查找渗漏的部位和原因，然后采取有效的针对性措施。

1. 屋面及墙面渗水

（1）渗水原因。板面及墙面渗水的主要原因是由于混凝土、砂浆施工的质量不良，在其表面存在微孔渗漏；板面、隔墙出现轻微裂缝、防水涂层施工质量不好或损坏，都可能造成渗水现象。

（2）处理方法。首先，将厨房、卫生间渗漏部位的饰面材料拆除，在渗漏部位涂刷防水涂料进行处理。但拆除厨房、卫生间后，发现防水层存在开裂现象时，则应对裂缝先进行增强防水处理，再涂刷防水涂料。其增强处理一般可采用贴缝法、填缝法和填缝加贴缝法。贴缝法主要适用于微小的裂缝，可刷防水涂料并加贴纤维材料或布条，做防水处理。填缝法主要用于较显著的裂缝，施工时要先进行扩缝处理，将缝扩成 15mm×1mm 左右的 V 形槽，清理干净后刮填缝材料。填缝加贴缝法除采用填缝处理外，还应在缝的表面再涂刷防水涂料，并粘纤维材料处理。当渗漏不严重时，饰面板拆除困难，也可直接在其表面刮涂透明或彩色聚氨酯防水涂料。

2. 卫生洁具及穿楼板管道、排水管口等部位渗漏

（1）渗漏原因。卫生洁具及穿楼板管道、排水管口等部位发生渗漏的原因主要是细部处理方法不当，卫生洁具及管口周围填塞不严；管口连接件老化；由于振动及砂浆、混凝土收缩等原因，出现裂缝；卫生洁具及管口周边未用弹性材料处理，或施工时嵌缝材料及防水涂料粘结不牢；嵌缝材料及防水涂层被拉裂或拉离粘结面。

（2）处理方法。先将漏水部位及周围清理干净，再填塞弹性嵌缝材料，或在渗漏部位涂刷防水涂料并粘贴纤维材料进行增强处理。如渗漏部位在管口连接部位，管口连接件老化现象比较严重，则可直接更换老化管口的连接件。

任务 4　装配式混凝土结构防水工程

一、施工准备

施工前，应根据设计图纸，明确装配式建筑各部位的防水等级及构造做法。预制构件吊装前，应检查在构件加工厂或现场粘贴止水条的牢固性与完整性。在运输、堆放、吊装过程中应保护防水空腔、止水条与水平缝等部位，如发现缺棱掉角及损坏的情况，应在吊装就位前修复。

所有防水材料进场必须组织建设、监理、施工单位共同进行验收，材料的规格型号必须符合设计要求，材料出厂合格证、检验报告及备案证必须齐全、有效，初步验收合格后，并质监站进行抽检，抽检合格后方能用于工程中。

二、装配式混凝土结构防水工程

当前装配式混凝土结构一般采用装配整体式，即预制构件间采用后浇混凝土形成湿连接的方式。装配整体式混凝土结构楼盖一般采用叠合板和叠合梁，楼面整体现浇，很大程度上避免了楼面防水的问题。而剪力墙构件在后浇连接处则存在后浇拼缝，因此对于预制外墙，应采取有效的防水构造措施。

1. 装配式混凝土结构防水工程设计

预制外墙板接缝（包括屋面女儿墙、阳台、勒脚等处的竖缝、水平缝、十字缝以及窗口处）根据不同部位接缝特点及当地气候条件选用构造防水、材料防水或构造防水与材料防水相结合的防、排水系统。挑出外墙的阳台、雨棚等构件的周边应在板底设置滴水线。预制外墙板水平缝采用高低缝、外墙的接缝及门窗洞口等防水薄弱部位设计应采用材料防水和构造防水相结合的做法，板缝防水构造详见节点大样。预制外墙板接缝采用材料防水时，必须用防水性能可靠的嵌缝材料，主要采用发泡芯棒与密封胶。板缝宽度不宜大于20mm，材料防水的嵌缝深度不得小于20mm。

预制外墙板接缝密封材料选用硅酮、聚氨酯、聚硫建筑密封胶，应分别符合现行标准《硅酮和改性硅酮建筑密封胶》GB/T 14683，《聚氨酯建筑密封胶》JC/T 482，《聚硫建筑密封胶》JC/T 483 的规定。预制女儿墙采用和下部墙板结构相同的分块方式和节点做法，女儿墙板内侧在要求的泛水高度处设置屋面防水的收头。

2. 装配式混凝土结构防水工程施工

预制外墙板连接接缝采用防水密封胶施工应符合下列规定：

（1）预制外墙板连接接缝防水节点基层及空腔排水构造做法应符合设计要求。

（2）预制外墙板外侧水平、竖直接缝的防水密封胶封堵前，侧壁应清理干净，保持干燥。嵌缝材料应与板牢固粘接，不得漏嵌和虚粘。

（3）外侧竖缝及水平缝防水密封胶的注胶宽度、厚度应符合设计要求，防水密封胶应在预制外墙板校核固定后嵌填。先安放填充材料，之后注胶。防水密封胶应均匀顺直，饱满密实，表面光滑连续。

（4）外墙板"十"字拼缝处的防水密封胶注胶应连续完成。

图 7-23 中预制外墙板的防水节点做法在装配式结构工程夹心保温外墙板防水施工中有大量实际工程应用。

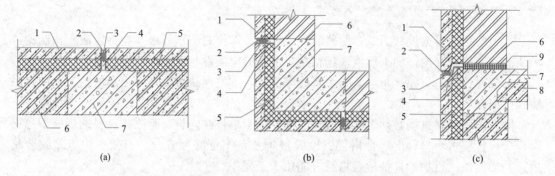

图 7-23　预制外墙板的防水节点做法

（a）竖向缝"一"形防水节点；（b）竖向缝"I"形防水节点；（c）水平缝防水节点

1—预制墙体外层混凝土；2—防水密封胶；3—填充橡胶棒；4—空腔；5—保温层；

6—预制墙体内层混凝土；7—后浇混凝土；8—预制底板；9—坐浆

预制外墙板侧粘贴止水条时应符合下列规定：

（1）止水条粘贴前，应先清扫混凝土表面灰尘，粘贴止水条作业时，粘结面应为干燥状态；

（2）应在混凝土面和止水条粘贴面均匀涂刷胶粘剂，涂上专用胶粘剂后，压入止水条；

（3）预制外墙板侧止水条应采用专用胶粘剂粘贴，止水条与相邻的预制外墙板应压紧、密实。

预制外墙板连接接缝采用防水胶带施工应符合下列规定：

（1）预制外墙板接缝处防水胶带粘贴宽度、厚度应符合设计要求，防水胶带应在预制构件校核固定后粘贴；

（2）连接接缝采用防水胶带施工前，粘接面应清理干净，并涂刷界面剂；

（3）防水胶带应与预制构件粘接牢固，不得虚粘。

项目小结

　　本项目主要介绍了屋面防水工程、地下防水工程、室内其他部位防水工程和装配式混凝土结构防水工程等内容。屋面防水工程包括卷材防水屋面、涂膜防水屋面、刚性防水屋面等。地下防水工程包括地下结构的防水方案、防水混凝土结构施工、卷材防水层施工等。室内其他部位防水工程包括卫生间防水施工、细部防水施工等。各种防水工程质量的好坏，除与各种防水材料的质量有关外，还取决于各构造层次的施工质量，因此，要严格按照相关的施工操作规程进行施工，严格把好质量关。装配式混凝土结构目前应用越来越广泛，要了解其防水设计、施工的基本知识。

复习思考题

一、单选题

1. 相邻两幅卷材的接头还应相互错开（　　）mm 以上，以免接头处多层卷材因重叠而粘结不实。

　　A. 100　　　　　　　　B. 200　　　　　　　　C. 300　　　　　　　　D. 400

2. 防水混凝土的钢筋保护层厚度，处在迎水面应不小于多少？当直接处于侵蚀性介质中时，保护层厚度不应小于多少？以下正确的选项是（　　）。

　　A. 35mm，50mm　　　　　　　　　　B. 25mm，50mm

　　C. 35mm，25mm　　　　　　　　　　D. 25mm，35mm

3. 防水保护层采用下列材料时，须设置分格缝的是（　　）。

　　A. 绿豆砂　　　　　B. 云母　　　　　　C. 蛭石　　　　　　D. 水泥砂浆

4. 合成高分子防水涂料不包括（　　）。

　　A. 氯丁橡胶改性沥青涂料　　　　　　B. 聚氨酯防水涂料

　　C. 丙烯胶防水涂料　　　　　　　　　D. 有机硅防水涂料

5. 当屋面防水坡度（　　）时，沥青防水卷材应垂直屋脊铺贴且必须采取固定措施。

　　A. 小于 3%　　　　　　　　　　　　B. 为 3%～15%

　　C. 大于 15%　　　　　　　　　　　　D. 大于 25%

二、简答题

1. 卷材防水屋面的特点有哪些？卷材分为哪几类？卷材铺贴包括哪些内容？卷材铺贴有哪些方法？

2. 涂膜防水屋面的施工工艺点有哪些？

3. 简述地下工程采用外防外贴法铺贴卷材时的施工要点。

4. 房屋、卫生间渗漏原因及堵漏措施有哪些？

5. 地下防水施工缝留置要求有哪些？

项目八

装饰工程智能化施工

Chapter 08

教学目标

1. 知识目标

（1）理解主要装饰装修工程的施工方法、施工工艺。

（2）掌握装饰装修施工方案编制的方法。

（3）掌握装饰装修工程施工程序。

（4）掌握智能装修施工工艺要点。

（5）掌握装饰装修工程施工质量验收标准、质量检查方法、安全防范措施的内容和方法。

2. 能力目标

（1）能指导现场普通装饰工程施工。

（2）能进行普通装饰工程施工技术交底及工程质量检查验收。

（3）能指导现场采用智能装修机器或设备进行施工。

（4）会编制施工方案。

3. 素质目标

（1）通过装饰工程中各个项目的施工工艺的学习，培养学生"爱岗敬业""精益求精""注重细节"的工作态度，传承大国工匠精神。

（2）通过学习智能化施工以及墙体结构保温装饰一体化的施工工艺，培养学生具备良好的人文和身心素养，理解及遵守工程伦理及职业操守，认知社会责任及尊重多元观点。

引例

综合应用
案例8

清扫、打磨、喷涂……这些传统建筑行业充满粉尘飞扬的场景未来将不复存在。截至2022年9月，博智林已有32款建筑机器人投入商业化应用，服务覆盖30个省份超600个项目；累计交付超1600台，累计应用施工超1000万m²，机器人已经来啦……

综合应用案例8为1栋连体办公楼，总建筑面积154056.76m²，其中地上建筑面积92073.64m²，地上6~16层，层高4.5m；地下室建筑面积61983.12m²，地下3层，层高4m。装饰装修工程施工范围包括一栋单体建筑及地下室。

思考：装饰工程施工主要包括哪些内容？传统装修施工方法有哪些？相比传统装修施工，智能装修施工有哪些不同？如何开展施工？如何实施装修施工技术交底？

装饰工程是指为了保护建筑物的主体结构、完善建筑物的使用功能、美化建筑物、延长建筑物的使用寿命、提高耐久性，采用装饰装修材料或装饰物，选用适当的材料和正确的构造，以科学的施工方法，对建筑物的内外表面及空间进行各种处理的过程。

装饰工程施工是一项十分复杂的生产活动，项目繁多，工程量大，工期长，用工量大，造价高，装饰材料和施工技术更新快，施工管理复杂。根据工程部位的不同，建筑装饰可分为抹灰工程、楼地面工程、吊顶工程、轻质隔墙工程、饰面工程、门窗工程、幕墙工程、涂饰工程、裱糊与软包工程以及细部工程等。

传统装饰工程施工主要采用手工操作，效率较低，人工强度较大，近年来，随着智能装修机器的发展，涌现出了智能抹灰机、地坪施工机器人、地砖铺贴机器人、墙板安装机器人等先进设备或机器，带来了装修工程施工的"智能变革"，未来对于智能装修设备或机器研发、使用人才的需求将与日俱增，掌握智能装修施工工艺将成为立足装修施工行业的必备能力。

 知识链接

《中华人民共和国建筑法》第四十九条规定，涉及建筑主体和承重结构变动的装修工程，建设单位应当在施工前委托原设计单位或者具有相应资质条件的设计单位提出设计方案；没有设计方案的，不得施工。这一条规定限制了建筑装饰工程施工中随意凿墙开洞等野蛮施工的行为，保证了建筑主体结构安全适用。另外，装饰施工中的一切工艺操作和工艺处理，均应遵循国家颁发的有关施工和验收规范；所用材料及其应用技术，应符合国家及行业颁布的相关标准。对于一些重要工程和规模较大的装饰项目，均应实行招标投标制；明确装饰施工企业和施工队伍的资质水平与施工能力；在施工过程中应由建设监理部门进行监理；工程竣工后应通过质量监督部门及有关方面的严格验收。

任务1 抹灰工程智能化施工

抹灰工程是将各种砂浆、装饰性石屑浆、石子浆涂抹在建筑物的墙面、顶棚、地面等表面上，除了保护建筑物外，还可以作为饰面层起到装饰作用。抹灰工程按工种部位可分为室内抹灰和室外抹灰。室内抹灰一般包括顶棚、墙面、楼地面、踢脚板、墙裙、楼梯等。室外抹灰一般包括屋檐、女儿墙、压顶、窗楣、窗台、腰线、阳台、雨篷、勒脚以及墙面等。

按抹灰的材料和装饰效果可分为一般抹灰和装饰抹灰。

抹灰工艺一般顺序：先外墙后内墙，先上后下，先顶棚、墙面后地面。

外墙抹灰顺序：屋檐→阳角线→台口线→窗→墙面→勒脚→散水坡→明沟。

内墙抹灰应在屋面防水工程完工后，且无后续工程损坏和沾污的情况下进行，其顺序为：房间（顶棚→墙面→地面）→走廊→楼梯→门厅。

一、抹灰工程分类和抹灰层的组成

抹灰工程按使用的材料及其装饰效果，可分为一般抹灰和装饰抹灰。

1. 一般抹灰

一般抹灰是指采用石灰砂浆、水泥混合砂浆、水泥砂浆、聚合物水泥砂浆、麻刀灰、纸筋石灰和石膏灰等抹灰材料进行的抹灰工程施工。按建筑物标准和质量要求，一般抹灰可分为以下两类：

（1）高级抹灰。高级抹灰由一层底层、数层中层和一层面层组成。抹灰要求阴阳角找方，设置标筋，分层赶平、修整。表面压光，要求表面光滑、洁净，颜色均匀，线角平直，清晰美观，无抹纹。高级抹灰用于大型公共建筑物、纪念性建筑物和有特殊要求的高级建筑物等。

（2）普通抹灰。普通抹灰由一层底层、一层中层和一层面层（或一层底层和一层面层）组成。抹灰要求阳角找方，设置标筋，分层赶平、修整。表面压光，要求表面洁净，线角顺直、清晰，接槎平整。普通抹灰用于一般居住、公用和工业建筑以及建筑物中的附属用房，如汽车库、仓库、锅炉房、地下室、储藏室等。

2. 装饰抹灰

装饰抹灰是指通过操作工艺及选用材料等方面的改进，使抹灰更富于装饰效果，其主要有水刷石、斩假石、干粘石和假面砖等。

3. 抹灰层组成

为了使抹灰层与基层粘结牢固，防止起鼓开裂，并使抹灰层的表面平整，保证工程质量，抹灰层应分层涂抹。抹灰层的组成如图 8-1 所示。

（1）底层。底层主要起与基层粘结的作用，厚度一般为 5～9mm。

（2）中层。中层起找平作用，砂浆的种类基本与底层相同，只是稠度较小，每层厚度应控制在 5～9mm。

（3）面层。面层主要起着装饰作用，要求表面平整，颜色均匀，无裂痕。

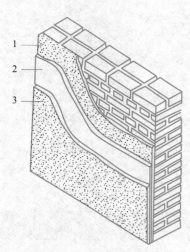

图 8-1 抹灰层的组成

1—底层；2—中层；3—面层

4. 抹灰层的总厚度

抹灰层的平均总厚度要根据具体部位及基层材料而定。钢筋混凝土顶棚抹灰厚度不大于 15mm；内墙普通抹灰厚度不大于 20mm，高级抹灰厚度不大于 25mm；外墙抹灰厚度不大于 20mm；勒脚及凸出墙面部分不大于 25mm。

二、一般抹灰工程施工

1. 基层处理

抹灰前应对基层进行必要的处理，对于凹凸不平的部位应剔平补齐，填平孔洞沟槽；对表面太光的部位要凿毛，或用 1∶1 水泥浆掺 10％环保胶薄抹一层，使其易于挂灰。不同材料交接处应铺设金属网，搭缝宽度从缝边起每边不得小于 100mm，如图 8-2 所示。

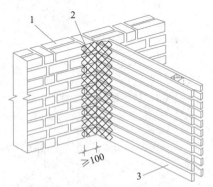

图 8-2　不同材料交接处铺设金属网
1—砖墙；2—金属网；3—板条墙

2. 施工方法

一般抹灰的施工，按部位可分为墙面抹灰、顶棚抹灰和楼地面抹灰。

（1）墙面抹灰

1）找规矩，弹准线。对普通抹灰，先用托线板全面检查墙面的垂直平整程度，根据检查的实际情况及抹灰等级和抹灰总厚度，决定墙面的抹灰厚度（最薄处一般不小于7mm）。对高级抹灰，先将房间规方，小房间可以一面墙做基线，用方尺规方即可；如果房间面积较大，要在地面上先弹出十字线，作为墙角抹灰的准线，在距离墙角约为 10mm处用线坠吊直，在墙面弹一立线，再按房间规方地线（十字线）及墙面平整程度，向里反弹出墙角抹灰准线，并在准线上下两端挂通线，作为抹灰饼、冲筋的依据。

2）贴灰饼。首先，用与抹底层灰相同的砂浆做墙体上部的两个灰饼，其位置距离顶棚约为 200mm，灰饼大小一般为 50mm 见方，厚度由墙面平整垂直的情况而定。然后，根据这两个灰饼用托线板或线坠挂垂直，做墙面下角两个标准灰饼（高低位置一般在踢脚线上方 200～250mm 处），厚度以垂直为准，再在灰饼附近墙缝内钉上钉子，拴上小线挂好通线，并根据通线位置加设中间灰饼，间距为 1.2～1.5m，如图 8-3 所示。

3）设置标筋（冲筋）。待灰饼砂浆基本进入终凝后，用抹底层灰的砂浆在上、下两个灰饼之间抹一条宽约为 100mm 的灰梗，用刮尺刮平，厚度与灰饼一致，用来作为墙面抹

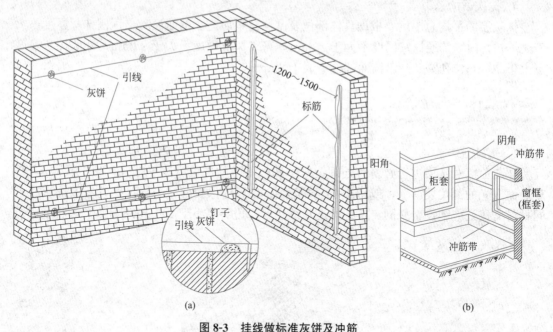

图 8-3　挂线做标准灰饼及冲筋

（a）灰饼、标筋位置示意；（b）水平横向标筋示意

灰的标准，这就是冲筋，如图 8-3 所示。同时，还应将标筋两边用刮尺修成斜面，使其与抹灰层接槎平顺。

4）阴阳角找方。普通抹灰要求阳角找方，对于除门窗外还有阳角的房间，则应首先将房间大致规方，其方法是：先在阳角一侧做基线，用方尺将阳角先规方，然后在墙角弹出抹灰准线，并在准线上、下两端挂通线做灰饼。高级抹灰要求阴阳角都要找方，因此，阴阳角两边都要弹出基线。为了便于做角和保证阴阳角方正，必须在阴阳角两边做灰饼和标筋。

5）做护角。室内墙面、柱面的阳角和门窗洞的阳角，当设计对护角线无规定时，一般可用 1∶2 水泥砂浆抹出护角，护角高度不应低于 2m，每侧宽度不小于 50mm。其做法是：根据灰饼厚度抹灰，然后粘好八字靠尺，并找方吊直，用 1∶2 水泥砂浆分层抹平。待砂浆稍干后，再用量角器和水泥浆抹出小圆角。

6）抹底层灰。当标筋稍干后，用刮尺操作不致损坏时，即可抹底层灰。抹底层灰前，应先对基体表面进行处理。其做法是：应自上而下地在标筋间抹满底灰，随抹随用刮尺对齐标筋刮平。刮尺操作用力要均匀，不准将标筋刮坏或使抹灰层出现不平的现象。待刮尺基本刮平后，再用木抹子修补、压实、搓平、搓毛。

7）抹中层灰。待底层灰凝结，达七八成干后（用手指按压不软，但有指印和潮湿感），就可以抹中层灰，依冲筋厚以抹满砂浆为准，随抹随用刮尺刮平压实，再用木抹子搓平。中层灰抹完后，对墙的阴角用阴角抹子上下抽动抹平。中层砂浆凝固前，也可以在层面上交叉画出斜痕，以增强与面层的粘结。

8）抹面层灰（也称罩面）。中层灰干至七八成后，即可抹面层灰。如果中层灰已经干透发白，应先适度洒水湿润后，再抹罩面灰。用于罩面的常有麻刀灰、纸筋灰。抹灰时，应用铁抹子抹平，并分两遍压光，使面层灰平整、光滑、厚度一致。

（2）顶棚抹灰

顶棚抹灰
施工

1）找规矩。顶棚抹灰通常不做灰饼和标筋，而用目测的方法控制其平整度，以无明显高低不平及接槎痕迹为准。先根据顶棚的水平面，确定抹灰厚度，然后在墙面的四周与顶棚交接处弹出水平线，作为抹灰的水平标准。弹出的水平线只能从结构中的"50线"向上量测，不允许直接从顶棚向下量测。

2）底层、中层抹灰。顶棚抹灰时，由于砂浆自重的影响，一般在底层抹灰施工前，先以水胶比为 0.4 的素水泥浆刷一遍作为结合层。该结合层所采用的方法宜为甩浆法，即用扫帚蘸上水泥浆，甩于顶棚。如顶棚非常平整，甩浆前可对其进行凿毛处理。待其结合层凝结后就可以抹底层、中层砂浆，其配合比一般采用水泥∶石灰膏∶砂＝1∶3∶9 的水泥混合砂浆或 1∶3 水泥砂浆，然后采用刮尺刮平，随刮随用长毛刷子蘸水刷一遍。

3）面层抹灰。待中层灰达到六七成干后，即用手按不软但有指印时，再开始面层抹灰。面层抹灰的施工方法及抹灰厚度与内墙抹灰相同。一般分两遍成活：第一遍抹得越薄越好，紧接着抹第二遍，抹子要稍平，抹平后待灰浆稍干，再用铁抹子顺着抹纹压实、压光。

（3）楼地面抹灰

楼地面抹灰主要为水泥砂浆面层，常用配合比为 1∶2，面层厚度不应小于 20mm，强度等级不应小于 M15。厨房、浴室、厕所等房间的地面，必须将流水坡度找好，有地漏的房间，要在地漏四周找出不小于 5% 的泛水，以利于流水畅通。

面层施工前，先将基层清理干净，浇水湿润，刷一道水胶比为 0.4～0.5 的结合层，随即进行面层的铺抹，随抹随用木抹子拍实，并做好面层的抹平和压光工作。压光一般分三遍成活：第一遍宜轻压，以压光后表面不出现水纹为宜；第二遍压光在砂浆开始凝结、人踩上去有脚印但不下陷时进行，并要求用钢皮抹子将表面的气泡和孔隙清除，把凹坑、砂眼和脚印都压平；第三遍压光在砂浆终凝前进行，此时人踩上去有细微脚印，抹子抹上去不再有抹子纹，并要求用力稍大，把第二遍压光留下的抹子纹、毛细孔等压平、压实、压光。

地面面积较大时，可以按设计要求进行分格。水泥砂浆面层如果遇管线等出现局部面层厚度减薄处在 10mm 以下时，必须采取防止开裂措施，一般沿管线走向放置钢筋网片，或者符合设计要求后方可铺设面层。

踢脚板底层砂浆和面层砂浆分两次抹成，可以参照墙面抹灰工艺操作。

水泥砂浆面层按要求抹压后，应进行养护，养护时间不少于 7d。还应该注意对成品的保护，水泥砂浆面层强度未达到 5MPa 以前，不得在其上行走或进行其他作业。对地漏、出水口等部位要做好保护措施，以免灌入杂物，造成堵塞。

三、装饰抹灰施工

装饰抹灰的底层和中层的做法与一般抹灰基本相同，只是面层的材料、面层厚度和施工方法有所不同。装饰抹灰面层材料有水刷石、斩假石、干粘石、假面砖、拉毛灰、喷涂、滚涂等。

下面介绍几种主要装饰面层的施工工艺。

1. 水刷石施工

水刷石
施工

水刷石饰面是将水泥石子浆罩面灰中尚未干硬的水泥用水冲刷掉，使各色石子外露，形成有"绒面感"的表面。具有耐久性强，装饰效果好、造价较低的特点，是一种传统的外墙装饰做法。但由于其操作技术要求较高，洗刷浪费水泥，墙面污染后不易清洗，故已不常用。

面层材料的水泥可采用彩色水泥、白水泥或普通水泥。颜料应选耐碱、耐光、分散性好的矿物颜料。骨料可选用中、小八厘石粒，玻璃碴，粒砂等，骨料颗粒应坚硬、均匀、洁净、色泽一致。

水刷石的施工工序：

清理基层→湿润墙面→设置标筋→抹底层砂浆→抹中层砂浆→弹线和粘贴分格条→抹面层石子浆→冲刷面层→起分格条及浇水养护。

水刷石抹灰分三层。底层砂浆同一般抹灰。抹中层砂浆时表面压实搓平后划毛，然后进行面层施工。中层砂浆凝结后，按设计要求弹分格线，按分格线用水泥浆粘贴湿润过的分格条，贴条必须位置准确，横平、竖直。

其施工要点如下：

（1）水泥石子浆大面积施工前，为防止面层开裂，须待中层砂浆六七成干（初凝）时，按设计要求弹线、分格，分格条应事先在水中浸透。分格条两侧用抹成45°角的八字形纯水泥浆固定。

施工前，润湿中层灰，立即用铁抹子满刮水灰比为0.37～0.4的水泥浆（内掺3%～5%水重的108胶）一道，随即抹面层石子浆。石子浆面层稍收水后，用铁抹子把面层浆满压一遍，把露出的石子棱尖轻轻拍平，然后用刷子蘸水刷一遍，再通压一遍。如此反复刷压不少于三遍，最后用铁抹子拍平，使表面石子大面朝外，排列紧密均匀。

（2）喷刷、冲洗面层

冲刷面层是影响水刷石质量的关键环节。冲刷面层应待面层石子浆刚开始初凝时进行（手指按上去不显指痕，用刷子刷表面而石粒不掉时），分两遍进行。第一遍用软毛刷蘸水刷掉面层水泥浆，露出石粒；紧跟着第二遍用喷雾器向四周相邻部位喷水，喷头离墙10～20cm，把表面水泥浆冲掉，石子外露约为1/2粒径，使石子清晰可见，均匀密布。喷水顺序应由上至下，压力合适，均匀喷洒。冲刷完成后用清水（水管或水壶）从上到下冲净表面。冲刷的时间要严格掌握，过早则石子显露过多，易脱落；冲刷过晚则水泥浆冲刷不净，石子显露不够或饰面浑浊，影响美观。面层和中层也可根据设计要求掺入一定量的大白粉和石灰膏，以增加面层颜色白度和加强与中层的粘结力。

水刷石的外观质量应满足：石粒清晰、分布均匀、紧密平整、色泽一致、不得有掉粒和接槎痕迹。为保护未喷刷的墙面面层，冲刷上段时，下段墙面可用牛皮纸或塑料布贴盖，将冲刷的水泥浆外排。若墙面面积较大，则应先罩面先冲洗，后罩面后冲洗。罩面顺序也是先上后下，这样既可保证各部分的冲刷时间，又可保护下段墙面不受到损坏。

（3）起分格条

冲刷面层后，适时起出分格条，用小线抹子顺线溜平，然后根据要求用素水泥浆做出凹缝并上色。

2. 干粘石

干粘石是将彩色干石子直接粘在砂浆面层上的一种饰面做法。底层同水刷石做法。装饰效果与水刷石差不多，但湿作业少，节约原材料（节约水泥 30%～40%、石子 50%），提高工效 30% 左右，但日久经风吹雨打易产生脱粒现象，现已较少常用。干粘石的施工方法有手工干粘石、机喷干粘石两种。

干粘石施工工序：清理基层→湿润墙面→设置标筋→抹底层砂浆→抹中层砂浆→弹线和粘贴分格条→抹面层砂浆→甩、压石子→起分格条与修整→养护。

干粘石面层操作方法和施工要点如下：

（1）抹粘结层。底层同水刷石做法。待中层水泥砂浆干至七成左右，洒水湿润后，粘分格条，待分格条粘牢后，在墙面刷水泥浆一道，随后按格抹砂浆粘结层（1∶3 的水泥砂浆，厚度 4～6mm 左右，砂浆稠度≤80mm），粘结层砂浆一定要抹平，不显抹纹，按分格大小，一次抹一块或数块，应避免在块中甩槎。

（2）甩石子。粘结层抹好后，应立即甩石子。当采用人工撒（甩）石子时，可三个人同时连续操作：一人抹粘结层，一人撒石子，一人随即用铁抹子将石子均匀拍入粘结层。顺序是先边角后中间，先上面后下面，先甩四周易干部分，然后甩中间，要做到大面均匀，边角和分格条两侧不漏粘，由上而下快速进行。有时可用喷枪将石子均匀有力地喷射于粘结层上，用铁抹子轻轻压一遍，使表面搓平。如在粘接砂浆中掺入 108 胶或其他聚合物胶乳，则可使粘结层砂浆抹得更薄，石子粘得更牢。

（3）压石子。用抹子或辊子压拍石子时，应使石子嵌入砂浆深度大于 1/2 粒径。拍压时用力不宜过大，否则容易翻浆糊面；用力过小，石子粘结不牢，易掉粒。阳角处撒石子时应两侧同时操作，避免当一侧石子粘上去后，在角边的砂浆收水，另一侧的石子就不易粘上去，出现明显的接搓黑边。

（4）起分格条与修整。要求与水刷石操作相同。起条时如发现掉角缺棱，应及时用 1∶1 水泥细砂砂浆补上，并用手压上石子，达到顺直清晰。如局部石子不饱满，可立即刷 108 胶水溶液，再甩石子补齐。

（5）养护。勾缝后 24h 进行喷淋水养护，养护时间大于等于 7d。

3. 斩假石

斩假石又称剁斧石，是一种仿石材的施工方法，是在水泥砂浆基层上涂抹水泥石子浆，待硬化后，用斩斧、齿斧及各种凿子等专用工具剁出有规律的石纹，使其类似天然花岗岩、玄武石、青条石的表面状态，即为斩假石。

斩假石施工工序：清理基层→湿润墙面→设置标筋→抹底层砂浆→抹中层砂浆→弹线和粘贴分格条→抹水泥石子浆面层→养护→斩剁→清理。

施工时先用 1∶（2～2.5）水泥砂浆打底，待 24h 后浇水养护，硬化后在表面洒水湿润，刮素水泥浆一道，随即用 1∶1.25 或 1∶1.5 水泥石子浆（内掺 30% 石屑）罩面，厚为 10～12mm；抹完后要注意防止日晒或冰冻，并在正常温度（15～30℃）下，养护 2～3d（强度达 60%～70%）即可试剁，如石子颗粒不发生脱落便可正式斩假加工。加工时用剁斧将面层斩毛，剁的方向要一致，剁纹深浅要均匀，顺直、深浅一致，应无漏剁处，一般两遍成活，分格缝周边、墙角、柱子的棱角周边留 15～20mm 不剁，即可做出似用石料砌成的装饰面。

斩假石装饰抹灰要求剁纹均匀顺直、深浅一致、质感典雅。阳角处横剁和留出不剁的边条，应宽窄一致，棱角不得有损坏。

四、智能抹灰施工

智能抹灰施工是指采用智能抹灰机器或设备进行抹灰施工，主要适用范围为居民楼、办公楼室内立墙抹灰，适用的墙体一般为水泥墙、砖混墙、高精砌块墙等，本节将以中建八局研发的智能抹灰机为例进行详细说明。

中建八局研发的智能抹灰机，该设备由五大程序系统组成，分别是收缩程序、展开程序、抹灰准备程序、抹灰运行程序、抹灰完成程序；运行期间具备三种状态：收缩状态、展开状态、抹灰状态。这三种状态可以相互切换，通过结构变形实现上下楼梯，进出门口，转场移动等自动功能。

该款抹灰机工作的详细流程如下：

1. 准备工作

（1）设备准备

对设备进行检查，设备是否能在收缩状态、展开状态、抹灰状态正常切换。同时，安装螺杆空压机、接通管道及电缆。

（2）对成品抹灰砂浆的水灰比进行适配

以厂家提供的水灰比为基础，对现场拌合的砂浆进行调试并试喷试抹。以抹灰面无麻面、遗漏、表面能提浆为宜。

（3）测量放线

选择工作墙面做好基层处理，使用激光测距仪和垂准仪进行四角规方，定位抹墙基准面；通过标尺定位出标线仪的位置，采用两点定位法确定激光面与抹灰基准面平行，无需做灰饼及墙面冲筋，抹灰过程中，设备可自动跟踪激光进行移动。测量放线工作完成。

2. 机器抹墙工艺

第一步：通过专用的砂浆运输车，将砂浆添加到抹灰料斗中。

第二步：启动抹墙程序，抹墙机自动调整垂直度，抹灰斗喷涂、振动压实、刮平及上升移动。抹墙高度信号有自动检测和手动发送两种方式，上升停止后，延时振动压实，自动下降压光，第一幅墙面抹灰完成。

第三步：第一幅完成后，自动变形到抹灰初始工作状态，自动调整直线行走并定位至第二幅墙面。定位完成后，重复第一幅的抹灰动作过程。

第四步：通过传感器检测阴阳角，当抹至墙面最后一幅时，设备自动停止抹灰动作。

第五步：设备可自动转角，实现相交墙面抹灰的自动切换。

第六步：启动抹灰准备程序，自动定位到相交墙面的抹灰初始状态，重复首面墙的操作方式。抹灰过程中，需安排工人对落地灰及时清理。

第七步：机器抹墙完成一定工程量后，检查墙顶及墙底的漏抹尺寸，并安排人工进行找补。

3. 质量验收

(1) 表面：表面光滑、洁净、接槎平整，线角顺直清晰。

(2) 平整度与垂直度允许偏差项目见表 8-1。

水泥砂浆抹面允许偏差表　　　　　　　　　　　　　　表 8-1

序号	项目	允许偏差（普通）(mm)	检测方法
1	立面垂直	+4，0	用 2m 垂直检查尺检查
2	表面平整	+4，0	用 2m 靠尺及楔形塞尺检查

五、传统抹灰与智能抹灰对比

前文对传统抹灰与智能抹灰进行了介绍，下面我们将对两种抹灰施工进行对比，更加直观地了解两种抹灰施工的异同，详见表 8-2。

传统抹灰与智能抹灰对比　　　　　　　　　　　　　　表 8-2

	传统抹灰	智能抹灰
施工主体	抹灰工人	智能抹灰机
工艺流程	1. 墙面湿润； 2. 找规矩、做灰饼； 3. 设置标筋（冲筋）； 4. 阴阳角找方； 5. 做护角； 6. 抹灰底层、中层、面层	1. 测量放线； 2. 启动抹墙程序，抹墙机自动调整垂直度，抹灰斗喷涂、振动压实、刮平及上升移动； 3. 自动调整直线行走机器单面墙多幅抹灰； 4. 通过传感器检测阴阳角，当抹至墙面最后一幅时，设备自动停止抹灰动作
优点	适用于各类复杂条件，可以随时进行人为调整	采用机械操作，工序简化，抹灰采用标准化流程，整体抹灰质量较好，效率高
缺点	手工操作，工效低；湿作业，劳动强度大，作业环境条件差	对于墙顶及墙底的可能存在漏抹情况，需安排人工进行找补

科技赋能、数字助力、智能建造、产业升级：清扫、打磨、喷涂……这些传统建筑行业充满粉尘飞扬的场景，在碧桂园汕头金平项目却并不存在。通过 6 款运输及上料机器人、5 款集中工作站开展多机协同装修施工作业，博智林首次跑通了装修阶段端到端的智能建造生态实践，初步构建了全周期施工闭环。博智林获批外墙喷涂、室内喷涂、地砖铺贴三个建筑领域机器人应用优秀场景，截至 2022 年 9 月，博智林已有 32 款建筑机器人投入商业化应用，服务覆盖 30 个省份超 600 个项目。相信未来建筑施工领域必将看到更多建筑机器人的身影，传统建筑产业必将持续转型升级。

任务 2　饰面工程施工

一、饰面板安装

饰面工程是将天然石材、人造石材、金属饰面板等安装到基层上，以形成装饰面的一种施工方法。建筑装饰用的天然石材主要有大理石和花岗石两大类，人造石材一般有人造大理石（花岗石）和预制水磨石饰面板。金属饰面板主要有铝合金板、塑铝板、彩色涂层钢板、彩色不锈钢板、镜面不锈钢面板等。饰面板的安装工艺有传统湿作业法、干挂法和直接粘贴法。

1. 饰面板湿作业法施工

大理石、花岗石、预制水磨石板等安装工艺基本相同。以大理石为例，其湿作业安装工艺流程为：材料准备与验收→基层处理板材钻孔→面板固定→灌浆→清理→嵌缝→打蜡。

（1）材料准备。饰面板材安装前，应分选检验并试拼，使板材的色调、花纹基本一致，试拼后按部位编号，以便施工时对号安装。对已选好的饰面板材进行钻孔剔槽，以系铜丝或不锈钢钢丝。每块板材的上、下边钻孔数各不得少于 2 个，孔位宜在板宽两端 1/4～1/3 处，直孔应钻在板厚度的中心位置。

（2）基层处理，挂钢筋网。把墙面清扫干净，剔除预埋件或预埋筋，也可在墙面钻孔固定金属膨胀螺栓。对于加气混凝土或陶粒混凝土等轻型砌块砌体，应在预埋件固定部位加砌烧结普通砖或局部用细石混凝土填实，然后用直径 6mm 的 HPB300 钢筋纵、横绑扎成网片与预埋件焊牢。纵向钢筋间距为 500～1000mm。横向钢筋间距视板面尺寸而定，第一道钢筋应高于第一层板下口的 100mm，以后各道均应在每层板材的上口以下 10～20mm 处设置。

（3）弹线定位。弹线分为板面外轮廓线和分块线。外轮廓线弹在地面，距离墙面50mm（即板内面距墙 30mm），分块线弹在墙面上，由水平线和垂直线构成，是每块板材的定位线。

（4）饰面板固定。根据预排编号的饰面板材，对号入座进行安装。第一皮饰面板材先在墙面两端以外皮弹线为准固定两块板材，找平、找直，然后挂上横线，再从中间或一端开始安装。安装时先穿好钢丝，将板材就位，上口略向后仰，将下口钢丝绑扎于横筋上（不宜过紧），将上口钢丝扎紧，并用木楔垫稳，随后水平尺检查水平，用靠尺检查平整度，用线坠或托线板检查板面垂直度，调整好垂直、平整、方正后，在板材表面横竖接缝处每隔 100～150mm 用石膏将板材碎块固定。为防止板材背面灌浆时板面移位，根据具体情况可加临时支撑，将板面撑牢。

（5）灌浆。灌注砂浆一般采用 1∶2.5 的水泥砂浆，稠度为 80～150mm。灌注前，灌浆应分层灌入。第一层浇灌高度小于 150mm，并应不大于 1/3 板高。浇灌时，应随灌随

饰面板湿作业施工

插捣密实，并注意不得漏灌，板材不得外移。当块材为浅色大理石或其他浅色板材时，应采用白水泥、白石屑浆，以防透底而影响饰面效果。

2. 饰面板干挂法施工

（1）干挂法是直接在饰面板厚度面和反面开槽或打孔，然后用不锈钢连接件与安装在钢筋混凝土墙体内的膨胀金属螺栓或钢骨架相连接的施工方法。板缝之间加泡沫塑料阻水条，外用防水密封胶做嵌缝处理。该种方法多用于 30m 以下的建筑外墙饰面。饰面板的传统湿作业法工序多，操作较复杂，而且易造成粘结不牢、空鼓、表面接槎不平等弊病，同时仅适用于多、高层建筑外墙的首层或内墙面装饰，墙面高度不大于 10m。而干挂法是应用较为广泛的一种，一般适用于钢筋混凝土外墙或有钢骨架的外墙饰面，不能用于砖墙或加气混凝土墙的饰面，如图 8-4 所示。

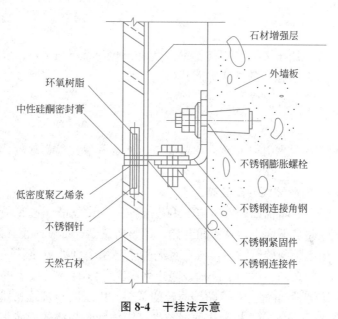

饰面板干挂法施工

图 8-4　干挂法示意

（2）大理石饰面板干挂法施工工艺流程：墙面修整、弹线、打孔→固定连接件→安装板块→调整→固定、清理→嵌缝→打蜡。

1）石材准备。根据设计图纸要求在现场进行板材切割并磨边，要求板块边角挺直、光滑。然后，在石材侧面钻孔，用于穿插不锈钢销钉连接固定相邻板块。在板材背面涂刷防水材料，以增强其防水性能。

2）基体处理。清理结构表面，弹出安装石材的水平线和垂直控制线。

3）固定锚固体。在结构上定位钻孔，埋置膨胀螺栓；支底层饰面板托架，安装连接件。

4）安装固定石材。先安装底层石板，把连接件上的不锈钢针插入板材的预留接孔中，调整面板。当确定位置准确无误后，即可紧固螺栓，然后用环氧树脂或密封膏堵塞连接孔。底层石板安装完毕并经过检查合格后，可依次循环安装上层面板，每层应注意上口水平、板面垂直。

5）嵌缝。嵌缝前，先在缝隙内嵌入泡沫塑料条，然后用胶枪注入密封胶。为防止污染板面，注胶前应沿面板边缘贴胶纸带覆盖缝两边板面，注胶后将胶带揭去。

3. 饰面板直接粘贴法施工

直接粘贴法适用于厚度在 10～12mm 以下的石材薄板和碎大理石板的铺设。胶粘剂可采用不低于 42.5 级的普通硅酸盐水泥砂浆或白水泥浆，也可采用专用的石材胶粘剂。对于薄型石材的水泥砂浆粘贴施工，主要应注意在粘贴第一皮时应沿水平基准线放一长板作为托底板，防止石板粘贴后下滑。粘贴顺序为由下至上逐层粘贴。粘贴初步定位后，应用橡皮锤轻敲表面，使板面平整并与水泥砂浆接合牢固。每层用水平尺靠平，每贴三层均应在垂直方向用靠尺靠平。使用胶粘剂粘贴饰面板时，要特别注意检查板材的厚度是否一致。如厚度不一致，应在施工前分类，粘贴时分不同墙面分贴不同厚度的板材。

二、饰面砖镶贴

饰面砖镶贴工程适用于内墙饰面砖镶贴工程和高度不大于 100m、抗震设防烈度不大于 8 度，以及采用满粘法施工的外墙饰面砖镶贴工程。

 知识链接

饰面砖分有釉和无釉两种，包括：釉面瓷砖、外墙面砖、陶瓷锦砖、玻璃锦砖以及耐酸砖等。

1. 内墙釉面砖安装施工

内墙釉面砖施工

（1）内墙釉面砖安装施工工艺流程：弹线分格→选砖浸砖→贴灰饼→镶贴（顺序自下而上，从阳角开始，用整砖镶贴，非整砖留在阴角处）→擦缝。

内墙釉面砖镶贴前，应在水泥砂浆基层上弹线分格，弹出水平线和垂直控制线。在同一墙面上的横、竖排列中，不宜有一行以上的非整砖，非整砖行应安排在次要部位或阴角处。在镶贴釉面砖的基层上用废面砖按镶贴厚度上下左右做灰饼，并上下用托线板校正垂直，横向用线绳拉平，阳角处做灰饼的面砖正面和侧边均应吊垂直，即所谓的双面挂直。镶贴顺序为由下往上进行。

（2）镶贴用砂浆宜采用 1∶2 水泥砂浆，砂浆厚度为 6～10mm。釉面砖的镶贴也可采用专用胶粘剂或聚合物水泥浆。

（3）釉面砖镶贴前先应湿润基层，然后以弹好的地面水平线为基准，从阳角开始逐一镶贴。镶贴时用铲刀在砖背面刮满粘贴砂浆，四边抹出坡口，再准确置于墙面，用铲刀木柄轻击面砖表面，使其落实贴牢，随即将挤出的砂浆刮净。

（4）在镶贴过程中，随时用靠尺以灰饼为准检查平整度和垂直度。如发现高出标准砖面，应立即压挤面砖；如低于标准砖面，应揭下重贴，严禁从砖侧边挤塞砂浆。

（5）接缝宽度应控制在 1～1.5mm 的范围内，并保持宽窄一致。镶贴完毕后，应用棉纱净水及时擦净表面余浆，并用薄皮刮缝，然后用同色水泥浆嵌缝。

（6）镶贴釉面砖的基层表面遇到凸出的管线、灯具、卫生设备的支承等，应用整砖套割吻合，不得用非整砖拼凑镶贴。同时，在墙裙、浴盆、水池的上口和阴阳角处应使用配件砖，以便过渡圆滑、美观，同时不易碰损。

外墙釉面砖施工

2. 外墙面砖安装施工

基层为混凝土墙的外墙面砖安装施工工艺流程：吊垂直、找方、找规矩、贴灰饼→抹底层砂浆→弹线分格→排砖→浸砖→镶贴面砖→面砖勾缝与擦缝。

（1）吊垂直、找方、找规矩、贴灰饼。若建筑物为高层时，应在四大角和门窗口用经纬仪打垂直线找直；如果建筑物为多层，可从顶层开始用特制的大线坠绷钢丝吊垂直，然后根据面砖的规格尺寸分层设点、做灰饼。横线则以楼层为水平基线交圈控制，竖向则以四周大角和通天柱、垛子为基线控制，应全部是整砖。每层打底时则以此灰饼作为基准点进行冲筋，使其底层灰做到横平竖直。同时，要注意找好凸出檐口、腰线、窗台、雨篷等饰面的流水坡度。

（2）抹底层砂浆。先刷一遍水泥素浆，紧接着分遍抹底层砂浆（常温时采用配合比为1∶0.5∶4的水泥白灰膏混合砂浆，也可用1∶3的水泥砂浆）。第一遍厚度宜为5mm，抹后用扫帚扫毛；待第一遍六七成干时，即可抹第二遍，厚度为8～12mm，随即用木杠刮平，木抹搓毛，终凝后浇水养护。

（3）弹线分格。待基层灰六七成干时，即可按图纸要求进行分格弹线，同时进行面层贴标准点的工作，以控制面层出墙尺寸及墙面垂直、平整。

（4）排砖。根据大样图及墙面尺寸进行横竖排砖，以保证面砖缝隙均匀，符合设计图纸要求，注意大面、通天柱和垛子排整砖以及在同一墙面上的横竖排列，均不得有一行以上的非整砖。非整砖行应排在次要部位，如窗间墙或阴角处等，但也要注意一致和对称。如遇凸出的卡件，应用整砖套割吻合，不得用非整砖拼凑镶贴。

（5）浸砖。外墙面砖镶贴前，首先要将面砖清扫干净，放入净水中浸泡2h以上，取出待表面晾干或擦干净后方可使用。

（6）镶贴面砖。在每一分段或分块内的面砖，均为自下向上镶贴。从最下一层砖下皮的位置线先稳好靠尺，以此托住第一皮面砖。在面砖外皮上口拉水平通线，作为镶贴的标准。在面砖背面宜采用1∶2的水泥砂浆或水泥∶白灰膏∶砂＝1∶0.2∶2的混合砂浆镶贴。砂浆厚度宜为6～10mm，贴上后用灰铲柄轻轻敲打，使其附线，再用钢片开刀调整竖缝，并用小杠通过标准点调整平面垂直度。另一种做法：用1∶1的水泥砂浆加含水率为20%的胶粘剂，在砖背面抹3～4mm厚粘贴即可。但此种做法基层灰必须抹得平整，而且砂子必须过筛后使用。

（7）面砖勾缝与擦缝。宽缝一般在8mm以上，用1∶1的水泥砂浆勾缝，先勾水平缝再勾竖缝，勾好后要求凹进面砖外表面2～3mm。若横竖缝为干挤缝，或小于3mm者，应用白水泥配颜料进行擦缝处理。面砖缝勾完后，用布或棉丝蘸稀盐酸擦洗干净。

任务3　楼地面工程智能化施工

楼地面是底层地面和楼板面的总称。楼地面由面层、结合层、找平层、防潮层、保温层、垫层、基层等组成。按面层施工方法不同可分为三大类：整体楼地面、块材地面、卷材地面等。

一、整体地面施工

现浇整体地面一般包括水泥砂浆地面和水磨石地面。现以水泥砂浆地面为例，简述整体地面施工技术的要求和方法。

1. 施工准备

细石混凝土
地面施工

(1) 材料。水泥：优先采用硅酸盐水泥、普通硅酸盐水泥，强度等级不低于42.5级，严禁不同品种、不同强度等级的水泥混用。砂：采用中砂、粗砂，含泥量不应大于7%，过8mm孔径筛子；如采用细砂，砂浆强度偏低，易产生裂缝；采用石屑代砂，粒径宜为67mm，含泥量不大于7%，可拌制成水泥石屑浆。

(2) 地面垫层中各种预埋管线已完成，穿过楼面的方管已安装完毕，管洞已落实，有地漏的房间已找泛水。

(3) 施工前应在四周墙身弹好50cm的水平墨线。

(4) 门框已立好，再一次核查找正。对于有室内外高差的门口位，如果是安装有下槛的铁门时，还应顾及室内、室外能各在下槛两侧收口。

(5) 墙、顶抹灰已完成，屋面防水已做好。

2. 施工方法

(1) 基层处理。水泥砂浆面层铺抹在楼面、地面的混凝土、水泥炉渣、碎砖三合土等垫层上，垫层处理是防止水泥砂浆面层空鼓、裂纹、起砂等质量通病的关键工序。因此，要求垫层应具有粗糙、洁净和潮湿的表面，一切浮灰、油渍、杂质必须分别清除，否则会形成一层隔离层，使面层结合不牢。基层处理方法：将基层上的灰尘扫掉，用钢丝刷和凿子刷净，剔掉灰浆皮和灰渣层，用10%的火碱水溶液刷掉基层上的油污，并用清水及时将碱液冲净。表面比较光滑的基层应凿毛，并用清水冲洗干净。冲洗后的基层，最好不要上人。

(2) 抹灰饼和标筋（或称冲筋）。根据水平基准线再把楼地面层上皮的水平基准线弹出。面积不大的房间，可根据水平基准线直接用长木杠标筋，施工中进行几次复尺即可。面积较大的房间，应根据水平基准线，在四周墙角处每隔1.5～2.0m用1:2的水泥砂浆抹标志块，标志块大小一般是8～10cm见方。待标志块结硬后，再以标志块的高度做出纵、横方向通长的标筋以控制面层的厚度。标筋用1:2的水泥砂浆，宽度一般为8～10cm。做标筋时，要注意控制面层厚度，面层的厚度应与门框的锯口线相吻合。

(3) 设置分格条。为防止水泥砂浆在凝结硬化时体积收缩产生裂缝，应根据设计要求设置分格缝。首先，根据设计要求在找平层上弹线确定分格缝位置，完成后在分格线位置上粘贴分格条，分格条应粘结牢固。若无设计要求，可在室内与走道邻接的门扇下设置；当开间较大时，在结构易变形处设置。分格缝顶面应与水泥砂浆面层顶面相平。

(4) 铺设砂浆。

水泥砂浆的强度等级不应小于M15，水泥与砂的体积比宜为1:2，其稠度不宜大于35mm，并应根据取样要求留设试块。

水泥砂浆铺设前，应提前一天浇水湿润。铺设时，在湿润的基层上涂刷一道水胶比为0.4～0.5的水泥素浆作为加强粘结，随即铺设水泥砂浆。水泥砂浆的标高应略高于标筋，以便刮平。凝结到六七成干时，用木刮杠沿标筋刮平，并用靠尺检查平整度。

（5）面层压光。

1）第一遍压光。砂浆收水后，即可用钢抹子进行第一遍压光，直至出浆。如砂浆局部过干，可在其上洒水湿润后再进行压光；如局部砂浆过稀，可在其上均匀撒一层体积比为1∶2的干水泥砂吸水。

2）第二遍压光。砂浆初凝后，当人站上去有脚印但不下陷时，即可进行第二遍压光，用钢抹子边抹边压，使表面平整，要求不漏压，平面出光。

3）第三遍压光。砂浆终凝前，即人踩上去稍有脚印，用抹子压光无抹痕时，即可进行第三遍压光。抹压时用力要大且均匀，将整个面层全部压实、压光，使表面密实、光滑。

（6）养护。水泥砂浆面层抹压后，应在常温湿润条件下养护。养护要适时，浇水过早易起皮，浇水过晚则会使面层强度降低而加剧其干缩和开裂倾向。一般夏季应在24h后养护，春秋季节应在48h后养护，养护一般不少于7d。最好是在铺上锯末屑（或以草垫覆盖）后再浇水养护，浇水时宜用喷壶喷洒，使锯末屑（或草垫等）保持湿润即可。如采用矿渣水泥时，养护时间应延长到14d。

在水泥砂浆面层强度达不到5MPa之前，不准在上面行走或进行其他作业，以免损坏地面。

二、智能地坪施工

智能地坪施工是指采用地面研磨机器人和地坪漆涂敷机器人进行地坪研磨和涂敷施工，可广泛应用于地下车库和室内厂房的环氧地坪、固化剂地坪、金刚砂地坪施工。本章将以博智林的智能地坪研磨机器人和地坪漆涂敷机器人为例进行详细说明。

1. 地坪研磨机器人

地坪研磨机器人选用大功率三相异步电机驱动研磨盘高速旋转，研磨宽度达800mm；通过激光雷达扫描识别出墙、柱等物体位置信息，实现机器人实时定位、自主导航和全自动研磨作业。配备大功率吸尘集尘系统，施工过程基本无扬尘，实现绿色施工。如图8-5所示。

地坪研磨机器人功能如下：

（1）自动定位与导航。在地下室车库、厂房大空间地坪施工环境，地坪研磨机器人能够设定线路，完成自动定位与导航全自动过程。

（2）全自动研磨。地坪研磨机器人在地下室车库、厂房大空间地坪研磨过程中，能够按照设定全自动研磨。地下停车库场地复杂、承重柱较多，依靠避障系统，机器人无需人工干预即可灵活地绕柱子和现场工人，完成自动转向、研磨工作。

（3）远程断电保护。地坪研磨机器人在地坪研磨过程中，遇到机器故障或场地超出机器人设置故障时，根据机器人设置实现远程断电保护。

（4）大范围作业。地坪研磨机器人在地下室车库、厂房大空间地坪研磨中更能显示优

图 8-5 地坪研磨机器人

势。以 1000m² 施工面积计算，传统施工需要 3~4 名工人连续工作 8h 才能完成，用地坪研磨机器人只需要 1 个人，7h 即可完工，效率提升近 3 倍。

（5）便捷转场。地坪研磨机器人身高 1.7m。建筑产业工人在平板电脑上一键下发指令，机器人便立即开启自主移动，自主在同一项目乘坐施工电梯转场。

（6）自动吸尘集尘、抑制扬尘、尘满保护。地坪研磨机器人是一种吸磨一体研磨机，可以边打磨边吸尘。它能有效吸取打磨地面产生的尘屑，让施工环境可以达到无尘。

（7）自动放线、过放保护。地坪研磨机器人可依据 BIM 模型实现自动寻径，并将 BIM 模型与现场坐标系进行智能匹配，选择最佳坐标对房间信息进行全方位测量；机器人可在施工现场根据模型进行放样或复核，并设置过放保护临界。

（8）自动停障。地坪研磨机器人在地坪研磨过程中，根据机器人设置实现自动停障，工作效率大为提高，是传统研磨机效率的 4 倍。

（9）机器人控制。地坪研磨机器人作业可通过机身按键、Pad 实现手动控制，也可以通过程序实现自动控制。基于 BM 地图，地坪研磨机器人能够智能规划施工路径，合理划分施工区域、施工顺序。同时地坪研磨机器人利用二维激光雷达进行水平面扫描，对墙、柱等建筑构件定位并控制底盘按照规划路径及姿态移动，能够实现施工效率最大化。

地坪研磨机器人施工工艺如下：

（1）施工流程

环氧地坪研磨、金刚砂地坪研磨、固化地坪研磨等分项工程施工流程为 BDM 路径→地坪研磨机器人进场→前置条件处理→自动研磨→遥控打磨→边角打磨→地面修补。

（2）地坪基面粗磨

1）地坪研磨粗磨时，由专业研磨机配 30、60、120 号金属磨头依次进行横竖相交粗磨整平。粗磨过程中，可用清水进行地面湿润，提高研磨切削效果。研磨盘转速 800~1200r/min，前进行走速度 0.06~0.08m/s，不宜过高。若对基面平整度要求较高，可在粗磨后，采用洒水方式确认基面局部的高低。待水干涸后，标记出基面发白范围为高处，用小型研磨机进行研磨处理。

2）基面粗磨完成后，若基面出现大量孔洞及脚印，需进行孔洞修补。对于因起砂造成的小孔洞，可在基面均匀喷洒一层修补液及修补砂浆，然后利用120号金属磨头进行研磨修补；对于脚印等大孔洞，需利用角磨机配合切割片，将大孔洞范围方形切割5mm深，用电镐等工具去掉切割范围内的混凝土，用修补砂浆与水的混合物倒入坑内填满，施压抹平。应确保修补砂浆高于基面，便于干涸后与基面打磨平整。

3）粗磨及孔洞修补完成后，换上50号树脂干磨片，对基面进行整体研磨。横竖向交叉研磨，不要漏磨，避开大孔洞修补位置。研磨过程中，可用清水进行地面湿润，研磨盘转速1200~1500r/min，前进行走速度0.1~0.12m/s，需保持行进，不可停留。

4）喷涂固化剂。基面研磨完毕后，将基面清洁干净，保持干燥。用混凝土密化剂材料均匀喷洒于地面（铂金一号固化剂兑水比例1:2）。当材料反应2~4h后，表面变黏时用清水清洗整体基面，将明水全部清除，自然干燥12h以上。

（3）地坪基面粗磨

1）待固化剂充分渗入地面、修补孔洞的砂浆充分干燥后，先用角磨机配50号树脂干磨片将高出基面的修补砂浆打磨平整。打磨时注意磨片应平贴于基面，使砂浆部分表面与基面高度一致，不可倾斜磨片，避免打磨出新的坑洞。

2）将研磨机依次换上100、200、400、800、1500、3000号树脂干磨片，对基面进行整体研磨。横竖向交叉研磨，不要漏磨。研磨盘转速1450r/min，行进速度0.15~0.2m/s，需持续行进不可停留。

2. 地坪漆涂敷机器人

（1）地坪漆涂敷机器人能自动路径完成环氧树脂地坪漆的施工作业，涵盖底漆、中涂和面漆的涂敷（图8-6）。主要功能如下：

1）墙边检测和刮涂。通过相机和视觉检测算法对墙边进行检测。为了防止堵管、出料不均的问题，采用单料口出料；针对单出料口出料无法覆盖边角的问题，采用特殊的刮

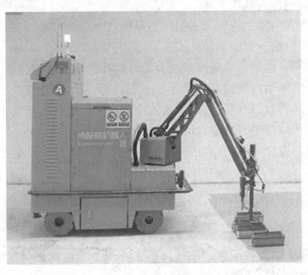

图8-6 地坪漆涂敷机器人

涂轨迹实现刮涂。

2）大面积刮涂功能。采用八字形刮涂轨迹实现对大面积的刮涂作业。

3）自主导航。利用二维激光雷达进行水平面的扫描，通过墙、柱等物体进行自主定位，并控制底盘按照给定路径及姿态移动。

4）路径规划。基于自建图路径规划功能，智能规划机器人施工路径，合理划分施工区域，规划施工工序，以实现施工效率最大化。

5）行驶功能。地坪漆涂敷机器人通过电机和驱动器实现麦克纳姆轮转动，实现底盘行驶功能。

6）故障报警。通过三色灯及蜂鸣器，实现机器人各类故障提示及报警。

7）控制模式。通过机身按键或 Pad 实现手动控制，通过 APP 程序实现自动控制。

8）物料自动混合功能。在作业时，将地坪漆的 A 组分和 B 组分充分混合才能反应，通过两个电机分别带动两个泵进行旋转将料筒里面的物料经过管路输送到末端动态混合器，在动态混合器内充分搅拌实现 AB 组分的自动混合。

9）精准出料控制功能。通过控制电机转速实现对料量的精准控制。

10）停障保护。通过避障雷达、防撞条实现机器人停障保护功能。

11）爬坡功能。在手动控制模式下，机器人能够自由上下坡度小于 10°的直线斜坡。

12）越障功能。在手段控制模式下，机器人能够越过高度小于 30mm 的垂直凸起障碍，能够越过宽度小于 50mm 的水平间隙。

13）管路压力检测功能。压力传感器对管内压力进行实时检测，当管路发生堵塞时自动停止作业，发出报警，提示人工进行处理。

14）地面高低起伏自适应功能。通过安装弹簧实现对地面高低起伏的自适应功能。

15）浓度检测功能。机器人装有浓度检测传感器对周围作业环境进行实时检测，当周围环境有害气体浓度较高时，发出示警功能，提醒工作人员。

16）缺料呼叫功能。通过液位传感器对料箱内材料进行实时监控，当材料低于设定值时机器自动报警提示施工人员加料。

（2）地坪漆涂敷机器人施工工艺

地坪漆涂敷机器人的施工流程为：扫图路径规划→基面打磨→底漆刮涂施工→中涂漆翻施工→中涂漆表面打磨→面漆刮涂施工。

1）底漆满涂地坪，待稍干后吸油量较大部分应补涂环氧树脂底漆；

2）待底漆干燥后，用环氧树脂中涂主剂、石英砂、滑石粉按一定比例搅拌均匀后调成环氧砂浆加入主漆料筒，对应固化剂加入固化剂料筒后进行机器涂敷；

3）环氧砂浆层干燥后进行打磨、清洁；

4）机器涂敷第一遍涂环氧树脂面漆，待干燥后修补缺陷并去除颗粒，机器涂敷第二环氧树脂面漆。

三、传统地面施工与智能地坪施工对比

前文对传统地面施工与智能地坪施工进行了介绍，下面我们将对两种方式进行对比，更加直观地了解两种施工方式的异同，详见表 8-3。

	传统地面施工	智能地坪施工
施工主体	地坪施工工人	地坪研磨机器人、地坪漆涂敷机器人
工艺流程	1. 基层处理； 2. 抹灰饼和标筋(或称冲筋)； 3. 设置分格条； 4. 铺设砂浆； 5. 面层压光； 6. 养护	1. 基层处理； 2. 启动机器，进行粗磨施工； 3. 启动机器，分别进行底涂、中涂、面涂
验收依据	《建筑装饰装修工程质量验收标准》GB 50210—2018、《建筑工程施工质量验收统一标准》GB 50300—2013、《建筑地面工程施工质量验收规范》GB 50209—2010	《建筑装饰装修工程质量验收标准》GB 50210—2018、《建筑工程施工质量验收统一标准》GB 50300—2013、《建筑地面工程施工质量验收规范》GB 50209—2010
优点	适用于各类复杂条件，可以随时进行人为调整	采用机械操作，工序简化，地坪施工采用标准化流程，整体地坪施工质量较好，效率高
缺点	手工操作，工效低；湿作业，劳动强度大，作业环境条件差	对于墙柱边阴角区域需安排人工进行补涂

四、块材地面施工

块材地面是将各种不同形状的人造或天然块材用水泥砂浆、水泥浆、胶粘剂铺设于基层上做成的地面，主要包括陶瓷锦砖、瓷砖、地砖、大理石、花岗岩、碎拼大理石等。此处主要完成陶瓷地砖地面、大理石及花岗石地面施工任务。

1. 陶瓷地砖地面施工

(1) 铺设找平层。将基层清理干净后提前浇水湿润。铺设找平层时应先刷素水泥浆一道，随刷随铺砂浆。

(2) 排砖弹线。根据+50cm 水平线在墙面上弹出地面标高线。根据地面的平面几何形状尺寸及砖的大小进行计算排砖。排砖时统筹兼顾以下几点：一是尽可能对称；二是房间与通道的砖缝应相通；三是不割或少割砖，可利用砖缝宽窄、镶边来调节；四是房间与通道如用不同颜色的砖，分色线应留置于门扇处。排后直接在找平层上弹纵横控制线(小砖可每隔四块弹一控制线)，并严格控制好方正。

(3) 选砖。由于砖的大小及颜色有差异，铺砖前一定要选砖分类。将尺寸大小及颜色相近的砖铺设在同一房间内。同时，保证砖缝均匀顺直、砖的颜色一致。

(4) 铺砖。纵向先铺几行砖，找好位置和标高，并以此为准，拉线铺砖。铺砖时应从里向外退向门口的方向逐排铺设，每块砖应跟线。铺砖的操作是，在找平层上刷水泥浆(随刷随铺)，将预先浸水晾干的砖的背面朝上，抹 1∶2 水泥砂浆粘结层，厚度不小于 10mm。将抹好砂浆的砖铺砌到找平层上，砖上楞应跟线找正、找直，用橡皮锤敲实。

（5）拨缝修整。拉线拨缝修整，将缝找直，并用靠尺板检查平整度，将缝内多余的砂浆扫出，将砖拍实。

（6）勾缝。铺好的地面砖，应养护48h才能勾缝。勾缝用水泥砂浆，要求勾缝密实、灰缝平整光洁、深浅一致，一般灰缝低于地面3～4mm；如设计要求不留缝，则需要灌缝擦缝，可用撒干水泥并喷水的方法灌缝。

2. 大理石及花岗石地面

（1）弹线。根据墙面0.5m标高线，在墙上做出面层顶面标高标志，室内与楼道面层顶面标高应一致。当大面积铺设时，用水准仪向地面中部引测标高，并做出标志。

（2）试拼和试排。在正式铺设前，对每个房间使用的图案、颜色、花纹应按照图样要求进行试拼。试拼后按两个方向排列编号，然后按编号排放整齐。板材试拼时，应注意与相通房间和楼道的协调关系。

试排时，在房间两个垂直的方向，铺两条干砂带，其宽度大于板块，厚度不小于30mm。根据图样要求把板材排好，核对板材与墙面、柱、洞口等的相对位置；板材之间的缝隙宽度，当设计无规定时不应大于1mm。

（3）铺结合层。将找平层上试排时用过的干砂和板材移开，清扫干净，将找平层湿润，刷一道水胶比为0.4～0.5的水泥浆，但面积不要刷得过大，应随刷随铺砂浆。结合层采用1：2或1：3的水泥砂浆，稠度为25～35mm，用砂浆搅拌机拌制均匀，应严格控制加水量，拌好的砂浆以手握成团、手捏或手颠即散为宜。砂浆厚度控制在放上板材时高出地面顶面标高1～3mm即可。铺好后用刮尺刮平，再用抹子拍实、抹平，铺摊面积不得过大。

（4）铺贴板材。所采用的板材应先用清水浸湿，但包装纸不得一同浸泡，待擦干或晾干后铺贴。铺贴时应根据试拼时的编号及试排时确定的缝隙，从十字控制线的交点开始拉线铺贴。铺贴纵横行后，可分区按行列控制线依次铺贴，一般房间宜由里向外，逐步退至门口。

铺贴时为了保证铺贴质量，应进行试铺。试铺时，搬起板材对好横纵控制线，水平下落在已铺好的干硬性砂浆结合层上，用橡胶锤敲击板材顶面，振实砂浆至铺贴高度后，将板材掀起移至一旁；检查砂浆表面与板材之间是否吻合，如发现有空虚之处，应用砂浆填补，然后正式铺贴。正式铺贴时，先在水泥砂浆结合层上均匀浇一层水胶比为0.5的水泥浆，再铺板材，安放时四角同时在原位下落，用橡胶锤轻敲板材，使板材平实，根据水平线用水平尺检查板材平整度。

（5）擦缝。在板材铺贴完成1～2d后进行灌浆擦缝。根据板材颜色，选用相同颜色的矿物颜料和水泥拌合均匀，调成1：1稀水泥浆，将其徐徐灌入板材之间的缝隙内，至基本灌满为止。灌浆1～2h后，用棉纱蘸原稀水泥浆擦缝并与板面擦平；同时，将板面上的稀水泥浆擦除干净，接缝应保证平整、密实。完成后，面层加以覆盖，养护时间不应少于7d。

（6）打蜡。当水泥砂浆结合层抗压强度达到11.2MPa后，各工序均完成，将面层表面用草酸溶液清洗干净并晾干后，将成品蜡放于布中薄薄地涂在板材表面，待蜡干后，用木块代替油石进行磨光，直至板材表面光滑、洁亮为止。

吊顶工程和隔墙施工

吊顶又称天花、顶棚。吊顶是现代室内装饰的重要组成部分，它直接影响整个建筑空间的装饰风格与效果，同时还起着吸收和反射音响、照明、保温、隔热、通风、防火等作用。

吊顶按龙骨使用材料分木龙骨吊顶、轻钢龙骨吊顶、铝合金龙骨吊顶；按龙骨的隐露分暗龙骨吊顶、明龙骨吊顶；按罩面板材料分石膏板吊顶、金属板天花吊顶、装饰板吊顶和采光板吊顶。

一、吊顶工程施工

1. 木龙骨吊顶施工

木龙骨吊顶是以木龙骨（木栅）为吊顶的基本骨架，配以胶合板、纤维板或其他人造板作为罩面板材组合而成的悬吊式吊顶体系。木龙骨吊顶施工工艺比较成熟，施工简便，便于制作复杂的造型，在一些中小型装饰工程中应用较多。但是由于其防火性能较差，在一些大型装饰工程和对防火要求较高的装饰工程中不允许使用。

根据所用的面层材料不同，木龙骨吊顶可分为木龙骨胶合板吊顶、木龙骨纸面石膏板吊顶、木龙骨塑料扣板吊顶三种。吊顶龙骨一般用木材制作，分格大小应与板材规格相协调。为了防止植物板材因吸湿而产生凹凸变形，面板宜锯成小块板铺钉在次龙骨上，板块接头必须留 3～6mm 的间隙作为预防板面翘曲的措施。板缝缝形根据设计要求可做成密缝、斜槽缝、立缝等形式。

施工方法工艺流程：弹线→木龙骨拼装→安装吊杆→安装沿墙龙骨→龙骨吊装→固定灯具安装→面板安装→压条安装→板缝处理。

（1）弹线

弹线包括：标高线、顶棚造型位置线、吊挂点布局线、大中型灯位线。如果吊顶有不同标高，那么除了要在四周墙柱面上弹出标高线，还应在楼板上弹出变高处的位置线。

（2）木龙骨拼装

吊顶前应在楼地面进行木龙骨拼装，拼装面积在 $10m^2$ 时，在龙骨上要开出凹槽，咬口拼装。

（3）安装吊杆（吊筋）

吊筋主要承受吊顶棚的重力，并将这一重力直接传递给结构层；同时，还能用来调节吊顶的空间高度。

现浇钢筋混凝土楼板吊筋做法如图 8-7 所示。

（4）安装沿墙龙骨

沿吊顶标高线固定沿墙龙骨。主龙骨安装后，沿吊顶标高线固定沿墙木龙骨，木龙骨的底边与吊顶标高线齐平。一般是用冲击电钻在标高线以上 10mm 处墙面打孔，孔内塞入木楔，将沿墙龙骨钉固于墙内木楔上。然后将拼接组合好的木龙骨架托到吊顶标高位置，

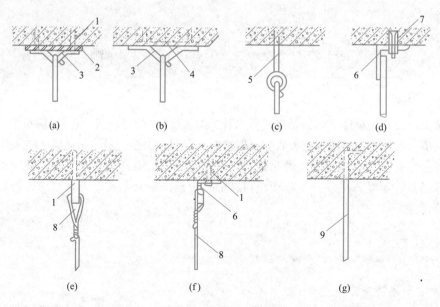

图 8-7　吊筋做法

（a）射钉固定；（b）预埋件固定；（c）预埋 $\phi6$ 钢筋吊环；（d）金属膨胀螺丝固定；
（e）射钉直接连接钢丝（或 8 号铁丝）；（f）射钉角铁连接法；（g）预埋 8 号镀锌铁丝
1—射钉；2—焊板；3—$\phi10$ 钢筋吊环；4—预埋钢板；5—$\phi6$ 钢筋；6—角钢；
7—金属膨胀螺丝；8—镀锌铁丝（8 号、12 号、14 号）；9—8 号镀锌铁丝

整片调正调平后，将其与沿墙龙骨和吊杆连接。

（5）龙骨吊装固定

分片吊装→铁丝与吊点临时固定→调正调平→与吊筋固定（绑扎、挂钩、木螺钉固定）。就位后，通过拉纵横控制标高线，从一侧开始，边调整龙骨边安装，最后精调至龙骨平直为止。如要考虑主龙骨的起拱，在放线时应适当起拱。

（6）管道及灯具固定

吊顶时要结合灯具位置、风扇位置做好预留洞穴及吊钩。

轻钢龙骨装配式吊顶施工

（7）吊顶的面板施工

用圆钉固定法，也可用压条法或粘合法。吊顶面层接缝形式：对缝、凹缝、盖缝。

2. 轻钢龙骨装配式吊顶施工

矿物板材吊顶常用石膏板、石棉水泥板、矿棉板等板材作面层，轻钢或铝合金型材（统称为轻金属龙骨）作龙骨。这类吊顶的优点是自重轻、施工安装快、无湿作业、耐火性能优于植物板材吊顶和抹灰吊顶，故在公共建筑或高级工程中应用较广。

轻钢龙骨和铝合金龙骨的布置方式有外露龙骨和不外露龙骨两种形式。

 知识链接

不外露龙骨的主龙骨仍采用槽形断面的轻钢型材，但次龙骨采用 U 形断面轻钢型材，用专门的吊挂件将次龙骨固定在主龙骨上，面板用自攻螺钉固定于次龙骨上。

利用薄壁镀锌钢板带经机械冲压而成的轻钢龙骨，即为吊顶的骨架型材。施工前，先按龙骨的标高在房间四周的墙上弹出水平线，再根据龙骨的要求按一定间距弹出龙骨的中心线，找出吊点中心，将吊杆固定在预埋件上。吊顶结构未设预埋件时，要按确定的节点中心用射钉固定螺钉或吊杆。吊杆长度计算好后，在一端套丝，丝口的长度要考虑紧固的余量，并分别配好紧固用的螺母。

在主龙骨的吊顶挂件连在吊杆上校平调正后，拧紧固定螺母，然后根据设计和饰面板尺寸要求确定的间距，用吊挂件将次龙骨固定在主龙骨上，调平调正后安装饰面板。

U 形轻钢龙骨吊顶构造组成如图 8-8 所示。

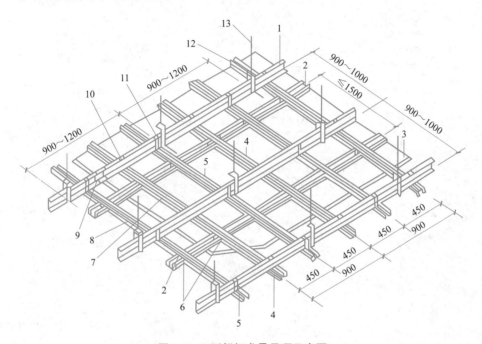

图 8-8 U 形轻钢龙骨吊顶示意图

1—BD 大龙骨；2—UZ 横撑龙骨；3—吊顶板；4—UZ 龙骨；5—UX 龙骨；6—UZ3 支托连接；
7—UZ2 连接件；8—UX2 连接件；9—BD2 连接件；10—UX1 吊挂；11—UX2 吊件；
12—BD1 吊件；13—UX3 吊杆 $\phi 8 \sim \phi 10$

轻钢龙骨装配式吊顶施工工艺流程：弹线→安装吊点吊杆→安装主龙骨→安装次龙骨→灯具安装→面板安装→压条安装→板缝处理。

（1）弹线。根据设计要求，在顶棚及四周墙面上弹出顶棚标高线、造型位置线、吊挂点位置、灯位线等。如采用单层吊顶龙骨骨架，吊点间距为 800～1500mm；如采用双层吊顶龙骨骨架，吊点间距小于等于 1200mm。

（2）安装吊点紧固件。按照设计要求，将吊杆与顶棚之上的预埋铁件进行连接。连接应稳固，并使其安装龙骨的标高一致，如图 8-9、图 8-10 所示。

（3）承载龙骨安装。将承载龙骨与吊杆通过垂直吊挂件连接。上人吊顶的悬挂，是用一个吊环将承载龙骨箍住，并拧紧螺钉固定；不上人吊顶的悬挂，用挂件卡在承载龙骨的槽中。当遇到大面积吊顶时，需每隔 12m 在大龙骨上部焊接一道横卧大龙骨，以增强大龙骨的侧面稳定性及吊顶的整体性。

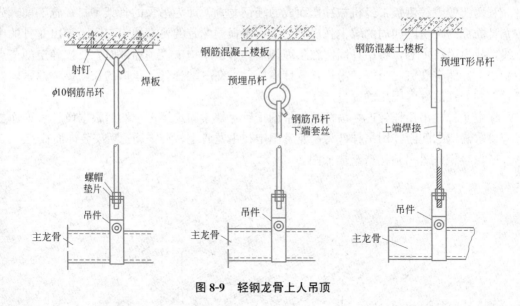

图 8-9　轻钢龙骨上人吊顶

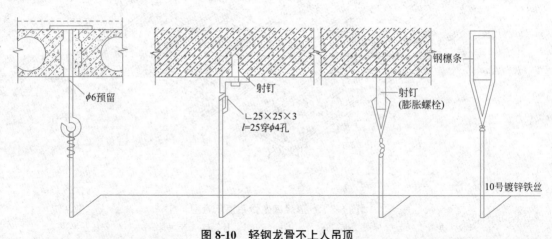

图 8-10　轻钢龙骨不上人吊顶

（4）承载龙骨架的调平。在承载龙骨与吊件及吊杆安装就位之后，以一个房间为单位进行调平。调平方法可用 600mm×600mm 方木按主龙骨间距钉圆钉，将主龙骨卡住，临时固定。调平度一般不小于房间短向跨度的 1/300～1/200。

（5）安装覆面次龙骨。在次龙骨与承载龙骨的交叉布置点，使用其配套的龙骨挂件将两者连接固定。如果间距大于 800mm 在中龙骨之间应增加小龙骨，小龙骨与中龙骨平行，用小吊挂件与大龙骨连接固定。边龙骨沿墙面或柱面标高线钉牢，固定时常用高强度水泥钉，间距以 500mm 为宜。边龙骨一般不承重，只起封口作用。

（6）罩面板安装。罩面板常有明装、暗装和半隐装三种安装方法。明装是指罩面板直接搁置在 T 形龙骨两翼上，纵、横 T 形龙骨架均外露；暗装是指罩面板安装后骨架不外露；半隐装是指罩面板安装后外露部分骨架。

（7）嵌缝处理。嵌缝时，采用石膏腻子和穿孔纸袋或网格胶带。在嵌缝前，应先将所有的自攻螺钉的钉头做防锈处理，然后用石膏腻子嵌平。待腻子完全干燥后（约 12h），用2号纱布或砂纸将嵌缝石膏腻子打磨平滑，其中间部分可略微凸起，但要向两边平滑过渡。

 知识链接

饰面板的安装方法有：搁置法、嵌入法、粘贴法、钉固法、卡固法、塑料小花固钉法。

搁置法：将饰面板直接放在T形龙骨组成的格框内。有些轻质饰面板，考虑刮风时会被掀起（包括空调口，通风口附近），可用木条、卡子固定。

嵌入法：将饰面板事先加工成企口暗缝，安装时将T形龙骨两肢插入企口缝内。

粘贴法：将饰面板用胶粘剂直接粘贴在龙骨上。

钉固法：将饰面板用钉、螺丝，自攻螺丝等固定在龙骨上。

卡固法：多用于铝合金吊顶，板材与龙骨直接卡接固定。

塑料小花固钉法：板的四角用塑料小花压角用螺钉固定，并在小花之间沿板边等距离加钉固定。

二、隔墙施工

轻质隔墙工程主要有板式隔墙工程、木质隔墙工程和轻钢龙骨罩面石膏板隔墙工程。以轻钢龙骨罩面石膏板隔墙工程为例介绍施工工艺。

 知识链接

将室内完全分隔开的叫隔墙。将室内局部分隔，而其上部或侧面仍然连通的叫隔断。

1. 材料要求

（1）轻钢龙骨。C50系列主要用于高为3.5m以下的隔墙；C75系列主要用于3.5～6.0m的隔墙；C100系列主要用于6.0m以上的隔墙工程。龙骨及相应的配件应按设计要求选用，并应符合现行国家相关标准的规定。

（2）罩面石膏板。罩面石膏板主要有普通纸面石膏板。其板材特点是以建筑石膏为主要原料，掺入适量轻骨料、纤维增强材料和外加剂构成芯材，并与护面纸牢固粘结而形成建筑板材；耐水纸面石膏板，其板材特点是以建筑石膏为主要原料，掺入适量纤维增强材料和耐水外加剂构成耐水芯材，并与耐水护面纸牢固粘结而形成吸水率较低的建筑板材；耐火纸面石膏板，其板材特点是以建筑石膏为主要原料，掺入适量轻骨料、无机耐水纤维增强材料和外加剂构成芯材，并与护面纸牢固粘结而形成能够改善高温下芯材结合力的建筑板材。

（3）紧固材料。射钉、膨胀螺栓、沉头镀锌自攻螺钉、木螺钉等，应符合设计要求。

（4）接缝材料。接缝材料主要有接缝腻子、接缝带、水溶性胶粘剂。

（5）填充材料。填充材料主要有玻璃棉、矿棉板、岩棉板等材料。

2. 轻钢龙骨罩面石膏板隔墙施工

轻钢龙骨罩面石膏板隔墙施工工艺流程：弹线分挡→做踢脚座→龙骨安装→罩面板的安装→设置填充材料→接缝→护角处理。

（1）弹线分挡。先在隔墙与基体的上、下及两侧墙体的相交处，按龙骨的宽度弹线，然后按设计要求，并结合罩面板的尺寸分挡，以确定竖向龙骨、横向龙骨及附加龙骨的位置。

（2）做踢脚座。一般细石混凝土做踢脚座，其高度为120～150mm。当设计有具体要求时，按设计要求做踢脚座。

（3）龙骨安装。固定沿顶、沿地龙骨。可用射钉或膨胀螺栓沿弹线位置固定沿顶、沿地龙骨，应使龙骨中心线与上、下的弹线重合。固定点间距不应大于600mm，如图8-11和图8-12所示。

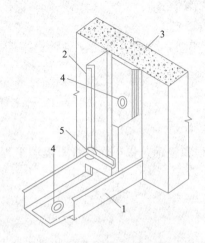

图8-11 沿地、沿墙龙骨与墙地固定
1—沿地龙骨；2—竖向龙骨；3—墙或柱；
4—射钉及垫圈；5—支撑卡

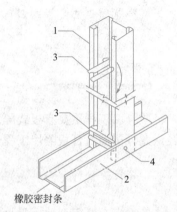
橡胶密封条

图8-12 竖向龙骨与沿地龙骨固定
1—竖向龙骨；2—沿地龙骨；3—支撑卡；
4—卡眼

1）固定边框龙骨。按照弹线时进行的分挡位置，将边框龙骨固定于沿顶、沿地龙骨，固定点之间的距离不应大于1m，并在龙骨与基体之间按设计要求进行密封条的安装。

2）安装竖向龙骨。应按弹线的分挡位置所弹出的控制线，对竖向龙骨的位置和垂直度进行控制，其间距应按设计要求布置。当设计无具体要求时，可根据罩面板的宽度确定间距。

3）安装横向龙骨。一般可选用支撑系列龙骨进行安装。先将支撑卡安装在竖向龙骨的开口上，卡距为400～600mm，与龙骨两端的距离为20～25mm，再将横向龙骨安装在支撑卡之上。若采用贯通水平系列龙骨时，低于3m的隔墙安装一道；3～5m的隔墙安装两道；5m以上的隔墙安装三道。其构造形式如图8-13所示。

（4）罩面板的安装。石膏板宜竖向铺设，长边接缝应落在竖龙骨上。曲面墙所用龙骨宜横向铺设。安装时，先将石膏板的面纸和底纸湿润1h后，再将曲面板的一端固定；然后，轻轻地逐渐向板的另一端用力对着龙骨处固定，直到完成曲面。石膏板本身用自攻螺钉固定，沿石膏板周边螺钉的间距为200～250mm，中间部分的螺钉间距不应大于

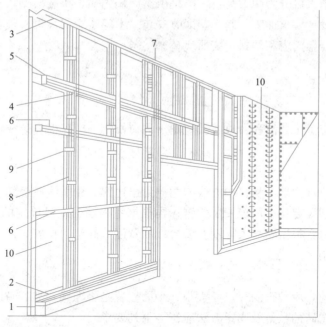

图 8-13 隔墙龙骨布置

1—混凝土踢脚座；2—沿地龙骨；3—沿顶龙骨；4—竖向龙骨；5—横撑龙骨；
6—贯通横撑龙骨；7—加强龙骨；8—贯通龙骨；9—支撑卡；10—石膏板

300mm，螺钉与板边缘的距离为 10～16mm。安装时，应从板的中部向板的四周固定，钉头宜沉入板内，但不应损坏纸面，并在钉眼处作防锈处理。隔墙端部的石膏板与周围的墙体或柱子之间应留 3mm 的槽口，以便进行接缝处理。

（5）设置填充材料。按设计要求选用填充材料，无设计要求时常采用玻璃棉、矿棉、岩棉等材料。填充时，应填满铺平，并与另一面罩面板的安装同时进行。

（6）接缝。纸面石膏板安装时，其接缝处应适当留缝，并做到坡口与坡口相连。将缝内浮土清理干净后，刷一道用水稀释后的胶粘剂溶液。同时，将接缝腻子嵌入板缝，与坡口刮平。腻子终凝后，再在接缝处刮 1mm 厚的腻子，然后粘结接缝带，同时沿用力方向压实刮平，使多余腻子从接缝带的网孔中挤出。待底层腻子凝固且尚处于潮湿时，用大开刀再刮一遍腻子，将接缝带埋入腻子层中，并将板缝填平。

（7）护角处理。阴角的接缝处理方法同平缝，但接缝带应拐过两边各 100mm。阳角应粘贴两层接缝带，且两边均拐过 100mm，粘贴方法与平缝相同，表面用腻子刮平。当设计要求做金属护角时，应按设计要求的部位和高度先刮一层腻子，然后固定金属护角条。

任务 5　门窗工程施工

常见的门窗类型有木门窗、铝合金门窗、塑料门窗、钢门窗、彩板门窗和特种门窗等。门窗工程的施工可分为两大类：一类是由工厂预先加工拼装成型，在现场安装；另一类是在现场根据设计要求加工、制作，即时安装。木门窗应用最早且最普遍，但越来越多地被钢门窗、铝合金门窗和塑料门窗所代替。

一、木门窗施工

木门窗安装施工工艺流程：放线找规矩→洞口修复→门窗框安装→嵌缝处理→门窗扇安装。

1. 放线找规矩

以顶层门窗位置为准，从窗中心线向两侧量出边线，用垂线或经纬仪将顶层门窗控制线逐层引下，分别确定各层门窗安装位置；再根据室内墙面上已确定的"50线"，确定门窗安装标高；然后，根据墙身大样图及窗台板的宽度，确定门窗安装的平面位置，在侧面墙上弹出竖向控制线。

2. 洞口修复

门窗框安装前，应检查洞口尺寸大小、平面位置是否准确，如有缺陷应及时进行剔凿处理。检查预埋木砖的数量及固定方法应符合下列要求：

（1）高为1.2m的洞口，每边预埋两块木砖；高为1.2~2m的洞口，每边预埋三块木砖；高为2~3m的洞口，每边预埋4块木砖。

（2）当墙体为轻质隔墙和120mm厚隔墙时，应采用预埋木砖的混凝土预制块，混凝土强度等级不应低于C15。

3. 门窗框安装

门窗框安装时，应根据门窗扇的开启方向，确定门窗框安装的裁口方向；有窗台板的窗，应根据窗台板的宽度确定窗框位置；有贴脸的门窗，立框应与抹灰面齐平；中立的外窗以遮盖住砖墙立缝为宜。门窗框安装标高以室内"50线"为准，用木楔将框临时固定于门窗洞口内，并立即使用线坠检查，达到要求后塞紧固定。

4. 嵌缝处理

门窗框安装完成经自检合格后，在抹灰前应进行嵌缝处理。嵌缝材料应符合设计要求，无特殊要求者用掺有纤维的水泥砂浆嵌实缝隙，经检验无漏嵌和空嵌现象后，方可进行抹灰作业。

5. 门窗扇安装

安装前，按图样要求确定门窗的开启方向及装锁位置，以及门窗口的尺寸是否正确。将门扇靠在框上，画出第一道修刨线。如扇小，应在下口和装合页的一面绑粘木条，然后修刨合适。第一次修刨后的门窗扇，应以能塞入口内为宜。第二次修刨门窗扇后，缝隙尺寸合适，同时在框、扇上标出合页位置，定出合页安装边线。

二、铝合金门窗施工

铝合金门窗是用经过表面处理的型材，通过下料、打孔、铣槽、攻丝和制窗等加工过程而制成的门窗框料构件，再与连接件、密封件和五金配件一起组装而成。

安装要点：铝合金门窗框一般是用后塞口方法安装。门窗框加工的尺寸应比洞口尺寸略小，门窗框与结构之间的间隙，应视不同的饰面材料而定。

（1）安装前，应逐个检查门、窗洞口的尺寸与铝合金门、窗框的规格是否相适应，对于尺寸偏差较大的部位，应剔凿或填补处理。然后，按室内地面弹出的"50线"和垂直线，标出门窗框安装的基准线。要求同一立面的门窗在水平与垂直方向应做到整齐一致。按在洞口弹出的门窗位置线，将门窗框立于墙体中心线部位或内侧，并用木楔临时固定，待检查立面垂直度、左右间隙、上下位置等符合要求后，

（2）将镀锌锚固板固定在门窗洞口内。锚固板是铝合金门、窗框与墙体固定的连接件，锚固板的一端固定在门窗框的外侧，另一端固定在密实的洞口墙内，锚固板形状如图 8-14 所示。锚固板与墙体的固定方法有射钉固定法、膨胀螺栓固定法和燕尾铁脚固定法，如图 8-15 所示。

图 8-14　锚固板形状示意图

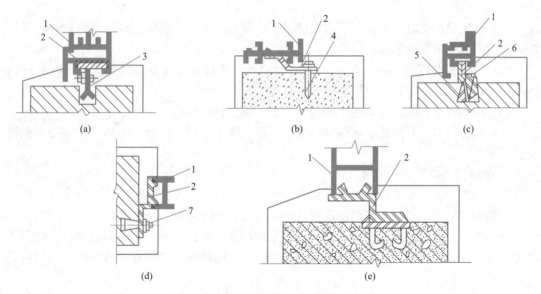

图 8-15　铝合金门窗框与墙体连接方法

（a）预留洞燕尾铁角连接；（b）射钉连接方式；（c）预埋木砖连接；（d）膨胀螺钉连接；（e）预埋铁件焊接连接

1—门窗框；2—连接铁件；3—燕尾铁脚；4—射（钢）钉；5—木砖；6—木螺钉；7—膨胀螺钉

（3）铝合金门窗框安装固定后，应按设计要求及时处理窗框与墙体缝隙。若设计未规定具体堵塞材料，应采用矿棉或玻璃棉毡分层填塞缝隙，外表面留 5～8mm 深槽口，槽内填嵌密封材料。

（4）门窗扇的安装，需要在室内外装修基本完成后进行，框装上扇后应保证框扇的立面在同一平面内，窗扇就位准确，启闭灵活。平开窗的窗扇安装前，应先将合页固定在窗框上，再将窗扇固定在合页上；推拉式门窗扇，应先装室内侧门窗扇，后装室外侧门窗扇；固定扇应安装在室外侧，并固定牢固，确保使用安全。

（5）玻璃安装是铝合金门、窗安装的最后一道工序，包括玻璃裁割、玻璃就位、玻璃密封与固定。玻璃裁割时，应根据门窗扇的尺寸来计算下料尺寸。玻璃单块尺寸较小时，

可用双手夹住就位；若单块玻璃尺寸较大，可用玻璃吸盘就位。玻璃就位后，及时用橡胶条固定。玻璃应放在凹槽的中间，内、外侧间距不应小于 5mm，也不宜大于 5mm。同时，为防止因玻璃的胀缩而造成型材的变形，型材下凹槽内可放置 3mm 厚氯丁橡胶垫块将玻璃垫起。

（6）铝合金门窗交工前，应将型材表面的保护胶纸撕掉，如有胶迹，可用香蕉水清理干净，玻璃应用清水擦洗干净。

三、塑钢门窗安装

1. 施工准备工作

（1）塑钢门窗安装前，应先认真熟悉图样，核实门窗洞口位置、洞口尺寸，检查门窗的型号、规格、质量是否符合设计要求。如图样对门窗框位置无明确规定时，施工负责人根据工程性质及使用具体情况，做统一交底，明确开向、标高及位置（墙中、里平或外平等）。

（2）安装门窗框时，上、下层窗框应吊齐、对正；在同一墙面上有几层窗框时，每层都要拉通线找平窗框的标高。

（3）门窗框安装前，应对+50cm 线进行检查，并找好窗边垂直线及窗框下皮标高的控制线、拉通线，以保证门窗框高低一致。

（4）塑钢门窗安装工程应在主体结构分部工程验收合格后，方可进行施工。

（5）塑钢门窗及其配件、辅助材料应全部运到施工现场，数量、规格、质量应完全符合设计要求。

2. 塑钢门窗安装工艺流程

塑钢门窗安装工艺流程：轴线、标高复核→原材料、半成品进场检验→门窗框定位→安装门窗框（后塞口）→塑钢门窗扇安装→五金安装→嵌密封条→验收。

（1）立门窗框前要看清门窗框在施工图上的位置、标高、型号、门窗框规格、门扇开启方向及门窗框是内平、外平或是立在墙中等，根据图样设计要求在洞口上弹出立口的安装线，照线立口。

（2）预先检查门窗洞口的尺寸、垂直度及预埋件数量。

（3）塑钢门窗框安装时用木楔临时固定，待检查立面垂直、左右间隙大小、上下位置一致，均符合要求后，再将镀锌锚固板固定在门窗洞口内。

（4）塑钢门窗与墙体洞口的连接要牢固可靠，门窗框的铁脚至框角的距离不应大于180mm，铁脚间距应小于 600mm。

（5）塑钢门窗框上的锚固板与墙体的固定方法有预埋件连接、燕尾铁脚连接、金属膨胀螺栓连接、射钉连接等固定方法；当洞口为砖砌体时，不得采用射钉固定。

（6）塑钢门、窗框与洞口的间隙，应采用矿棉条或玻璃棉毡条分层填塞，缝隙表面留5～8mm 深的槽口嵌填密封材料。

（7）安装门窗扇时，扇与扇、扇与框之间要留适当的缝隙，一般情况下，留缝限值小于 2mm。无下框时，门扇与地面之间留缝 4～8mm。

（8）塑钢门、窗交工前，应将型材表面的塑料胶纸撕掉。如果塑料胶纸在型材表面留有胶痕，宜用香蕉水清洗干净。

任务6　涂饰工程智能化施工

一、外墙涂饰工程材料要求

外墙装饰工程直接暴露在大自然中，受到风、雨、日晒的侵袭，故要求建筑涂料耐水、保色、耐污染、耐老化且具有良好的附着力，其外观给人以清新、典雅、明快之感，能获得建筑艺术的理想效果。根据涂料的形态可分为以下几种：

（1）乳液型外墙涂料。品种多、无污染、施工方便，但光泽度差，耐沾污性能较差，是通用型外墙涂料。

（2）溶剂型外墙涂料。生产简单、施工方便、涂料光泽度高，但对墙面的平整度有特别要求，否则在使用阶段易暴露不平整的地方，有溶剂污染，一般适用于工业厂房。

（3）复层外墙涂料。喷瓷型外观，光泽度高，具有一定的防水性，立体图案，美观性好，但施工过程比较复杂，价格较高，一般适用于建筑等级较高的外墙。

（4）砂壁状外墙涂料。仿石型外观，美观性好，但耐沾污性差，施工干燥期长，一般只能适用于仿石型外墙。

（5）氟碳树脂涂料。其比一般的涂料产品具有更好的耐久性、耐酸性、耐化学腐蚀性、耐热性、耐寒性、自熄性、不黏性、自润滑性和抗辐射性等优良特性，享有"涂料王"的盛誉。

二、传统外墙涂饰工程施工

外墙装饰工程施工工艺流程：基层处理→修补腻子→满刮腻子→涂料涂饰。

（1）基层处理。如基层为混凝土墙面时，应对墙面的浮土、疙瘩等清除干净，表面的隔离剂、油污应用10%的碱水刷干净，然后用清水冲净；如基层为建筑物的抹灰面层时，在涂饰涂料前应刷抗碱封闭底漆；如基层为旧墙面时，应先清除酥散的旧装修层，并涂刷界面剂，干燥后用细砂纸轻磨磨平，并将粉尘扫净，达到表面光滑、平整。

（2）修补腻子。按照聚醋酸乙烯乳液：水泥：水＝1：5：1（质量比）的配合比拌制成腻子，用该腻子将基层墙面的缝隙及不平处填实填平，并把多余的腻子收净。待腻子干燥后，用砂纸磨平，并将尘土扫净。如发现还有不平之处，再复抹一遍腻子。

（3）满刮腻子。所采用腻子的配合比应为聚醋酸乙烯乳液：水泥：水＝1：5：1（质量比），刮腻子时应横刮或竖刮，并注意接槎和收头时腻子应刮净。每遍腻子干燥后，应用砂纸将腻子磨平，并将浮尘清理干净。如面层涂刷带颜色的浆料时，腻子应掺入适量与面层带颜色相协调的颜料。满刮腻子干燥后，应对墙面上的麻点、坑洼、刮痕等用腻子重新复找刮平，干燥后用细砂纸轻磨磨平，达到表面光滑、平整。

（4）涂料涂饰。

1）刷涂。刷涂是人工使用一些特制的毛刷进行涂饰施工的一种方法。其具有工具简单、操作简单、施工条件要求低、适用性广等优点。除少数流平性差或干燥太快的涂料不宜采用刷涂外，大部分薄质涂料和后置涂料均可采用此法。但刷涂生产效率低、涂膜质量不易控制，不宜用于面积很大的表面。

2）辊涂。辊涂是利用软毛辊、花样辊进行施工。该种方法具有设备简单、操作方便、工效高、涂饰效果好等优点，要求涂膜厚薄均匀、平整光滑、不流挂、不露底，图案应完整清晰、颜色协调。

3）喷涂。喷涂是利用喷枪将涂料喷于基层上的机械施工方法。其特点是外观质量好、工效高，适用于大面积施工，可通过调整涂料的黏度、喷嘴口径大小及喷涂压力获得平壁状、颗粒状或凹凸花纹状的涂层，要求喷涂时厚度均匀，平整光滑，不出现露底、皱纹、挂流、针孔、气泡和失光现象。

4）弹涂。弹涂是借助专用的电动或手动的弹涂器，将各颜色的涂料弹到饰面基层上，形成直径为 2～8mm、大小近似、颜色不同、互相交错的圆粒状色点或深浅色点相同的彩色涂层。需要压平或轧花的，可待色点两成干后轧压，然后进行罩面处理。

 知识链接

在选购乳胶漆时，并非价格越高越好，应根据房间的不同功能选择性价比好的乳胶漆。如卫生间、地下室最好选择耐霉菌性较好的，厨房、浴室选择耐污渍及耐擦洗性较好的产品；选择具有一定弹性的乳胶漆，对弥盖裂纹、保护墙面的装饰效果有利。由于涂料产品各种性能之间存在十分密切的关系，甚至会相互制约，对于市场上流行的多功能产品，可能单一性能并不突出，但综合性能一般较好。

三、外墙喷涂机器人

1. 卷扬式外墙乳胶漆喷涂机器人概述

目前建筑外墙的喷涂作业大部分为传统的人工作业方式，存在作业效率低、用工成本高、人员危险系数高等问题。因此，研发卷扬式外墙乳胶漆喷涂机器人并用机器人作业代替人工作业，既可以节省大量的劳动力，提高施工效率，降低生产成本，提高施工质量，同时也可避免涂料对工人健康的危害。

卷扬式外墙乳胶漆喷涂机器人是一款智能高空机器人，如图 8-16 所示，由喷涂总成与悬挂总成组成，通过放置于楼顶的悬挂总成，卷扬式起升机构中的卷筒上缠绕多层钢丝绳，利用钢丝绳将喷涂总成悬挂于建筑外墙表面，结合喷涂总成的喷涂系统与运动机构，实现全自动喷涂施工作业。另外为了时刻监控机器人安全运行状态，机器人配置运行指示灯，指示灯共有三种灯色，分别为绿色、黄色和红色，其中绿灯表示机器人正常运行，黄灯表示机器人处于待机状态，红灯表示机器人属于异常状态即报警（电机过载、电机超速、急停限位灯）。

2. 卷扬式外墙乳胶漆喷涂机器人施工工艺

机器人施工作业流程为：每日点检→搅拌与加料→路径规划→试喷涂→机器人喷涂作

图 8-16 卷扬式外墙乳胶漆喷涂机器人

业→楼栋转移继续施工→收尾工作。

（1）每日点检：每日开机上电前必须对机器人的喷涂总成、悬挂总成、卷管机等进行点检作业，并填写每日点检表。点检表应明确项目所在地、项目名称、时间、点检人员等基本信息。

（2）搅拌与加料：搅拌加料前，再次确认涂料的型号与色号是否有误；乳胶漆开桶后需兑水涂料质量的 20%；每次施工加入的涂料量可先估算（涂料耗量×喷涂面积＝涂料用量）。一般乳胶漆单次喷涂耗量 $0.125kg/m^3$，在计算的理论值基础上增加一桶涂料施工。

（3）路径规划：卷扬式外墙乳胶漆喷涂机器人采用 GPS＋RTK 的导航方式，在屋面移动悬挂总成采点，通过测量两个不同位置点距离及采集 GPS 坐标，得到屋面坐标与 GPS 坐标转换关系用于悬挂总成自动导航。

1）通过输入墙面异形特征相对于作业墙面原点的位置特征参数，得到墙面的几何数据，用于后续作业轨迹规划；确认机器人工艺参数后下发路径规划，即可得到机器人自动作业的路径规划文件，用于机器人自动喷涂作业。

2）除了需要熟练操控机器人以外，完成路径规划还必须熟悉需要规划的墙面 CAD 图纸，包含平面墙、异形面尺寸参数、熟练使用 CAD 测量墙面尺寸参数输入 APP。

（4）试喷涂：试喷前需要确认喷涂压力参数，乳胶漆喷涂机器人喷涂压力 10～22MPa；检查机器人上无工具、杂物等，防止高空坠物；试喷时需观察试喷效果，乳胶漆正常喷涂成扇雾状。

（5）机器人喷涂作业：机器人喷涂施工作业采用 1 机 1 人，N 机 N 人团队协作，开展工作的模式。需要注意：

1）机器人作业时必须关注机器人施工状态，确认机器人是否有异常报警、喷涂是否正常等，异常状态时及时检查并作出调整；

2）设备故障时，及时排查原因，现场不能解决的及时联系技术人员提供技术支持；

3）设备异常时，以不能漏喷为原则进行断点再续；

4）出现大风、下雨情况，应及时将机器人放下至地面，停止施工作业；

5）机器人喷涂施工过程中，灵活配合开展加料、清洗设备、设备故障维修等工作，减少机器人等待时间，轮转作业提升施工效率；

6）同一工作面，有两个或两个以上站点的应按照施工工序，完成底漆施工后再统一施工面漆；

7）同一工作面底漆施工完毕后，楼底离地 1.5m 高度内及时进行人工底漆喷涂补充；面漆按照相同步骤补充楼底 1.5m 高度内的施工；

8）当日施工完毕后，总结涂料用量、施工面积、施工时间、施工效果等，并记录施工效率、涂料耗量、施工效果图片；

9）进行下一道喷涂工序时，墙面需达到表干状态才能进行下一道喷涂作业。

（6）楼栋转移继续施工：卷扬式外墙乳胶漆喷涂机器人楼栋场地变化时需卸下喷涂总成，通过塔式起重机吊装转移机器人继续施工。

四、传统喷涂与智能喷涂对比

前面我们对传统喷涂与智能喷涂进行了介绍，下面将对两种喷涂施工进行对比，更加直观地了解两种喷涂施工的异同，详见表 8-4。

传统喷涂与智能喷涂对比　　　　　　　　　　　　　　　　表 8-4

	传统喷涂	智能喷涂
施工主体	喷涂工人	智能喷涂机器人
工艺流程	1. 基层处理； 2. 修补腻子； 3. 满刮腻子； 4. 涂料涂饰	1. 每日点检； 2. 搅拌与加料； 3. 路径规划； 4. 试喷涂； 5. 机器人喷涂作业； 6. 楼栋转移继续施工； 7. 收尾工作
优点	适用于各类复杂条件，可以随时进行人为调整	1. 全自动施工作业，施工效率高，缩短工期降低施工成本； 2. 减少施工人员高空坠落风险； 3. 减少喷涂对施工人员的危害； 4. 施工稳定、施工质量好
缺点	手工操作，工效低；湿作业，劳动强度大，作业环境条件差；外墙喷涂作业存在安全风险	对屋面结构要求较高，尺寸上需要能满足悬挂总成移动要求 （目前通过与设计院开展合作，设计适用于卷扬式外墙乳胶漆喷涂机器人施工的建筑图纸）

　　生命至上、效率第一、智能建造、高质发展：相比较传统领域，建筑机器人更安全，体现了生命至上的理念，我们应加强对党中央抗疫战役中"人民至上、生命至上"价值观的理解；相比传统建造，建筑机器人工作效率更高，体现了效率意识，体现了高质量发展的理念，在中国式现代化发展的历史进程中，智能建造施工新时代必将到来。

任务 7　裱糊工程智能化施工

一、材料要求

　　裱糊工程主要是指在室内平整光洁的墙面、顶棚面、柱面和室内其他构件表面，用壁纸、墙布等材料裱糊的装饰工程。

　　（1）壁纸

　　1）纸面纸基壁纸。在纸面上有各种印花或压花花纹图案，价格便宜，透气性好，但因不耐水、不耐擦洗、不耐久、易破碎和不宜施工，故使用较少。

　　2）天然材料面壁纸。用草、树叶、草席、芦苇、木材等支撑的墙纸。

　　3）金属壁纸。在基层上涂金属膜制成的壁纸，具有不锈钢面与黄铜面的质感与光泽，给人一种金碧辉煌的感觉，适用于大厅、大堂等气氛热烈的场所。

　　4）无毒 PVC 壁纸。无毒 PVC 壁纸不同于传统塑料壁纸，不但无毒且款式新颖，图案美观，是目前使用最多的壁纸。

　　（2）墙布

　　1）装饰墙布。用丝、毛、棉、麻等纤维编织而成的墙布，具有强度大、静电小、无毒、无光、无味、美观等优点，可用于室内高级饰面裱糊，但造价偏高。

　　2）无纺墙布。用棉、麻等天然纤维，经过无纺成型上树脂、印制花纹而成的一种贴墙材料，它具有挺括、富有弹性、不宜折断、纤维不老化、对皮肤无刺激、美观、施工方便等特点；同时，还具有一定的透气性和防潮性，可擦洗而不褪色，适用于各种建筑物的室内墙面装饰。

　　3）胶粘剂。按照壁纸和墙布的品种选配，应具有粘结力强和防潮性、柔韧性、热伸缩性、防霉性、耐久性、水溶性好等性能。常用的主要有 108 胶、聚醋酸乙烯胶粘剂、SG8104 胶等。

　　4）接缝带。常用的接缝带主要有玻璃网格布、丝绸条、绢条等。

5）底层涂料。粘贴前，应在基层面上先刷一遍底层涂料，作为封闭处理。

二、传统裱糊工程施工

裱糊工程的施工工艺流程：基层处理→满刮腻子→弹线找规矩→计算用料、裁纸→润纸→刷胶、糊纸。

（1）基层处理。如基层为混凝土墙面时，应对墙面的浮土、疙瘩等清除干净，表面的隔离剂、油污应用10％的碱水（火碱∶水＝1∶10）刷干净，然后用清水冲净；如基层为建筑物的抹灰面层时，在涂饰涂料前应刷抗碱封闭底漆；如基层为旧墙面时，应先清除酥散的旧装修层，并涂刷界面剂。基层表面平整度、立面垂直度及阴阳角方正，应达到高级抹灰的要求。

（2）满刮腻子。腻子的质量配合比：聚醋酸乙烯乳液∶滑石粉或大白粉∶2％梭甲基纤维素溶液＝1∶5∶3.5。混凝土墙面在清扫干净的墙面上刮1～2道腻子，干后用砂纸磨平、磨光；抹灰墙面可满刮1～2道腻子找平、磨光，但不可磨破灰皮；石膏板墙先用嵌缝腻子将缝堵实堵严，再粘贴玻璃网格布或丝绸条、绢条等接缝带，然后局部刮腻子补平。基层腻子应平整、坚实、牢固，无粉化、起皮和裂缝现象；腻子的粘结强度应符合《建筑室内用腻子》JG/T 298—2010 的规定。

（3）弹线找规矩。将顶棚的对称中心线通过套方、找规矩的办法弹出中心线，以便从中间向两边对称控制。并将房间四角的阴阳角通过吊垂直、套方、找规矩，按照壁纸的尺寸进行分块弹线控制。

（4）计算用料、裁纸。根据设计要求决定壁纸的粘贴方向，然后计算用料、裁纸；应按所量尺寸每边留出 20～30mm 余量，一般应在案子上裁割，将裁好的纸用湿温毛巾擦后，折好待用。

（5）润纸。壁纸裱糊前，应先在壁纸背面刷清水一遍，随即刷胶；或将壁纸浸入水中3～5min 后取出将水擦净，静置 15min 后再进行刷胶。如果在干纸上刷胶后立即上墙裱糊，纸虽被胶固定，但仍会继续吸湿膨胀，因此，墙面上的纸必然出现大量气泡、褶皱；如润纸后再铺贴到基层上，即使裱糊时有少量气泡，干后也会自动胀平。

（6）刷胶、糊纸。室内裱糊时，宜按照先裱糊顶棚后裱糊墙面的顺序进行。

1）顶棚裱糊。裱糊顶棚壁纸时，在纸的背面和顶棚的粘贴部位刷胶，应注意按壁纸宽度刷胶，不宜过宽。铺贴时，应从中间开始向两边铺贴。第一张应按已弹好的线找直粘结牢固，应注意纸的两边各甩出 10～20mm 不压死，以满足第二张铺贴时的拼接压槎对缝的要求。然后用同样的方法铺贴第二张，两纸搭接 10～20mm，用金属直尺比齐，用壁纸刀裁切，随即将搭槎处两张纸条撕去，用刮板带胶将缝隙刮实压牢，最后用湿温毛巾将接缝处辐压出的胶痕擦净，依次进行。

2）墙面裱糊。裱糊墙面壁纸时，应分别在纸上及墙上刷胶，其刷胶宽度应相吻合，墙面上刷胶一次不应过宽。裱糊应从墙的阴角开始铺贴第一张，按已画好的垂直线吊直，并从上向下用手铺平，刮板刮实，用小棍子将上、下阴角处压实。在墙面上遇到有电门、插销盒时，应在其位置上破纸作为标记，并且在裱糊阳角时，不允许甩槎接缝，阴角处应裁纸搭缝，不允许整纸铺贴，避免产生空鼓与皱褶。

3）拼接裱糊。如施工中遇壁纸需拼接时，应符合下列要求：

① 壁纸的拼缝处花形应对接拼搭好。

② 铺贴前应注意花形及壁纸的颜色力求一致。

③ 墙与顶壁纸的搭接应根据设计要求而定，一般有挂镜线的房间应以挂镜线为界，没有挂镜线的房间应以弹线为准。

④ 花形拼接如出现困难时，错槎应尽量甩到不显眼的阴角处，大面不允许出现错槎和花形混乱的现象。

⑤ 壁纸粘贴完成后应认真检查，对墙纸的翘边翘角、气泡、褶皱及胶痕未处理等情况，应进行及时处理和修正，保证裱糊质量。

三、墙纸铺贴机器人

1. 墙纸铺贴机器人概述

墙纸铺贴机器人，主要用于住宅和办公建筑室内墙面墙纸铺贴，其显著特点是高续航、高效率和高质量，可保障机器人在自动规划路径行驶并完成室内墙纸铺贴。墙纸铺贴机器人具备自主导航、定位、路径规划、自动涂胶、自动传送、自动裁剪、自动铺贴、视觉识别、姿势调整、自动裁边等功能（图 8-17）。

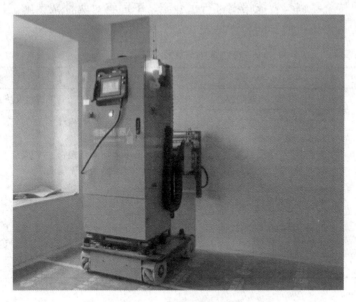

图 8-17　墙纸铺贴机器人

墙纸铺贴机器人在无需多人工配合下，自动规划路径行驶并完成室内墙纸铺贴，与传统的人工作业比较，机器人作业简化了施工流程的同时，降低了人工安全风险，改善了现场作业环境；具有施工效率更高、材料使用率更高、综合施工成本更低、工人劳动强度低和施工质量稳定的特点。

2. 墙纸铺贴机器人施工工艺

墙纸铺贴机器人施工工艺流程为：场地、基层验收→涂刷基膜→机器人状态检查、材料准备→人机配合铺贴墙纸→工完场清、成品保护→质量检查。

（1）场地、基层验收：需确保机器人可以通过室内机公共区域等狭小空间，工作路径上若存在 20mm 以上台阶，需留设坡道；场地需提供水区和废水处理区，提供 220V 交流电源，满足电池充电需求，配置满足作业要求的配电箱；裱糊前用封闭底胶涂刷基层。

（2）涂刷基膜：基层验收合格且成品保护完成后，使用滚筒大面积均匀涂刷调配好的基膜，细部用毛刷处理。

（3）机器人状态检查、材料准备：基膜干燥后，墙纸施工前应确认机器人底盘、电量、视觉识别和前端送纸机构是否正常。如机器人状态正常，则导入 BIM 地图生成移动、铺贴路径，由专业操作人员开始准备铺贴作业；如机器状态存在问题，应将问题排除后开始作业。

（4）人机配合铺贴墙纸：机器人自动完成大面作业，人工配合完成上料、排水管内侧、阴阳角和门窗洞口处铺贴、拼缝处剪裁、墙纸顶底端收边、水电洞口处理。

（5）工完场清、成品保护：墙纸工作完成后，应由人工检查确认墙纸无质量问题。打扫干净现场、将机器人清洁干净后入库；关好门窗，使墙纸自然阴干。

四、传统裱糊与智能裱糊对比

前面我们对传统裱糊与智能裱糊进行了介绍，下面将对两种裱糊施工进行对比，更加直观地了解两种裱糊施工的异同，详见表 8-5。

传统裱糊与智能裱糊对比　　　　　　　　　　　　　　　　　　　　表 8-5

	传统裱糊	智能裱糊
施工主体	裱糊工人	智能铺贴机械人
工艺流程	1. 基层处理； 2. 满刮腻子； 3. 弹线找规矩； 4. 计算用料、裁纸； 5. 润纸； 6. 刷胶、糊纸	1. 场地、基层验收； 2. 涂刷基膜； 3. 机器人状态检查、材料准备； 4. 人机配合铺贴墙纸； 5. 工完场清、成品保护； 6. 质量检查
优点	适用于各类复杂条件，可以随时进行人为调整	简化施工流程、降低人工安全风险、改善施工作业环境、施工效率更高、施工质量稳定
缺点	手工操作，工效低；作业环境条件差	对场地要求较高，部分区域需要人工配合铺贴墙纸

任务 8　墙体结构保温装饰一体化施工

建筑节能是指在居住建筑和公共建筑的规划、设计、建造和使用过程中，通过执行现行建筑节能标准，提高建筑围护结构热工性能，采用节能型用能系统和可再生能源利用系统，切实降低建筑能源消耗的活动。能源危机、环境恶化已成为当今世界所面临的严峻问题，严重阻碍了可持续发展的道路。为解决这一问题，我国及时提出了建设节约型社会的战略思想，建筑节能作为城市建设的有机组成部分，在促进城市人居环境的可持续发展中扮演着越来越重要的角色。在建筑中，外围护结构的热损耗较大，外围护结构中墙体又占了很大份额。所以建筑墙体改革与墙体节能技术的发展是建筑节能技术的一个重要的环节，发展外墙保温技术则是建筑节能的主要实现方式。

一、外墙结构保温装饰一体化构造

建筑外墙外保温装饰一体板是以保温材料、面层为主要材料，可采用复合胶、底衬和锚固构造，在工厂复合而成具有保温和装饰功能的建筑外墙用板状制品。上述保温装饰一体板定义所说"面层"位于保温材料外侧，一般由面板和装饰层组成，也可由带有装饰功能的单一材料制作而成。保温装饰一体板定义所说"底衬"位于保温材料内侧，起到稳定一体板结构，并改善一体板在应用过程中连接效果的构造层。装饰一体板定义所说"锚固构造"用于一体板安装，具有连接和固定功能的工艺构造。保温装饰一体板在工厂进行合成制作，然后运输到工地现场进行安装施工，对建筑工程质量、安全、进度、成本的控制都是有利的，体现了建筑工业化的特点。外墙结构保温装饰一体化构造如图8-18所示。

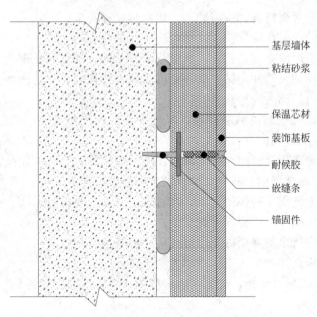

基层墙体

粘结砂浆

保温芯材

装饰基板

耐候胶

嵌缝条

锚固件

图8-18　外墙结构保温装饰一体化构造示意

二、外墙结构保温装饰一体化施工

外墙结构保温装饰一体化施工工艺流程：抹灰基层质量验收→抹灰层清理→弹实际控制线→拉厚度控制线→标注固件打孔位→打孔并预装固件→墙面抹粘结砂浆→板背抹粘结砂浆→粘贴并固定板材→紧固件墙面螺丝→裸露边缝填实→分隔缝处理→板面清洁、保护。

1. 抹灰基层质量验收

（1）平整度：要求抹灰层平整度误差不超过 3～5mm，且误差越小越好；

（2）墙面粗糙度：为保证粘贴附着效果，可对抹灰墙面做适当的拉毛加强处理；

（3）干燥度：墙体及抹灰层必须干燥，防止其不吸粘结砂浆的水分，从而影响粘结砂浆的性能；

（4）牢固度：粘贴基层必须坚固，抹灰层必须牢固、无空鼓、掉粉。

2. 抹灰层清理

（1）清扫表面浮灰、异物等影响粘贴附着等物质；

（2）清除明显高出墙面的泥渣、暗包，防止粘贴时顶住板背。

3. 弹实际控制线

根据设计弹好标高线、水平控制线、竖直控制线、厚度控制线。

4. 拉厚度控制线

根据墙面平整度情况，拉厚度控制线，原则是粘贴砂浆厚度控制在 5～7mm，最厚地方不超过 10mm，若超过 10mm，则应将这些位置重新找平、基本干燥后再施工。无论是弹线还是拉线，尤其是水平线，要考虑线中间部位下坠现象，故一次拉太长时应在中间部位增加定位钉。

5. 粘贴并固定板材

（1）按分隔尺寸对板材进行按需切割，切割时注意安全；

（2）将切割好的板材在墙面初步预排，看尺寸是否合适；

（3）阳角部位采用海棠扣工艺，离面层厚度 5～8mm 位置斜切略大于 45°的斜碰角；

（4）用合适直径钻头的冲击钻在墙体打出固件安装孔洞，并将固件预装，注意不要将螺丝拧紧，以能自由活动为准；

（5）在准备粘贴位置涂抹粘贴砂浆，厚度根据墙面平整度，一般 4～5mm 左右，用 10mm×10mm 的锯齿抹横向立拉横纹；

（6）将粘贴砂浆在板材背面涂抹一层，注意完整涂覆，厚度一般在 3～4mm 左右，用 10mm×10mm 的锯齿抹竖向立拉竖纹（注意要和墙面纹路垂直）；

（7）将板材贴上墙面，轻轻地上下、左右轻微滑动，使板材贴实，用惯用工具如塑料抹板、橡皮锤等轻敲板面，使板材准确就位；

（8）粘贴过程中挤出的多余砂浆可再使用，不要浪费；

（9）施工时若板面被砂浆污染应立即擦洗干净；

（10）将固件插入板材侧槽，先固定竖向位置（即将墙面螺丝拧紧），然后再将固件可调螺丝拧紧。

6. 板面清洁、保护

（1）粘贴完一个区域后，应立即清理粘贴时被污染的其他构件，如门窗框等；

（2）施工时应有效避免二次污染，如贴上面板块施工时污染下面板块、打缝滴胶污染等。

三、外墙结构保温装饰一体化施工质量要求

外墙结构保温装饰一体化施工质量检验分为保证项目和一般项目。

1. 保证项目

（1）板材的品种、规格、颜色、图案必须符合设计要求和现行行业标准规定。

（2）板材镶贴必须牢固，严禁空鼓，无歪斜、缺棱、掉角和裂缝等缺陷。

2. 一般项目

（1）板材表面：平整、洁净、颜色协调一致。

（2）接缝：填嵌密实、平直、宽窄一致，颜色一致，花纹一致，阴阳角处的板压向正确，非整砖套割吻合，边缘整齐；墙裙、贴脸等出墙厚度一致。

（3）坡向正确。

（4）允许偏差项目见表 8-6。

外墙结构保温装饰一体化施工质量允许偏差 表 8-6

序号	项目	允许偏差（mm）	检验方法
1	立面垂直度	2	用 2m 托线板检查
2	表面平整度	2	用 2m 靠尺和楔形塞尺检查
3	阳角方正	2	用 20cm 方尺和楔形塞尺检查
4	接缝正直	2	拉 5m 小线，不足 5m 拉通线和尺量检查
5	墙裙上口平直	2	拉 5m 小线，不足 5m 拉通线和尺量检查
6	接缝高低	0.5	用钢板短尺和楔形塞尺检查

项目小结

　　本项目主要介绍了抹灰工程、饰面工程、楼地面工程、吊顶和隔墙工程、门窗工程、涂饰及裱糊工程墙体结构保温装饰一体化施工等。抹灰工程包括一般抹灰与装饰抹灰；饰面工程主要介绍了饰面板安装与饰面砖镶贴；楼地面工程主要介绍了整体面层地面工程与板块面层铺设工程；还着重介绍吊顶、隔墙工程、涂饰及裱糊工程、门窗工程等内容。

　　本项目内容繁多，重点介绍了装饰工程中的抹灰工程、楼地面工程、涂饰工程、裱糊工程的智能化施工以及墙体结构保温装饰一体化的施工工艺及施工要点。

复习思考题

一、单选题

1. 普通抹灰由（　　）底层、（　　）面层构成。施工要求分层赶平、修整，表面压光。

　　A. 一；一　　　　B. 一；二　　　　C. 一；三　　　　D. 一；四

2. 根据《建筑装饰装修工程质量验收标准》GB 50210—2018 第 4.2.3 条规定，抹灰工程不同材料基体交接处表面的抹灰，应采取防止开裂的措施。当采用加强网时，加强网与各基体的搭接宽度为（　　）mm。

A. 50   B. 100   C. 150   D. 200

3. 按材料和施工方法不同，墙面装饰可分为不同类别，通常只用于外墙装饰的是（　　）。

A. 贴面类和幕墙类   B. 幕墙类和板材类

C. 贴面类和清水墙面类   D. 清水墙面类和幕墙类

4. 大面积水泥砂浆地面施工时，为防止由于温度应力造成地面开裂，面层应（　　）。

A. 分格施工   B. 分段施工

C. 选用高强度等级水泥   D. 适量掺细石

5. 水泥砂浆楼地面的基层是指（　　）。

A. 垫层   B. 结合层   C. 结构层   D. 找平层

6. 建筑物的楼面通常由（　　）组成。

A. 基层、结构层、面层   B. 垫层、中间层、面层

C. 基层、垫层、面层   D. 找平层、垫层、面层

二、多选题

1. 在房屋建筑工程顶棚装饰装修中，悬吊式顶棚饰面板安装有（　　）等方法。

A. 粘贴法   B. 搁置法   C. 企口法   D. 浇注法

E. 钉固法

2. 玻璃幕墙饰面有其优点，但与其他饰面工程相比，也有（　　）等缺点。

A. 抗裂性差   B. 维护费用高   C. 抗震性差   D. 安装难度大

E. 耐久性差

3. 建筑物外墙面装饰采用较大尺寸的天然大理石饰面板材时，可采用（　　）。

A. 镶贴法粘贴   B. 湿法贴挂   C. 悬浮法固定   D. 钉固法固定

E. 干挂法固定

4. 装饰工程按用途分类，可分为（　　）装饰。

A. 保护   B. 外墙   C. 功能   D. 饰面

E. 涂料

三、案例题

有一施工队安装一大厦石材幕墙，石材原片进场后在现场切割加工。施工队进场后首先以地平面为基准用水准仪和50m皮卷尺进行放线测量；在安装顶部封边（女儿墙）结构处石材幕墙时，其安装次序是先安装中间部位的石材，后安装四周转角处部位的石材；在施工中由于库存不够，硅酮耐候密封胶采用不同于硅酮结构胶的另一品牌，其提供的试验数据和相溶性报告，证明其性能指标都满足设计要求；施工完毕后通过验收，施工质量符合验收标准。

问题：

1. 施工队进场后放线的测量基准对不对？为什么？

2. 放线使用的测量仪器和量具是否正确？为什么？

3. 顶部封边（女儿墙）结构处石材幕墙的安装顺序对不对？为什么？

4. 硅酮耐候密封胶的采用是否正确？硅酮耐候密封胶除了提供常规的试验数据和相溶性报告外还应提供什么试验报告？